한국 철도의 역사와 발전 I

한국 철도의 역사와 발전 Ⅰ

초판 1쇄 발행일_ 2011년 9월 15일
초판 2쇄 발행일_ 2015년 9월 15일

지은이_ 이용상 외 공저
펴낸이_ 최길주

펴낸곳_ 도서출판 BG북갤러리
등록일자_ 2003년 11월 5일(제318-2003-00130호)
주소_ 서울시 영등포구 국회대로 72길 6 아크로폴리스 405호
전화_ 02)761-7005(代) ㅣ 팩스_ 02)761-7995
홈페이지_ http://www.bookgallery.co.kr
E-mail_ cgjpower@hanmail.com

ⓒ 이용상, 2011

값 20,000원

ISBN 978-89-6495-023-4 94300
ISBN 978-89-6495-022-7 (세트)

이 도서의 국립중앙도서관 출판시도서목록(CIP)은 e-CIP홈페이지
(http://www.nl.go.kr/ecip)와 국가자료공동목록시스템(http://www.nl.go.kr/kolisnet)
에서 이용하실 수 있습니다.(CIP제어번호 : CIP2011003680)

한국 철도의
역사와 발전 I

이용상 외 공저

1999. 9. 18 철도청

남북철도연결구간 열차
2007. 5. 17

B&G 북갤러리

책을 펴내며

이 책은 그간 필자가 이미 출판한 《일본 철도의 역사와 발전》, 《유럽 철도의 역사와 발전》에 이어 우리나라의 철도에 대한 본격적인 연구서이다.

그간의 철도 관련 연구가 철도의 수송수단적인 측면에 초점이 맞추어져 있었다면 이 책에서는 철도가 가진 역사성, 영향력, 문화적인 측면, 물류적인 측면에서 현황과 기능, 발전방향을 제시하려고 노력하였다는 데 그 의의가 있다. 또한 그간 철도의 발전에서 다루어지지 않았던 인물에 대한 연구도 시도하였다.

필자의 철도에 대한 연구는 벌써 20년이 지났다. 한국교통연구원에서 철도청의 공사화 방안 연구로 철도와 인연을 맺었다. 그 후 유학시절에 구체적으로 일본 철도를 접하는 기회를 가졌고, 특히 일본 철도 민영화의 성과에 대해 연구할 수 있었다. 그 후 한국철도기술연구원에 들어가 철도정책 연구를 주로 하였다. 1990년대 후반의 고속철도 직결운행에 대한 연구, 호남선 전철화 연구, 장기철도망 연구 등의 과제 수행 등을 통해 고속철도와 철도망 건설에 깊은 연구를 할 수 있는 행운을 가졌다. 특히 철도 100년인 1999년의 세미나에서 이러한 연구성과를 발표할 수 있는 영광을 누리기도 하였다.

2003년부터 1년간 주어진 일본 간사이대학의 연구 시절은 잊을 수 없는 기간이었다.

초청을 해 주신 간사이대학의 철도안전 분야의 권위자이신 아베 선생님과 철도 연구를 활발하게 하셨던 역사 분야의 하라다 선생님, 민영화 분야의 사이토 선생님, 사철 분야의 쇼지 선생님, 인프라로서 철도의 기능에 폭넓은 지식을 가지신 미카미 선생님 등과 교류를 통해 많은 것을 배울 수 있었다. 그 중에서도 지금은 고인이 되신 하라다 선생님은 필자에게 철도의 다양한 기능성과 역사의 중요성을 알려 주셨다. 또 각국 철도의 공통적인 기능과 특수성을 연구해 보면 좋겠다는 조언도 함께 해 주셨다.

귀국 후 필자는 뜻을 같이하는 사람들과 한국 철도의 역사자료를 수집하는 노력을 했고, 그 성과로 일제강점기의 철도 관련 목록집을 출간할 수 있었다.

그 후 2006년 영국 외무성의 지원으로 다녀온 옥스퍼드대학 교통연구실에서의 1년간의 유학도 필자에게 철도를 보는 시야와 유럽 철도의 변화를 체험하도록 도와주었다. 초청해 준 프레스톤 교수님과 바니스터 교수님의 철도에 대한 넓은 시야와 대중교통으로서의 역할 등에 대해 많은 것을 배울 수 있었다. 특히 유럽의 고속철도의 발전은 필자에게 한국의 철도를 새롭게 볼 수 있는 계기가 되었다. 영국의 철도유산을 집약해 둔 요크 철도박물관과 전국 각지에 있는 증기기관차 등의 견학과 체험은 잊을 수 없는 추억이며, 언젠가 우리나라에도 이와 비슷한 철도박물관을 만들고 싶다는 생각을 하게 되었다.

그 후 우송대학교로 자리를 옮기면서 학생들을 가르치고, 이들을 글로벌한 철도 인재로 키우겠다는 생각으로 학생들과 매년 해외 철도 견학을 다녔고, 학생들을 일본과 중국으로 유학을 보내는 일을 계속하고 있다. 그리고 이제 철도를 배우러 온 중국 학생들도 똑같은 나의 제자들이다.

앞으로 필자는 철도의 다양한 기능에 초점을 맞추어 우리나라에 철도가 가져온 영향력을 중심으로 연구를 계속할 생각이며, 특히 호남선 등 그동안 밝혀지지 않은 분야에 초점을 맞출 것이다. 또한 2013년~2014년에는 일본 각슈인

대학 동양문화연구소에 소장된 일본강점기의 사료에 대한 각주 작업을 할 예정이다.

그리고 언젠가 소중한 한국 철도 자료들이 소장되고 책과 자료들을 언제나 열람이 가능한 박물관과 도서관을 만드는 꿈을 가지고 있다.

그동안 이러한 연구과정과 함께 크고 작은 많은 모임과 동학들로부터 도움을 받았다. 10년 정도 매년 연구회를 같이 해온 한일철도화물연구회에 참여해온 일본 측의 나카무라 박사 등과의 교류에도 깊은 감사의 마음을 가지고 있다. 지금은 고인이 되신, 오사카역 앞에서 치과를 운영하셨던 다카가키 선생님은 필자에게 철도에 대한 열정을 가르쳐 주신 분이다. 93세의 나이로 새로 만들어진 서울역과 용산역을 보시겠다고 오셨으며, 빠른 시간 내에 한국 철도는 시베리아를 거쳐 유럽으로 가야 한다고 역설해 주셨다.

또한 한국교통연구원 시절과 한국철도기술연구원에서의 많은 동학들은 필자에게 있어 소중한 경험과 추억을 준 사람들이다. 철도와 물류를 이야기하고 고민했던 일들이 아직도 기억에 새롭다.

이 책은 같은 길을 가는 여러 동학과 함께 집필하였다. 제1장 후반부의 경성 전차에 대해서는 일본에 있는 아시아태평양대학의 도도로키 교수님이 집필해 주었다. 제2장 철도 차량의 역사는 철도공사에 근무하는 최석중 선생님이, 제4장 전반부의 철도문화유산 부문은 열차사랑의 임병국 선생님이, 제5장 전반부는 철도공사의 윤동희 선생님, 김종만 선생님이 집필해 주었다. 그리고 한국 철도의 연표는 철도공사의 배은선 선생님이 집필해 주었고 마지막까지 교정을 꼼꼼히 보아주었다.

또한 필자와 함께 근무하는 우송대학교의 정병현 교수님은 제4장, 5장, 6장에서 많은 부분을 필자와 함께 공동집필하였다. 또한 동국대학교 이혜은 교수님은 귀중한 전차 사진을 제공해 주었다. 또한 우송대학교에서 열심히 철도를 공부하는 이창희 등 WRR(우송철도연구회)의 친구들이 편집과 자료수집에 큰 도움을 주었다.

이 연구는 《한국 철도의 역사와 발전》의 I에 해당하는 것으로, 향후 2편의 철도 역사 부문은 건설과 전기 등 인프라 쪽을 다룰 것이며, 기술발달, 운전, 여객, 도시철도 등의 내용을 다룰 것이다. 지금 생각으로는 아마 2013년 경에 출판될 예정이다.

마지막으로 항상 자식을 걱정해 주시고 기도해 주시는 아버지와 어머니 그리고 내 인생에서 가족이라는 가장 소중한 것을 선물해 준 아내와 딸 서윤, 아들 윤석에게 사랑과 감사의 인사를 전하고 싶다.

2011년 8월

우송대학교 연구실에서

이용상

목차

서장

한국 철도는 1899년 개통 이래 112년의 역사를 달려왔다.

경인선을 시작으로 경부선, 경의선, 호남선, 경원선 등 한반도의 종단교통망을 철도가 담당하였다. 비록 타율적이었으며 철도의 성격 또한 대륙과의 연결 그리고 식민지 수탈을 위한 수단이라는 측면이 있었지만, 철도는 우리나라에서 여러 가지 기능을 담당했다.

1943년에 연간 여객 1.28억 명, 화물은 2,394만 톤을 수송하였다. 2009년에는 여객은 1.07억 명, 화물은 3,889만 톤을 고려한다면 당시의 수송량이 꽤 많았음을 알 수 있다. 또한 1940년의 재정에서 철도가 차지하는 비중은 약 44%로 2009년의 1.6%와도 큰 차이가 있다.

그간 우리나라 철도는 일제강점기를 지나 한국전쟁으로 인한 폐허에서 훌륭한 복구를 통해 재기의 발단을 마련하였다. 1960년대에 들어 산업선이 만들어져 철도는 석탄과 시멘트 수송을 통해 경제성장에 크게 기여하였다.

1974년 수도권 전철의 개통으로 철도는 도시교통의 주요한 수단으로 자리매김하였으며, 그 후 주요 도시에도 도시철도가 만들어져 현재에 이르고 있다.

2004년 고속철도의 개통으로 새로운 철도 르네상스 시대를 맞이한 우리 철도는 이제 안정화를 기반으로 세계 철도시장 진출을 위해 노력하고 있다.

그동안의 우리나라 철도의 발전을 요약해 보면, 일제강점기의 타율적인 철도 건설과 광복 이후 정부 주도형의 성장 그리고 2000년 이후 고속철도를 통한 새로운 도약이라고 표현할 수 있을 것이다.

철도 연구의 경우 철도 건설의 타율적인 성격으로 일제강점기의 연구는 많이 이루어지지 않았고, 해방 이후 인프라건설 위주로 철도 발전이 진행되어 운영 연구 등이 많이 부족하였다. 그러한 가운데 갑자기 고속철도 시대와 녹색성장이라는 화두가 생겨 건설과 함께 운영의 효율성을 높여야 하는 두 가지 숙제를 함께 안고 있다.

또한 종합교통정책 안에서의 철도와 철도가 가진 다양한 기능성과 문화와의 접목 등 여러 가지 해결해야 할 과제를 안고 있다.

이 책은 이러한 문제를 머리에 넣고 그동안 다루어지지 않은 부문 등을 발굴해 내는 데 초점을 두고 전개하였다.

먼저 한국 철도의 역사를 일제강점기부터 현대에 이르기까지 연속성과 단절이라는 시점에서 제1장을 구성하였다. 후반부에서는 서울의 확장과 함께 전차가 어떠한 역할을 했는지를 규명하였다. 제2장은 한국 철도 차량의 역사를 체계적으로 정리하였고, 차량의 발전방향을 제시하였다. 제3장은 철도가 사회에 미친 영향력을 다양한 측면에서 고찰하려고 하였다. 도시 발전, 문화, 관광, 건축 등 여러 가지 방면에서 철도의 영향력을 살펴보았다. 제4장에서는 철도의 문화재적인 측면에 초점을 맞추어 근대 문화유산으로서의 철도를 조명하였으며, 일본과의 비교를 통해 향후 철도문화재의 보존 방향을 제시하였다. 제5장의 철도 물류는 최근 녹색성장의 주요한 테마로 부각되는 철도화물을 조명하였다. 현황과 선진적인 철도화물정책 그리고 우리나라에의 적용방안과 함께 구체적인 사례로 호남지역에 있어서의 철도화물의 증대방안을 제시하였다. 제6장에서는 북한 철도의 현황분석과 중국 상하이 인근 쑤저우 지역에서 유럽까지 철도와 해운을 비교하면서 철도의 경쟁력을 분석하였다. 제7장에서는 최근의 해외 철도의 현황과 주요 정책을 분석하였다. 일본의 경우는 해외진출과 환경 면에서 교통정책과 민영화 이후 역의 르네상스를 분석하였다. 영국의 경우에는 최근 철도 육성정책에 대해 분석하였다. 이러한 자세한 분석을 통해 우리나라에의 시사점과 적용 가능성을 제시하였다.

마지막으로 한국 철도에 대한 제언으로 이루어졌다. 부록으로는 그동안 한국 철도의 역사를 연도별로 자세하게 정리하였다.

제1장

우리나라 철도의 역사

제1장 우리나라 철도의 역사

한반도에 철도가 처음 개통된 것은 1899년으로 경인선(노량진~인천) 구간이었다. 2년 후인 1901년에는 경부철도주식회사가 설립되어 서울~부산의 건설이 시작되었고, 1905년 1월 1일에 완성되었다. 1904년 러·일 전쟁으로 일본에서 만주까지 군수물자수송에 대한 필요성으로 한반도를 종단하는 철도가 부설되었다.

러일전쟁이 1904년 2월 8일~1905년 8월 10일까지 계속되었는데, 경의선은 완성(1906년 4월 3일) 전인 1905년 4월 28일부터 서울~신의주의 연락운전을 개시한 것에서 그 역할을 짐작할 수 있다.

이처럼 경부선과 군용 철도인 경의선 건설이 급격하게 추진되어 경부선은 1905년 1월 1일, 경의선은 1906년 4월 3일에 각각 완성되었는데, 경부선은 약 3년 6개월(1901. 6.~1905. 1./431.7km), 경의선은 2년(1904. 2.~1906. 4./527.8km)으로 매우 빠른 기간에 완성되었다는 것을 알 수 있다. 경부선 건설 약 3년간에 약 426만 명의 한국인이 직접 고용될 정도로 빠르게 진행되었다.[1]

---

1) 大村陽一(2010), '日本土木建設業の近代化と朝鮮人勞働者の移入', Core Ethics Vol.6, p. 535

한반도에서 철도는 그 후 일본의 식민화에 따른 지배의 수단이 되었지만, 한편으로는 우리나라의 새로운 운송수단으로서 근대화를 촉진시키고, 조선의 경제, 문화, 사회의 발전에 적지 않은 영향을 미쳤다.

현재 한국 철도사 연구 중에서 가장 연구가 미진한 부문 중 하나가 일제강점기에 있어서의 철도의 영향, 특히 지역과 경제에 관련된 연구이다. 철도는 이동의 자유, 시간의 단축, 생활공간의 확대, 시간 인식의 변화를 가져와, 철도 운영에 적지 않은 영향을 미치는 것이 사실이지만 이에 대한 연구는 충분하게 이루어지지 않고 있다.

그간 한국 철도에 관한 연구자들의 일반적인 평가는 두 가지로 나누어져 있다.

첫 번째는 부정적인 평가로, 한반도에서의 철도부설을 통하여 주권을 빼앗기고, 철도는 단순히 일본의 경제적, 군사적인 수탈을 위한 수단으로 이용되었다는 견해이다. 이러한 입장에서 일제강점기의 철도를 포함한 사회간접자본의 정비는 해방 이후의 한국 발전에 기여한 바가 없다는 이른바 단절적인 주장이다.[2]

한편 일제강점기 시대 철도의 정비에 대하여 소수의 의견이기는 하지만 일부 긍정적인 측면을 강조하는 견해도 있다.[3] 즉, 일제강점기에 있어서 철도정비에 따른 사회관계의 변화와 공업발전은 후일 자본주의로의 이행의 기초를 구축하고, 사회적으로도 영향을 미쳤다는 견해이다.

그러나 이러한 역사적 평가는 여러 분야에서 방대한 분석과 검증이 필요할 것이다.

---

2) 한국민족운동사연구회, 일본식민지연구회, 한국사학회, 한국사연구회, 역사교육연구회의 논문 발표 등이 이러한 흐름을 반영하고 있다. 정재정(1999), 일본 침략과 한국 철도, 서울대학교 출판부와 철도청(1999), 한국 철도 100년사 등의 흐름도 이와 같다.
3) Hamilton, C., Capitalist Industrialization in Korea, Westview Press, p. 14

이 장에서는 한국 철도사 연구를 향후 진전시키는 하나의 준비 작업으로서, 특히 일본 일제강점기의 철도와 현재 한국 철도의 비교를 통해 한국 사회에서 철도의 변화를 살펴보고자 하며, 이러한 노력은 일제강점기 유산으로 철도를 연속성과 단절이라는 시각에서 새롭게 조명하는 작업이 될 것이다.

1. 철도의 발전 : '일제강점기' 시대

철도의 발전과 함께 일제강점기의 인구는 급격하게 증가하였는데, 1910년 한국의 인구는 약 1,312만 명에서 1944년에는 약 2,553만 명으로 1.95배나 증가하였다. 이것은 일본이 같은 기간에 1.51배 증가한 것에 비해서 높은 수치라고 할 수 있다.

<표 1-1> 인구의 변화

(단위 : 명)

연도	한국	일본
1910년	13,128,780(100)	49,184,000(100)
1925년	18,540,000(141)	59, 737, 000(121)
1944년	25,525,409(195)	74,433,000(151)

자료 : 矢野恒太記念會編(2000), 日本の100年, pp. 36~37, 통계청(2000), 인구연감

철도의 영업거리는 1945년 8월 15일 현재 6,406.7km로, 1910년의 1,095.4km에 비하면 5.8배나 성장하였다. 1945년 8월 15일 현재 한국 철도(국철)는 79%, 사철은 21%로 국유철도 중심으로 수송이 행해졌음을 알 수 있다.

<표 1-2> 철도 영업거리(1945년 8월 15일 현재)

구분	영업거리
국유철도	5,038.3km(79%)
사철	1,368.4km(21%)
합계	6,406.7km(100%)

자료 : 선교회(鮮交會)(1986), 조선교통사, p.4

영업거리의 변화를 구체적으로 살펴보면 1910년에는 국유 철도가 1,086.1km, 사철이 9.3km로 합계 1,095.4km가 1924년에는 2,705.8km로 약 2.5배가 증가하였고, 1945년에는 6,406.7km로 5.8배나 증가하였다. 이러한 비율은 일본 국내의 국철 영업거리가 1910년에 8,117.7km에서 1924년에 12,593.2km, 1945년에는 19,759.6km로 증가하여 각각 1.6배, 2.4배로 증가한 것에 비교해 보아도 높은 증가율을 보이고 있다.

철도 수송량의 추이를 보면 1910년에서 1944년까지 비약적으로 증가하여 여객은 64.6배, 화물은 40.6배나 증가하였다. 1944년의 경우 연간 1.3억 명을 수송하여 1일 평균 35만 명을 수송하였고, 화물의 경우도 연간 3,652톤, 1일 10만 톤을 수송하였다. 이러한 규모는 2008년 여객수송 1.1억 명, 화물수송 4,677만 톤과 비교할 때 매우

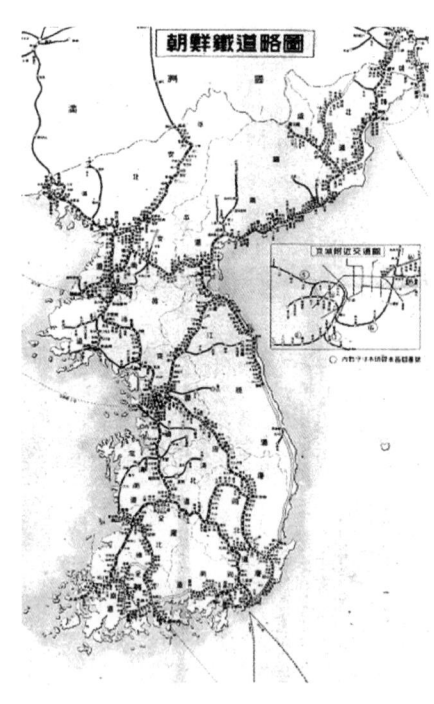

<그림 1-1> 한국 철도 약도(1944년)

<표 1-3> 철도 영업거리의 변화

연도	한국 철도(국철)	사철	합계	일본(국철)
1910년	1,086.1km	9.3km	1,095.4km(1)	8,117.7km(1)
1916년	1,715.4km	79.9km	1,795.3km(1.6)	
1924년	2,092.3km	613.5km	2,705.8km(2.5)	12,593.2km(1.6)
1935년	3,389.5km	1,091.9km	4,481.4km(4.1)	
1940년	4,293.5km	1,749.2km	6,042.5km(5.5)	
1944년	5,005.4km	1,368.4km	6,373.8km(5.8)	
1945년	5,038.3km	1,368.4km	6,406.7km(5.8)	19,759.6km(2.4)

자료 : 선교회(1986), 조선교통사, p.8

높은 수치라고 할 수 있다.

증가율을 보면 1910년부터 1924년까지와 그 이후가 분명하게 구분되는데, 이러한 요인은 1917년~1925년까지 한국 철도가 만철에 위탁 경영, 1924년부터 계획된 '철도 12년 계획'(1927~1938)의 수행과 1937년 7월부터의 중일전쟁, 1939년 9월~1945년 8월의 제2차 세계대전에서 철도의 역할이 컸다는 것을 알 수 있다.

<표 1-4> 여객 수송량의 변화

(단위 : 만 명)

연도	한국 철도(국철)	사철	합계
1910년	202	-	202(1)
1916년	529	19	548(2.7)
1924년	1,749	271	2,020(10.0)
1935년	2,934	672	3,606(17.9)
1940년	8,209	2,352	10,561(52.3)
1944년	10,637	2,407	13,044(64.6)

자료 : 선교회(1986), 조선교통사, p.9

<표 1-5> 화물수송량의 변화

(단위 : 만 톤)

연도	한국 철도(국철)	사철	합계
1910년	90	–	90(1)
1916년	193	6	199(2.2)
1924년	386	54	440(4.9)
1935년	867	203	1,070(11.9)
1940년	2,405	722	3,127(34.7)
1944년	3,102	550	3,652(40.6)

자료 : 선교회(1986), 조선교통사, p.10

영업거리를 일본 본토와 비교해 보면 한국 철도의 성격이 분명해진다. 우리나라 철도는 일본 본토에 비해 약 2배나 많이 성장하였다. 한국의 경우 1925년~1940년 사이에 1,000㎢당 철도 영업거리는 2.2배 성장한 것에 비해 같은 시기에 일본 본토에서는 1.4배, 홋카이도는 1.6배에 머물렀다. 이는 일본 본토는 어느 정도 철도 건설이 이루어진 반면 우리나라의 철도는 개척철도로서 건설이 급격하게 이루어졌다고 할 수 있다.

<표 1-6> 한국과 일본의 철도 영업거리 비교

(단위 : 만 톤)

연도	한국		일본 · 혼슈		일본 · 홋카이도	
	면적 1,000㎢당	인구 10만 명당	면적 1,000㎢당	인구 10만 명당	면적 1,000㎢당	인구 10만 명당
1925년	12.38km(1)	14.00km(1)	53.24km(1)	26.87km(1)	29.2km(1)	102.53km(1)
1930년	16.2km(1.3)	18.5km(1.3)	75.0km(1.4)	36.6km(1.4)	39.0km(1.3)	128.8km(1.3)
1935년	21.1km(1.7)	22.0km(1.6)	71.0km(1.3)	31.6km(1.2)	43.5km(1.5)	118.5km(1.2)
1940년	26.9km(2.2)	26.0km(1.9)	72.3km(1.4)	29.9km(1.1)	45.5km(1.6)	124.0km(1.2)

자료 : 선교회(1986), 조선교통사, p.92

수송밀도 추이를 보면 한국 철도는 일본 철도보다 급성장하였다. 한국

철도의 경우 1925년에 비해 1940년에 여객은 2.9배, 화물은 2.1배나 성장한 것에 비해 일본은 같은 시기 각각 2.0배, 1.7배 성장하여 우리나라 철도가 수송밀도의 성장률은 높았지만, 전체적인 수송량이 일본이 많아 수송밀도는 일본이 높은 것을 알 수 있다.

<표 1-7> 수송밀도

(명, 톤/일 · km당)

연도	한국 철도(국철)		일본(국철)	
	여객	화물	여객	화물
1925년	1,310(1)	1,439(1)	4,189(1)	2,556(1)
1930년	990(0.8)	1,200(0.8)	3,586(0.9)	1,961(0.8)
1935년	1,605(1.3)	1,623(1.1)	4,200(1.0)	2,477(1.0)
1940년	3,799(2.9)	3,074(2.1)	8,361(2.0)	4,306(1.7)

자료 : 선교회(1986), 조선교통사, p.94

한편 철도를 운영하는 직원 수의 추이를 보면 한국의 경우 1925년에 12,819명에서 1940년에 57,525명으로 약 4.5배 증가하였다. 영업거리당 직원 수는 1925년에 4.8명에서 1940년에는 9.7명으로 증가하였다. 일본의 경우 영업거리당 직원 수는 1925년에 12명에서 1940년에 14.1명으로 한국 철도에 비해 낮은 수치를 보이고 있는데, 이는 한국 철도가 역간 거리가 길고 조차장이 없어 일본 철도에 비해 적은 인원으로 유지가 가능하였다.

<표 1-8> 직원 수 추이

	한국 철도(국철)	일본(국철)
1925년	12,819(1)	200,500(1)
1930년	16,507(1.3)	204,564(1)
1935년	21,937(1.7)	218,352(1.1)
1940년	57,525(4.5)	339,160(1.7)

자료 : 선교회(1986), 조선교통사, p.101

1940년의 역간 거리는 우리나라가 6.84km에 비해 일본은 4.84km에 불과하였다.

<표 1-9> 영업거리당 직원 수 추이

(명/km)

	한국 철도(국철)	일본(국철)
1925년	4.8(1)	12.0(1)
1930년	4.6(1)	9.9(0.8)
1935년	4.7(1)	9.2(0.8)
1940년	9.7(2)	14.1(1.2)

자료 : 선교회(1986), 조선교통사, p.101

한편 영업수지를 보면 한국 철도의 경우 비용/수입을 의미하는 영업계수가 1925년에 70.0, 1930년에 67.4, 1935년에 56.2로 개선된 것을 알 수 있다. 일본과 비교해 볼 때는 일본이 1925년에 54.0, 1930년에 62.2로 한국에 비해 영업 성적이 좋았으나, 1935년에는 한국의 경우가 오히려 높았다. 이는 1930년 이후 전쟁으로 인한 대륙 물자수송 등이 활발한 것에 기인한 것으로 판단된다.

당시 한국 철도는 일제강점기에 양적으로 철도 건설과 수송량이 급격하게 증가한 것을 알 수 있다. 특히 인구증가보다 높은 철도 수송량 증가율

<표 1-10> 영업수지의 추이

	한국 철도(국철)			일본(국철)		
	영업수입 (千円)	영업비용 (千円)	영업계수	영업수입 (千円)	영업비용 (千円)	영업계수
1925년	32,100	22,491	70.0	480,451	259,440	54.0
1930년	38,592	26,000	67.4	458,140	284,824	62.2
1935년	59,048	33,200	56.2	544,534	329,537	60.5
1940년	167,283	105,711	63.2	1,039,495	666,309	64.1

자료 : 선교회(1986), 조선교통사, p.105

은 당시 철도의 비중을 설명하여 주고 있다.

한편 기존 자료와 연구 등을 종합해 보면, 철도의 성격이 대륙과의 연계 그리고 철도 수송에 영향을 미친 요인으로는 대륙정책의 일환으로 전쟁수행, 자원수탈 등과 '철도 12년 계획' 등이라고 할 수 있다.

이를 자세하게 보면 첫째로, 우리나라 철도의 성격이 대륙과의 연결, 군사적 목적이 강한 철도였다는 것이다. 대륙과의 연계성과 일본으로의 물자수송 등이 이를 반증해 주고 있다. 운영 주체에 따라 총독부 제1차 직영기 (1910년~1917년), 1917년~1925년까지의 만주철도에의 위탁 경영과 제2차 직영 1기(1925년~1935년), 제2차 직영 2기(1936년~1945년)로 나눌 수 있는데, 각각의 시기를 통해 이러한 우리나라 철도의 성격을 알 수 있다.

제1차 직영기에서는 1911년 11월 압록강 가교공사가 완성되었고, 경의선 개량공사도 준공되었으며, 만주철도 안봉선(안둥~펑톈, 지금의 단둥~선양)의 표준궤 개축과 함께 조선~만주 간 직통열차가 개통되었다. 또한 종단철도와 항만을 연결하는 노선이 완성되었는데, 1915년에 호남선(대전~목포), 경원선(용산~원산)이 완성되었다. 이러한 종관철도의 완성과 대륙철도의 연결은 우리나라 철도의 성격을 잘 설명해 주고 있다. 또한 일본~한국~만주를 연결할 경우 우리나라 통과 운임을 1/3 정도 저렴하게 하는 정책인 3선 연락운임협정도 이를 뒷받침해 주고 있다.

두 번째로는 만주철도의 위탁 경영의 목적이다. 대륙과의 원활한 연계를 위해서는 경영을 일원화할 필요성이 있었다. 조선총독부에서 철도 건설과 개량 책임을 지고, 운영은 만주철도에 위탁함으로써 대륙과의 연결을 원활히 하는 정책이 도입되었다.

세 번째로는 제2차 직영 1기 주요 업무는 1932년 3월 만주국 성립 그리고 중일전쟁에 대한 대륙 진출 과정을 수행하는 업무였다. 제2차 직영 1기의 주요 업무를 보면 이를 알 수 있다.

<표 1-11> 제2차 직영 1기 주요 추진 사업

1. 서울역 완성(1925. 10.)
2. 사철철도에 대한 허가, 인가의 권한을 철도국장에게 이관(1925. 12.)
   (그 후 자동차 운수 행정을 통제하기 위한 관제 개정 1933. 7.)
3. 철도국에서의 기관차 신조의 제1호였던 '테호로' 기관차 2량을 서울 공장에서 제작 완성
   (1927. 7.)
4. 도문 국제 철교 가설 공사 준공(1927. 10.)
5. 시베리아 경유 아시아 · 유럽 각국과의 여객 및 수하물의 연결운수 개시(1927. 8.)
6. 함경선 전선 개통(1928. 9.)
7. 운송회사 합동으로 조선운송주식회사 창립(1930. 4.)
8. 북선선 일부의 만주철도 위탁 경영(1933. 10.)
9. 1등 전망차 운행(1934. 2.)
10. 부산~신경(장춘) 구간에 직통 급행열차 '히카리', 부산~봉천(심양) 구간에 직통열차 '노조
    미' 운행 개시(1934. 11.)

특히 1933년부터 북선선(성남봉~나진 : 지금의 함북선)이 남만주철도주
식회사에 위탁되었는데 위탁 경영의 요지를 보면 '만주철도는 위탁 경영
실시에 있어서 조선 내의 교통관리의 증진 및 조선 지방 산업 개발을 위해
서 최선을 다 한다'고 되어 있어 이러한 사실을 뒷받침해 주고 있다.

네 번째로 제2차 직영 2기도 1941년부터 시작된 태평양전쟁으로 군사적
목적에 의한 대륙으로의 물자수송이 주를 이루었다고 할 수 있다.

1940년 당시 시각표를 통해 본 당시의 철도운행을 보면 부산~대구~경
성~평양~안동(현 단둥)~봉천(현 선양)~신경(현 창춘)~하얼빈~모스크바~
파리 구간에 총 거리는 13,735km로 약 15일이 소요되었다.

수송량을 보더라도 1925년 이후에는 화물이 급격하게 증가한 것으로도
당시의 철도의 성격을 짐작할 수 있다.

이와 같은 한국의 철도현황을 볼 때 한국 철도는 1910년에서 1945년 사

<표 1-12> 국제철도 운행시간과 거리

도시	거리(km)	운행시간
도쿄	0	15:00 출발
시모노세키	1097.1	1일 09:25
부산	1337.1	18:00
경성(서울)	1787.6	2일 02:47
평양	2048.3	07:27
봉천(선양)	2562.7	17:37
신경(창춘)	2867.5	22:12
하얼빈	3109.5	3일 06:20
만주리	4044.3	4일 10:55
모스크바	10760.0	11일 19:30
바르샤바	12086.0	13일 05:53
베를린	12654.0	15:43
파리	13735	14일 05:30
합계	13735km	약 15일 소요

자료 : 조선총독부 철도국(1940), 조선 열차시각표

<표 1-13> 부관연락선 연표

연도	주요 연표
1905년 9월 11일	산요철도주식회사가 시모노세키~부산 간 철도연락선 운항 개시
1905년 9월 12일	19시에 시모노세키를 출발하여 다음날 아침 6시 부산에 도착(이키마루 1호)
1906년 12월	산요철도주식회사가 국유화되어 항로는 국철에 이관
1943년 7월 15일	국철이 후쿠오카~부산 간 철도연락선 운항 개시

자료 : 신조사(新潮社)(2010), 일본 철도여행지도장, p.13

이에 급격히 발전한 것을 알 수 있으며 국제적인 성격도 강하였다고 요약할 수 있다.

경부선은 1905년, 호남선과 경원선은 각각 1906년, 1914년에 개통하였고, 부산~신의주 구간의 융희호는 1908년 운행을 시작하였다. 1911년 압록강철교가 개통된 이후 중국 봉천까지는 직통운행 그리고 신경까지 연장

운행되었다. 1934년 부산~봉천, 부산~신경 직통열차 운행과 1939년 부산~베이징 간의 직통열차가 운행되었고, 시베리아 횡단철도와는 주 2회이지만 파리까지 연결되었다.

<표 1-14> 한국 철도와 국제철도 연결

일시	국제철도
1908년 4월 1일	경부선에 부관연락선 연결(도쿄)
1911년 11월 1일	부산~봉천 직통운전 개시(일본~한국~만주 간의 철도 연결)
1913년 6월 10일	한국과 시베리아를 경유 유럽 주요 도시와 여객과 수화물 연락 운송 개시
1934년 11월 1일	부산~봉천 간 노조미, 부산~신경 간 히카리 직통급행열차 신설
1939년 11월 1일	부산~북경 간 직통급행열차 흥아호 신설

자료 : 신조사(2010), 일본 철도여행지도장, p.5

이에 따라 한국 내에서 철도는 여러 가지 사회 경제적 영향력을 발휘하였다고 할 수 있다.

이는 이미 경험한 일본의 사례를 통해서도 변화에 대한 예측이 가능할 것이다.[4]

일본 철도 초기의 사회 경제적 영향력을 구체적으로 살펴보면 다음과 같다. 1872년 일본에서 최초로 개통된 도쿄(東京)~요코하마(橫浜) 사이의 약 29km의 철도가 당시에는 1일 9왕복, 1개 열차 8~9량 편성, 객차(2개 축차) 1량의 정원은 1등 객차는 10~18명, 2등 객차는 20~22명, 3등 객차는 30~36명 등으로 추측된다. 편성에 대한 기록이 없어, 정확한 정원은 확실하지 않지만 1등차 1량, 2등차 2량, 3등차 5량 그리고 화물차가 연결되었으며, 최대정원은 1등석 18명, 2등석 44명, 3등석 180명 등 모두 242명이었다. 1일

---

4) 이용상 외 (2005), 일본 철도의 역사와 발전, 한국철도기술연구원의 하라다 가쓰마사가 쓴 p. 57~66

9왕복 18개 열차 운행을 통해 수송력은 최대 4,356명으로 1일 약 4,400명을 수송하는 것이 가능하였다. 이 구간의 중간 역은 시나가와(品川), 가와사키(川崎), 쓰루미(鶴見), 가나가와(神奈川)의 4개로 운전시간은 53분, 표정속도는 약 33km/h였다. 수송인원수와 열차의 속도는 당시 교통수단으로서는 획기적이었다.

철도의 개통은 당시 교통·통신의 근대화에 크게 기여하였다. 철도 수송의 특징은 말할 것도 없이 대량, 고속, 안전 등 3가지인데, 최초의 단계에서 이용자에 가장 좋은 인상을 준 것은 고속이라는 점이었다. 도쿄~요코하마 구간이 1시간도 걸리지 않아, 종래의 이 구간이 도보로 7~8시간이나 걸린 것에 비교해 보면 7~8배 빨라진 속도였다. 이전에 아침 일찍 도쿄를 출발한 성인 남성이라면 저녁때에 가나가와나 그 앞의 호도가야(程ヶ谷)에 숙박하는 것이 상식이었지만, 성인 여성이라면 호도가야까지의 도착도 무리였다. 열차를 이용하면 남녀 공히 4시간도 안돼서 출장지에서의 용건을 마치고 돌아오는 것이 가능한 것으로 변화하였다. 당시의 잡지는 요코하마에 사는 주부가 어린아이를 재워서 시나가와까지 볼 일을 보러 외출해 3시간 후에 돌아올 때까지 어린아이가 아직 깨어나지 않고 있다는 기사를 소개하고 있다(〈新聞雜誌〉 제104호, 1873년 6월호).

이 구간은 나카센도(中山道)를 경유하는 도쿄~교토(京都) 간의 지선으로서 건설되어, 다분히 본격적인 간선 건설에 선행하는 시험적인 의미를 가지고 있었다. 그러나 개업 후, 여객의 수송수요는 매우 큰 것으로 판명되었다. 화물의 수송 개시는 거의 1년 후 1873년 9월 15일이었는데, 초기 여객만의 영업이었지만 후에 비즈니스여객 이외의 개인적인 비용으로 이용하는 일반여객도 증가하였다.

신바시(新橋)~요코하마 간의 철도는 많은 이용자를 불러 모았고, 사람들의 생활에 큰 영향을 미쳤다.

철도 운행 이전과 후에 철도가 사람들의 생활이나 생활의식에 가져온 변화에 대해 언급해 보면 다음과 같다.

시나가와~요코하마 간의 가영업 개시 3일 전인 1872년 6월 9일 태정관 (太政官)은 '철도약칙(鐵道略則)'(태정관포고 제61호 · 1872년 4월 4일 공포)을 공포하였다. 이는 모두 25개조였는데, 6월 9일 공포된 '철도범죄벌령'(태정관포고 제147호)과 함께 철도 이용의 기초가 되는 근본규칙이었다. 이 '약칙' 제1조는 열차를 이용할 때에는 먼저 운임을 지불하고 승차권을 구입하도록 정하였다. 이 경우 승차권을 구입하는 것은 여행하는 모든 사람을 대상으로 하고 있어, 이 규칙은 몇 사람에 한하지 않고, '누구나' 라는 표현을 쓰고 있다. 이것은 중요한 의미를 가진다. 즉, 철도 이용자는 누구나라고 해서 예외를 인정하지 않는 입장에 주의할 필요가 있다. 근대국가의 입헌군주제에 있어 군주와 그 직계가 그 의무를 부담해야 하는가에 대하여 법리상의 논의가 나누어져 있지만, 아무튼 정부 공무원이나 의회 의원, 공무의 경우에 공적기관에 의해 운임이 지불되는 부담을 포함해서, 모든 이동을 위한 승차권 · 승차증을 구입해 휴대하지 않으면 안 되었다. 이것이 근대 시민사회에 있어서 철도에 의한 이동의 기본규칙이었다.

열차를 이용하는 사람들은 먼저 누구나 지장 없이 출입할 수 있도록 허락된 정거장의 방식이 그때까지의 건물 출입의 통념과는 다르다는 것을 알게 되었고, 더욱이 객차에 승차하는 경우에 신발을 신은 채로 승차하게 되는 것에 놀랐다. 그 가운데는 신발을 홈에서 벗은 채 객차에 탄 사람도 있었다. 이렇게 철도 이용자는 철도를 통해 '공공의 장소'라는 개념과 그 이용방식을 인식하게 되었다.

이러한 사람들은 철도를 이용하는 것에 의해 공공의 시설과 자신과의 관계를 하나씩 하나씩 몸에 익히게 되었다.

더욱이 하나 더 새로운 것이 시간 인식이었다. 철도의 이용에 따르는 규칙이나 예절 그리고 시간 인식의 변화 등 사람들의 생활이나 인식은 철도의 이용을 통해서 크게 변화하였다. 사람들이 이동이나 수송을 근대사회에 있어서 기본적인 권리의 하나로 향유하는 체제와 '근대화의 견인차' 라고 하는 철도의 특질은 이러한 규정으로부터 출발하였다고 할 수 있다.

우리나라의 경우 철도 개통이 가져온 변화는 제3장에서 자세히 언급하고자 한다.

2. 한국 철도의 변화

일제강점기와 현재 한국 철도의 변화를 보면 여러 가지 변화가 있었지만 먼저 철도 역할의 변화를 꼽을 수 있다. 1940년 철도의 수송 분담률이 여객의 경우에는 인 기준으로 63.7%, 화물은 톤 기준으로 거의 독점적인 90.1%를 차지하였으나, 2008년의 시점에서 여객은 7.8%, 화물은 6.5%에 머무르고 있다.

이러한 요인은 해방 후 도로 중심의 교통정책이 추진되었고, 차관 도입에 따라 도로를 먼저 건설해야 하는 조건 등이 제도적으로 뒷받침되었다.

구체적으로 전체 교통시설 투자 중 도로의 투자 비중은 1차 경제개발 5개년 계획 기간 중에는 17.2%에 불과하였는데, 계속 확대되어 2차 기간 중에는 52.0%, 3차 기간 중에는 51.6%, 6차 기간에는 79.6%를 차지하였다. 반면 철도는 1차 경제개발 5개년 계획 기간 중에 60.6%를 차지하던

것이 계속 감소하여 6차 경제개발 5개년 계획 기간에는 10.1%로 감소하였
다. 2000년 이후에는 철도에 대한 투자가 증가하여 2003년~2010년까지
철도 투자 비중은 약 25%를 상회하고 있지만, 아직도 도로 투자액의 50%
미만에 머무르고 있다.

광복 이후 2010년에 인구가 2.9배나 증가한 것에 비해 철도 영업거리는
1.34배의 증가에 그치고 있다.

이러한 요인은 도로투자에 따라 철도보다는 도로연장이 확장된 것에 기
인하고 있다. 1975년에 44,905km에 불과하던 도로연장은 2009년에는
87,388km로 약 2배 증가하였는데, 이에 비해 같은 기간의 철도 영업거리
는 3,144km에서 3,138km로 6km 감소하였다.

<표 1-15> 교통시설투자(1962~2010)

(단위 : 억 원)

연도	도로	철도	지하철	공항	항만	계
1차(62~66)	61(17.2)	215(60.6)	-(0)	26(7.3)	53(14.9)	355(100)
2차(67~71)	1,147(52.0)	634(28.7)	83(3.8)	76(3.4)	267(12.1)	2,207(100)
3차(72~76)	4,674(51.6)	2,669(29.4)	248(2.7)	189(2.1)	1,284(14.2)	9,064(100)
4차(77~81)	16,302(47.7)	7,434(21.7)	5,532(16.2)	1,469(4.3)	3,451(10.1)	34,188(100)
5차(82~86)	37,191(46.7)	9,647(12.1)	24,379(30.6)	2,223(2.8)	6,186(7.8)	79,626(100)
6차(87~91)	115,225(79.6)	14,620(10.1)	789(0.5)	2,538(1.8)	11,538(8.0)	144,710(100)
2003	87,989(56.8)	39,279(25.4)	7,098(4.6)	3,785(2.4)	16,718(10.8)	154,869(100)
2004	81,180(56.4)	33,761(23.5)	8,675(6.0)	3,617(2.5)	16,724(11.6)	143,957(100)
2005	76,639(51.7)	36,598(24.8)	12,366(8.3)	4,059(2.7)	18,555(12.5)	148,217(100)
2006	73,567(51.5)	32,941(23.1)	12,953(9.1)	3,918(2.7)	19,402(13.6)	142,781(100)
2007	75,330(51.3)	34,625(23.6)	12,845(8.8)	3,334(2.3)	20,622(14.0)	146,756(100)
2008	80,682(51.7)	38,869(24.9)	13,853(8.9)	2,109(1.4)	20,491(13.1)	156,004(100)
2009	95,850(52.9)	47,654(26.3)	15,898(8.8)	592(0.3)	21,298(11.7)	181,292(100)
2010	80,038(52.4)	42,020(27.5)	11,492(7.5)	666(0.4)	18,617(12.2)	152,833(100)

주 : ( )안은 %
자료 : 기획예산처 및 기획재정부 자료

<표 1-16> 철도 영업거리와 인구 변화

연도	한반도 전체 1945년(A)	한반도 전체 2010년(B)	B/A
인구	25,525,409명	73,070,000명	2.9
영업거리	6,406.7km	8,604km	1.34

자료 : 조선총독부 철도국, 조선총독부 철도국 연보, 교통부(1958), 한국 교통 60년사, 통계청(2010), 인구연감

이 결과 철도 수송량은 변화가 있었지만 1940년과 2009년을 비교해 보면 여객은 0.8배로 감소하였고, 화물은 1.1배 증가에 머무르고 있다.

수송 분담률은 여객의 경우 1961년에는 철도 53%와 도로 45.5%, 1966년에는 철도 42.5%와 도로 56.2%, 1998년에는 철도 27.3%와 도로 55.4%, 2000년에는 철도가 15.9%로 감소(인·km 기준)하였다.

한편 화물의 경우 1961년 철도는 88.2%, 도로는 8.2%에서 1998년에는 철도는 7.6%, 도로는 72.0%, 2008년에는 철도 8.1%로 감소(톤·km 기준)한 것에서 철도의 위상이 낮아진 것을 알 수 있다.

<표 1-17> 수송량의 변화

	1940년(A)(남북한)	2009년(B)(한국)	B/A
여객	1.3억 명	1억 명	0.8
화물	3,652만 톤	3,889만 톤	1.1

자료 : 조선총독부 철도국(1940), 조선총독부 철도국 연보, 철도공사(2009), 철도통계연보

또한 영업거리당 직원 수는 거의 변화가 없으며, 수송량의 증가를 통해 생산성은 증가하였지만, 비용도 함께 증가하여 영업계수는 낮아 수지 면에서는 악화된 것을 알 수 있다. 1940년과 2009년을 비교해 볼 때 직원 수는 거의 변화가 없고 영업계수는 오히려 높아져 경영은 악화되었다. 특히 인건비의 비중이 1926년 철도의 경우는 전체 비용 중 8.3%에 불과하였는

데 2009년에는 48.5%로 증가하였다.

<표 1-18> 직원 수 변화

(명/km)

	1940년	2009년
직원 수/km	9.7(1)	9.5(0.98)

자료 : 조선총독부 철도국(1940), 조선총독부 철도국 연보, 철도공사(2009), 철도통계연보

<표 1-19> 영업계수 변화

	1940년(A)	2009년(B)	B/A
영업계수	63.2	119.4	1.9

자료 : 조선총독부 철도국(1940), 조선총독부 철도국 연보, 철도공사(2009), 철도통계연보

열차의 운행시간을 보면 서울과 부산의 운행시간은 1945년에 6시간 45분에서 2010년 경부고속철도 전 구간 개통 이후 2시간 20분으로 단축되었으며, 운행 최고속도는 1945년에 100km/h의 열차가 운행된 것에 비해 2010년에는 최고속도 300km/h의 열차가 운행되고 있다.

<표 1-20> 열차 운행시간 변화

	1940년(A)	2010년(B)	B/A
서울~부산	6시간 45분	2시간 20분	0.3

자료 : 조선총독부 철도국(1940), 조선총독부 철도국 연보, 철도공사 자료

일제강점기와 현재 철도 상황을 비교해 보면 교통수단으로서의 철도의 위상은 많이 낮아졌으며, 특히 인구 증가율에도 못 미치는 철도 수송은 더욱 그러하다. 여객과 화물의 수송량 증가도 북한을 감안하더라도 미미한 수준에 머물렀으며, 광복 이전에 철도 중심의 교통체계가 광복 이후 자동차 중심의 수송체계로 변한 것을 알 수 있다. 속도 면에서는 고속철도의

개통으로 질적인 발전이 있었다고 할 수 있다.

3. 철도의 영향력 : 연속성

(1) 인프라로서의 의미

철도 투자는 주로 인프라의 건설이었기 때문에 당시에 건설된 철도는 기본적으로 현재도 사용되고 있다. 이러한 측면에서 당시에 철도 투자액을 파악하는 것은 의미가 있다고 생각된다.

1910년~1944년간 재정지출액은 7,321백만 원이었는데 그 중 철도 투자액은 1,390백만 원으로 약 19%를 점하였다. 철도 투자는 거의 대부분이 조선총독부가 부담한 금액으로 국가재정의 투자임을 알 수 있다. 구체적으로는 1906년~1943년 사이에 철도 투자의 재정총액은 1,480백만 원이며, 이 중 조선총독부 지출액은 1,345백만 원으로 91%를 차지하였다.

<표 1-21> 철도 투자액 추이

	재정지출 총액(A)	철도 투자 총액(B)	B/A
1910년~1944년	7,321백만 원	1,390백만 원	0.19

자료 : 조선총독부(1940), 조선총독부통계연보, p.232, 선교회(1986), 조선교통사, p.735

<표 1-22> 조선총독부 철도 투자액

	철도 투자 총액(A)	조선총독주부담액(B)	B/A
1906년~1943년	1,480백만 원	1,345백만 원	0.91

자료 : 조선총독부(1940), 조선총독부통계연보, p.232, 선교회(1986), 조선교통사, p.735

시기별로 보면 철도 투자액이 특히 많았던 시기는 초기 간선철도인 경부선과 경의선, 호남선의 건설이 집중된 1910년대까지와 철도 12년 계획이 수립된 1927년으로, 그 후 철도 투자액의 비중이 다시 증가하는 추세를 보

<표 1-23> 조선총독부 철도 투자액

	재정(A)(천원)	철도 투자액(B)(천원)	B/A
1910년~1914년	224,764	35,137	0.16
1915년~1919년	322,695	40,700	0.13
1920년~1924년	705,327	68,604	0.10
1925년~1929년	1,014,516	95,094	0.09
1930년~1934년	1,128,575	83,456	0.07
1935년~1939년	2,196,051	335,465	0.15
1940년~1943년	4,837,082	378,045	0.08
합계	12,824,010	1,036,501	12.4

자료 : 조선총독부, 조선총독부통계연보

<표 1-24> 재정구조(1940년 : 조선총독부 특별회계세출 기준)

경상부		임시부	
철도국	46.5%	철도 건설과 개량	37.9%
전매국	12.1%	산업진흥과 관리비	13.2%
국채기금 특별회계	9.7%	임시군사특별회계	11.5%
지방청	7.3%	보조 및 장려금	11.4%
통신비	6.3%	토목비	6.2%
산림 관계	3.3%	재해비	3.2%
연금 부담금	1.9%	시국대책 임시시설비	3.1%
총독부	1.8%	지방재정 조정비	2.2%
형무소	1.8%	영선비	2.1%
세무서	1.4%	전신전화시설비	1.3%
재판소 및 공탁국	1.2%	토지개량사업비	1.2%

자료 : 조선총독부(1941), 통계적요(統計摘要), p.59

였다. 1910년~1914년에는 재정에서 차지하는 비중이 16%였으며, 1935년
~1939년에는 15%를 차지하였다.

당시 철도의 비중은 1940년 조선총독부 특별회계세출 기준으로 철도 관
계 투자액은 경상부의 46.5%, 임시부의 37.9%를 점하고 있다. 다른 재정
항목과 비교해 볼 경우에 전매부는 12.1%, 체신부는 6.3%, 임시부의 임시
군사비 특별회계는 11.5%를 차지하고 있어, 철도에 대한 투자 비중이 매
우 높은 것을 알 수 있다. 또한 사회 인프라에서 차지하는 철도의 비중이
매우 높아, 당시 건설된 철도 노선은 현재도 중요한 역할을 담당하고 있
다는 의미에서 연속성 측면에서의 해석이 가능할 것으로 판단된다.

(2) 국토 공간구조 형성

현재 우리나라의 기본적인 공간구조는 20세기 초반에 건설된 철도와 무
관하지 않다. 1905년에 개통된 지선을 포함한 580km의 경부선과, 1914년
대전에서 목포까지 전통된 286km의 호남선 그리고 1906년에 개통된 서
울에서 신의주까지의 716km의 경의선, 1914년에 개통된 서울에서 원산
구간에서의 226km의 경원선이 바로 그것으로, 이를 중심으로 한반도는 X
자 형상의 국토 공간구조가 형성되었다.

당시에 형성된 철도망은 서울을 중심으로 한 부산축, 목포축, 신의주축,
원산축의 발전이 이루어졌는데, 경부선과 경의선이 가장 먼저 건설되어 서
울과 부산을 중심으로 발전이 이루어졌다. 그리고 후에 호남지역이 발전되
었다. 재미있는 사실은 일제강점기 시대에는 영남과 호남지역의 경제력 차
이는 심하지 않았지만, 1998년과 당시의 자료와 비교해 보면 광복 이후 양
지역 간에 많은 차이가 발생한 것을 알 수 있다.

<표 1-25> 인구의 변화

	1921년	1940년	1998년	2009년
영남 지방	3,935,342명(100)	4,714,111명(120)	13,194,000명(335)	13,067,729명(332)
호남 지방	3,171,368명(100)	4,288,149명(135)	5,523,000명(174)	5,763,815명(1.82)

자료 : 조선총독부 철도국(1940), 조선총독부 철도국 연보
鈴木武雄(1942), 朝鮮の経濟, 日本評論社, p.24
高橋邦周(1924), 朝鮮湾州台湾實狀要覽, 東洋新報社, p.74
kosis.kr(국가통계포털), 2009년 시군구별 주민등록인구 기준

　수송량의 변화를 지역별로 살펴보면, 1930년에 호남선은 경부선의 32%
수준이었는데 그에 비해 2009년에는 9% 수준으로 저하하였다. 일제강점
기 시대에는 영남지역과 호남지역의 인구 격차는 크지 않았지만 여객의 이
동량은 경부선이 호남선의 약 3배에 달해 여객 이동이 경부축에서 매우 활

<표 1-26> 수송량의 변화(여객)

	경부선(A)	호남선(B)	B/A
1930년	7,389,833명	2,438,634명	0.32
2001년	66,406,063명	6,955,018명	0.09
2009년	73,419,547명	7,427,680명	0.10

자료 : 조선총독부 철도국(1930), 조선총독부 철도국 연보, 철도공사(2009), 철도통계연보

발하게 이루어져 경제의 중심이 서울~부산 구간임을 알 수 있다.
　1일 열차운행 횟수의 경우에도 1930년에는 호남선이 경부선의 57% 수준
에서 2009년에는 13% 수준으로 감소하였다. 1930년을 기준으로 열차운행
횟수와 여객 수송량과 비교해 볼 경우, 경부선이 열차 횟수는 2배임에도
수송량은 약 3배로 탑승률이 높은 것도 경부선의 특징을 나타낸 것이라고
할 수 있다.

<표 1-27> 열차운행 횟수의 변화

	경부선(A)	호남선(B)	B/A
1930년	6	4	0.57
1940년	10	7	0.70
2002년	63	18	0.28
2009년	194	26	0.13

자료 : 철도국 편집(1930)(1940), 기차시간표
철도청(2002), 시각표
철도공사(2009), 시각표

(3) 도시 발전

철도 개통에 의해 새로운 도시가 탄생하였고, 그간의 역원 제도에 의해
발전된 지역은 새로이 건설된 철도 노선에 따라 발전지역이 변화되었다.
그간 역원은 중앙으로부터 지방에 이르기까지 30리마다 도로 주변에 설치
되어 우편과 숙박기능을 담당하였다. 조선시대에 약 520여 개의 역원이
있어 역원은 중앙과 지방의 공문전달, 세금수송, 관료 등의 숙식제공 등
중요한 기능을 담당하였는데, 철도가 개통되면서 철도의 정차역 중심으로
이러한 기능이 변화하였다. 예를 들면 당시에 서울~부산축의 우역 노선은
서울~용인~음성~충주~문경~예천~대구~부산이었으며, 또 한 노선은 서
울~용인~음성~충주~문경~김천~성주~창원~고령이었다. 동해안의 경우
에는 서울~팔당~원주~횡성~강릉~삼척~울진이었다.

경부선의 개통에 따라 부산이 발전하였고, 1910년에는 무역량이 인천과
거의 비슷하였으나 그 후 인천보다 무역량이 증가해 1939년에는 우리나라
전체 무역량에서 부산이 차지하는 비중이 31%나 되었다. 이러한 부산의
발전은 화물발착이 종단항이며 일본의 경제권에 가까운 지리적 특성의 결
과라고 하겠다.

대전의 경우도 1905년에 경부선의 개통과 1914년 호남선의 개통에 의해 발전을 계속하였다. 그 외에도 경부선의 천안, 호남선의 익산, 경의선의 신의주 등이 철도 개통의 영향으로 발전을 계속하였다. 철도 개통에 의해 도시인구가 증가하였는데, 1925년에 도시인구는 4%에서 1944년에는 13%까지 증가하였다.

한편 구 백제의 수도였으며 1931년까지 도청소재지였던 공주는 경부선과 호남선이 통과하지 않아 침체를 거듭하여 2009년 현재 인구 126,440명의 작은 도시로 전락하였다.

<표 1-28> 인구의 변화

	1911년	1925년	1940년	2001년	2009년
대전	4,250명(1)	9,001명(2.1)	100,000명(23.5)	1,408,809명(331.5)	1,498,000명(352.4)
공주	7,174명(1)	10,035명(1.4)	20,000명(2.8)	135,589명(18.9)	126,440명(17.6)

자료 : 조선총독부(1927), 朝鮮の人口現象, p.268

<표 1-29> 무역량의 변화

	1910년	1939년
인천	28%	15%
부산	27%	31%

자료 : 인천시와 부산시 내부 자료로부터 작성

(4) 이동의 촉진

철도는 이동시간과 운임의 경쟁력으로 이용자와 함께 운행 횟수가 증가하였다. 1인당 연간 철도 이용 횟수는 1910년 0.15회에서 1944년 5.2회까지 증가하였다. 특히 철도는 버스보다 운행시간, 운임, 운행 횟수 등에서 우위를 점하여 이용객이 증가하였다. 경인선의 경우 서울~인천 간에 철도

의 운행시간은 버스의 1시간 26분보다 짧은 53분, 운임의 경우도 버스의
95전보다 싼 66전에 이동이 가능하였다.

<표 1-30> 1인당 연간 철도 이용 횟수

	1910년(A)	1944년(B)	B/A
회/명	0.15회	5.2회	34.7

자료 : 조선총독부 철도국, 조선총독부 철도국 연보

<표 1-31> 철도와 버스의 비교(1928년 경인선)

	운행시간	횟수	운임
철도	53분	13회/일	3등 : 66전 2등 : 1원 15전
버스	1시간 26분	12회/일	95전

자료 : 철도국 편집(1930), 기차시간표, 교통부(1958), 한국 교통 60년 약사, pp. 62~63

(5) 근대화의 촉진

근세에 이르러 열차 승차권은 여행 문서에 비하면 아주 다른 성격을 포
함하고 있었다. 그 승차권에는 여행증명서에 기재되었던 여행자의 성명,
주소 등이 기재되어 있지 않았다. 즉, 승차권은 시민사회에 있어 여행자의
불특정성을 반영해 승차구간, 등급, 운임, 발행기일, 통용기간, 발권번호만
이 기재되어 있다. 정기승차권 등과 같이 사용자의 이름을 특정할 필요가
있는 것을 제외하면, 사용자를 특정하는 경우가 없었다. 그래도 접어서 호
주머니에 넣어도 끝이 나오는 정도의 크기였던 여행증명서에 비하면 6㎝
×4㎝ 정도의 작고 네모난 모양이었다. 그때까지는 증명서라는 명칭은 통
용되지 않았고, 우표라는 명칭이 생겨났지만 그것은 우편에 사용되어 차표
라는 용어로 정착하였다.

이 차표는 철도 이용의 증명서인 동시에 운임지불 완료를 뜻하는 유가증권으로서의 성격을 가지고 있었다. 즉, 법제상으로는 무기명 유가증권이다. 당시의 이 차표를 호주머니에 넣으면 없어지고, 허리띠에 끼워 넣거나 지갑에 넣지 않으면 불안하였다. 이러하여 양복의 주머니(남성), 핸드백(여성)으로 휴대장소가 정해져 가고 있었다. 승차권을 구입하고, 개표를 하고 즉 정당한 승차권을 소지한 여행자라는 것을 역무원에게 제시하고, 승차권은 가위로 끝을 잘랐다. 이렇게 가위로 승차권의 끝을 자르는 것(개표)은 인정의 증명이 되었다. 또한 당시 철도승차에 있어 부정승차의 금지, 운전 중의 승차, 객실 이외 장소에 승차금지, 흡연, 음주, 불량행위 등 이른바 공중의 안정을 저해하는 것과 철도시설 침입의 금지 등을 정하고 있었다.

또한 그때까지는 계절에 의해 변화하는 부정시법(不定時法)에 의한 1일 12분할로 12지(子, 丑, 寅 등)로 표시하는 시각표시에 비해, 철도는 1년 중 변화 없는 정시법(定時法)에 의해 1일을 24시로 구분하고, 그 아래를 분과 초로 구분하는 근대 유럽의 시각제를 사용하였다. 이것은 말할 것도 없이 지구의 자전과 공전을 기준으로 만들어진 시간 인식에 의한 것으로, 우주와 지구의 관계를 생활의 기준으로 응용한 자연과학의 성과였다.

근대의 여러 가지 사회시스템은 이러한 자연 인식에 기초해서 시간, 시각의 제도에 의하지 않으면 합리적인 운용이 불가능하도록 되었다. 철도와 같이 어떤 지점에서 다른 지점으로 이동, 수송하는 시스템은 시간의 요소를 무시하는 것이 불가능하다. 철도의 탄생은 이러한 시간 인식의 합리적인 변혁을 전제로 하지 않으면 실현되지 않았다.

당시 사람들은 시계에 의해 시각을 아는 관습이 없었고, 절의 범종이나 시중의 시종에 의해 그것도 오전 6시와 오후 6시의 두 번뿐인, 여름과 겨울에는 일출과 일몰이 1시간 이상 변화하기 때문에 꽤 변동이 있지만, 그 나름대로의 자연의 운행에 따르는 생활을 해 왔다. 그러한 생활이 정시법에 의해 1년 중 동일시제에 의해 규제되어 분으로부터, 장소에 의해 초까지 세분화되는 생활의 변화를 겪지 않으면 안 되었다. 이는 철도가 가져온 큰 생활의 변화라고 말할 수 있다. 이처럼 철도를 이용하는 데 필요한 규칙이나 예절 그리고 시간 인식의 변화 등 사람들의 생활이나 인식은 철도를 이용하면서 크게 변화하였다. 사람들이 이동이나 수송을 근대사회에서 기본적인 권리의 하나로 누리는 체제는 이러한 것으로부터 출발하였다. 또한 철도는 통학, 수학여행 등으로 학교교육의 발달에 기여하였고, 교류의 촉진, 순회강연의 촉진 등으로 지식을 보급하였고, 신문과 잡지의 수송으로 지식의 전달과 함께 사회계몽에 큰 영향을 미쳤다고 할 수 있다. 이러한 여러 가지 면에서 우리나라에서의 철도는 '근대화의 촉진'을 수행하는 중요한 수단으로 자리매김하였다.

(6) 산업구조의 변화와 발전

철도의 개통은 사회경제적 영향력으로 많은 부분에 영향을 미쳤다. 먼저 철도는 신속한 물자 수송을 통해 산업의 구조를 점차 근대화시키면서 자급자족경제에서 부가가치를 높이는 쪽으로 산업구조를 변형시켰다. 예를 들면 쌀, 잡곡 등의 철도 수송으로 생산지와 소비지를 신속하게 연결하여 상품화가 가능하게 되었다. 또한 축산업, 잠업, 수산업, 광산업이 생산지와 소비지를 직접 연결해 주는 방식으로 발전하기 시작하였다. 특히 광산업 부문에서는 석탄, 채석 등의 원료수송으로 산업이 크게 발전하였는데, 이를 통해 방직업, 도자기업, 시멘트, 제지, 밀가루, 술, 간장 등의 부문이 발전

하는 계기가 되었다. 또한 소비자의 선택의 폭을 증가시켰고, 구매를 통해
국내 상업이 발전하였다. 아울러 철도의 물자수송에 의해 육상수송수단이

<표 1-32> 철도가 산업에 미친 영향력

	주요 내용	영향력
농업	쌀, 잡곡, 야채, 과일, 비료	– 소비지의 확대(대도시) – 수출입품목의 철도 수송
임산물	목재, 목탄	– 철도역 주변의 목재소 증가 – 수운수송의 감소
축산업	축산물	– 마차에 의한 수송 감소 – 축산물의 철도 수송
수산업	해산물과 소금	– 가격의 변화 – 수산물의 철도 수송 확대
광산업	금속광업, 석탄, 채석	– 철도 수송에 의한 시장 확대 – 수운의 쇠퇴
공업	방직, 직물, 도자기, 시멘트, 기와, 제지, 밀가루, 술 등	– 원료와 제품의 철도 수송 – 소비지의 확대
소비	제조 원료의 소비 생활필수품의 소비 재해	– 제조업 원료의 철도 이용(석탄) – 생필품 수송에 의한 생활 향상 – 재해 시 물자수송
상업	국내 상업 외국 무역	– 철도에 의한 화물수송 증가 – 철도 개통에 따른 역 주변의 상업 발달 – 운송비의 절감 – 항만의 철도시설 확대 – 여행 이용자의 증대
통신	통신업의 발달	– 우편제도의 발달 – 철도업의 우편물수송에 의한 수입 증가
육송과 해운업	하천과 육상교통에 미친 영향	– 철도 개통에 따른 항만의 성장과 쇠퇴 – 철도 개통에 따른 육상교통의 변화
각종 영업	운송업의 발전 창고업의 발전 철도 구내 영업의 발전 여관, 음식점의 발달 도선업의 쇠퇴 관광지의 발달	– 통운사업의 발전 – 창고의 증대 – 역 구내 영업의 활성화 – 철도 개통에 따른 여관, 음식점의 성장과 쇠퇴 – 도선업의 쇠퇴 – 새로운 관광지 개발

자료 : 철도원(1917), '鐵道の社會及び經濟に及ぼせる影響'을 정리

철도 중심으로 변화하였으며, 창고, 철도 구내영업, 여관과 음식점, 온천과 기타 관광지 등이 발전하는 계기가 되었다.

4. 철도의 단절

(1) 교통정책의 변화

1945년 8월 15일 광복 이후 한국의 교통정책은 도로 중심의 교통정책으로 변화하여 철도의 미개통 노선에 철도를 부설하는 대신 도로를 건설하였다. 대표적인 예로는 대삼선으로, 대전~삼천포의 212km 구간에 1992년~1998년에 걸쳐 고속도로를 건설하였다. 그 외 동해선에서도 철도 대신 국도와 지방도로가 건설되어 철도보다는 도로를 중심으로 한 교통정책이 전개되었다.

<표 1-33> 철도 건설 예정노선에 도로건설

	철도 건설 예정노선	도로건설
대삼선	대전~삼천포(212km)	고속도로건설(92년~98년)
동해선	삼척~포항(178.9km)	국도건설(국도 35선)
동해선	양양~북평(93.6km)	지방도건설(466호선)

자료 : 선교회(鮮交會, 1986), 조선교통사, p.6

이러한 것은 철도와 도로의 연장을 비교해 보아도 명확해진다. 예를 들어 1993년과 2002년의 철도와 도로의 연장을 보면, 고속도로는 1993년에 1,607km에서 2009년에 3,776km로 2.3배나 증가한 것에 비해 철도 연장은 변화가 없었다.

투자액의 경우도 1940년의 경우에 재정에서 차지한 철도의 비중은 44%
였지만 2001년에는 2.5% 수준, 2009년에는 1.6% 수준으로 감소하였다.

<표 1-34> 철도 투자의 변화

	1940년	2009년
재정 중 철도 투자 비중	44%	1.6%

주 : 1940년은 조선총독부 특별회계세출, 2001년은 일반회계 중의 비율

(2) 남북분단

1945년 광복 이후 철도 수송량이 격감하며 1946년에는 1943년과 비교해

<표 1-35> 철도 수송량 추이(1943년~1948년)

	여객	화물
1943년	128,468,951명(100%)	23,948,619톤(100%)
1944년	106,372,624명(83%)	27,525,654톤(117%)
1946년	50,375,403명(39%)	3,045,260톤(13%)
1947년	54,641,424명(42%)	4,837,555톤(20%)
1948년	61,127,731명(48%)	5,117,502톤(21%)

자료 : 교통부(1958), 한국 교통 60년 약사, pp. 233~234

<표 1-36> 한국과 북한의 철도시설 비교(1948년 8월)

	한국(A)	북한(B)	A/B
철도 수송(km)	2,641	3,719	0.71
기관차(대)	488	678	0.72
객차(량)	1,813	1,280	1.41
화차(량)	9,920	8,424	1.18

자료 : 교통부(1958), 한국 교통 60년 약사, p.212

여객은 39%, 화물은 13% 수준으로 감소하였다. 더욱이 1948년 남북분단으로 인해 철도 수송은 북한지역에 71%, 기관차는 72% 수준으로 철도가 북한 중심으로 재편되었다.

(3) 6·25전쟁

1950년의 6·25전쟁으로 인해 기관차의 26%, 화차의 78%가 피해를 당해 철도의 운송수단으로서의 위상은 매우 큰 타격을 입었다.

<표 1-37> 6·25전쟁의 피해

	보유시설(A)	피해(B)	B/A(%)
철도 수송(km)	2,641	330	12
기관차(대)	674	175	26
객차(량)	1,183	923	78
화차(량)	11,425	5,470	48

자료 : 교통부(1958), 한국 교통 60년 약사, pp. 243~248

(4) 철도의 성격 변화

광복 전의 철도 운영과 최근의 철도 운영을 보면 수입구조와 비용구조에서도 많은 변화가 있었다.

경부선의 수입에서 여객수입이 차지하는 비중은 1911년에는 55.6%에서 2009년에는 97.4%로 증가한 것에 비해 화물수입의 비중은 1911년에 44.4%에서 2009년에는 2.6%로 감소하였다. 이와 같이 철도 운영의 수입 성격도 많은 변화가 있었다는 것을 알 수 있다. 또한 철도 운영에서 영업비용의 구조를 보더라도 1926년에는 인건비의 비중이 8.3%였던 것이

2001년에는 인건비가 35.3%로 증가한 것에서 알 수 있듯이 철도 운영 비용의 비중에도 많은 변화가 있었다.

<표 1-38> 경부선의 수입구조 변화(%)

	1911년	1938년	2000년	2009년
여객	55.6	59.2	87.2	97.4
화물	44.4	40.8	12.8	2.6
합계	100	100	100	100

자료 : 조선총독부 철도국, 조선총독부 철도국 연보, 철도공사(2009), 철도통계연보

<표 1-39> 영업비용의 구성비중 변화(%)

	1926년	2001년
인건비	8.3	35.3
보수비	24.5	24.5
운전비	28.9	11.3
차량수선비	14.3	5.1
운수비	20.6	9
일반경비	3.4	14.9
합계	100	100

자료 : 조선총독부 철도국(1926), 조선총독부 철도국 연보, 철도청(2001), 철도통계연보

또한 철도 건설이 최근에 들어 서울을 중심으로 한 대도시의 교통난 해소를 위해 경원선 복선전철, 안산선 복선전철, 과천선 전철, 분당선 복선전철, 경의선 및 경춘선 복선전철이 건설되어, 철도의 성격이 간선수송과 함께 대도시권 내에서 통근수송으로 점차 자리매김해 가고 있다.

(5) 타율적인 운영

철도는 일제강점기에 토지와 노동력 등 경제적 수탈, 군사적으로 침략의 수단이었다. 그 출발점은 1894년 8월 20일 일본과 체결한 '잠정합동조관 (暫定合同條款)'이다. 이것에 의해 서울~부산, 서울~인천 간의 철도가 부설되었고, 일본은 이에 대한 이권을 획득하였다. 일본 군부는 1904년 2월

<표 1-40> 경영 주체의 변화

시기	철도경영 주체	철도국장	특징
1905년~1909년	통감부 철도관리국	古市合威	
1909년	통감부 철도국	大屋權平	간선철도망 완성 (호남선, 경원선 등)
1910년	철도원(일본) 한국 철도관리국	大屋權平	
1911년~1917년 7월	총독부 철도국	大屋權平	
1917년 9월~1923년 5월	만철 경성관리국	久保要藏	만철 위탁 경영 시 총독부 관방철도국장으로 재임 ① 人見次郎(1917. 7.~1919. 5.) ② 靑木戒三(1919. 5.~1919. 8.) ③ 和田一郎(1919. 8.~1921. 2.) ④ 弓削幸太郎(1921. 2.~1925. 3.) ⑤ 下岡忠治(1925. 3.~1925. 5.)
1923년 6월~1925년 4월	만철 경성관리국	安藤又三郎	
1925년 5월~1932년 9월	총독부 철도국	大村卓一	조선 철도 12년 계획 수립 남만주철도주식회사 총재 역임
1932년 10월~1938년 5월	총독부 철도국	吉田浩	동경제국대학 졸업 1910년 철도원 입사 1929년 동경철도국장
1938년 5월~1939년 7월	총독부 철도국	工藤義男	
1939년 7월~1943년 11월	총독부 철도국	山田新十郎	
1943년 12월	총독부 철도국	小林利一	
1945년 9월 6일 이후	한국 교통부	김진태	교통국장대리

자료 : 선교회(鮮交會, 1986), 조선교통사, pp. 294~297
　　　森尾人志(1936), 朝鮮の鐵道経營, p. 74, pp. 178~181

이름	주요 내용	주요 경력
大屋權平(오야 곤페이)	주요 철도망 완성 (호남선, 경원선 등)	토목공학 박사
久保要藏(구보 요조)	만철의 위탁 경영	일본 주오대 졸업 문관고등시험 합격 대장성 주세국 근무 만철 이사
人見次郎(히토미 지로)	만철 위탁 경영 시 총독부 관방철 도국장	농상부(관료) 후에 동양척식회사 대표
靑木戒三(아오키 게이조)	만철 위탁 경영 시 총독부 관방철 도국장	조선총독부 전매국장(관료) 평안남도지사, 전라북도지사
大村卓一(오무라 다쿠이치)	조선 철도 12년 계획 수립	후쿠이현 출신 삿포로 농학교 공과 졸 홋카이도 탄광철도주식회사에 입사 체신성 철도작업국 조선총독부 철도국장 남만주 철도주식회사 총재(1939년)
吉田浩(요시다 히로시)	- 일본의 대륙정책을 수행 군부의 절대적 신임 - 한국관 "조선인은 혼혈족이며 지방에 따라 성격이 다르고, 하나의 민족으로서 통일된 성격이 없어 이해하기가 쉽지 않다." "조선인은 점점 근세문화 국민이 되어 가고 있다."	도쿄제국대학 졸업 1910년 철도원 입사 1929년 도쿄 철도국장
工藤義男(구도 요시오)	부산~북경 직통열차 운행 개시 (소요시간 38시간 45분)	병으로 1년간만 재임 후 퇴임
小林利一(고바야시 리이치)	전쟁 말기로 철도는 군사적 목적	최초의 조선 철도부 출신 국장

21일 러일전쟁의 수행을 위해 임시군용철도감부를 설치하고, 3월에 군용 철도인 경의선을 완성하였다. 1905년 11월 제2차 한일협약에 의해 일본은 한국에 대한 지배를 실현시켰다. 철도는 이러한 일본의 한국 지배의 수단 으로 이용되었으며, 그 결과 철도는 일본제국주의의 경제권에 편입되었고,

<**표 1-42**> 자주적인 철도부설 운동 노력

호남철도주식회사 취지문(요약)

철도는 전신, 체신, 신문, 기선과 함께 국가의 5대기관이며, 문명과 강한 나라를 만드는 데 중요한 수단이다. 그간 외세가 우리나라의 주권을 빼앗고 있어 우리의 독립을 찾기 위해서는 우리 스스로 철도를 부설하여야 하므로 이에 호남철도를 우리 손으로 만들어야 한다.

1908년 2월 3일 대표 장박, 유길준, 최문식

호남철도주식회사 정관
제3조 노선은 충청남도 연기군 조치원을 출발하여 공주군, 강경, 전주, 목포에 이른다.
제4조 자본금은 1,100만 원이며 조치원에서 전주까지는 400만 원 그리고 나머지 구간은 700만 원으로, 이는 후에 주식으로 공모한다.

호남철도주식회사 개통 후 3개년 평균 연간 수지 예상표
1. 구간(조치원~강경 : 64.3km)
2. 건설비 : 212만 1,597원
3. 화물수송량 : 216만 8,000톤
4. 여객 수송량 : 7만 80인
5. 순이익 : 12만 8,576원

자료 : 유길준, 장박, 최문식(1908), 호남철도주식회사 취지서, 호남철도주식회사 정관

주체적인 성장이 불가능하게 되었다. 이에 일제강점기의 자율적인 철도 운영은 불가능하게 되었고, 한국 철도는 광복 이후에나 자율적인 운영이 가능하게 되었다.

시기별로 철도경영 주체의 변화를 구체적으로 살펴보면, 1905년~1909년에는 통감부에서, 1910년~1917년에는 총독부 철도국, 1917년~1925년에는 만주철도에서 한국 철도를 관할하였다. 그 후 다시 조선총독부에서 관할하여 광복 이전까지 그러한 체제는 계속되었다.

1945년 8월 15일 광복에 의해 철도는 우리 손에 의해 주체적인 운영과 건설이 가능하게 되었다. 이러한 의미에서 일제강점기의 철도는 해방 이후에는 연속성보다는 단절성이라는 측면에서 설명이 보다 적절하다고 하겠다.

철도국장을 통한 한국 철도의 성격을 보면 다음과 같이 정리될 수 있을 것이다. 즉, 국내 건설 → 관료적 경영 → 개척 철도(철도망 확충) → 대륙 철도 연결 등의 성격을 알 수 있다.

한편 일제강점기에도 철도를 우리 손으로 만들려는 운동이 있었다. 유길준의 철도부설 운동이 있었는데, 이 또한 우리 것을 찾는 노력의 일환이었다.

이렇게 운영 주체가 우리가 아니었기 때문에 종업원 인건비의 경우도 일본인에 비해 우리나라 사람들은 매우 낮은 임금을 받고 종사하였다.

1935년의 경우 1인당 월 인건비 평균은 일본인의 경우는 73.4원인 데 비해 우리나라 사람들은 42.1원에 불과하였다.

<표 1-43> 1인당 월 인건비 비교(1935년)

	1인당 월 인건비(원)
일본인	73.4
한국인	42.1
영국인	130.0
러시아인	85

자료 : 森尾人志(1936), 朝鮮の鐵道経營, p.54

한편 당시 한국 철도의 역할 중 중요한 것은 대륙이동의 수단으로 이용되었다는 것이다. 이러한 것을 증명하는 것이 초기에는 철도가 서둘러서 건설되어 거의 단선이었다. 1930년대 이후에야 철도는 복선으로 운영되었다.

경부선과 경의선은 한반도를 종단하는 철도로 이를 통해 대륙으로 진출하는 수단으로 이용되었으며, 호남선과 경의선은 한반도의 지배 수단으로 이용되었고, 만포선과 혜산선은 산림자원과 광산자원의 채굴을 위한 수단으로 사용되었다.

<表 1-44> 철도 노선의 성격

노선 명	철도 수송	건설기간	종류	특징	주된 역할
경부선	579.9km (438.4)	1901년~1905년 1937년~1940년	단선 복선	한반도 종단선 단기간 완성	대륙이동
경의선	716.4km (469.7)	1904년~1906년 1938년~1943년	단선 복선	한반도 종단선 단기간 완성	대륙이동
호남선	285.8km	1901년~1914년	단선	한반도 종단선	지배 기반
경원선	225.9km (34.3)	1910년~1914년 1937년~1941년	단선	한반도 종단선	지배 기반
함경선	791.8km(9.9)	1914년~1928년 1942년~1943년	단선		
경전선	276.4km	~ 1930년	단선		
전라선	198.8km	1927년~1936년	단선	철도 12년 계획 노선	쌀, 해산물 수송
동해선	353.1km	1928년~1935년	단선	철도 12년 계획 노선	해산물 수송
경경선	397.0km	1936년~1942년		철도 12년 계획 노선	
황해선	323.4km	~ 1937년	단선		
평원선	212.6km	1931년~1941년	단선	한반도 횡단선	
만포선	343.9km	1931년~1939년	단선	철도 12년 계획 노선	산림자원, 광산 자원 수송
혜산선	141.7km	1931년~1934년	단선	철도 12년 계획 노선	산림자원, 광산 자원 수송
백무선	191.6km	1932년~1934년	단선		
합계	5,038.3km		단선		

주 : ( )는 복선거리
자료 : 선교회(1986), 조선교통사, pp. 214~297
伊澤道雄(1937), 開拓鐵道, pp. 84~306

이러한 우리나라 철도는 1920년에 그 성격이 더욱 분명해지는데, 1920년대 이후에는 만주로의 화물이 증가하는 것을 볼 때 우리나라 철도는 대륙의 원료와 식량공급지로서의 역할이 커지고 있다는 것을 알 수 있다. 1914년의 자료를 보면, 우리나라에서 출발하여 일본에 도착하는 화물이 만주보다 많았지만, 1922년 이후에는 만주로의 화물이 많아졌고, 특히 1930년대 후반에는 만주 화물이 급격하게 증가하였다. 이는 중일전쟁 등의 수행으로 철도가 군사물자 등의 수송에 많이 이용된 것을 알 수 있다. 이에 초기의 농산물 위주의 수송이 1930년 이후에는 광공업 위주로 바뀌었다.

<표 1-45> 연락 화물량

	화물수송량(톤)	일본 도착	만주 도착
1910년	796,617	20,048	
1914년	1,217,659	40,398	14,214
1922년	3,852,478	53,662	77,862
1930년	5,936,008	44,571	58,564
1938년	23,124,107	184,314	417,096

자료 : 선교회(1986), 조선교통사, p.62, p.67

한편 철도 건설기간을 통해 당시의 철도의 특성을 잘 알 수 있다. 당시의 우리나라 철도는 일본이 대륙 진출을 서두르기 위해 임시적으로 건설되었는데, 이는 일본의 철도 건설기간과 비교해 보면 더욱 분명해진다. 경부선의 경우는 7년, 경의선은 2년 만에 완공된 것에 비해, 일본의 도카이도선(東海道)이나, 산요(山陽) 본선의 경우는 각각 26년, 18년 만에 완공되었다. 선형조건의 경우도 신속한 건설을 위해 우리나라의 경우가 지형을 그대로 두고 건설하여 곡선이 많은 것이 특징이라고 하겠다.

<표 1-46> 철도 건설기간 비교

노선	철도 수송(km)	건설기간(년)	노선 성격
경부선	579.9	1902~1905(3년 6개월)	단선, R = 300m 최급구배 : 20/1000
경의선	716.4	1904~1905(2년)	단선, R = 150m 최급구배 : 25/1000
도카이도선	556.4	1874~1899(26년)	단선, R = 400m 최급구배 : 10/1000
산요 본선	528.1	1884~1901(18년)	단선, R = 400m 최급구배 : 10/1000

자료 : 선교회(1986), 조선교통사, pp. 214~297

(6) 기술발전

일제강점기의 철도 차량은 초기 미국 제품을 시작으로 1920년대까지는 기관차를 전량 수입해 오다가 그 후 점차 국내에서도 일부 차량을 제작하는 수준으로 발전하였다. 그러나 본격적으로 우리가 만든 차량이 제작된 것은 증기기관차의 경우 광복 후인 1945년 12월 27일부터 시험운행 된 해방자 1호로, 객차 20량을 연결하고, 100km/h로 달릴 수 있는 견인마력 2,000마력의 힘을 가지고 있었다.

디젤전기기관차의 경우 광복 이후 기술 축적을 통해 1980년부터 미국의 GMC사와 기술제휴에 의해 국산 디젤전기기관차를 생산하기 시작하였다.

객차의 경우에는 1974년부터 국내 기술로 제작되었는데, 당시 통일호객차 209량이 한국기계에서 생산되었고, 그 후 국내 기술에 의해 객차가 생산되었다. 화차의 경우는 1970년 이후 국내 기술로 생산되어 현재는 고속화차까지 개발되고 있다.

토목 부문에서도 1899년 경인선 개통 당시 우리나라에서 사용된 레일은 30kg/m로 미국 일리노이스스틸회사 제품이었다. 그 후 계속 미국 카네기회사 제품을 사용하는 등 수입에 의존하였으며, 해방 이후에도 일본과 인도네시아에서 수입하였다. 그 후 국내에서 기술개발을 위한 여러 가지 노력 끝에 강원산업㈜에서 레일 제작에 성공하여, 1978년부터 양산되기 시작하였다. 토목공사는 1950년부터 기계화가 진행되었다.

건널목 입체화의 경우 보안장치로 자동경보장치, 전동차단기, 고장감시장치, 지장물 비상버튼 등의 첨단설비를 설치하여 사고를 줄이고 있다.

전기 부문에서는 1960년~1970년까지 전용고압선를 설치하였고, 역무부문에서는 수도권전철에서 1977년 8월 15일부터 승차권자동발매기가 설치되었다. 신호 부문에서는 과거에 사용하던 기계연동장치에 대신하여 1958년부터 전기계전 연동장치로 교체되었다. 최근에는 열차자동제어장치인 ATC가 도입되어 수송력과 안전도를 향상시키고 있다. 역의 건축면에서도 해방 이후 1955년에 건축된 영월 역사는 철근콘크리트로 건축된 한옥이었다.

(7) 고속철도의 운영과 한국형 고속철도의 개발

현재 우리나라의 교통시스템은 여객과 화물수송에 있어 자동차수송이 중심이 되고 있다. 도로 중심의 수송시스템은 그간 우리나라의 경제발전에 기여한 측면이 있는 반면, 환경비용 등으로 많은 사회적 비용을 발생시켰다. 또한 국민경제와의 관계에 있어서도 높은 물류비용의 발생이 자동차수송에 기인하고 있다.

2004년의 자료를 보면 일본의 국내 총생산에서 차지하는 비중이 9.5%, 미국의 경우는 10%에 불과한 것에 비해 우리나라는 약 92조 원이 발생하여 국내 총생산액 중 약 11.9%를 차지하고 있다. 또한 혼잡비용의 경우는 2006년에 24조 원이 발생해 국민 총생산액의 2.9%에 달하는 비용을 지불하고 있다.

이러한 높은 물류비 문제에 대처하기 위하여 우리나라 정부는 간선수송에 있어 철도 수송의 활성화를 계획하고, 1980년대 후반부터 경부고속철도 건설 계획을 수립하였으며, 1998년에는 철도네트워크의 확장을 포함한 2020년까지의 국가기간교통망 계획을 확정하였다. 이 계획에 의하면 현재 3,129km의 철도 수송을 5,000km까지 증가시키는 것으로 노선망 계획을 수립하였다.

그 중 경부고속철도 건설 계획은 우리나라 철도교통에 혁명적인 변화를 가져오고 있다. 2004년 4월에 개통된 고속철도는 속도면에서 재래선에 비해 2.1배, 소요시간 2배의 경쟁력을 가지고 있어 재래선의 수요인 1일 3.5만 명을 14만 명까지 증가시킬 것으로 예측되고 있다.

<표 1-47> 재래선과 고속철도 비교(서울~부산)

	재래선(A)	고속철도(B)	B/A
최고속도	140km/h	300km/h	2.1
소요시간	4시간 20분	2시간 18분	0.5
운임	39,000원	55,000원	1.4
수요	3.5만 명	14만 명	4.0

주 : 재래선은 새마을호
자료 : 국토해양부(2010) 자료

한편 고속철도의 개통과 함께 우리나라는 독자적으로 고속철도 차량을 개발하여 상업운영을 하고 있다. 2004년 개통할 때 사용된 프랑스 TGV차량과 비교해 여러 가지 면에서 독창성을 가지고 발전되었다. 독자 개발에 의해 시속 300km급 고속철도 기술을 보유한 일본, 프랑스, 독일에 이어 세계 4번째의 고속철도 기술 보유국이 되었다.

개발된 차량은 최고시속 350km를 달리는 한국형 고속철도로, 경부고속철도의 이전기술을 최대한 활용해 호환성도 유지하면서 우리나라의 지역적 특성에 적합하도록 설계하였다. 또한 최근의 해외 신기술 동향까지 고려하여 개발되었으므로 세계 어디에 내놓아도 손색이 없는 미래형 고속전철시스템이다.

이 고속전철은 순수 국내 기술진에 의하여 설계되고, 디자인에서부터 주요 핵심기술까지 한국 고유의 모델 제작과 첨단기술을 적용한 주요 핵심장치의 자체 개발로 압축될 수 있으며, 이를 통하여 92%의 높은 국산화율을

<표 1-48> 세계 고속철도의 특징 비교

국가 시스템 항목	프랑스 AGV	독일 ICE 3	이탈리아 ETR 500	일본 500계	한국 산천
최고속도	350km/h	330km/h	300km/h	300km/h	350km/h
추진 장치 적용 반도체	IGBT	GTO Thyristor	GTO Thyristor	GTO Thyristorvc	IGCT
차체 재질	알루미늄	알루미늄	알루미늄	알루미늄	알루미늄
전동기 방식	유도전동기	유도전동기	유도전동기	유도전동기	유도전동기
비고	관절대차 시험 중	1999년 상업화	직교류 겸용	1997년 상업화	2010년 상용화

달성하였다. 특히 핵심장치를 국산화하였는데, 독자적인 모양의 유선형 열차 선두형상과 강철 대신 알루미늄 합금을 사용하여 경량화시킨 차체, 세계 3번째로 독자 개발한 1,100kW급 고출력 유도전동기, 최신 전력반도체 소자를 적용하고 제어가 용이한 추진제어시스템(주변압기 · 주전력 변환장치 · 견인전동기 : 자동차의 엔진에 해당) 등 고속열차의 중요한 핵심 부품들을 국내 기술진들이 함께 모여 순수하게 우리 기술만으로 설계, 해석한 후에 수차례 시작품과 그 경험을 집약한 결과로 완성한 점과, 개발한 고속열차의 성능이 세계의 다른 고속열차들의 성능과 우열을 비교할 수 있는 시험, 평가, 검증기술까지 종합적인 시스템 기술을 확보하게 된 점이 큰 기술개발 성과라고 할 수 있다. 이 외에도 고속열차에 적합한 높은 제동력을 얻을 수 있는 와전류(전자석 이용) 제동시스템, 열차가 빠른 속도로 터널을 지날 때 승객이 느끼는 이명(압력의 갑작스런 변화로 귀가 멍해지는) 현상을 줄여주는 객실 자동압력조절시스템, 감속구동장치 등 58종의 주요 핵심장치와 설계기술들을 국내 기술진이 독자 개발하였다.

5. 철도 조직의 변화[5]

중앙정부 차원에서 철도 관련 조직은 정책조정과 기획 그리고 집행으로 나누어 살펴볼 수 있다. 우리나라에 철도업무 수행을 위해 최초로 만들어진 공식 기관은 1894년 7월 갑오개혁으로 탄생한, 의정부 공무아문 산하의 철도국이었다. 이 조직은 1898년 고종황제가 황실의 영향력 강화를 위해 광무개혁을 주도하면서 궁내부의 역할이 커지자 궁내부 산하 철도원으로 남게 되었다. 또한 궁내부에는 서울~신의주 간 철도 부설을 위해 설치한 서북철도국이 철도원과는 별개의 조직으로 존재했다 (1902년 설치, 1904년 폐지). 대한제국 궁내부의 조직과는 별개로 일제는 1906년 통감부에 철도관리국을 두면서 여기에 임시철도 건설부를 설치하였다. 즉, 당시에 철도 관련 중앙조직은 철도의 건설을 관리하기 위한 조직으로 출발한 것이었다.

일제강점기에 철도 관련 투자가

<표 1-49> 대한제국 시대 철도 관련 조직 변화

* 통감부 철도관리국 조직(1906. 9. 1.)	
장관	총무부
	공무부
	운수부
	임시철도 건설부
* 통감부 철도청(1909. 6. 18.)	
장관	운수관
	공무과
	건설과
	공작과
	계리과
	서무과
	영업사무소
	압록강출장소(신의주)
*(철도원) 한국 철도 관리조직(1909. 12. 16.)	
장관	서무과
	영업과
	운전과
	공무과
	건설과
	공작과
	계리과

자료 : 철도청(1999). 한국 철도 100년사

---

5) 필자가 참여한 국토부(2008), 철도 정책 중장기 로드맵 연구의 일부를 인용하였다.

활성화되면서 철도 관련 조직도 확대 개편되었다. 조선총독부에 철도국이 설치되면서 철도 관련 조직은 교통 관련의 중추적인 역할을 차지하게 되었다.

도로보다 철도가 교통 수단으로서 위상을 먼저 확립하는 과정을 이해할 수 있다. 철도 관련 조직은 영업, 운전, 건설을 포함하는 포괄적인 조직으로 발전하였다. 특히

<표 1-50> 일제강점기 철도 관련 조직

	* 조선총독부 철도국 초기 관제(1910. 9. 30.)
장관	서무과, 감리과, 영업과, 운전과, 공작과, 공무과 계리과, 건설과
	건설사무소
	보선사무소
	공장
	* 조선총독부 철도국 후기 관제(1940. 7.)
국장	서무과, 조사과, 감독과, 영업과(열차식당, 구내식당, 여관), 운전과, 건설과, 보선과, 개량과, 공작과, 전기과, 경리과
	철도사무소(역, 열차구, 기관구, 검차구, 보선구, 전기구, 건축구, 공사구, 철도진료소, 자동차구)
	건설사무소(경성, 평양, 안동, 강릉)
	개량사무소
	경성공장
	경성철도 병원
	철도 종사원 양성소

자료 : 철도청(1999), 한국 철도 100년사

일제강점기 철도 투자는 사철(私鐵)이 많았다는 것도 특징이다. 이러한 개인 회사의 투자를 유치하고 총괄하는 기능을 수행하기 위해서 정부의 역할이 강조되었던 것으로 이해할 수 있다. 한편, 1943년에 철도국은 교통국으로 확대 개편되었다.

1946년 미 군정기에 교통국이 운수부로 바뀌면서 교통 관련 조직은 더욱 확대되었다. 1948년 정부 수립 후 운수부가 교통부로 바뀌고 철도와 관련하여 '육운국'이 있었으며, 협업 관서로 철도국, 공작창, 철도건설국, 철도기술연구소를 설치하고 있었다. 철도는 중앙정부 차원에서 주요한 부서로 부각된 것은 아니나, 일제강점기의 유제를 이어받아 나름대로 위상을 차지하고 있었다.

1963년에는 교통부 외청으로 철도청이 독립되면서 철도는 단위 기관으로서의 독립적인 성격을 가지게 되었다. 경제개발 5개년계획을 실시하면서 철도가 여객수송 기능보다는 산업의 기능으로 전환되고, 당시엔 이러한 기능을 강화하기 위해 철도의 기능을 확대한 것으로 보인다. 사회간접자본 시설의 확대를 추구하는 과정에서 철도의 기능을 강화시킨 측면은 있다. 그러나 정책 조정이나 기획보다는 집행 기능을 중시하는 현업기관으로서의 성격이 강화된 측면이 있다. 철도가 산업으로서의 성격을 강조하면서 일반 시민의 편의를 위한 정책적 고려도 상대적으로 소홀하게 되는 쟁점이 제기되었다.

철도청 내부 조직으로 기획 관리관, 운수국, 시설국 등을 설치하고 있었으나 국가적 차원의 의사결정보다는 내부 관리의 기능이 강하였다. 내부 조직은 요금을 결정하고 운행시간표를 관리하는 등의 영업 관리나 내부 관리를 위한 기획에 불과하

<표 1-51> 철도청 조직(1963년, 1990년)

* 철도청(1963. 9. 1.)			
본청	청장	차장	기획관리관, 안전관, 감사관, 공보관
(5국 24과 2담당관)			운수국
			시설국
			공전국
			경리국
			자재국
			철도국, 철도건설국, 공작창, 철도병원, 철도기술연구소
협업기관			보급사무소
			종합공사사무소
			중기사무소
			전기수선사무소
			식당
			호텔
* 철도청(1990. 02)			
본청	청장	차장	기획관리관
			운전관리관
			출자사업관
			운수국
			시설국
			차량국
			전기국
			경리국
			지방철도청
			차륜정비창
			철도건설창
			철도기술연구소
			교통공무원교육원
			철도전문대학
			본청사업(보선, 부선 관리, 전자계산 등)

자료 : 철도청(1999), 한국 철도 100년사

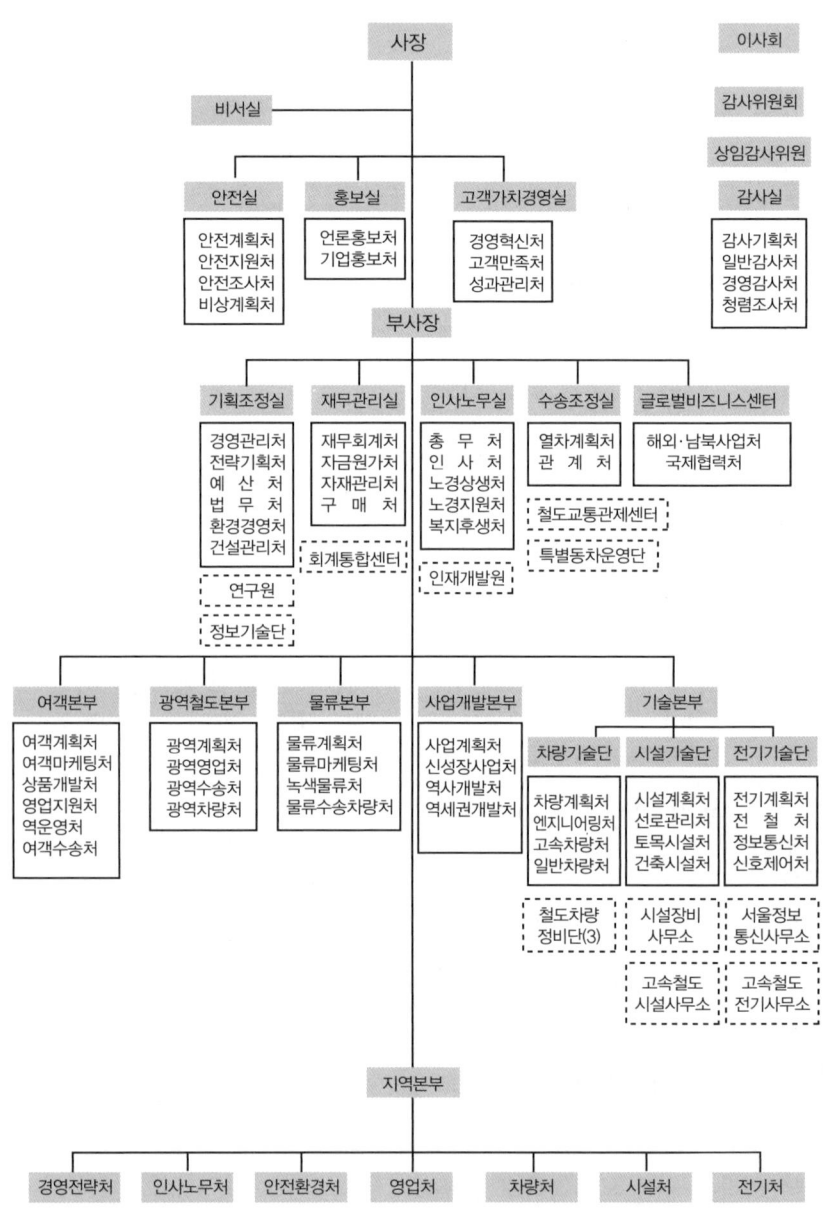

사장

이사회

비서실

감사위원회

상임감사위원

안전실	홍보실	고객가치경영실	감사실
안전계획처 안전지원처 안전조사처 비상계획처	언론홍보처 기업홍보처	경영혁신처 고객만족처 성과관리처	감사기획처 일반감사처 경영감사처 청렴조사처

부사장

기획조정실	재무관리실	인사노무실	수송조정실	글로벌비즈니스센터
경영관리처 전략기획처 예 산 처 법 무 처 환경경영처 건설관리처	재무회계처 자금원가처 자재관리처 구 매 처	총 무 처 인 사 처 노경상생처 노경지원처 복지후생처	열차계획처 관 계 처	해외·남북사업처 국제협력처

회계통합센터

연구원

정보기술단

인재개발원

철도교통관제센터

특별동차운영단

여객본부	광역철도본부	물류본부	사업개발본부	기술본부
여객계획처 여객마케팅처 상품개발처 영업지원처 역운영처 여객수송처	광역계획처 광역영업처 광역수송처 광역차량처	물류계획처 물류마케팅처 녹색물류처 물류수송차량처	사업계획처 신성장사업처 역사개발처 역세권개발처	

차량기술단	시설기술단	전기기술단
차량계획처 엔지니어링처 고속차량처 일반차량처	시설계획처 선로관리처 토목시설처 건축시설처	전기계획처 전 철 처 정보통신처 신호제어처

철도차량
정비단(3)

시설장비
사무소

서울정보
통신사무소

고속철도
시설사무소

고속철도
전기사무소

지역본부

경영전략처	인사노무처	안전환경처	영업처	차량처	시설처	전기처

자료 : 철도공사 홈페이지, 2011

<그림 1-2> 철도공사 조직(2011년)

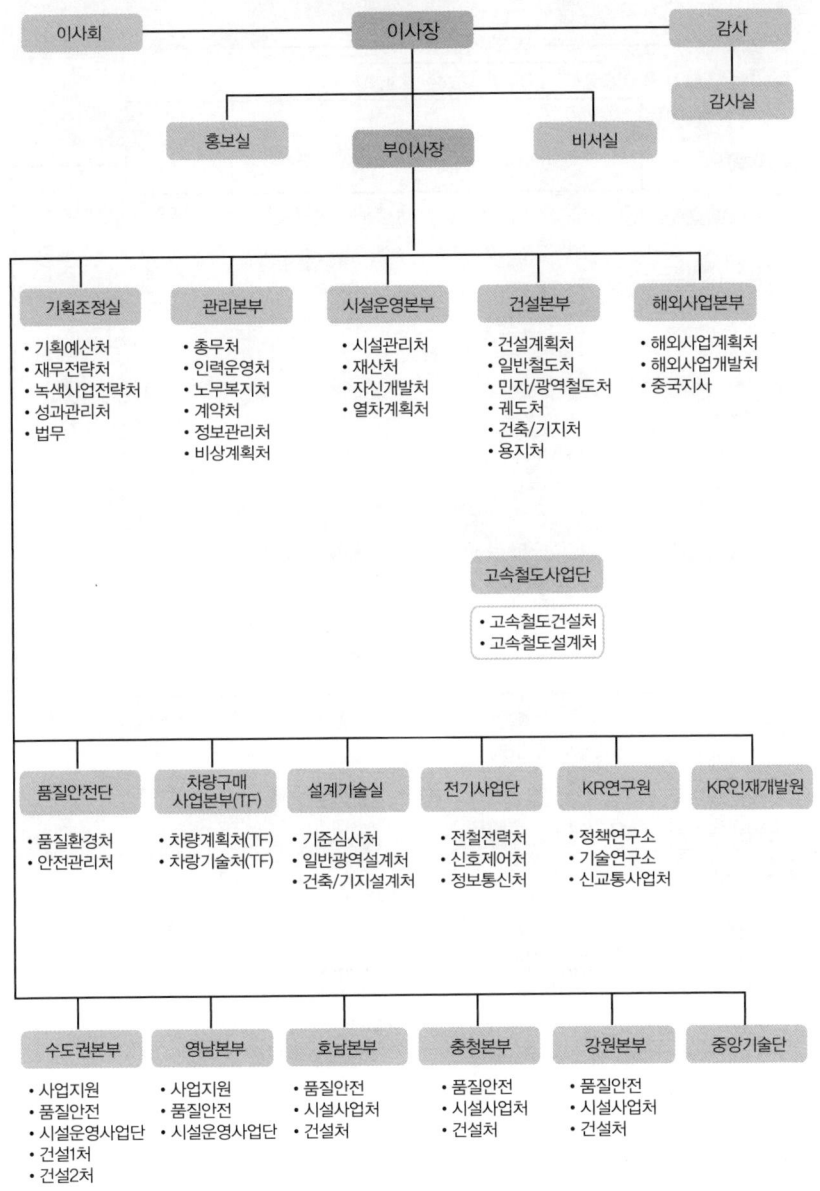

자료 : 철도시설공단 홈페이지, 2011

<그림 1-3> 철도시설공단 조직

장관

대변인 — 감사관 — 정책보좌관 — 비서관

홍보담당관 — 감사담당관 — 감찰팀 — 고객만족센터

1차관 / 2차관

운영지원과

기획조정실
- 기획담당관
- 행정관리담당관
- 규제개혁법무담당관

주택토지실

주택정책관
- 주택정책과
- 주택기금과
- 주거복지기획과
- 주택건설공급과
- 주택정비과

건설수자원정책실

건설정책관
- 건설경제과
- 해외건설과
- 건설인력기재과

국토정책국
- 국토정책과
- 수도권정책과
- 지역정책과
- 산업입지정책과
- 기업복합도시과
- 산업단지개발지원센터

정책기획관
- 재정담당관
- 녹색미래전략담당관
- 국제협력담당관
- 연구개발담당관
- 정보화통계담당관
- 투자심사팀
- 남북협력팀

토지정책관
- 토지정책과
- 부동산산업과
- 부동산평가과
- 택지개발과
- 신도시개발과

기술안전정책관
- 기술정책과
- 기술기준과
- 건설안전과

도시정책관
- 도시정책과
- 도시재정과
- 녹색도시과
- 건축기획과
- 건축문화경관팀

비상계획관

국토정보정책관
- 국토정보정책과
- 공간정보기획과
- 지적기획과
- 국가공간정보센터

수자원정책관
- 수자원정책과
- 수자원개발과
- 하천계획과
- 하천운영과
- 아라뱃길지원팀

교통정책실

종합교통정책관
- 종합교통정책과
- 도시광역교통과
- 신교통개발과
- 대중교통과
- 교통안전복지과
- 자동차정책과
- 자동차생활과

물류항만실

물류정책관
- 물류정책과
- 물류시설정보과
- 물류산업과
- 항만물류기획과
- 항만운영과

항공정책실

항공정책관
- 항공정책과
- 국제항공과
- 항공산업과
- 항공보안과

해양정책국
- 해양정책과
- 해양영토개발과
- 연안계획과

도로정책관
- 도로정책과
- 간선도로과
- 광역도시도로과
- 도로운영과
- 첨단도로환경과

해운정책관
- 해운정책과
- 연안해운과
- 선원정책과

항공안전정책관
- 운항정책과
- 운항안전과
- 항공기술과
- 항공관제과
- 항공자격과

해양환경정책관
- 해양환경정책과
- 해양보전과
- 해양생태과

철도정책관
- 철도정책과
- 간선철도과
- 광역도시철도과
- 철도운영과
- 고속철도과
- 철도기술안전과

해사안전정책관
- 해사안전정책과
- 해사기술과
- 항행안전정보과
- 해양교통시설과

공항항행정책관
- 공항정책과
- 공항환경과
- 공항안전과
- 항행시설과

항만정책관
- 항만정책과
- 항만개발과
- 항만투자협력과
- 항만지역발전과

자료 : 국토해양부 홈페이지, 2011

<그림 1-4> 국토해양부 내의 철도관련 부서(2011. 8.)

였으며, 국가적 차원의 종합적인 정책 조정의 기능은 상대적으로 약화되었다고 할 수 있다. 초기 철도청 시대에 철도가 산업 철도로서의 기능을 강화한 측면은 있으나, 여객을 소홀히 하고 도로 중심의 교통정책을 전개하는 과정에서 교통 관련 의사 결정도 철도의 위상은 상대적으로 홀대받는 상태가 되었다고 평가된다.

정부의 철도산업 상하분리 정책에 따라 2004년 1월 1일 한국철도시설공단이 출범하고, 2005년 1월 1일 철도청의 운영부분이 한국철도공사로 발족하게 되면서 철도는 새로운 위상을 갖게 되었다. 국가 전체적으로 보면 건설과 유지관리가 분리되어 집행 기능을 수행하게 되었다.

그러나 철도공사의 발족과 더불어 중요한 것은 당시 건설교통부에 철도 관련 기구가 설치된 것이다. 이는 KTX의 개통과 더불어 철도가 국민적 관심사가 되고 철도와 관련하여 중앙부처에서의 기능을 확대 강화하는 연장으로 인정된다. 물류혁신본부에 항공기획관과 철도기획관을 설치했다. 철도기획관에는 철도정책팀, 철도운영팀, 철도안전팀, 철도산업팀, 고속철도팀을 두었다. 한편, 기반시설본부에 도로기획관과 수자원기획관을 설치하였고 철도건설팀과 남북교통팀을 두었다. 그리고 생활교통본부의 광역교통기획관에 광역철도팀과 도시철도팀을 설치하였다.

철도 관련 중앙조직의 변화과정을 보면 처음에 교통 정책의 중추적인 기관으로 출발을 하였고, 철도청으로 독립하면서 철도의 투자를 확대하는 방향을 설정하였다.

그러나 점차 산업철도의 위상을 강화하고 여객의 기능을 상대적으로 소홀히 하는 과정에서 철도의 기획과 정책 기능이 축소되는 문제점이 노정되었다.

2007년 건설교통부에 철도 관련 기구가 설치되어 있으나 철도를 중심으로 일관된 기구로 구조화된 것이 아니라 기능별로 분산된 문제점이 노정되었다.

한편 철도기획관을 물류혁신본부에 두고 있는 것은 철도가 갖는 여객과 화물의 기능에서 하나만을 강조하는 입장이라고 볼 수 있다.

철도기획관에 철도정책팀, 철도운영팀, 철도안전팀, 철도산업팀, 고속철도팀을 두고 있으며 기반시설본부에 철도건설팀과 남북교통팀을 두었다. 그리고 생활교통본부의 광역교통기획관에 광역철도팀과 도시철도팀을 설치하였다. 즉, 운영과 건설의 기능에 따라 조직을 구분하고 있으며, 또한 광역철도를 구분하였다. 이럴 경우 철도 관련 기능이 분절될 우려가 있으며 향후 철도를 중심으로 전체 기능을 연계하는 조직 설계가 필요하였다. 2011년 8월 현재 철도정책관 산하에 철도정책과, 간선철도과, 광역도시철도과, 철도운영과, 고속철도과, 철도기술안전과가 설치되어 어느 정도 이 문제는 해결되었다고 할 수 있다.

6. 일제시대 한국 도시의 교외화와 교외철도

(1) 들어가며

19세기 후반 이후 세계 여러 나라 대도시에서는 급격한 산업화와 이에 따른 도시로의 인구 집중으로 도시의 교외화가 진행되었다. 자동차교통이 일반화되기 전까지는 확대되는 도시에 대응하는 교통수단은 철도밖에 없었다. 도시가 아직 크지 않던 시절에는 주로 노면전차만으로 교통수요를 충족시킬 수 있었다. 그러나 도시의 발전으로 진행된 교외화는 인접 교외

도시와 시가지를 접속시키고, 이들 교외도시를 도시권의 일부로 포함시켰다. 이들은 보통 베드타운이나 교육도시, 산업도시 등 기능을 어느 정도 특화시키면서 중심도시에 의존하는 체질로 바뀌었다.

도시권이 형성되면 이동거리가 길어지기 때문에 이미 노면전차만으로는 교통수요를 충족시킬 수 없게 되었으며, 교외철도의 수요가 발생하였다. 처음에는 기존의 일반철도 중 교외구간의 증편이나 복선화, 전철화 등 수송력 증강책으로 수요를 충당하였으나, 기존 철도가 없는 교외축이 도시화되면 새로운 교외철도가 계획, 개통되었다.

일본의 경우, 20세기에 들어서서 수도권이나 오사카 근교에서 사설철도에 의한 교외전철 개통이 활발해졌으며, 이에 대항하는 형태로 국철의 복선전철화가 진행되었다. 교외철도는 처음에는 노면전차를 약간 크게 만들었을 정도의 저속전철이었으며, 실제 시내 노면전차와의 직통운행도 행해졌다. 그러나 1920년 이후에는 국철과 속도경쟁을 벌일 것을 전제로 고규격의 사설철도가 등장하여, 지하철의 건설과 더불어 노면전차와는 전혀 다른 차원의 교외철도체계가 구축되었다. 이들은 교외철도 연변 주택지 개발을 동시에 진행하고, 도시권 확장에 기여하였다.

일제 강점기 서울, 부산, 평양 등 대도시를 가진 우리나라에서도 자연스러운 흐름으로 교외철도 계획은 수없이 수립되었다. 그런데 이들 중 대부분은 실제로는 빛을 보지 못하였다. 서울, 당시의 경성부는 이미 백만 도시로, 인구 규모상 일본에서는 당연히 교외철도가 발달되어 있는 도시권을 가지고 있었다. 그래서 서울에서는 부분적이긴 하나 교외철도나 이에 준거하는 철도들이 존재하였다.

이 글에서는 실제로 존재했던 경성궤도를 사례로 하여, 서울에서 교외철도가 지닌 역할과 그 특성에 대해서 생각해 보고자 한다. 아울러 경성궤도

외의 교외철도나, 계획만으로 끝난 철도도 비교 차원으로 언급하고자 한다. 필자는 대학원 석사과정 시절인 1998년 경성궤도의 전 구간을 도보로 답사하며, 노선 터를 확인하고 또 노선 연변 사람들에게 인터뷰를 실시한 바 있다. 현재로서는 궤도가 있었던 당시를 기억하시는 분이 훨씬 적어졌을 것으로 생각된다. 그리고 노선 터 일대도 도시 재개발이 진행되고 흔적이 갈수록 사라지고 있다. 현 시점에서 서울에서 유일한 교외철도의 흔적을 문헌상으로도 정리해 둘 필요가 있다고 판단하였다.

이 글은 대학원 시절 필자가 조사한 리포트(서울대 지리학과 대학원 논문집에 발표)와, 그것을 토대로 해서 필자가 집필에 참여한 《서울 지하철 건설 30년사》의 내용을 대폭 수정 및 보완해서 재구성한 것이다. 자료가 일부 오래된 것이 있는 부분에 대해서는 양해를 바란다.

(2) 경성궤도의 성립과 영업

조선시대 서울의 시가지는 거의 4대문 안에 한정되어 있었으며, 성 외는 '성저 십리'라고 불리어서 현재의 그린벨트처럼 개발이 제한된 구역이었다. 이 구역에 입지된 것은 일반적인 농촌 마을 외에 수도 서울을 먹여 살리는 기능도 같이 하였다. 성 밖에는 현 남대문시장의 원형이 될 칠패시장처럼 장터가 있었고, 한강변에는 마포나 구 용산, 뚝섬처럼 한강 수운과 결절하는 포구가 위치하였다. 간선도로상에는 송파장이나 누원점처럼 지방의 물건들이 모이는 도매기능 위주의 장터도 있었다. 그러나 이들 취락은 농촌지역 중에 산재되어 있어서, 도시권에 편입되었다고 보기는 힘든 것이었다.

서울 동대문 밖에 있었던 장안평 일대는 원래 조선왕실의 목장이었던 지역이다. 중랑천 범람원에 해당되어서 농경지로는 적절치 않았던 반면 삼방을 하천이 둘러치고 있어서 말을 키우기에는 좋은 조건이었다. 왕실 땅이었기 때문에 일제시대에 들어서서는 조선총독부 소유가 되었고, 이어 동양척식주식회사를 통해 일본인들에게 불하되었다. 일본인들은 뚝섬, 즉 현재의 성수동 일대에 거주하며 사과 등 과수원을 개발하였다. 아마 서울 교외에서는 가장 많은 일본인들이 살았던 거주지였을 것이다.

뚝섬 자체는 일본인이 새로 만든 마을이 아니라, 한강의 포구 취락이었다. 특히 상류 지역에서 뗏목으로 내려온 재목들이 인양되어서, 수도로 공급되는 물류 결절지였다. 동시에 서울에서 광주, 이천, 충주 죽령을 통해 경북지방으로 나가는 육상교통의 길목으로서, 한강을 건너는 나루터이기도 했다. 서울과 뚝섬 사이의 교통수요는 갈수록 늘어나서, 일찍이 이천가도라는 신작로가 만들어졌다. 이어서 계획된 것이 경성궤도이다.

처음에 이 회사는 뚝섬궤도라는 이름으로, 1927년 3월 31일에 경원선 왕십리~뚝섬 사이의 영업인가를 받아서 공사를 시작하였다. 궤간은 경성시내 전차와 같은 1,067mm로, 건설예산은 10만 엔이었다. 이 회사는 곧 명칭을 경성교외철도로 변경하였는데, 교외철도라고 경영진 자체가 인식하고 있었다는 증거이다. 물론 이러한 명칭 변경은 직접적으로는 일본인 투자자를 의식한 것으로 생각된다.

왕십리~동뚝섬 간 4.3km의 개통은 1930년 11월 1일이었다. 왕십리역을 잠정적인 기점으로 한 것은, 이미 화물은 경원선을 통해 서울 등 각지에 연결되었고, 시내로는 황금정(을지로) 방면의 전차와 연계가 가능했기 때문이었던 것으로 생각된다. 레일은 22톤 궤조여서 규격상은 노면전차와 크게 차이가 나지 않았다. 처음에는 경유 동차 3량과 5톤 적재용 화물차 8량을 보유하였다. 여객열차의 운행 횟수는 편도 정기 15편, 임시 6편으로,

거의 1시간 간격이었던 것으로 보인다. 전 구간 균일운임으로, 보통운임은 5전이었다.

1931년 9월 16일에는 서울 쪽 왕십리에서 동대문까지 2.9km 연장선이 허가되었다. 연장구간은 1932년 10월 11일에 개통되었다. 이로써 도심에 터미널을 가지게 되었으며, 총연장도 7.2km로 명실 공히 교외철도의 면모를 갖추게 되었다. 열차 운행도 오전 7시부터 오후 10시까지 매 30분 간격이 되어, 이용하기 쉬운 고빈도 열차운행이 가능하였다. 그간 1932년 4월에는 별도 설립한 경성궤도주식회사에 주식을 모두 이양해서 경영자도 교체되었다. 한편, 서뚝섬에서 한강 모래펄을 향해 화물전용의 인입선도 건설되었다. 이것은 하항연결을 위한 것이라기보다 자갈과 골재채취를 위한 것이었다. 기술의 진보로 콘크리트 구조의 건물이나 시설물이 일반화되고, 특히 서울에서는 그 수요가 급증하였다. 강가의 채취 전용선 역시 일본 대도시 주변 교외철도에서 많이 볼 수 있는데, 경성궤도도 같은 맥락으로 이용률 제고를 기도한 것이다.

1933년 8월 27일에는 광나루 초입에 있는 광장리까지의 연장 노선이 출원되었다. 이것은 신작로 이천가도(현 국도 3호선)가 광나루 경유로 건설된 후 광나루가 나루터 및 수륙결절지로서 위상을 가지게 되었기 때문이다. 노선은 기존선 중간인 상후원에서 분기하여 이천가도를 따라 건설되었다. 우선 화양리(현 건국대학교 부근)까지 2.0km 구간이 1933년 7월 15일 개통, 34년에는 나머지 광장(현 광진대교 입구)까지도 개통되어, 경성궤도는 전체 13.3km 연장을 가진 교외철도가 되었다. 이 시점에서 휘발유기관차 8량, 경유동차 10량, 객차 4량, 화물차 39량, 분뇨 운반차량 39량을 보유하게 되었다. 이러한 자료를 통해 보면 화물수요가 급증하였음을 알 수 있다. 또 분뇨차량은 서울에서 배출될 분뇨를 거두고 교외지역에서 거름으로 사용하는 것으로서, 이런 면에서도 도시와 교외 간의 상호의존관계를 교외철도가 매개하였음을 알 수 있다.

1935년 6월 20일에는 전철화되어, 전차 8량이 도입되면서 일부 열차가 전차로 운행되기 시작하였다. 같은 시기에 본선의 종점이 동뚝섬에서 뚝섬 유원지까지 0.6km 연장되었다. 뚝섬유원지도 경성궤도의 경영에 의한 것인데, 서울시민에 대한 이용촉진 대책의 하나였던 셈이다. 경성궤도를 이용해서 유원지를 찾은 나들이객에게는 입장료를 할인해 주기도 하였다. 교외철도 행선지에 유원지를 개발하여 이용객을 늘리는 것은 일본 도시권에서는 흔히 이루어진 일이었으니, 그러한 비즈니스모델을 반영한 것이었다. 실제 뚝섬유원지는 해방 후까지도 서울시민의 대표적인 나들이 행선지가 되었었다. 더구나 한강 맞은편에 위치하는 봉은사나 구룡산 나들이 광고도 내보냈었다. 경성궤도와 나룻배를 이용해서 현재 강남구 일대의 하이킹 수요를 발굴하려 했던 것이다. 아직 한강에 한강대교밖에 없고, 광진교도 개통되기 전의 일이었다. 새로운 수요 창출에 적극적이었던 모습을 볼 수 있다. 이후 5년 정도가 경성궤도의 전성기였다.

2차 대전이 발발하자 경성궤도는 같은 자본계열에 있었던 함평궤도(호남선 학교~함평 간)와 합병하여, 전시수송체제로 전환되었다. 해방이 되자 적산으로 분류되어 한국인 경영자에게 인수되었고, 한국전쟁 때에는 청계천 교량이 멸실되는 등 극심한 피해를 받아서 민간기업으로 운행하기는 어려워졌다. 1953년에 서울시가 인수하여 서울궤도로 이름을 바꾸었다. 이 시기부터 시내버스 노선이 서울궤도 주변에도 확충되어서, 서울궤도의 경영은 극히 악화되었다. 드디어 1966년 청계천 복개공사의 본격화를 계기로 궤도는 전면 폐지되었다.

(3) 경성궤도의 기능과 의미

앞서 언급하였듯이 경성궤도는 우리나라에서 처음으로 교외철도로서의 기능수행을 주목적으로 한 노선이었다. 서울 근교에서 교외철도 역할을 한 노선은 여러 가지가 있었지만, 다른 노선들에 있어서 교외철도 기능은 부수적 기능이었거나 나중에 추가된 기능이었기 때문이다.

경성궤도는 원래 목표대로 기능을 수행했을까? 필자는 이 부분을 확인하기 위해 1998년에 노선 터를 걸으면서 30여 명의 토박이 인사들을 인터뷰한 바 있다. 노선 폐지로부터 30년 정도 지난 시점이었기에, 아직 기억하시는 분이 계셨다. 그분들은 이 노선을 '궤도차'라고 불렀다. 전차도 아니고 기차도 아닌, 그 중간쯤의 철도계 교통수단으로 독립된 인식을 가지고 있었던 것이다.

열차 운행간격은 뚝섬선이 30분 간격, 광장선이 1시간 간격이었다고 한다. 이는 일제시대 운행체계가 거의 답습된 것이라고 하겠다. 열차는 단칸이 많았으며, 가끔 화차를 끌고 가는 소위 혼합열차나 화물 전용열차도 다녔다고 한다. 해방 후에는 화물수송이 크게 위축되었음을 짐작할 수 있다. 뚝섬(성수동)지역 주민들의 주된 이용목적은 첫째, 서울에 장보러 가는 것이었으며, 둘째, 통학·통근이었다. 그들은 서울 구도심을 '장안' 혹은 '문안'이라고 불렀다. 전자는 장안성에 빗댄 것이고, 후자는 4대문 안이라는 뜻이어서 둘 다 서울성곽 안을 지칭한다. 4대문 안이 그들에게 도심지의 대명사이기도 하였던 것이다. 장보러 간다고 해도 일용품은 뚝섬에서 구할 수 있어서 '큰 장을 볼 때', 이를테면 양복을 사거나 혼수품을 장만할 때, 차례상을 준비할 때 등 가끔 나들이를 겸하여 동대문시장을 갔다.

강남은 개발되기 전 미나리 등 도시를 먹여 살리기 위한 소위 근교 야채의 산지였다. 농민들은 나루를 건너서 광장이나 뚝섬에서 궤도차를 타고 동대문에서 자기 농산품을 팔고, 대신 그들이 필요한 물품을 사서 다시 돌아갔다. 쉽게 말해서 현재의 동대문구, 성동구, 광진구뿐 아니라 강동구, 송파구, 강남구 일대도 경성궤도의 영향권에 들어 있었던 셈이며, 10km 남짓 전철 치고는 상당히 광대한 배후지역을 가지고 있었다. 이것은 서울 교외철도망이 조밀하지 않았고, 배후지를 경쟁하는 다른 철도가 없었던 것에서 연유된 특수사정이라고 할 수 있겠다. 이 일대 사람들에게는 동대문시장은 교외와 도시를 연결해 주는 창이었으며, 궤도차는 그 매개체가 된 것이다. 동대문시장이 서울의 2대 시장 중 하나가 된 것은 경성궤도나 경전 청량리선, 왕십리선, 경춘선(구 경춘철도, 성동역에서 간접적으로 연결) 등 동쪽 교외를 오가는 철도들이 집중했었던 것도 큰 원인이었을 것이다.

통학은 당시 좋은 고등학교나 대학들이 4대문 안에 집중되어서 일어난

동대문역 터. 오른쪽 동대문 호텔 자리에 있었다

현상이다. 특히 학교 선생님이 되기 위해 사범학교나 사범대를 다녔다는 회답이 많았다. 거꾸로 그 외에는 친지 방문, 서울역을 통해 다른 지역으로 이동하기 위해서 이용하였던 것이 확인되었다.

반대로 서울 사람들의 이용목적 중에는 뚝섬유원지 나들이가 가장 많았다. 아직 서울대공원도 어린이대공원(당시는 이것 역시 경성궤도변에 있었다)도 없었던 시절이라 뚝섬유원지는 서울시민에게 주말 피크닉의 주요 목적지 중 하나였다. 반대로 말하면 그 외에 서울시민이 궤도차를 탈 일은 별로 없었던 것이다.

지역주민들 증언 중에서 화물에 대한 언급도 있었다. 분뇨가 실렸다는 것은 앞에서 언급한 바와 같고, 화물 중에는 나무를 실을 일이 많았다. 주민들은 '땔감'이나 '장작'이라는 표현을 사용하였다. 즉, 재목보다 일상생활에 이용하는 연료용이었던 것이다. 왕십리에는 일제시대부터 공영 석탄시장이 있었으며, 서울에서 가장 규모가 큰 땔감 도매 장소였다. 경성궤도는 한강 유역에서 내려오는 나무를 왕십리에 공급하는 역할을 했던 것이다. 한강의 이러한 기능은 한강변을 달리는 중앙선이나 경춘선 개통으로 위축되었고, 팔당댐 공사로 완전히 막을 내리게 되었다. 지금도 왕십리역 전에는 넓은 광장이 있는데, 여기가 바로 나무 하치장이었다고 한다.

이처럼 경성궤도의 수송기능은 복합적이었는데, 서울에 필요한 물건을 공급하고, 교외주민의 상경 경로가 되고, 서울주민의 위락의 길이 되는 등, 끝까지 전형적인 교외철도 역할을 수행하였다.

(4) 경성궤도의 지금

동대문역은 현재 동대문로터리 포시즌즈 호텔 자리에 있었다. 막바지식의 전형적인 교외철도 터미널의 모습이었다. 잠시 동진하면 노선은 청계천 좌안에 나가서 동묘앞역이 있었다. 이어 용두역이 나타나는데, 여기서는 상하행 열차가 서로 교행할 수 있게 되어 있었다. 용두역을 지나면 청계천을 철교로 비스듬히 가로질렀고, 건너편에 마장역이 있었다. 이 구간은 선로 터를 따라 다가구주택이 일렬로 세워져 있어서, 이를 통해 노선 경관을 쉽게 복원할 수 있다. 실제 주민들은 지금도 이 길을 '기동차길'이라고 한다. 기동차는 내연동차 뜻이지만 경성궤도 연변에서는 궤도차와 별 구별 없이 사용되고 있다.

왕십리역에서는 경원선 왕십리를 가로막는 형태로 선로가 지나다니고 있었다. 여기서 국철과 화물의 연계수송이 이루어졌으며, 전차와의 환승도 가능했다. 여기서는 굴다리로 경원선을 언더 패스하여, 현 지하철 2호선 한양대앞역을 지나 살곶이역에 다다랐다. 조선시대 봉화대로의 살곶이다

마장역 터 부근. 비스듬히 지나가는 기찻길 터는 최근까지 '기동차길'이라는 명칭이 부여되고 있었다.

상후원역 터. 앞의 흰색 빌딩 오른쪽이 뚝섬 방면, 왼쪽이 광장동 방면으로 갈라졌다. 지하철 2호선 뚝섬역에 가깝다.

리가 지금도 있는 자리이다. 궤도차는 그보다 하류에 가교된 성동교를 건
넜다. 지금보다 훨씬 좁은 다리였으며, 노면전차처럼 차량과 같이 다녔다.
중랑천을 건너면 바로 상후원역이 있었다. 여기는 상하행 열차의 교행장소
인 동시에, 광장선의 분기점이었다. 현 지하철 2호선 고가 밑을 지나가서
오른쪽으로 급커브를 하면 서뚝섬역이었다. 이어서 동뚝섬을 지나 한강변
에 나서면 뚝섬유원지역이 있었다. 이 일대는 한강정비사업으로 인해 전혀
옛 모습을 찾을 수 없다.

한편 상후원역에서 분기한 광장선은 중랑천가를 이천가도와 나란히 달리
다가, 중랑천과 헤어지면 현 화양우체국 앞에 화양역이 있었다. 현 어린이
대공원 앞에는 모진역, 성동소방서 옆에 구의역을 두고 종점 광장역에 도
착하였다.

(5) 그 외의 교외철도들

한국에서 가장 먼저 개통된 철도는 알려진 바와 같이 경인선이다. 처음에는 수도와 외항을 잇는 도시간 연락철도였지만, 인천이 서울의 교외 기능을 담당하였고, 경인 간에 영등포, 부평과 같은 산업지대가 입지하기 시작한 1920년대 이후에는 저절로 교외철도 성격을 띠게 되었다. 1928년에는 경인선 통근열차 운행을 위해 단거리 운행용 소형 증기기관차인 푸레하(프러8)형이 개발되었고, 동시에 통근용으로 데크를 없애고 롱시트(장대좌석)를 배치한 3등 경량객차도 제조하여 경인 간 통근열차에 투입하였다. 급행 편도 2편, 완행 편도 11편이 편성되어 거의 1시간 간격으로 운행되었다. 이 시절 인천은 부산항에 밀려 외항으로서의 기능이 약화된 한편, 자녀들이 서울까지 통학·통근하는 사례가 늘어났고, 서울시민은 거꾸로 월미도나 송도로 나들이를 가게 되었다. 아마도 국내에서 가장 긴 교외축이 형성된 것이다. 경인 간 철도는 나중에 하루 15편까지 증편 운행되었다.

한편 경인선의 시설은 곡선이 많은데다 개통 당시 가설 공사만을 시행한 구간이 많았다. 나중에 이것을 보수하여, 상당 구간에서 직선화 및 구배 완화를 실시하였는데, 그때 복선화 준비공사를 동시에 시공하였다. 인천 상공업계에서는 경인선 복선화와 전철화를 강력히 희망하고 있었는데, 이는 수요 충족을 위해서라기보다 교통을 편리하게 만들어서 수요를 유발하려고 한 것이었다.

인천시에서는 월미도를 총독부 관료나 경제인을 위한 전원주택지 및 별장지로 개발하려고 했었고, 이를 위해서는 경인선의 기능 강화가 중요한 관건이었다. 그 후 전시체제로 들어서면서 이러한 계획은 무산되었으며, 경인선이 복선화된 것은 1966년, 전철화된 것은 1974년의 일이었다.

서울 서쪽 교외는 동쪽에 비하면 일찍이 개발되었다. 마포 종점까지 전차가 운행되었고, 아현동이나 신촌 쪽에는 계획적으로 만들어진 신도시도 등장하였다. 이에 대응하기 위해, 국철은 서부 교외 지역에 통근열차를 운행하기 시작했다. 1929년 9월부터 용산선의 일부인 용산~서강 간과, 서강에서 분기되는 경성전기 화물선을 경성방송국 앞을 거쳐 당인리발전소까지를 하나의 계통으로 묶어서 통근열차를 운행하기 시작했다. 이어 1930년 12월에는 서강에서 경의선 신촌역으로 가는 선로를 신설, 용산~원정(원효로)~서강~신촌~아현~서소문~서울역~용산 간을 일주하는 소위 '경성 외곽순환선'을 형성하여, 디젤동차로 하루 편도 7편의 순환열차를 운행하기 시작했다. 서강에서 당인리발전소까지 및 신촌역까지는 지금도 곡선 도로가 남아 있어서, 선로가 어디를 다녔는지 쉽게 짐작할 수 있다. 경의선 아현역 터에는 지금도 승강장 흔적이 남아 있다. 동차 한 두 칸이 겨우 정차할 수 있는 길이다.

1939년 7월에는 경춘철도가 서울 성동역(현 제기동)에서 경원선 성북역을 거쳐 춘천까지 93.5km를 단숨에 개통됐다. 당시의 사설철도는 일본 제국주의적 자본투자로 만들어진 것이 많은데, 경춘철도는 조선 자본이 주도하였다는 점에도 특이한 부분이 있다. 이 노선은 강원도청 소재지인 춘천을 잇는 도시간 철도라는 측면과, 교외철도의 측면을 함께 가지고 있었다. 남양주 퇴계원까지는 교외구간으로 간주되어, 통근용 디젤동차가 왕복 운행하였다. 성북은 터미널로는 부적절한 위치였으나, 경춘철도는 거기서 동대문까지 지하철 건설을 계획하였다. 그러나 곧 2차 대전이 발발해서 없던 일이 되었다.

엄밀히 교외철도는 아니지만, 일제시대에는 여러 번의 지하철 건설계획이 시도되었으며, 일부는 철도국의 노선 면허까지 취득한 경우도 있었다.

대표적 사철회사인 조선철도는 경성역에서 봉래동, 남대문로, 종로를 거쳐 동대문에서 지상으로 나와서 경원선 청량리에 연결하고, 나아가 당시 조선철도가 면허를 출원하던 중앙선으로 연결하는 지하철 구상을 가지고 있었다. 전압 600v에 제3궤조 방식을 채택하였다.

한편 도쿄의 자본가들이 설립한 경성철도주식회사는 서울역에서 지하로 출발하여 덕수궁 앞에서 지상으로 나와 청계천을 고가선으로 지나서 동대문에서 지상으로 내려와서 청량리까지 가는 지하철을 출원했다. 양 계획은 기종점이 동일하여, 또 현재의 지하철 1호선과 거의 비슷한 노선이라는 공통점을 갖고 있다. 서로는 경쟁 출원 관계가 되어서, 총독부에서는 결국 노하우가 있다는 점에서 조선철도에 면허를 부여했다. 그러나 자금 모집 단계에서 난관에 부딪혀서 실현되지는 않았다.

(6) 맺는 말

1920년대 이후의 서울은 동양의 대도시 중의 하나로 꼽을 수 있었고, 인구 급증에 따라 넓은 교외지역과 많은 위성도시를 거느리고 있었다. 그럼에도 교외철도가 발달되지 않았던 것은 식민지라는 특성상 향토자본 축적이 충분하지 않았으며, 또 일찍이 서울을 중심으로 5개 방면에 국철 노선망이 정비되었기 때문일 것이다.

그러나 서울에도 교외철도가 싹튼 시기가 있었다. 대표적인 사례가 경성궤도였고, 통근용 열차를 고빈도로 운행한 국철 교외구간 그리고 경춘철도였다. 이들 노선은 서울의 교외지역 확대를 선도했다기보다는 확대해 가는 교외에 뒤따라 대응하는 경우가 대부분이었다. 물론 경성궤도의 뚝섬유원지 운영처럼 잉여 수송능력을 활용하려는 노력은 많이 이루어졌다. 사례로

든 경성궤도의 수송기능을 보면, 도심을 향해 쇼핑객이나 통근·통학승객을 수송하며, 도시생활에 필요한 일상생활용 화물도 실어 날랐다. 도심에서는 여객은 나들이객, 화물은 분뇨 쓰레기 등 도시에서 교외로 이동수요가 있는 물건이 수송되었다. 이런 면에서, 경성궤도는 형태상뿐 아니라 기능상도 전형적인 교외철도였다.

2차 대전과 해방공간 그리고 한국전쟁 등 오랫동안 교외철도의 연장은 더 이상 기대할 수 없는 시기가 이어졌지만, 현재 광역전철 왕국으로 거듭난 수도권을 보면 지난 40년 동안에 그 전의 정체된 역사를 단숨에 되찾은 것과 같은 느낌이 든다.

7. 우리나라 철도를 발전시킨 사람들

(1) 유길준(1856~1914) : 철도의 중요성 역설과 우리나라 철도 건설을 위한 노력

유길준은 유진수의 둘째아들로 태어났다. 16세 때에 개화파 박규수에게 가르침을 받아 해외사정에 눈을 떴다. 26세 되던 해에 신사유람단으로 일본에 건너갔다가 유학생활을 시작하였다. 28세 때에 통리교섭통상사무아문의 주사로, 임영 보빙사 수행원 자격으로 미국에 가서 한국 최초의 미국 유학생이 되었다. 미국 유학 중 갑신정변 소식을 듣고 귀국하여 의정부 도현에 임명되었다. 고종이 러시아 공사관으로 파천하자 일본으로 망명하여 11년간 망명생활을 하였다. 흥사단과 융희학교를 설립하였고, 국채보상금

처리회장으로 활동하였다.

《서유견문》에서 그는 "철도는 신기하고 경이로운 규모와 신속하고도 간편한 방도가 사람들의 이목을 넉넉히 놀라게 하였으며 마음을 뛰게 하였다. 혐오하는 시기들의 무리도 있었으나 서양 여러 나라들이 증기기관차를 도입하였다. 여객을 싣고 화물을 운송하며 동서남북을 달리니 기차는 육지의 좋은 배와 같아졌다. 각지에 있고 없는 물산 등을 교역하여 물가를 고르게 하고, 도시와 시골을 간편하게 오가게 하며, 인정을 서로 통하게 하였다. 그래서 사회적인 교류와 상업이 일신하게 되었다."

이처럼 그는 철도의 중요성을 역설한 최초의 사람이었다. 그 후 우리나라 호남선을 우리의 손으로 부설하려고 호남철도주식회사를 만들어 이를 추진하였다.

호남철도주식회사 취지문(요약)

철도는 전신, 체신, 신문, 기선과 함께 국가의 5대 기관이며 문명과 강한 나라를 만드는 데 중요한 수단이다. 그간 외세가 우리나라의 주권을 빼앗고 있어 우리의 독립을 찾기 위해서는 우리 스스로 철도를 부설하여야 하므로 이에 호남철도를 우리 손으로 만들어야 한다.

1908년 2월 3일 대표 장박, 유길준, 최문식

---

(2) 박기종(1839~1907) : 자주적인 철도부설

박기종은 타율적인 철도부설에 있어 주체적으로 철도부설을 시도한 한국인이었다. 부하철도회사, 대한철도회사, 영남지선철도회사 등을 잇달아 설립하였다.

부산포의 가난한 상민 집안에서 태어난 박기종은 어려서부터 일본어를

익혀 일본을 상대로 무역으로 부를 축적했다. 일본에 철도가 부설된 것은 1872년이었다. 1876년 강화도조약 체결 이후 김기수를 수반으로 한 제1차 수신사가 일본으로 파견되었을 때, 그는 통역관으로 발탁돼 일본의 근대 시설을 시찰하고 돌아왔다. 박기종은 철도에 충격을 받았고, 자기 손으로 한국에 철도를 부설하겠다는 꿈을 품었다.

이후 그는 무관 벼슬을 얻어 관계로 진출했다. 부산항 경무관(警務官)으로 근무하던 1895년 부산 최초의 신식학교인 개성학교를 설립했다. 개성학교는 1908년 공립부산실업학교로, 해방 이후에는 부산상업고등학교로 교명이 바뀌었다. 20여 년간 개항장 부산항의 치안과 관세 업무를 담당했던 그는 국가 중흥을 위해서는 산업을 개발해야 한다고 굳게 믿고 두 아들을 일본 광산·철도학교에 유학을 보냈다.

60세가 되던 해인 1898년 외부 참서관(정3품)으로 중앙 관계에 진출하게 되자, 그는 부산항과 하단포(동래온천장)를 연결하는 경편철도를 부설하겠다는 오랜 꿈을 실현하기 위해 부하철도회사를 설립했다. 부하철도는 여러 번 측량을 실시했지만, 자금 조달이 원활하지 않아 공사가 시작되지 못하고 중단되었다. 한 번 실패에 굴하지 않고 이하영·지석영·이인영 등 부산 출신 유력인사를 규합해 1899년 대한철도회사를 설립하고, 서울~원산, 원산~경흥을 연결하는 경원선과 함경선 부설권을 확보했다. 경의선 부설권을 확보한 프랑스회사가 3년이 지나도록 착공하지 못해 특허를 상실하자 대한철도회사는 경의선 부설권을 확보하였다. 하지만 그는 외자 도입을 거부하고 민족자본을 고집하다가 심각한 자금난에 시달렸다. 특허 기간인 1년이 지나도록 착공하지 못하자, 경원선과 경의선 부설권은 궁내부 직할 철도국으로 환수되었다. 1902년 그는 영남지선철도회사를 설립하고 삼랑진과 마산을 연결하는 삼마철도 부설권을 확보했지만, 일본의 집요한 방해와 자금과 기술 부족으로 일본의 경부철도회사에 부설권을 매도하고 철도 부설의 꿈을 접어야 했다.

1904년 러일전쟁이 발발하자 일본은 한국 정부에 양해도 구하지 않고 한국 내 모든 간선철도를 군사철도로 부설할 것을 결정했다. 이로써 한국 간선철도의 부설권과 운영권은 일본으로 넘어갔다. 그는 청장년 시절 어업으로 축적했던 막대한 재산을 철도부설에 투자하였고, 1907년 68세를 일기로 세상을 떠났다.

(3) 이용익(1854~1906) : 자력으로 경의선 건설 추진

함북 북청에서 태어나서 관직을 역임하면서 우리나라 철도부설의 선구자 역할을 하였다. 1900년 9월 13일 서북철도국이 설치되자, 우리 철도는 우리 힘으로 건설하자는 슬로건으로 우리민족의 힘으로 철도를 건설하는 노력을 기울였다. 이용익은 정부의 허가를 얻어 1902년 8월 경의철도부설기공식을 서울 서대문 밖에서 거행하였다. 그는 기공식에서 "우리는 오늘 철도부설은 국가 기본 경제를 높이는 데 제일 귀중한 일입니다. 더구나 경의철도를 우리의 손으로 직접 부설할 수 있다는 것은 그야말로 감격적인 일이 아닐 수 없습니다."라고 말하였다.

그 후 자본문제 등으로 경의선의 추진은 어렵게 되었다. 1905년 을사보호조약에 반대하여 연금되기도 하였다. 후에 보성학원을 설립하여 인재양성에 힘썼다. 각국이 우리나라 철도를 침탈하려는 가운데 이용익은 우리 손으로 철도를 건설하려는 노력을 계속한 인물로 평가되고 있다.

(4) 김재현 기관사(1921~1950) : 철도를 위한 헌신

6·25한국전쟁 당시, 정확히 1950년 7월 19일 대전이 적의 포위망에 들어가고 일선에서 진두지휘를 하던 미군 제24사단장 윌리엄 F 딘 소장이 행방불명되었다. 우리 군은 장군 이하 다수의 장병과 물자를 구출하기 위하여 1차 작전이 실패한 후 다시 2차 구출작전을 결행했다. 김재현(당시 29세) 기관사가 운전하는 미카 3-129호 증기기관차에 30명의 미국 특공대원이 승차하고 이원역(대전에서 세 번째 남쪽역)을 출발해 대전역에 접근할 즈음에 적의 공격을 받아 27명과 김재현 기관사는 전사하고 구출작전은 실패하였다. 이때 생존한 사람은 미군 3명과 기관조사 황남호(당시 31세), 현재영(당시 29세)뿐이었다. 당시 구출에 실패한 딘 소장은 대전의 산야를 헤매던 중에 포로가 되어 평양으로 이송되었다가 1953년 휴전협정 이후 귀환하였다.

용산 전쟁기념관에 있는 철도전시관 설명문에 "딘 소장 구출작전에 지원했던 고 김재현 기관사는 미카 3-219 증기기관차를 몰고 미군 결사대 33명과 함께 장렬한 최후를 마쳤다. 다시금 가신 님 호국의 영령들과 철도인의 넋을 위로하며 현충에 바치는 노래를 남겨 놓는다. 겨레와 나라 위해 목숨을 바치니 그 정성 영원히 조국을 지키네. 조국의 산하여 용사를 잠재우소."라고 적혀 있다.

(5) 안경모, 박길수 : 전쟁의 피해와 철도를 복구한 사람들

철도는 한국전쟁 중에 중요한 군사 수송수단이었기 때문에 집중적인 공격목표가 되어 그 피해가 심각하였다. 그 중에서도 터널과 교량의 피해가 심했다. 서울 수복 후에 철도 피해상황을 보면 원형을 유지하고 있는 곳은 경부선의 대구 이남, 동해남부선의 경주 이남, 진주선의 함안 이남뿐이었고 전선 각 구간에 걸쳐 330km의 선로, 163개소의 교량, 29개소의 터널이 막대한 피해를 입었다. 이밖에도 배수시설 7%, 전신전화시설 50%, 전기 신호장치 56%, 전력설비 56%, 공장설비 27%, 각종 자재 80%, 기관차 26%, 객차 78%, 화차 48%가 피해를 입었다. 시설피해와 함께 전시수송을 수행하는 과정에서 종사원의 희생도 다른 어느 분야보다 컸다.

이때 철도 복구를 위해 헌신한 분으로는 안경모 전 교통부장관 (1917~2010)이 있다. 안 전 장관은 1917년 황해도 벽성 출생으로 1939년 일본 도쿠시마 고등공업학교 졸업 후 철도국에서 공직을 시작하였다. 1950년 당시 보선과장으로 파괴된 철도를 복구하는 데 큰 공헌을 하였다. 또한 당시 박길수는 건설과장으로 그 역할을 다하였다.

(6) 이훈섭(1925~현재) : 철도의 근대화

1925년 평북 출생으로 육군사관학교를 졸업하였다. 육군 준장으로 전역하여 1967년 제4대 철도청장으로 부임하였다.

제2차 5개년 계획 집행을 효율적으로 수행하기 위해 철도의 중요성을 역설하고, 운용효율을 높이기 위해서 원활한 부속품 공급, 공작창의 정비능력 향상, 직원의 사기 진작 등 세 가지를 급선무로 추진하였다.

또한 대통령 보고를 통해 중앙선 CTC(열차집중제어장치)화 등 철도시설과 장비의 개량을 위해 필요한 자금이 필요하기 때문에 철도기금법 제정과 차관 도입을 건의하여 이를 성사시켰다.

이를 바탕으로 1968년 11월 중앙선과 태백선, 영동선 등 총 38km의 전철화사업을 위해 5,700만 달러의 차관협정을 성공시켰다. 또한 우리나라 최초로 보선작업 기계화시대를 열었다.

다른 주요한 업적으로는 1968년 10월~1970년 2월 경부선, 호남선, 중앙선 등 주요 선에 ATS(열차자동정지장치)설치, 각 기관차와 정거장에 대한 무선 전화장치, 영등포역~서울역 간 복선화, 용산에 컨테이너 야드와 성북화물센터를 건설하여 화물처리의 능률화와 유통구조 개선, 호남선의 부분 복선화를 통해서 철도 근대화의 전기를 마련하였다.

또한 IBRD(International Bank for Reconstruction and Development)를 설득하여 원래 규정상 차관국에는 입찰 자격이 부여받지 못하게 되어 있는 규정을 고쳐 입찰에 참여할 수 있게 하여 객화차 구매분 약 2,800만 달러 상당의 차량생산까지 하는 성과를 거두었다.

이 청장은 1960년대 말 철도 근대화를 위해 외국 자본과 기금법을 통해 철도 발전의 틀을 만들었으며, 국내에서 차량을 제작하여 철도 차량산업을 발전시킨 것으로 높이 평가받고 있다.

(7) 김정옥(1934~2004) : 철도궤도 선진화와 고속철도 건설

김정옥 전 철도청 차장은 철도고와 서울대 토목공학과를 졸업하여 철도청과 한국고속철도건설공단에서 근무한 토목과 차량의 전문가로 철도궤도 선진화와 고속철도 건설의 주역이다.

다음은 '철도학회'에서 그와 인터뷰한 내용을 그대로 전제한다.[6]

---

6) 한국철도학회(2002), 철도저널 V.5, No.4

질문 : 철도 분야에 기여한 부문이 있다면 어떠한 것이 있습니까?

"4·19와 5·16을 거치면서 혁명정부가 공무원의 자질을 높이려고 각종 교육을 확대, 강화하는 시기를 맞았습니다. 그 당시에 저는 독일, 일본, 미국 등의 자료를 모아 선로에 대한 역학적인 해석을 체계화시켜 나가고 있는 중이어서 궤도역학의 교재를 만들어 시설계 간부들에게 일주일간 집중 강의를 한 일이 있습니다.

이때부터 선로의 역학적인 해석과 설계의 기준이 만들어졌으며, 60년대에 일본 및 프랑스를 방문하여 장기간 철도 기술을 공부하면서 느낀 점은 '이론대로 규격대로 물건을 만들어서 관리까지 추진방식, 그것이 선진화다' 라는 것이었습니다. 그래서 1969년부터 지금 서울~부산 새마을호의 전신인 관광호열차의 운행시간을 이론적으로 분석하여 1시간 단축하고, 그후 선로를 지속적으로 보강하여 1987년 서울~부산 간 440여 km를 다시 40분을 단축하여 4시간 10분 만에 주파하는 결과를 얻었습니다. 이것은 그 구간의 선형조건을 고려했을 때 이론상 최고속도에 해당하는 것이었습니다. 70년대의 보선과장 시절에도 장항선의 선로를 보강하여 천안에서 장항까지 연장 143km 구간에서 1시간을 단축한 일도 있었습니다. 위험하지 않겠느냐는 주위의 걱정도 있었지만, 이론대로 또 역학적인 면을 고려하여 추진하면 된다는 신념을 가지고 있었습니다. 그 외에도 장자갈에서 깬자갈로의 교체, PC침목의 설계, 체결구의 탄성화, 보선의 기계화, 장대레일의 설계 등 기억에 남는 일이 많이 있습니다. 그리고 64년에는 PC강선, 78년에는 레일을 국산화한 것도 보람이 있었습니다. 이런 이유로 선로위에 서면 자갈부터 레일, 보수 관리까지 그동안 제 손을 거쳐 해온 일들이 생각나 보람과 흐뭇함을 느낍니다.

또한 호남 복선을 설계, 건설하면서 전두환, 노태우 대통령을 모시고 각각 정주와 송정리에서 준공 및 복선 개통식을 한 일, 안산선 건설 시 4경간 연속 중공(中空), PC교량(100m)의 새로운 기술 및 공법 개발을 한 일도 기억에 남습니다. 시설국장 시절에는 안산지구의 택지 및 공장부지가 매각되지 않아 고민하는 정부(수자원개발공사)에 부족한 교통시설을 지적, 협의하여 수자원개발공사 부담으로 금정~안산 간 20km의 철도를 건설케 하여(1987) 안산시 지역 토지가 쉽게 매각되었고, 이에 철도는 막대한 재산과 영업수익이 증가하게 되었으며, 이것이 효시가 되어 분당선, 과천선, 일산선 등 도시철도를 토지개발공사의 부담으로 건설하게 되었습니다.

그리고 1986년에 철도건설촉진법을 만들어 철도 건설 행정을 효율화시켰으며, 서울, 영등포, 동인천 등의 민자역사를 건설하여 민관합작 영업을 하는 데 길을 터 지금은 각처에 민자역사를 건설하고 있습니다. 고속철도에 대하여 꾸준히 관심을 갖고 일본 및 프랑스의 계획 및 기술을 소화하여 고속철도건설공단 초대 기술부이사장으로 재직하면서 고속철도 건설의 기틀을 마련한 것도 중요한 기억 중의 하나입니다."

질문 : 우리나라의 PC침목화에 기여하신 것으로 알고 있습니다. PC침목이 도입된 배경 및 당시 상황에 대해 말씀해 주십시오.

"2차대전 후 세계 선진 철도는 자동차와 경쟁하면서 고속화, 쾌적성, 경제성 등에 관심을 기울여 선로를 개량하기에 이르러 수명이 짧고 강성이 부족한 목침목 대신 PC침목을 대대적으로 사용하게 되었습니다.

우리나라에서는 1958년, 독일에서 BV55형을 도입하여 1964년까지 소량을 제작, 부설하였으나 경량화하기 위하여 단면을 축소시켰기 때문에 대부분 훼손되었습니다.

1961년 5·16으로 혁명정부가 외화를 절약하고 국산품을 장려하는 경제정책과 근대화시책에 의하여 막대한 외자가 소요되는 목침목보다 경제적(수명이 3배)이고 강성이 강한 콘크리트 침목이 요구되었습니다. 그 당시의 PC(prestressed concrete)이론은 널리 보급되지 않아서 혼자 공부하고 습득하여 설계하고, 강도 500kg/㎠의 콘크리트를 제작하였는데 그것이 당시 콘크리트 강도로는 우리나라에서 최고였고, 이로 인해 6개의 PC침목 공장을 건설(연간 40만 개 생산능력), 운영함으로써 그 기술이 건설 분야에 파급되어 공헌을 한 것 같습니다."

(8) 권기안(1933~현재) : 보선작업의 기계화

권기안 전 서울지방철도청장은 충북 청원 출생으로, 서울대학교 토목공학과 졸업 후 철도청에서 근무하였다. 1960년대 선로보수의 근대화 방안으로 보선작업 기계화를 처음 도입하였고, 장대레일 도입, PC침목 도입 등 철도의 근대화에 큰 기여를 하신 분이다. 철도 설계, 철도 노선의 선정 등에 대하여 자문하는 등 철도의 발전을 위해서 꾸준히 노력하고 계시다. '철도학회'와의 인터뷰를 그대로 전제한다.[7]

질문 : 철도청 재직 시절에 보선작업의 기계화를 위해서 노력하신 걸로 알고 있는데, 국내 보선의 기계화를 실시하게 된 동기와 그 당시의 상황에 대해서 말씀해 주시겠습니까?

"철도청 시설국 보선과 계획계장 시절(1968년)에 처음으로 보선기계화를

---

7) 한국철도학회(2002), 철도저널 V.5, No.3, 2002. 9

실시하였는데, 보선작업의 기계화를 하게 된 동기의 첫째는 국내 산업의 발달로 노무수급 문제를 고려하지 않을 수 없었습니다. 오늘날 3D현상과 같이 단순 중노동을 기피하는 현상을 예견한 것입니다. 둘째는 열차 속도와 통과 톤수의 급격한 증가로 인력 보수로는 선로강도 유지에 한계가 있었기 때문에 보선작업을 기계화함으로써 보수의 질을 높이지 않을 수 없었습니다. 그 당시에 우리나라의 1km당 정원이 0.7명이었고, 일본의 경우는 소규모의 기계화를 하고 있었음에도 불구하고 1km당 정원이 2.1명이었습니다. 다시 말해서 인력 보수로는 한계가 있었던 것입니다. 그리고 세 번째는 선로 종사원들의 작업능률의 저하가 온다고 보았습니다. 이러한 이유들로 보선작업의 기계화를 추진하였으나, 그 당시에는 보선기계화에 대한 인식이 부족하여 예산 확보에 어려움이 많았습니다. 그래서 먼저 〈보선기계화에 대한 연구〉라는 책자를 발간하여 예산 확보를 위한 설득에 나서게 되었고, 1971년 IBRD 자금 200만 달러를 지원받아 보선기계화를 위한 대형 장비를 도입하게 되었습니다. 이를 계기로 우리나라에서도 처음으로 조직적인 기계화 작업이 시작되었습니다.

그 당시, 이훈섭 청장은 철도의 근대화를 위해서 많은 노력을 해 왔습니다. 예를 들면 철도 근대화의 기폭제가 된 CTC(열차집중제어장치), ABS(자동폐색장치)의 도입, 중앙, 영동, 태백 등 산업선의 전철화, 동력차 및 객화차의 획기적 증강, 경부선에 관광호(현 새마을호)의 운행, 경부, 호남, 경인, 중앙선 등 주요 선에 열차 안전운행을 목적으로 ATS(열차자동정지장치) 설치, 열차의 안전운행을 위해 각 기관차와 정거장에 무선전화장치를 설치하였으며, 보선작업을 기계화하는 데도 이훈섭 청장의 공이 컸습니다."

질문 : 국내 최초의 장대레일의 부설에도 공로가 큰 것으로 알고 있는데, 장대레일
은 어떻게 시작되었습니까?

"그 당시 장대레일은 보선 종사원들의 숙원사업이었습니다. 선로의 파괴
는 주로 이음매부에서 나타나고, 이음매부로 인해서 승차감이 저하되고, 유
지보수 비용의 증가가 초래되기 때문입니다. 그래서 외국의 자료를 활용하
여 장대레일에 대한 이론은 정리를 하였으나, 문제는 용접기술이었습니다.

우리나라에서는 1959년 경부선 삼랑진~원동 간에 아크용접을 이용하여
장대레일을 부설한 바가 있으나, 이것은 지극히 짧은 것이었습니다. 그때
까지만 해도 국내에는 용접기술이 미흡했고, 이를 계기로 테르밋 용접, 가
스용접 기술이 도입되어 시험을 하기 시작하였습니다. 본격적인 장대레일
은 시흥~안양 간 1,200m를 부설한 것이 최초(1966년)라고 할 수 있습니
다. 장대레일을 부설하면서 가장 걱정을 했던 것은 파단(재료의 균열이 생
겨 깨지는 현상)이었는데, 용접기술의 습득으로 인해서 큰 사고는 없었습
니다. 그 이후 장대레일은 큰 발전을 이루었습니다."

8. 소결 : 새로운 협력을 위한 모색

한국 철도는 1899년 개통 이후 110년이 넘는 역사를 이어오며 발전해왔
다. 일제강점기 시대의 타율적인 발전으로부터 해방 이후 자율적인 발전으
로 변화하면서 현재에 이르고 있다. 인프라시설로서의 철도는 현재 시점에
서 보면 연속적으로 발전한 측면이 있는 반면, 우리의 손으로 새롭게 발전
시키고 그리고 그 성격의 변화에 따라 단절의 측면을 공유하고 있다고 하

겠다.

그간 한국 철도사 연구는 일제강점기라는 굴레에서 벗어나지 못하고, 다양한 측면에서의 연구가 진행되지 못한 것이 사실이다. 이에 제1장에서 다룬 내용은 앞으로의 연구 발전을 위한 서설적인 측면이 강하다고 하겠다. 또한 현재 시점에서 과거 철도사 연구를 긍정적인 측면, 부정적인 측면에서 다양한 연구를 통하여 양국 간의 연구는 새로운 협력의 가능성과 함께 연구영역이 더욱 확대될 것이다. 특히 동아시아의 철도 연구에 있어 우리나라, 만주, 대만, 중국, 일본 등과의 비교 연구를 통해 과거와 현재의 철도를 조명해 본다면 매우 흥미로운 여러 가지 사실이 밝혀질 것이다. 그렇게 되면 각국 철도의 성격 규명이 가능할 것이며, 그 후 발전이 어떠한 의미를 가지고 있는가의 비교도 재미있는 작업이 될 것이다. 또한 현재 진행되고 있는 남북철도 연결, 대륙철도 연결에 있어서의 역사적인 시점에서 새로운 개념의 도입도 가능할 것이다. 예를 들면 제국주의 철도에서 평화의 철도라는 개념 설정이 바로 그것이다.

이러한 개념 설정을 구체화시키고 있는 것이 우리나라 철도와 중국 철도, 시베리아 철도의 연결이다. 또한 일본과도 해저터널을 통한다면 앞으로 일본~한국~중국~러시아~유럽으로 통하는 유라시아 대륙으로의 평화의 철도, 상호 공영의 철도가 건설되어 새로운 협력의 장이 열릴 것이다.

제2장
철도 차량의 역사와 발전

제2장 철도 차량의 역사와 발전

1. 서론

철도시스템은 타 육상교통수단에 비해 정시성, 대량 수송성, 신속성, 높은 에너지 효율 등 많은 장점을 가지고 있어, 환경오염 문제해소 및 지역간 균형발전과 신속하고 쾌적한 대중교통 수단의 해결책으로서 철도의 역할이 새롭게 강조되고 있다.

또한 1994년 고속철도시스템의 도입과 함께 동시에 시작된 자주적인 차량시스템 연구개발을 통하여 국내에서 고속차량의 생산이 가능해짐으로써 도시 간 수송에 있어서도 한국 철도의 위상이 급격히 향상되었다.

이러한 관점에서 철도에 대한 국가 차원의 투자도 전국을 일일 생활권으로 흡수 통합한 KTX 고속열차에 이어 기존선의 고속화 및 지방도시의 경량전철 건설과 전철화에 따라서 노후된 디젤기관차를 대체하는 EMU 150~180km/h급 중고속 열차의 영업운용을 계획하고 있으며, 또한 고속열차 KTX-II(300km/h)의 국산화 개발 성공 및 실용화에 이어, 차세대 고속열차인 400km/h급 철도차량의 국산화를 목표로 개발계획 중에 있는 등 국가 철도교통체계의 변화가 가속화하고 있는 시점에 과거에서부터 철도차량 시스템의 기술발전과 변화과정을 살펴보는 것은 큰 의미가 있다 할 것이다.

디젤동력차 중심에서 전기차량 중심으로 환경 친화적인 교통체계로 전환되고 있는 등 대내외적으로 국가 철도망 변화와 글로벌 교통체계, 개방형 국토 구조에 부응하는 다핵 분산형 국토발전 등을 요구하고 있어, 철도시스템의 주요요소로서 이를 이용하는 고객이 가장 오래 머무르는 공간이자 상품인 철도차량의 특성을 이해하는 의미에서 철도차량 분야의 역사와 발전단계를 조망해 보고자 한다.

이렇게 함으로써 현재까지 철도차량 내외부 환경변화에 대한 대응과정과 발전상황을 인식하여, 내부적으로는 향후 안전하고 신속한 철도차량시스템을 지속적으로 고객에게 제공할 수 있는 합리적인 유지관리를 위한 방향과 목표를 설정하기 위해 철도차량 분야에서 고려하여야 하는 주요과제를 논의해 보고, 대외적으로는 고객의 신뢰를 구축하고 외국 시스템에 의존하지 않고 독자적인 기술성장을 통해 철도차량시스템을 선진국 수준으로 이끌어 나갈 방안을 모색해 볼 수 있을 것이다.

2. 한국의 시대 변화와 철도 차량

(1) 초창기 철도 차량 도입기

개화기인 1896년 3월 미국인인 모스가 경인(京仁) 간 철도부설권을 얻어

냈으나 자본 조달의 어려움으로 1899년 그 권리를 일본에 팔아넘겼고, 그 해 9월 일본은 경인철도주식회사(京仁鐵道株式會社)를 통하여 인천~노량진 사이 33.8km 철도를 완성하였다.

모가형 증기기관차

이것이 한국 철도의 시초이며, 이때 운행했던 차량이 모가형(모갈 탱크형) 증기기관차였다.

그 후 일본은 계속하여 경부선의 부설권도 획득하여 경부철도주식회사를 설립하고 1903년 경인철도주식회사를 흡수하였다.

1905년 경부 철도의 운용과 임시 군용철도통감부의 운용에 따라 수입차량 조립과 재료 조달을 고려하여 항구와 가까운 부지에 공장을 설립하고 공작기계를 배치하면서 철도 차량 수선 공장이 완성되었다.[8]

<표 2-1> 철도 차량 수선공장 설립

년 월 일	공장명	철도명	주요 작업내용	비 고
1899. 06. 17	인천공장	경인철도	차량조립 및 제작	대전차량정비창으로 이전
	초량공장	경부철도	〃	부산차량정비창
	겸이포공장	임시군용철도	〃	평양으로 이전
1905. 6. 24	용산공장	임시군용철도	〃	서울차량정비창

---

8) 한국철도공사(2005), 서울철도차량관리단 100년사, pp. 3~15

이 세 개 노선의 철도
는 1906년 통감부 철도
관리국에 인계 통합되
고 인천공장과 용산공
장이 합병되었다. 1911

터우형 증기기관차

년 겸이포공장은 평양공장으로 이전되어 1914년 4월 1일 용산공장의 평양
분공장이 되었다.

증기기관차의 도입과 조립 작업 및 차량의 개수, 수선이 증가되었고, 화
차와 객차의 자체 제작 능력을 갖추기 위해 공장을 증설하였으며, 이에 따
라 1923년에는 3등 침대차, 전망 1등 침대차가 경성공장(역주, 이후 용산
공작반으로 개명되어 현재의 수도권철도차량정비단의 모태가 됨)에서 처
음으로 제작되었다.

1927년에는 경성공장의 자체 설계기술을 적용, 터우형 증기기관차가 처
음으로 제작되어 자체 기술로 차량을 제작 운영하는 차량제작 능력을 갖추
게 되었다.

<표 2-2> 일제강점기 철도 차량 수선공장 및 인력표

소재지	공장명	직원수 (명)	계획수선 능력(량, 연간)				비고
			증기기관차	객차	화차	합계	
용산	경성공장	2,638	600	1,100	2,000	3,700	
부산진	부산공장	1,527	250	900	2,000	3,150	
평양	평양공장	793	250	600	3,000	3,850	
원산	원산공장	978	300	900	2,000	3,200	
청진	청진공장	360	100	200	1,000	1,300	
대전	대전공장	70	–	–	–	–	보수담당
해주	해주공장	154	73	–	–	73	협궤담당
합계		6,520	1,573	3,700	10,000	15,273	

1930년에 초량공장을 부산진으로 이전 확장하였고, 1940년에 평양공장을 독립시키고, 1942년 원산공장 설립, 1944년 해주와 대전공장을 설립하여 증기기관차 및 객차, 화차를 제작하고 수리할 수 있는 능력을 갖춘 한국 최대의 철도 차량 제작공장이 완성되었다.

해주공장은 협궤철도인 황해선의 기관차 제작 및 수선을 중심으로 설비를 설치하였다.

또한 당시 경성공장을 가동하는 전력 수급 문제를 해결하기 위하여 자가화력발전소를 일본의 공학사(工學士) 후쿠다(福田勝)의 감독으로 독일제 280KVA 2기를 신설하여 이 공장의 동력원 및 지역의 역, 청사, 관사 등에 송전하였으며, 1911년 경성공장의 작업시설 및 공작기계 증설에 따라 배전장치 정리를 병행, 종래의 발전소에서 일부 기기를 공장의 중앙에 이설하여 발전소를 신설하였다.

<표 2-3> 경성공장의 자가 발전 실적

연도	최대 발전량(Kw/h)	소요 석탄량(근)	1kw/h 소요 석탄량(근)	비 고
1910	104,352	1,188,810	11.4	
1921	1,136,198	664,325	5.8	
1925	928,922	7,939,353	7.9	
1927	61,309	458,970	2.1	

당시 비록 일본인 기술진에 의해 관리되었지만 산업 부문에서 증기기관차의 자체 생산 기술능력과 다양한 정비시설은 물론 전력, 통신 설비 등 철도산업이 주류를 이루고 있었으며, 경부철도와 만주철도를 잇는 노선의 운행차량 정비를 주도했다는 점은 철도산업 전반에 걸쳐 획기적인 기술혁신이었다.

1937년 7월 중일전쟁으로 전진기지가 된 한반도는 일시에 전시체제로 재편되었으며, 일반열차의 운행은 대부분 중지되고 군용열차를 주로 하여 임시열차의 운행도 증가하였다.

뿐만 아니라 미국과의 태평양전쟁으로 과다한 군수품의 보급과 병력의 이동으로 모든 차량이 동원됨으로써 시설투자 및 차량의 정비는 이루어질 수 없었다.

(2) 광복과 6·25전쟁 전·후

한국의 철도 시스템은 다른 나라와 달리 일제강점기에 일본인에 의해 운영되던 철도를 1945년 광복과 더불어 인수하면서 국유화된 경우로, 광복과 더불어 독자적인 자력 발전의 기회를 얻게 되었다.

한국전쟁으로 폐허가 된 차량

독립과 함께 철도를 재편하여 최초로 경부선 '광복1호'가 운행되었는데 정비는 영등포와 용산공작소에서 담당하였다. 증기기관차의 견인능력은 객차 20량에 2,000마력으로 최고속도는 100km/h였다.

1950년 6·25전쟁 발발로

한국동란 피란열차 운행 광경

대부분의 철도 시설이 파괴되었으며, 한국전쟁 당시에 전시수송체계에서 노후된 증기기관차에 의존하던 물자와 인력의 수송이 어려움을 겪고 있었다.

UN군은 전시물자의 수송을 위해 1951년 7월 15일 철도사상 최초로 SW-8형 디젤전기기관차 35량을 투입하여 군사수송의 목적으로 사용하게 되었다. 그 후 1954년 4월 한국 철도는 UN군으로부터 4량의 디젤전기기관차를 기증받아 운용한 것이 한국 철도 최초의 디젤전기기관차이다.

한편 1955년 2월 FOA의 원조로 화차 1,540량을 인수했으며, 1959년 2월 27일에는 국산 신조

UN으로부터 인수한 최초의 디젤전기기관차(2,000대)

증기기관차 마지막 운행한 날(1967. 8. 31.)

객차 제작을 개시하여 8월 20일 운행식을 거행하였다.

1956년 3월 15일 부산공작창 기관차공장 제천분공장을 설립하여 디젤전기기관차의 검수운용을 시작하여 바야흐로 동력차량의 현대화를 도모하기 위해 디젤전기기관차의 도입에 총력을 기울였다. 당시 전쟁의 피해복구에 따른 국가재정의 어려움 때문에 도입자금의 대부분을 ICA(미 국제협력처) 차관에 의존하였다(91량 도입).

고성능의 기관차, 쾌적한 객차 등 좋은 차량을 도입하고, 고속운전을 위

한 현대 신호장비도 설치되었다. 각 선에 특급열차와 초특급열차를 증설하고 결국 서울~부산 사이 4시간 45분대 운행이 1969년에 이루어졌다. 동력면에서도 1960년대부터 디젤전기기관차로 교체가 시작되어, 1967년 8월 31일 증기기관차의 종운식을 끝으로 증기기관차의 시대는 종지부를 찍었다.

참고로 차량의 동력원으로 사용되는 에너지 사용을 중심으로 한 차량 종별 분류는 〈표 2-4〉와 같다.

<표 2-4> 에너지 사용을 중심으로 한 차량 분류

분류	정의	철도 차량 종류
증기차량	원동기로 증기기관을 사용하는 차량	증기기관차
디젤차량	원동기로 내연기관을 사용하는 동력차	디젤전기기관차, 디젤동차
전기차량	원동기로 전동기를 사용하는 동력차	전기기관차, 전기동차, 고속차
수송차량	동력차에 달려 부수적으로 끌려가는 차량	객차, 화차

1962년 1월 철도법(鐵道法)이 시행됨으로써 철도의 법적체계가 확립되고 안정적인 발전의 계기를 마련하게 되었다. 1963년 9월 1일 철도청이 발족되었고, 확대되어 가는 수도권 교통망의 일환으로 경인 간 복선 개통이 1965년 이루어졌다.

부산공작창 디젤기관차 정비시설 준공식(1960년 3월 30일)

또한 1960년대 후반과 1970년대 초반 경인, 경수, 경부 등의 잇단 고속도로 개통으로 자동차 교통의 정면 도전을 받게 된 철도는 양적인 발전에서 속도와 서비스를 종합한 질적인 발전으로 힘을 기울이기 시작하였다. 독립회계로 경영을 시작한 철도는 시설자금의 부족으로 많은 양의 외국 차관을 들여왔으며, 보다 양질의 수송서비스를 제공하게 되었다.

당시 경제개발 5개년 계획의 일환으로 AID(미 국제개발처) 차관자금으로 6,000호대 디젤전기기관차 15량을

최초 국산 제작 디젤전기기관차 7581호(1979년)

도입하고, 1967년 7월까지 순차적으로 157량을 도입, 운용하였다.

〈표 2-5〉와 같이 1963년 차관선을 AID에서 EXIM BANK와 IBRD로 바꾸면서 1968년에서 1978년에 걸쳐 EXIM 차관으로 100량과 IBRD 차관으로 50량을 도입하여 총 410량의 디젤전기기관차를 운용하게 되었다.

그간 외국에서 도입하며 의존해온 디젤기관차는 1979년 현대에서 자체 제작을 하게 되어 이후 국산화 디젤전기기관차가 운행되었다.

<표 2-5> 디젤전기기관차 차형별 도입현황 1(1954~1979)

연도	형별	량수	단가	제작	재원	제원			비고
						마력	중량(ton)	속도(km/h)	
54	SW8 2000대	4	–	GMC	I. C. A	800	94.5	105	
57	SW8 2000대	10	$ 123,000	GMC	– " –	800	94.5	105	
	SD9 5000대	20	$ 252,720	GMC	– " –	1,750	141	105	
58	SD9 5000대	9	$ 252,720	GMC	– " –	1,750	141	105	
	G8 3000대	6	$ 143,608	GMC	– " –	875	75	105	
59	G8 3000대	20	$ 143,608	GMC	– " –	875	75	105	
60	G8 3000대	26	$ 143,608	GMC	– " –	875	75	105	
63	SD18 6000대	15	$ 253,239	GMC	A. I. D	1,800	147	105	
	G12 4000대	13	$ 160,873	GMC	– " –	1,310	78.5	105	
64	G12 4000대	2	$ 160,873	GMC	– " –	1,310	78.5	105	

연도	형별	량수	단가	제작	재원	제원			비고
						마력	중량(ton)	속도(㎞/h)	
66	G12 4100대	10	$ 182,605	GMC	– " –	1,310	78.5	105	
	SD928 6100대	6	$ 284,469	GMC	– " –	1,800	132	105	
	DL532 3100대	32	$ 139,755	ALCO	– " –	950	71.5	105	
67	DL532 3100대	17	$ 139,755	ALCO	– " –	950	71.5	105	
	G22 4200대	22	$ 185,918	GMC	– " –	1,310	78.5	105	
	SDP38 6200대	40	$ 276,705	GMC	A. I. D	1,800	132	105	
69	G26CW 6300대	10	$ 252,716	GMC	EXIM/B	2,000	99	105	
	SW1001 2100대	20	$ 172,375	GMC	– " –	1,000	87	105	
71	SW1001 2100대	8	$ 187,500	GMC	양회협	1,000	87	105	
	GT26CW 7500대	50	$ 338,187	GMC	IBRD	3,000	132	105	
75	GT26CW 7100대	20	$ 540,000	GMC	EXIM/B	3,000	132	150	
	GT26CW 7500대	30	$ 540,000	GMC	– " –	3,000	132	105	
78	GT26CW 7100대	20	$ 740,000	GMC	– " –	3,000	132	105	
79	SDP38 6200대	2		부창	내자	1,800	132	105	

<표 2-6> 디젤전기기관차 차형별 연도별 도입현황 2(1980~2003)

(단위 : 백만 원)

연도	형별	량수	단가	제작	재원	제원			비고
						마력	중량(ton)	속도(㎞/h)	
80	GT26CW 7500대	16	₩ 880	현대	내자	3,000	132	150	
	GT26CW 7100대	3	₩ 880	현대	내자	3,000	132	150	
81	GT26CW 7100대	6	₩ 1,135	– " –	– " –	– " –	– " –	– " –	
82	GT26CW 7100대	9	₩ 1,237	– " –	– " –	– " –	– " –	– " –	
83	GT26CW 7100대	10	₩ 1,215	– " –	– " –	– " –	– " –	– " –	
84	GT26CW 7100대	10	– " –	– " –	– " –	– " –	– " –	– " –	
85	GT26CW-2 7100대	12	₩ 1,230	– " –	– " –	– " –	118	– " –	
86	GT26CW-2 7000대	9	₩ 1,485	– " –	– " –	– " –	– " –	– " –	
87	GT26CW-2 7000대	6	– " –	– " –	– " –	– " –	124	– " –	
89	GT26CW-2 7300대	5	₩ 1,319	– " –	– " –	– " –	– " –	– " –	

연도	형별	량수	단가	제작	재원	제원			비고
						마력	중량(ton)	속도(km/h)	
90	GT26CW-2 7300대	5	₩1,491	-"-	-"-	-"-	-"-	-"-	
91	GT26CW-2 7300대	11	₩1,592	-"-	-"-	-"-	-"-	-"-	
92	GT26CW-2 7,300대	4	₩1,697	-"-	-"-	-"-	-"-	-"-	
93	GT26CW-2 7300대	6	₩1,732	-"-	리스	-"-	-"-	-"-	
94	GT26CW-2 7300대	8	₩1,930	-"-	-"-	-"-	-"-	-"-	
95	GT26CW-2 7300대	7	-"-	-"-	-"-	-"-	-"-	-"-	
	GT26CW-2 7300대	16	₩1,990	-"-	내자	-"-	-"-	-"-	
96	GT26CW-2 7300대	21	-"-	-"-	-"-	-"-	-"-	-"-	
	GT26CW-2 7500대	11	-"-	-"-	-"-	-"-	-"-	105	
97	GT26CW-2 7500대	9	-"-	-"-	-"-	-"-	-"-	-"-	
	GT26CW-2 7400대	14	₩2,228	-"-	-"-	-"-	126	150	
98	GT26CW-2 7400대	24	₩2,228	-"-	-"-	-"-	-"-	-"-	
99	GT26CW-2 7400대	21	₩2,662	-"-	-"-	-"-	-"-	-"-	
	GT26CW-2 7500대	1	(₩1,504)	부창	재생	-"-	-"-	105	
2000	GT26CW-2 7400대	15	₩2,577	KOROS	내자	-"-	-"-	150	
	GT26CW-2 7500대	1	₩1,491	부창	재생	-"-	-"-	105	
01	GT26CW-2 7400대	10	₩2,577	KOROS	내자	-"-	-"-	150	
	GT18B-M 4400대	21	₩1,899	KOROS	내자	1,500	88	105	
02	GT18B-M 4400대	20	₩2,046	Rotem	내자	1,500	88	105	
	GT26CW-2 7500대	6	₩1,399	Rotem	재생	3,000	126	105	
03	GT18B-M 4400대	10	₩2,294	Rotem	내자	1,500	88	105	
	GT26CW-2 7500대	8	₩1,599	Rotem	재생	3,000	126	105	

자료 : 한국철도공사(2005년) 내부자료

(3) 산업화 시대(1970~1980년대)

경제개발이 급속도로 진행됨에 따라 1970년대 서울은 인구 300만 명이 넘는 거대도시로 성장했으며, 서울의 주변 도시도 팽창하여 출퇴근 시간에 교통난이 극심했다.

전기기관차 개통식(1973년 6월 20일)

정부의 지원으로 철도청은 1967년부터 1970년까지 산업선의 전철화 공사를 위한 기술조사를 마치고 여객과 화물의 운송서비스 향상을 위해 전철화를 추진하였다.

또한 경제발전의 원동력이 된 영동선, 태백선 등에서 생산되는 시멘트와 석탄 등 에너지 및 산업자원의 운송을 위해 1969년 9월 중앙선 청량리~제천 간 155.2km의 전철화를 시작으로 1975년에 산업선 전체 구간이 개통되었다.

이 시기에 전철화(電鐵化)시대로 접어들어 1972년부터 전기기관차의 도입이 시작되었다. 중앙선을 시작으로 태백선·수도권 구간과 서울 지하철이 전철로 건설되어 새로운 전기철도시대가 시작되었다.

우리 철도는 태백지구의 생산품을 수송하기 위하여 1968년 5월 10일 박정희 대통령의 산업선 전철화 지시에 따라 1969년 9월 12일 산업선인 중앙, 태백, 영동선 전철화를 착공하여 1972년 3월 17일 차관에 의한 전기기관차가 도입되면서 1972년 6월 9일 고한~증산 간 10.7km 전철화가 완공되어 시운전에 들어감으로써 우리나라에도 본격적인 전기철도 시대가 막을 열게 되었다.

1973년 6월 20일 중앙선 청량리~제천 간 155.2km 전철화 개통, 1974년 6월 20일 태백선 제천~고한 간 80.1km 전철화 개통과 함께 1차 차관분 66량이 도입 완료되어 5,300마력의 전기기관차는 산악지대에서 그 힘

을 과시했다. 1975년 12월 5
일에는 영동선 고한~백산,
철암~북평 간 585.5km 등
청량리~북평 간 320.8km의
전철화를 완료한 후 박정희
대통령 및 정부 3부 요인 등
의 참석 하에 산업선 전철

산업선의 주역인 전기기관차 운행 광경

개통식을 북평역(현 동해역) 구내에서 성대하게 거행하였다.

1976년과 1977년에는 2차 차관분 24량의 도입이 완료되어 총 90량
(8,000대)의 전기기관차가 산업선에서 그 위력을 발휘하였다.

수도권전철화 공사가 끝나 1974년 8월 15일 경인선 전철구간이 개통되
어 전기동차가 운행되었으며, 같은 시기 프랑스 알스톰사로부터 도입한 전
기기관차는 산업선에 투입, 운행하게 되었다. 이때가 디젤기관차가 도입된
지 20년이 되는 시점이었다.

1970년대 말 급속한 경제성장과 향상된 국민생활에 발맞추어 철도는 현
대화 추진에 박차를 가하여 1977년 수도권 열차집중제어장치(CTC)의 설
비를 완공하고, 주요 선에는 냉난방 설비가 된 우등열차 운행을 시작하여
쾌적한 여행을 할 수 있게 되었다. 서울역 지하역에 처음으로 승차권 자동
발매기가 설치되고 경부선에 1인실 침대차가 운행되었다.

1980년대에 들어와서 차량의 국산화에 힘을 기울여 완전제품은 아니지
만 기관차 및 각종 차량을 국내에서 자체 생산하게 되었고, 1980년 11월
국산 우등전기동차를 태백·영동선에서 운행하였다.

1986년에는 대우중공업(주)에서 개발한 국산차 1량을 납품한 후 1988,
1989, 1990년까지 1량씩 3량을 연차적으로 납품하여 보유량수 총 94량에

이르렀으나, 차량이 고가이고 부품공급과 보수유지가 어려운 점, 연탄가루와 먼지 등으로 인한 운행상의 많은 고장 발생으로 운용효율이 낮아지자 차량의 추가 제작을 중단하였다.

최초 도입된 수도권 전기동차

수도권 전동차 및 주요 간선 이용수요 증가에 따라 원활한 수송을 위하여 충북선과 호남선의 복선화 및 경수 간의 복복선화가 이루어졌다.

이와 더불어 수도권 교통난 해소를 위하여 1986년 성북~의정부 간 복선전철을 개통하였으며, 1988년 금정~안산 간 안산선이 개통되었다.

국내 최초 제작 전기기관차(1979년)

최초 출고되는 전후 동력형 새마을호 동차(1987년)

1993년 사당~인덕원 간 과천선이 부분 개통되었고, 1994년 사당~인덕원 간 과천선이 모두 개통되고, 수서~오리 간 분당선 복선전철이 개통되었다.

그러나 여전히 경부선과 주요 간선은 전철화 공사가 진행되지 않은 비전철 구간으로 고속철도의 도입시기인 2004년까지 디젤기관차 및 디젤동차 등이 주요 간선 여객열차를 담당하는 주역이었다.

1980년 중장거리용으로 디젤전기동차(DEC) 10량(5×2)을 국내에서 제작하여 초기에는 서울~남원 간을 새마을호열차로 운행하였고, 84년부터 89

도시통근형 디젤동차(CDC)

무궁화호형 중거리 운행용 디젤동차(1985년)

년까지 NDC 36량(2량, 3량, 4량 편성)을 국산열차로 도입하여 경춘선 및 경부선에서 운행하게 되었다.

이후 여객열차의 속도향상 문제가 대두되기 시작하였다. 동력차의 축중, 주행성능, 승차감, 환경소음, 열차의 탄력운용 및 기동성 등을 고려한 유선형 전후동력형(push-pull) 새마을호 동차(150km/h)를 1988년 서울올림픽을 전후하여(1987~1994) 404량(50개 편성)이 국내에서 제작, 구입되어 6량, 8량, 16량 편성으로 운용하여 새마을호열차의 대부분을 담당하게 되는 등 디젤동차의 새 시대를 열게 되었다.

그 후 1996년 4월 1일 도시통근형 동차를 도입하여 운행하였으며, 이는 도시 간 통근 또는 중거리 여행에 적합한 구조로서 고속철도 및 본선 장거리 열차와의 연계수송에 적합하며 가감속 및 제동성능이 우수하고 실내설비가 고급화되어 쾌적하고 안락한 여행이 가능하게 되었다.

열차편성은 최소단위인 3량 편성이며, 영업운전에 따라 4량, 5량 편성시에도 총괄제어 운전이 가능하도록 설계되어 있으며, 비상시 운전을 위하여 MC1 단독, 2량 운전과 편성단위 중련운전이 가능하도록 되어 있다.

또한 장애인도 이용에 불편함이 없도록 장애인용 승강대와 좌석을 별도로 설치하였으며, 지역특성에 맞는 테마 도안으로 많은 호응을 얻었다. 도시통근형 동차는 1997년 22량 도입을 시작으로 2010년 현재 91량이 도입되어 운행 중에 있으며, 디젤동차 총보유량은 500량에 이르고 있다.

(4) 고속차량의 도입과 철도산업 발전(1990년~현재)

1970년대 이후 급속한 산업의 성장과 고속도로망의 구축 등으로 교통 분담 측면에서 도로교통에 비해 철도교통은 경쟁력이 떨어지게 되었다.

이런 분위기에서 고속철도에 대한 관심은 일본의 신칸센 차량이 1964년 200km/h 이상의 상업운행 속도를 달성하면서 세계적인 이목을 집중시키게 되었다.

한국에서도 1973년 12월~1974년 6월 사이에 철도 차관도입과 관련하여 세계은행(IBRD)의 의뢰로 프랑스 국철 조사단과 일본 해외 철도기술협력회 조사단 등이 장기대책으로 경부축에 새로운 철도 건설을 건의하게 되었고, 국내 산업선의 전철화와 함께 국가 차원의 장기계획이 추진되었다.

1978년 11월~1981년 6월까지 교통부 주관으로 한국과학기술연구원이 시행한 '대량화물 수송체제 개선 및 교통투자 최적화 방안 연구'에서 경부축에 새로운 철도 건설을 제의하게 되었으며, 1981년 6월 제5차 경제사회발전 5개년 계획(1982~1986)에 서울~대전 간(160km) 고속전철건설 계획(1986~1989)이 반영되었으나, 1983년 3월 제5차 경제사회발전 5개년 계획 수정시 경부고속전철 타당성조사 실시 후 건설 여부를 결정키로 수정되었다.[9]

1983년 이후 미국 루이스버져(Louis Berger), 덴마크 캠프삭스(Camp-sax), 국토개발연구원, 현대엔지니어링 등이 참여하여 서울~부산 축의 장기교통 투자 및 고속철도 건설의 타당성조사 용역을 실시한 결과 경부축의 철도 및 고속도로가 1990년 초까지 한계용량에 도달하게 되어 새로운 교통시설 확충의 필요성을 건의하게 되었고, 장기적으로 철도 중심 대안이 경제성이 높고 고속철도 건설이 유리하다는 내용의 결과가 발표되었다.

이에 따라 1989년 5월 8일 평균 200km/h 이상의 서울~부산(약 380km) 복선 신선 건설과 경부고속전철 건설 추진방침이 결정되었으며, 당시 철도청은 1989년 7월~1991년 2월까지 시스템 분석, 열차운영, 차량구조 · 역

---

9) 건설교통부 고속철도건설기획단(2001), 고속철도 업무자료

학·제어, 동력체계 및 토목 등 기술조사 전반에 걸쳐 경부고속전철 기술조사를 실시하였다.

1990년 6월 15일 서울~부산 간 409km의 사업계획 및 설계 최고속도 350km/h 노선을 확정하였다.

1991년 8월 26일 고속차량 형식 선정을 위한 제의요청서(RFP)를 일본, 프랑스, 독일에 발송하였고, 1993년 6월 14일 대전~대구역 지상화 교량상판을 PC빔으로 구조 변경하고 안양~서울역~수색 간 지하 신선 계획 하에 기존선을 활용하는 방향으로 고속철도 건설계획을 수정하였다.

1993년 8월 20일 차량협상 우선협상대상자로 프랑스 알스톰사가 선정되었으며, 1994년 6월 14일 고속차량 도입계약이 체결되었다.

1997년 2월 24일 상리(上里) 터널 구간에서 폐광을 통과하는 구간의 노선 변경이 있었고, 동시에 IMF 등 경제여건이 악화되어 기본계획을 변경하여 건설기간이 3년여 연장되었다.

1999년 12월 16일 충남 연기군 소정면~충북 청원군 현도면까지 34.4km 경부고속철도 시험선 구간에서 200km/h 시험운행을 개시하였으며, 이후 2000년 11월 13일 충남 아산시 음봉면~충북 청원군 현도면 57.2km 구간을 완공하여 최고속도 300km/h 시험운행을 개시했다.

한편 철도청에서는 1995년부터 고속차량의 운영 및 유지보수 전문기술 이전을 위한 전문가 육성계획을 추진하여 80여 명의 전문 인력을 양성하는 프로그램을 운영하여 독자적인 고속철도 운영 및 유지관리 기술 확보에 노력하였다.

2000년 이후 지속적인 현장 운영요원 양성과 수도권(고양)과 부산에 차량유지보수기지를 건설하여 차량유지보수 작업을 시행하도록 하였다.

2004년 4월 1일 역사적인 경부고속철도 개통과 함께 차량 제작이 완성

연제교 시운전 광경   수도권정비단 차량정비기지

되어 총 46편성(12편성 해외 제작 국내 조립, 34편성 국내 제작 및 조립) 생산을 완료하여 운행하게 되었다.

KTX(Korea Train eXpress)라 명명된 고속차량은 기존의 최고속도 150km/h로 경부 노선을 운행하여 서울~부산 간 4시간이 넘게 걸리던 여행시간을 2시간 40분으로 단축하여 반나절 생활권으로 바꾸었다.

경부고속철도 차량은 18,500마력(13,500kw)의 강력한 추진시스템을 가지고 있으며, 12대의 견인전동기가 장착되어 있다. 또한 내한성을 강화해서 -25℃에서도 정상운행이 가능토록 하였다. 터널이 많은 지형조건을 감안해서 기밀설계를 채택하였고, 열차의 터널 진출입시 발생하는 외부 압력파의 객실 유입을 방지하는 환기구 자동개폐장치를 설치하였다.

HSR350X 최초 국산 고속차량   KTX-산천

(단위 : 명)

구분	일 평균			주중[10]			주말[11]		
	전체	경부선	호남선	전체	경부선	호남선	전체	경부선	호남선
2004년 4월	69,824	58,069	11,754	61,773	52,154	9,619	91,963	74,336	17,627
2005년 4월	82,542	69,072	13,470	69,369	58,730	10,639	118,768	97,511	21,256
2006년 4월	97,435	80,613	16,822	76,328	64,125	12,202	155,479	125,954	29,525
2007년 4월	95,838	79,502	16,336	82,668	69,554	13,113	132,056	106,859	25,197
2008년 4월	97,469	81,288	16,181	86,680	73,011	13,669	127,138	104,050	23,087
2009년 4월	97,114	80,455	16,659	87,553	73,198	14,355	123,408	100,410	22,997

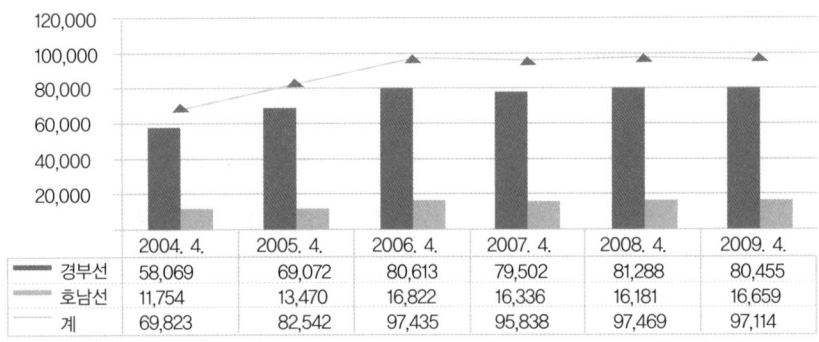

	2004. 4.	2005. 4.	2006. 4.	2007. 4.	2008. 4.	2009. 4.
경부선	58,069	69,072	80,613	79,502	81,288	80,455
호남선	11,754	13,470	16,822	16,336	16,181	16,659
계	69,823	82,542	97,435	95,838	97,469	97,114

자료 : 철도공사(2010), 철도 경영 환경변화에 따른 2011년 고속차량 운영계획

<그림 2-1> KTX-산천 최초 양산차량

또한 프랑스 TGV차량의 마찰/발전제동 2종류 외에 회생제동장치를 추가 설치하여 소비전력의 약 10%를 절약할 수 있도록 하였다.

고속차량의 등장으로 한국의 IT기술과 함께 급속한 철도산업 발전의 기회가 되어 새로운 철도 르네상스 시대를 열게 되었다.

---

10) 주중 : 월~목요일
11) 주말 : 금~일요일

KTX-산천 특실 내부   KTX-산천 일반실(전좌석 회전형)

한편 고속철도 차량의 국산화는 차분하게 진행되었다. 우리나라는 2000년 초 세계 7대 과학기술 선진국 진입을 목표로 특정 분야를 선정하여 기업과 학계 및 연구소가 협동 참여하는 연구개발사업과 각종 부품 산업의 국산화를 추진하였다. 이에 따라 고속차량 개발이 병행되어 독자적으로 개발한 시험연구 차량인 HSR350X는 최고속도 350km/h를 달성하였고, 이 고속차량 설계 및 제작기술이 모태가 되어 KTX-산천 차량이 국내 기술로 완성되는 쾌거를 이루게 되었다.

KTX-산천은 국내에서 독자적인 기술로 개발한 차량으로 인테리어와 차내 설비 등에서 한국적인 이미지를 채택하였다. 국내 여행객의 니즈에 적합하게 전좌석을 회전식으로 만들었다.

이 고속차량은 2009년 60량, 2010년 130량을 도입하여 19편성이 운행 중이며, 2011년 50량을 추가로 제작하여 도입할 예정이다.

고속차량(KTX) 1일 평균 수송실적은 2004년 4월 개통 당시 일평균 69천명에서 2009년 4월에는 97천명으로 39%가 증가하였다.

경부선의 경우 램프업(ramp-up[12]) 현상 및 가용 편성수의 한계 등으로

---

12) ramp-up : 신규 교통시설의 건설이나 기존 시설의 개량 이후 교통수요가 안정화되기까지는 일정 기간 등락을 반복하며 상승하는 현상

2006년 4월 주말 126천명을 고점으로 그 성장세가 둔화하는 추세를 보이고 있다.

호남선은 운행시격이 커서 교통잠재수요를 유인하기에는 역부족인 상황이다. 일간 운행 횟수(시격)는 경부선 53회(18분), 호남선 18회(53분)이다.

3. 철도 차량 속도와 차량 변화과정

(1) 한국 철도의 속도 변화

한국 철도 차량의 속도 변화는 〈표 2-8〉과 같이 1899년 국내 최초로 노량진~인천 구간에 최고속도 60km/h의 철도가 운행된 이래 100여 년이 경과되는 동안 최고속도 기록은 1985년 140km/h에서 2004년 고속철도

<표 2-8> 한국 철도의 연도별 속도 변화

연대 및 열차명	구간	소요시간	속도(km/h)		비고
			평균	최고	
1899년 9월 18일	노량진 ~ 인천	1:30	20~22	60	
1905년 1월	서대문 ~ 초량	17:04	26.5		
1905년 5월(급행)	서대문 ~ 초량	14:00	32		
1906년 4월 16일 융희호	서대문 ~ 초량	11:00	40		
1936년 12월 1일 아카쓰키(특급)	서울 ~ 부산	6:45	67	90	
1940년 아카쓰키	서울 ~ 부산	6:30	69	90	
1946년 5월 20일 해방자호	서울 ~ 부산	9:00	50	70	
1950년	서울 ~ 부산	9:00	50	70	
1952년	서울 ~ 부산	11:00	40.5	70	

연대 및 열차명	구간	소요시간	속도(km/h)		비고
			평균	최고	
1954년	서울 ~ 부산	10:40	41.8	70	
1955년 8월 15일 통일호	서울 ~ 부산	9:30	63	80	
1956년	서울 ~ 부산	9:00	50	70	
1957년 8월 30일	서울 ~ 부산	7:40	58		
1957년 2월 21일	서울 ~ 부산	7:10	62		
1960년 2월 무궁화호	서울 ~ 부산	6:40	67	95	
1962년 5월 15일 재건호	서울 ~ 부산	6:10	72	100	
1963년 3월 31일 재건호	서울 ~ 부산	6:00	73	100	
1966년 7월 21일 맹호	서울 ~ 부산	5:45	77	100	
1969년 6월 10일 관광호	서울 ~ 부산	4:50	92	110	
1974년 8월 15일 새마을호	서울 ~ 부산	4:50	92	110	
1983년 7월 1일 새마을호	서울 ~ 부산	4:40	95	120	
1985년 11월 16일 새마을호	서울 ~ 부산	4:10	107	140	
2004년 4월 1일 KTX	서울 ~ 부산	2:34	159	300	

자료 : 선교회(1986), 조선교통사, p.8

<표 2-9> 국내외 철도기술 동향

분야	국외	국내
고속철도	· 300km/h급 차량 실용화 · 프랑스, 독일, 일본이 기술 주도 · 350km/h급 차량개발 · 500km/h급 차량시험운행	· 경부고속철도 운행 · 기술이전 완료 · G7 실용화/안정화 단계 · 400km/h급 차량 개발계획 중
도시형 경량철도	· 다양한 도시형 경량전철 운행 및 개발 중 · 모노레일, 리니어모터 등	· 중소도시 경전철사업 미진 · 표준모델 없음 · 경량전철 실용화 추진 중
기존선 고속화	· 최고속도 160~230km/h · 기존선의 전철화, 직선화 · 곡선부 속도향상을 위한 틸팅차량 사용 확산	· 최고속도 140km/h · 곡선부 속도향상을 위한 틸팅차량 개발 중
전동차 표준화 및 국산화	· 전동차설계 독자기술 확보 · 시스템엔지니어링 기술 확보	· 주요 장치 및 부품 수입 후 조립생산 · 시스템 기술능력 부족

의 300km/h로 큰 진전이 이루어졌다. 최고속도만으로 세계 수준과 비교한다면 선도 기술개발사업(G7)으로 추진, 개발한 한국형 고속철도가 350km/h를 돌파하여 대등한 수준이라 할 수 있으나, 〈표 2-9〉와 같이 종합적인 측면에서 철도 차량 기술을 철도 선진국과 비교해 보면 기반기술이 취약한 면을 볼 수 있다. 그러나 정부의 적극적인 R&D 투자정책에 의해 지속적으로 새로운 철도 차량 개발에 도전하고 있다.

(2) 한국 철도의 차량 변화

한국 철도 차량의 변화는 1954년 전시 물자 수송용 차량이 미군에 의해 기증된 이래로 디젤전기기관차 시대를 열어 1990년대까지 한국의 주요 간선을 운행하는 차량으로 각광받았다. 1970년대 이후 전철화와 함께 전기철도 차량이 도입되면서 산업발전을 이끌었고, 수도권 인구 집중에 따른 교통난 해소에 일익을 담당했다. 1990년대 고속차량의 도입과 함께 속도에서는 150km/h에서 300km/h로 증가하였으며, 철도 관련 산업의 대대적인 개편과 대규모 투자가 진행되었고, 인프라 및 각종 운영 및 유지관리 분야에서도 비약적인 발전을 가져왔다.

한국 철도 차량의 연도별 변화과정을 살펴보면 다음 그림과 같다.

이처럼 일제강점기에 증기기관차를 도입하면서 주요 간선을 운행하는 증기기관차 시대는 1960년대 말에 디젤차량으로 변화되어 디젤차량 시대로, 전철화와 함께 산업선과 수도권 등의 전기차량 시대로, 고속철도의 도입과 함께 세계 철도 차량 시장변화에 따른 고속차량 시대로 급속히 발전하였다. 이에 상응하여 철도 차량의 관리 및 운영방식도 변화하였다.

종래에 증기기관차 및 객차 화차를 담당하던 철도 차량 정비시설도 디

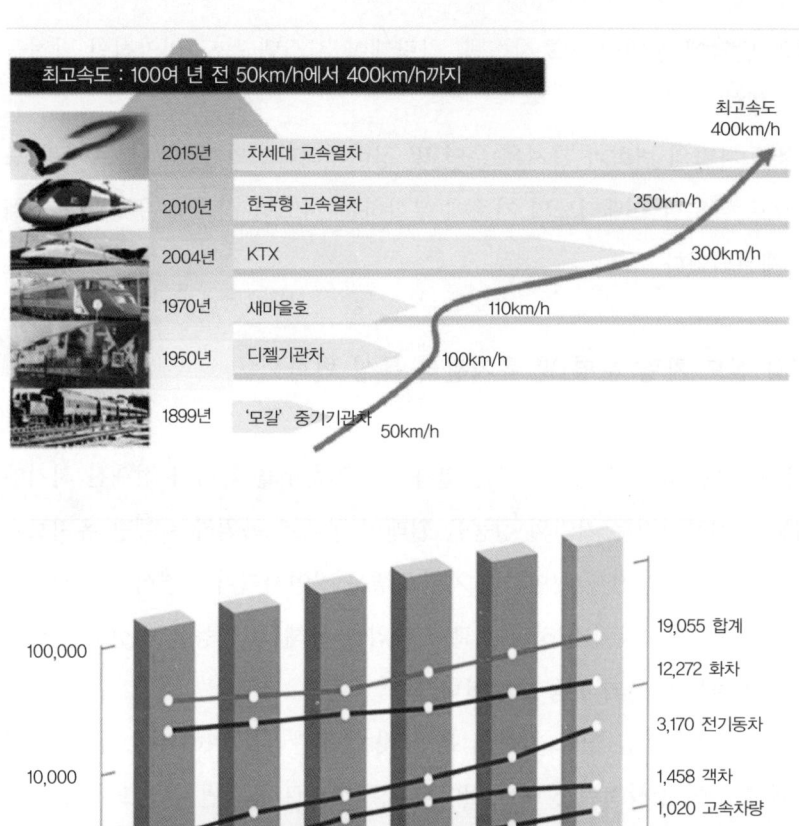

최고속도 : 100여 년 전 50km/h에서 400km/h까지

연도	열차	최고속도
2015년	차세대 고속열차	최고속도 400km/h
2010년	한국형 고속열차	350km/h
2004년	KTX	300km/h
1970년	새마을호	110km/h
1950년	디젤기관차	100km/h
1899년	'모갈' 증기기관차	50km/h

19,055 합계
12,272 화차
3,170 전기동차
1,458 객차
1,020 고속차량
505 디젤동차
400 디젤전기기관차
230 전기기관차

<그림 2-2> 한국 철도 차량 연도별 도입 현황, 한국철도공사, 2011년 1월 현재(화차 제외)

젤차량 중심으로 재편되었다가 전기철도 차량의 도입과 함께 정비 시설이
현대화되었고, 차량의 관리방식도 인력 중심에서 시스템 중심으로, IT산

업의 발달에 힘입어 신호시스템, 차량제어 시스템 등도 비약적인 발전을 거듭했다.

철도 차량의 변화가 가져온 운영 및 정비패러다임의 변화는 고속차량 도입으로 글로벌 스탠더드의 기준에 부합하는 시스템 신뢰성 유지관리 체계로 재편되었다.

(3) 철도 차량 운영 및 유지관리 특성 변화

철도 차량 운영과 유지관리는 열차의 안전운행을 위하여 정해진 시기에 기능을 저하시키는 기기의 성능을 원래의 상태로 복원하는 예방 유지보수와, 예기치 않은 장애로 인하여 차량운행을 지연시키거나 결함으로 서비스에 지장을 주는 장치의 정비와 교체 작업을 통해 그 기능을 정상적인 상태로 돌려놓는 일련의 활동을 말한다.

따라서 효율적인 철도 차량의 운영 및 유지관리를 위해서는 차량 각 기능과 품질이 정상적인 상태를 얼마나 지속적으로 유지될 수 있도록 관리하는가에 달려 있다.

1950년대의 국내 기반은 대부분 농업이 산업의 중심에 있었기 때문에 증기기관차 정비를 위해 현재와 같이 별도 부품생산과 공급을 위한 지원체계가 갖추어져 있지 않았다. 따라서 철도 운영과 유지관리를 위한 활동도 별도의 공급자가 없이 자체 조달해야 하는 자급자족의 원리가 철저히 진행될 수밖에 없는 환경이었다. 이것은 차량의 정비와 유지관리 활동에 필요한 부품의 생산을 위해 철강제품의 제련, 단조, 사출, 금형, 가공 등의 모든 작업을 정비기지 내에서 시행할 수 있도록 준비하여야 했다.

1960년대 들어 미국의 디젤기관차가 도입되고 관련 부품도 국내 기반이 아닌 미국에 의존하였으므로, 일정 규모의 보수 자재를 정기적으로 수입하여 정비에 필요한 교체 부품을 조달하는 방식으로 운영했다.

여기에 증기기관차의 자체 제작 및 정비경험에서 얻어진 기계, 금속 등의 가공에 대한 자체 노하우는 디젤기관차에서도 적용되었다.

당시 상황이 수입에 의존할 만한 재원조달과 수입방법, 기반산업이 뒤처진 상황이었으므로 철도 차량 분야에서는 수입한 부품의 모양과 특성분석과 같은 형태의 기능을 하는 국산제품의 개발과 주조기술 등을 활용하여 철도 차량 정비기지에서 연구되었고, 디젤기관차의 예방 및 수리 활동 등에 사용하는 부품과 관련 특수공기구 등의 고안 활동이 활발하게 전개되었음을 알 수 있다.

1970년대 들어 국내 산업 분야도 초기 경공업 중심에서 중공업 중심으로 재편되어 철강생산과 원자재의 공급 등이 늘어나게 되면서 다수의 국산 제품이 철도 차량 분야에도 적용되기 시작했으며, 이러한 중공업의 비약적인 성장은 철도 차량의 국산 제작이라는 도전이 가능하게 되었고, 1979년 주요 핵심부품을 제외하고 대부분의 구성품이 국내에서 제작되고 조달되었다. 이는 운영 및 유지관리 활동에 있어서도 외국의 자재에 의존하는 방식에서 국내 조달 방식으로 변경되고 다양한 외부지원에 힘입어 다품종 소량생산에 따른 정비비용 상승과 고가의 외자재 도입이라는 이중고를 해소할 수 있는 기회가 되었다.

또 다른 변화는 종래에 디젤기관차 정비에 소요되는 각종 부품들의 자가 생산 및 제작 운용방식에서 국내 기계가공 산업의 발전에 따라 외부조달이 진행되면서 철도 차량 정비기지에서 자체 생산하는 부품도 줄어들었다. 이것은 국내 업체로 부품의 제작 생산 기능이 이동되었음을 의미한다.

당시에 보유하고 있던 철도 차량에 대한 설계, 제작, 조립, 운영 기술이 설계와 운영으로 축소되어 설계사무소와 정비를 위한 사무소로 조직을 개편하였으며, 차량의 제작 및 조립은 국내 철도 차량 업체가 자연스럽게 담당하였다. 당시 철도 차량 업체로 성장한 현대, 한진, 대우 등의 국내 제작사가 그 역할을 했으며, 이때 다수의 철도 차량 분야 기술진이 업체로 이동하여 국내 철도산업 발전에 공헌하게 되었다.

철도 차량의 운영과 유지관리 업무를 중심으로 전국에 차량사무소가 설치되었고, 열차운행이 종료되는 서울, 부산, 순천, 여수, 강릉, 목포 등의 종착역에는 정비를 담당하는 차량사무소가 만들어져 디젤차량 중심으로 각종 정비시설이 들어섰다. 1980년대에는 전국에 디젤동력차와 객화차를 정비할 수 있는 인력과 시설기반이 갖추어지게 되었다.

1980년대 수도권 교통난 해소를 위해 대규모의 전기동차가 일본에서 도입되고 관련 정비시설과 인력들이 배치되면서 전기동차 정비사무소가 생겨났다. 증기기관차, 디젤기관차와는 달리 국내 철도산업도 전기동차 부품 제작과 생산을 위한 부품공급사의 동반 성장이 이루어져 국내 산업기반으로 일찍부터 정착할 수 있었다. 또한 대규모 차량의 도입은 지속적인 운영관리를 위한 자재조달의 원활한 흐름이 이루어질 수 있는 계기가 되었다. 이렇게 대내외적으로 국내 철도산업의 비약적인 발전은 객화차, 디젤기관차, 전기기관차, 전기동차의 자체생산 능력을 갖추고 해외수주를 통한 수출에까지 확대되었다.

이 시기 철도산업의 발전은 당시 철도청에서 보유하고 있는 설계사무소, 철도연구소의 기능을 재편하여 설계는 업체에서 시행하였고, 설계 승인과 관련시험 연구 결과를 정부에서 담당하는 것으로 변경되었다. 이에 따라 업체에서 더욱 차량의 설계와 제작, 조립이라는 기능을 갖추어 점차 그 기능이 철도산업 전반으로 위임되는 결과를 낳게 되었다.

1990년대 들어서 고속차량의 도입 계약을 체결하면서 국내 고속차량 개발이라는 국가 과제를 동시에 추진하게 되었으며, 이는 향후 KTX-산천의 자체 기술개발의 원천이 되는 HSR350X 고속철도 개발 프로젝트로 정부는 물론 국내 철도 관계기관의 동반성장을 이끄는 원동력이 되었다.

고속철도의 도입은 단지 차량의 제작과 운영을 의미하는 차원을 넘어 세계 철도에서의 경쟁력을 확보하기 위한 기반시설 및 기술의 발전과 세계 표준을 함께 공유하는 차원으로 변화했다.

앞에서 살펴본 바와 같이 철도 차량의 운영 및 유지관리 측면에서 인력에 의존하던 정비패턴이 정밀계측시스템과 차상컴퓨터 지원시스템의 지원으로 장애 유형의 분석이 용이해졌고, 차량의 기능 부품 모듈화 등으로 진단과 제어, 신뢰성 분석 등의 시스템관리 방식으로 변하게 되었다.

최근 차량 고장 데이터관리 및 고장 분석이 첨단화된 컴퓨터로 가능해짐에 따라 각종 부품을 개량하여 차량의 신뢰성, 내구성, 유지보수 기술의 향상 및 차량 개량에 집중적인 투자와 노력으로 검수 주기를 대폭 연장하고 정비 주기별 검수 내용을 적합하게 보정하여 탄력성을 부여하는 등 예방정비의 기본원칙이 변화되고 있다. 특히 소모성 부품의 수명연장 연구, 모듈화에 따른 교환 시간 최소화, 기계적 접점의 전자화를 통하여 무보수화(Maintenance Free)를 추진하고 있다.

각종 첨단 열차장비(TIS : Train Information System, TGIS : Train General Information System, OBIS : On-Board Information System)의 활용으로 고장을 정밀 분석하여, 사전에 각종 특성치의 변화를 예측하거나 실시간 전송하여 차량을 관리함으로써 신뢰성을 향상시켰다.

2004년 고속차량의 개통에 따라 유지보수 방식도 선진 철도 운영방식과 같은 개념이 도입되었다.

뿐만 아니라 고속차량에 적합한 신규 차량기지를 건설하여 편성단위 유지관리 기술과 관리운영 능력을 갖추었다. 그리하여 철도 차량 유지보수 방법과 주기 절차에 대해서도 선진 철도와 같은 과학적인 진단과 정비데이터 분석을 통한 정보 피드백 체계에 따른 신뢰성 중심의 유지관리 방식으로 변화했다.

4. 시사점

(1) 철도 차량 발전이 국내 산업 주도

국내 철도의 초기 운용 시기부터 고가의 장비인 철도 차량을 운용하고 관리하는 책임은 정부에 있었다. 국영체제가 광복 이후에도 계속 이어져왔기 때문에 타 분야와는 달리 독점적 위치에서 사기업과 같은 능동적이고 탄력적인 관리체제로 변화되지 못한 것이 현실적인 문제로 인식될 수도 있을 것이다.

그러나 1970년 후반까지 철도 차량관리에 있어 철도 차량 산업을 주도하고, 독자적인 제작 및 운영능력을 보유한 기업으로 자기자본 조달능력을 보유하고 대규모 투자를 이끌어낼 수 있는 사기업이 없었던 시기였다. 그리고 그것은 당시 경공업과 인력 수출에 의존하던 한국의 현실은 중공업 부문에 대한 정부의 투자가 요구되던 시기였기 때문이다.

1960년대 디젤기관차의 도입과 운영으로 경부 노선은 이전에 10시간이 넘게 걸리던 것을 6시간대로 단축하였고, 많은 사람들이 일자리를 찾아 서울로 이동하면서 대도시화와 산업 발전의 원동력이 되었던 인력의 이동에 기여했던 것이다.

1970년대 들어 경제개발 방향이 경공업에서 중공업으로 변화하면서 산업선의 개통과 전기기관차의 등장은 대도시 수요에 부응하는 건설자재인 석탄, 시멘트 등의 수송에 크게 기여하였다.

또한 수도권 전동차의 등장은 과밀한 도심 인구의 분산과 대도심의 확대를 가져왔다. 예를 들어 당시 1호선 개통 시에 허허벌판이었던 역세권 주변으로 주택이 들어서고, 도로가 연계되고 인구가 늘어나며 도시 팽창은 가속화되었다. 전동차 운행 역을 중심으로 도시가 확대되면서 서울시에 밀집해있던 인구가 수도권인 경기도로 확산되었고, 위성도시인 부천, 수원, 인천 등에 독자적인 신도시를 형성하는 계기가 되었다.

현재 주요 노선의 광역교통망 확대로 인해 추가적인 노선이 신설되면서 수도권은 천안까지 인구의 증가를 지속하고 있는 상태이다.

또한 당시 현대, 대우, 한진 등의 대기업이 철도산업의 실질적인 차량 메이커로 커나갈 수 있었던 데에는 경공업 중심의 산업에서 중공업으로 전환하고 디젤기관차, 전기기관차, 전기동차의 도입과 국산화 제작에 노력을 기울인 데 있다. 이와 함께 당시 철도청의 설계, 제작 능력을 갖춘 경험 인력이 이동하면서 국내 철도산업 발전에 상당히 기여를 했다.

(2) 철도 차량의 과학적 관리 필요성 증대

국내 철도의 초기 운용 시기부터 고가의 장비인 철도 차량을 운용하고 관리하는 책임은 정부에 있었다. 특히 철도 차량의 관리는 정부 시책과 예산 규모에 따라 정해진 범위 내에서 운용되었는데, 계획된 정비방식과 제도 등에 따라 획일적인 방식으로 운영되었다.

초기에 정해진 규정과 제도는 그간 20~30년간 철도 차량 제작사에서 제시한 취급 및 정비지침서와 부품목록 등의 기준에 따라서 정리되어 왔다. 자동차, 항공기, 선박 등 타 운수업체의 민영화와 관리체제의 발전에 따라 효율적인 경쟁의 필요성이 대두되었고, 국내에서도 지하철 등의 확대시점에 철도 차량관리를 검토한다는 것은 중요한 의미를 갖는다 할 수 있다.[13]

일반적으로 철도 차량관리의 특성은 다음과 같다.

첫째, 철도관리의 주체가 공익성 측면에서 정부조직에 의해 관리되어 온 경우가 많으며, 민간이 관리하여도 공공성의 측면에서 정부가 개입하므로 차량관리도 정부의 직접관리 또는 정부의 개입이 높은 특성을 갖고 있다. 새로운 차량시스템의 도입은 상당히 장기간에 걸쳐 국가 물류, 수송체계에 큰 영향을 미치며 타 산업과의 연관성이 높으므로 시스템의 결정 도입 단계가 매우 중요하다.

둘째, 차량 핵심부의 계획 단계가 소수인력에 의해 관리되므로 전문 인력 양성이 어렵고, 복합적인 특수시스템과 첨단기술을 포함하기 때문에 최적관리가 용이하지 않다. 일례로 고속철도 차량을 도입함에 있어서 교류방식이냐 직류방식이냐의 결정은 매우 중요한 요소이나 실제 정확하게 판단할 수 있는 전문 인력은 소수에 불과하며, 더 상세한 부분, 즉 제어시스템을 결정하는 단계에서는 더욱 고급인력이 필요한 반면, 사회적으로 전문가의 양성이 활성화되어 있지 않아 어려움이 따른다. 또한 상당 부분의 기술이 예측적인 판단이 아닌 경험적 판단에 의존하기 때문에 수년의 현장경험을 한 전문가는 극히 적은 특성을 갖게 된다.

---

13) 강길현(2005), 《철도차량관리론》

셋째, 관리체제가 보수적이다. 사고발생의 경우 대형 사고를 유발할 수 있기 때문에 관리체제 종사원이 보수적인 특성을 갖게 되며, 검증과 경험에 의존하는 특성이 있다. 특히 철도는 복합시스템으로 이질적인 그룹에 의한 관리 특성상 안전사고 발생 시 책임전가 등에 따른 피해를 최소화하려는 조직적 특성을 갖게 되며, 이러한 조직에 대한 이해도 사회적으로 부족하다.

넷째, 투자비용이 높고 사용기간이 비교적 긴 철도 차량의 특성은 대규모 설비투자와 다수의 정비인력을 필요로 하며, 정비업무가 비교적 노동집약적이므로 투자 및 비용을 최소화하는 최적관리가 필요하다. 또한 첨단기술, 신소재 등 무보수(Maintenance free)화 차량의 도입, 분해정비의 최소화 및 교체 부품의 수명연장 등을 통한 관리는 물론 안전 운행과 운용률을 극대화하기 위해서는 고도의 신뢰성이 요구되고 반복적인 정비업무 특성 등의 광범위한 관리가 필요하다.

다섯째, 최대의 목표인 서비스의 향상 및 물류비용의 절감을 위해 시대적으로 탄력적이며 능동적인 관리가 필요하다.

여섯째, 차량관리 방식은 정보화 및 전산화를 필수로 한다. 특히 그 부품이 소량 다품종으로 우발적 사용을 전제로 하는 보수품 관리체제, 다양한 독립작업과 위성통신을 필요로 하는 안전 예측시스템, 고도의 신뢰성이 요구되는 차상신호 보안시스템, 효율적인 운용을 위한 열차정보시스템(TIS : Train Information System) 등의 유지관리가 필요하다. 차량 계획 단계에서도 차종별로 필요한 수많은 도면의 전산관리, 각 설계 분야의 CAD기법, 각종 강도분석 등 안정성 해석을 위한 소프트웨어 등의 운용과 이와 관련한 전문 인력이 요구된다.

일곱째, 다양한 분야의 투자비용이 많이 소요되는 연구조직을 필요로 한다. 철도 차량은 특성상 경험에 의존하고 다양한 시스템의 복합체이며 안전을 전제로 하기 때문에, 이를 사전에 예측하고 또는 사후 개선을 위해서는 종합적인 연구조직이 필요하다. 또한 새로운 투자의 최적화 결정, 즉 의사결정을 지원하는 기능으로서 투자 및 운용비용의 최소화는 물론 운용 중의 신뢰도 확보를 검증하고 불안전 요인을 사전에 제거하는 기능으로서의 연구조직이 필수적이다.

이러한 기능을 정상적으로 수행하기 위해서는 대규모 부지와 고가의 대형설비를 필요로 하는 연구소의 설립 등이 전제되어야 한다. 또한 각종 보수유지를 위한 정비보수 품목의 품질 확보와 아울러 품질을 감독, 검증하는 조직도 필요하게 된다. 일례로 철도 차량 표준화, 즉 부품의 공동개발 등 부품의 표준화 추진이나 고속전철과 관련된 국가적인 첨단기술의 공동연구는 물론 새로운 작업노동 관리 연구, 정비용 로봇의 개발 등 복합적인 지원기능의 조직을 필요로 한다.

끝으로, 차량관리 중 철도 차량 운용의 특성을 알아보면 다음과 같다.

첫째, 대규모의 투자비용을 유발하는 특성이 있다. 즉, 차량을 보수유지하기 위한 기지가 철도연접지에 대규모로 위치하여야 하며 생산 공장 이상의 많은 유지보수용 기계설비가 필요하다.

둘째, 승용차에 비해 주행이 장거리이므로 유지보수 주기가 짧고, 고가의 부품교체비용 등 유지보수 비용이 높다.

셋째, 노동집약적이므로 많은 정비인력과 3D작업이 포함된 작업에서부터 양질의 기술 인력이 요구되는 엔지니어링 및 첨단장비 관리자에 이르기까지 많은 인력을 필요로 한다.

넷째, 차량의 속도가 승용차에 비해 높고 주기적인 개량작업 등을 통한 개보수가 필요하며, 신상품과 같이 급변하는 고객의 욕구에 만족할 수 있는 차량을 운용하기에는 어려운 점이 많다. 그렇지만 고가의 장비이기 때문에 폐차가 용이하지 않다. 따라서 최근에는 저렴한 관리비용과 수명이 짧은 차량에 대한 연구도 추진되고 있다.

(3) 신개념 철도 차량의 도입

철도 차량은 1899년 개통 이래로 최초 운행속도 60km/h에서 현재 300km/h까지 향상되었고, 차량도 증기기관차에서 디젤견인 방식을 거쳐 고속 주행이 가능한 고속열차 위주의 간선여객 수송체계로 변화하면서 발전해왔다. 뿐만 아니라 국가 기간망 구축 계획에 따라 단계적으로 기존 노선의 전철화와 신선의 건설 등을 통하여 KTX와 KTX-산천 등과 같이 고속차량의 개발과 개선은 물론 중고속 열차 등 국내 주요 간선의 지형적인 특성에 적합한 차량도입이 가속화되고 있다.

차량의 운용환경도 고유가시대, 에너지 자원 부족 심화에 대비하고 친환경성, 에너지 효율성, 교통안전에 대한 사회적 욕구가 증대되고 있어 디젤 차량 중심에서 전기차량 중심으로 환경친화적인 교통체계로 전환되는 등 철도 차량의 유지관리 정책을 대폭적으로 수정하여야 하는 시기에 접어들게 되었다.

이러한 주변환경 변화와 국가 차원의 기간망 확충계획의 단계적 추진으로 선로조건과 운행조건이 발달하면서 주요 간선에 대한 속도향상에 따른 차량의 고속화가 추진되고, 효율적이고 고급화, 첨단화된 철도 차량 개발 요구가 증대되고 있다. 또한 고객의 다양한 니즈에 따라 바다열차, 와인열차, 영화열차 등 다양한 상품개발이 추진되고 있으며, 말레이시아, 콩고, 터키 등에 차량 수출과 함께 유지보수 서비스도 부분적으로 제3시장에 이미 진출해 있는 상태이다.

남북철도의 연결과 대륙 간 철도를 잇는 글로벌 네트워크 시스템으로 도약하는 시기에 철도 차량 분야의 역량을 집중시켜 환경변화에 유연하게 대응할 수 있도록 다음과 같이 나아갈 방향을 설정하여 과학적인 차량관리, 새로운 유지보수 패러다임 추진 등 철도 차량 발전의 기반을 다져야 한다고 판단된다.[14]

첫째, 차량의 설계 도입 단계부터 차량의 생애주기비용(Life Cycle Cost)을 고려하고 유지보수 비용을 최적화하는 차량시스템의 혁신이다. 전동차, 고속열차 등의 도입과 함께 차량설계가 모듈화되어 도입되므로 유지보수 방식도 과거 차량단위 정비에서 편성단위 정비방식으로 변화를 가져오고 있으며, 차량 정비를 위한 정지시간을 최소화하여 운용효율을 극대화할 수 있도록 과학적인 정비방식을 적용, 유지보수의 발전을 가속화해야 한다.

둘째, 차량기지 또한 현대화와 최적화를 통한 3D작업의 자동화와 첨단 시험 장비를 통한 과학적인 진단이 필요하다. 또한 정비 업무에 종사하는 직원들의 복지증진과 함께 차량 유지보수 방식도 전문장비를 바탕으로 최적화된 주기에서 정밀 점검될 수 있도록 정비시스템을 지속적으로 개선해야 한다.

셋째, 정비기술력을 향상하기 위하여 단계적으로 노하우를 습득하고 경험지식을 조직의 기술력으로 승화시킬 수 있도록 내부 인재양성을 위한 경력개발제도를 마련해야 한다. 그것은 입사 초기부터 첨단차량의 정비 기술자로 성장하는 단계로 과정을 밟아갈 수 있는 성장이 가능한 기술교육 프로그램을 운영해 나가는 것이다.

넷째, 철도 차량의 발전을 위해서는 협력업체의 지원이 필수적이다. 차량

---

14) 정준근(2008), '철도차량 시스템의 발전'

의 설계 도입 단계부터 중소 부품공급을 위한 시험기준과 규격의 지원 등으로 협력회사의 지원을 강화하고, 구매조건부 국산화를 촉진하며, 업체간 담회를 통해 협력사와 공동으로 발전할 수 있는 방안을 협의하는 등 국산 부품의 품질을 높이기 위한 민간협력 기반을 다져나가야 한다.

다섯째, 중장기 남북 및 대륙 간 철도의 수송을 고려한 철도 차량기지의 현대화를 추진해야 한다. 동력차, 수송차량, 고속철도 등의 정비능력을 모두 갖춘 복합정비기지로 재편하여 '열차운행 패턴에 능동적으로 대응'하고 거점지역별 차량 장애에 대해 신속한 대처능력의 확보로 향후 TCR & TSR 등 국가 간 다양한 동력차량과 수송차량의 탄력적인 정비에 대응해야 할 것이다.

(4) 표준화 및 작업표준

차량의 검사 및 수선은 일반적으로 개인이 아니라 팀 또는 그룹 단위로 하게 된다. 또한 각 단계의 검사도 각각 다른 장소에서 하며 검사 요원도 다르다. 유지보수 방법이 시행 장소나 검수 담당자에 따라 다르다는 것은 차량 유지보수상 바람직하지 않다. 항상 일정 기준에 의하여 작업을 하는 것이 유지보수 작업의 통일화, 효율화 면에서 중요하다고 할 수 있다. 이렇게 정해진 보수 작업을 하기 위해서 검사별 지침을 정한 것이 작업 표준이다. 작업 표준에는 검사의 정도 및 내용 외에 검사에 사용하는 기기, 검사 한도, 검사 공정 등을 정한 표준이 있으며, 이 표준은 차량 종류별, 검사 종류별로 설정되어 있다.

그러나 차량의 형식이 다양하고, 사용조건도 선로에 따라 다르므로 이에 따라 차량의 고장 경향도 달라 이러한 조건을 모두 고려한 작업표준을 만드는 것은 곤란하다. 따라서 작업 표준은 검사를 위한 하나의 지침으로서 그 효력을 발휘할 수 있는 차종, 형식, 차량 외에 차량 고장발생 상황, 검사 실적 등 개별 차량 상태에 맞게 실시하는 것이 바람직하다.

그러나 보수주기를 일정한 시간으로 나누어 결정하는 것은 부품의 수명과 사용조건에 따른 변화에는 적용하기 어렵게 되므로 이를 피하기 위하여 시간과 주행킬로미터, 즉 운행거리의 개념을 도입한다.

유지보수주기 및 작업내용은 차량 운용 중 실제 발생되는 손상에 잘 부합하도록 결정된다. 유지보수 규정은 각 부품 및 시스템의 유지보수주기와 작업내용뿐 아니라, 실제적으로 발생하는 상황과 관련된 작업(부품의 수리 및 교체 등)을 수행하기 위하여 유지보수 작업자가 시행하는 작업의 기준을 제공한다. 유지보수 규정은 차량의 상태와 습성에 대한 지속적인 검사와 분석을 통하여 유지보수 주기 동안, 실제 발생하는 문제에 적합하도록 계속적으로 수정되어야 한다.

유지보수 작업은 운행 중 실제 발생하는 손상에 부합되어야 한다. 차량의 유지보수 비용과 품질은 매일 시행되는 작업을 통하여 결정되므로 유지보수 작업자는 유지보수를 정의하는 데 필수불가결한 역할을 한다.

유지보수 작업자들의 경험이 반영된 유지보수 규정을 만들기 위해서는 유지보수 작업자의 조직적인 참여가 필요하다.

유지보수 주기는 운행에 투입되는 시간 및 부품의 내구수명과 관련하여 보완(Up-Date)되어야 한다. 이러한 보완 과정을 거쳐야 최적의 경제적인 유지보수를 수행할 수 있는 것이다.

5. 맺는 말

한국의 철도 차량 역사를 보면 대체로 초기 외국자본과 기술을 도입한 후 제작 설비와 기술 인력의 양성 등을 통해 국산화를 이루는 단계를 거쳐 발전해 왔다. 증기기관차를 도입했을 때 관련 산업의 발달이 늦었고, 그 후 다양한 부품의 자체 양산을 위한 설계기술을 바탕으로 디젤기관차 정비의 모태기술이 되어 그 맥을 이어 왔다. 중공업 육성정책에 힘입어 전기기관차의 추가적인 도입 없이 자체 기술로 정비하고 철도 차량의 도입과 관리 기술이 외국의 힘에 의존하지 않고 1980년대 말까지 자체적인 연구 등을 통해 발전할 수 있었다. 그 원동력은 관련 기술을 지속적으로 연구하고 설계를 분석하여 변경 적용하고, 정부 주도의 투자가 이어졌기 때문이다.

1990년대 들어서면서 원천기술이라 할 수 있는 엔지니어링 설계기술은 고속차량의 도입과 설계 엔지니어링 기술 이전을 통해 이루어졌는데, 그것은 철도 선진국인 프랑스의 체계적인 지원과 국내 산업의 발전으로 인해 국내 고속철도 차량을 독자적으로 설계하고 이를 실현하는 데 큰 역할을 했다고 볼 수 있다.

2000년대에는 세계 철도 시장이 고속철도 시스템 중심으로 재편되고 유럽 철도가 통합되면서 국제철도 운행이 일반화되었다. 그리고 제작사는 다국적 자본이 투입되어 지멘스, 알스톰, 봄바르디에 등의 대기업 중심으로 통합되면서 경제적인 측면에서 국가의 통제에서 벗어나 세계시장이 하나로 통합되기에 이르렀다.

또 하나의 주요한 특징은 철도 차량의 제작에만 집중했던 대기업에서 차량의 도입과 유지보수 시스템을 패키지로 장기간의 운영까지 제작사에서 담당하는 추세로 변화하고 있다.

중국의 급부상은 더욱더 철도 차량 시장과 부품산업의 거대 시장화를 부추길 것으로 전망되며, 각국의 철도 차량 운영 및 관리와 관련한 제도, 규격은 세계 표준화 추세로 진전될 것으로 보인다.

국내 철도 차량 산업의 변화 동향을 살펴본 바를 종합해 보면 1970~1980년대 후반까지 국내 철도 관련 산업 발전이 철도시장 경쟁력을 높이는 계기가 되었고, 기술면에서 정부 주도의 독점적 지위에서 기업으로 계승되고 있음을 알 수 있다.

철도 차량관리 측면에서도 제도와 절차를 세계적인 수준으로 끌어올리고 국제표준을 선도하는 차원으로 정부의 투자와 연구조직의 운영에 대한 연구관리 노력을 기울일 필요가 있다.

정부는 철도산업을 단순한 교통산업의 투자와 관리 차원을 넘어 문화와 도시발달의 근거를 토대로 신개념 도시계획 차원에서 투자정책을 반영할 필요가 있다. 이와 함께 철도 운영자로서 한국철도공사는 선진국과의 경쟁력을 갖추기 위해 정부의 적극적인 투자정책을 이끌어 내고, 철도가 가지고 있는 역사적 사명 속에서 신개념 교통문화의 새로운 패러다임을 이끌어 내야 할 것이다.

제3장

철도의 사회경제적 영향력

제3장 철도의 사회경제적 영향력

1. 서론

일본은 청일전쟁의 원활한 수행과 한반도 지배를 위해 우리나라에 간선 철도를 부설하기 시작했다. 경부선은 1900년에 착공하여 1905년에 개통되 었고, 호남선은 1914년에 완공되었다. 철도의 개통으로 우리나라에는 큰 변화가 일어났는데, 노선을 따라 공간구조의 변화가 생겼으며 도시의 형성 과 산업, 문화 등에도 새로운 현상이 나타나게 되었다.

우리나라도 1899년 경인선의 경우 표정속도가 22km/h에서 1905년 경 부선이 개통된 후 40.9km/h 그리고 1913년에는 44.4km/h로 향상되었 다. 당시 서울과 인천 간은 수운이나 육상으로 약 12시간이 소요되었지만, 철도 개통으로 1시간 30분이면 가능하게 되어 철도를 통해 사회는 크게 변화했다.

일본인이지만 우리나라의 철도에 대한 논문을 쓴 도도로키(轟)는, 지금 은 폐지된 수원과 여주 간의 수려선 철도의 기능에 관한 연구에서, 이 철 도의 통학기능과 지선철도로서의 역할을 자세한 조사를 통해 분석하고

있다.[15]

그러나 우리나라 철도사에 관한 연구 중에는 철도망 형성에 대해서는 아직까지 경부선 개통에 따른 연선 공간구조의 변화를 분석한 주경식의 논문이 있을 정도로, 아직 철도의 기능에 대한 미시적인 분석이나 사례분석이 매우 약한 실정이다.[16]

이 연구에서는 선행 연구에서 제시된 철도의 다양한 기능 가운데 철도부설이 가져온 변화에서 사회경제적인 측면에 공간구조의 변화와 도시와 인구 변화, 산업과 지역의 변화, 문화와 관광의 변화 등에 주목하고 대전, 공주 지역 등에서 몇 가지의 사례분석을 통해 철도의 기능을 미시적인 측면에서 규명해 보고자 하였다. 분석을 위해서 영향 요인으로는 철도의 다양한 기능으로 하고, 이에 따른 변화는 통행시간의 변화, 인구와 산업, 생활양식, 관광의 변화 등으로 하였다.

이러한 접근은 교통 연구에서 보편적인 분석틀로 사용되고 있는데, 데이비드 바니스터(David Banister)는 정량적인 분석을 통하여 교통투자의 효과를 지역개발 등 경제적인 측면, 토지이용의 변화, 이동의 변화, 상업시설의 변화 등으로 나누어 분석하고 있다.[17] 또한 일본 수상이었던 다나카 가쿠에이(田中角榮)는 철도가 가져온 국토의 공간구조와 지역개발 등의 변화를 자세하게 설명하고 있으며,[18] 교통의 문화적인 측면의 역할을 다룬 책들도 여러 권 출판되었다.[19]

15) 轟博志(2000), 수려선 철도의 성격 변화에 관한 연구, 서울대학교 지리학과 석사학위 논문
16) 주경식(1994), '경부선 철도 건설에 따른 한반도 공간조직의 변화', 대한지리학회지 29, pp. 297~317
17) David Banister and Joseph Berechman(2000), Transport investment and economic development, UCL PRESS, p. 260
18) 田中角榮(1972), 日本列島改造論, 일간공업신문사
19) 國際交通安全學會編(2006), 交通が結ぶ文明と文化, 기보당출판

선행 연구의 방법론의 토대 위에 이 장에서는 통행시간의 변화는 철도의 개통으로 단축된 시간을, 도시 발전과 인구 변화는 철도가 개통되기 전후의 도시규모와 인구 변화로 설명하였다. 산업과 지역의 변화는 철도 개통 전후의 산업과 고용의 변화를, 문화와 관광의 변화는 철도가 가져온 문화적인 가치와 이동의 변화를 통해 분석하였다.

변화의 결과는, 변화가 나타나는 시기에는 선후가 있을 수 있으며 경우에 따라서는 복합적인 현상이 일어날 수 있지만, 분석을 위해서 분리하여 각각 설명하였다.

이 연구는 기존 우리나라의 철도 연구가 노선건설 등 주로 거시적인 측면에서 이루어진 것에 비해 미시적이며, 사례분석의 연구에 중점을 두고 있는 것에 그 의의를 가지고 있으며, 사회경제적 영향력의 독립 변수를 추출하는 데 어려움이 있어 정성적인 분석에 초점을 두고 분석하였다.

이와 같은 철도를, 주요한 영향의 변수로서 그 역할이 가능한 근거는 철도가 차지하는 투자액의 비중에서 추론할 수 있다. 1910년~1944년 사이에 국가 재정지출 총액에서 철도가 차지하는 비중은 약 20%를 차지하고 있어 철도의 영향력을 짐작할 수 있다.

공간적인 범위는 우리나라의 전 국토를 대상으로 하였는데, 특히 철도를 통한 변화를 고찰하기 위해서 기존의 도로망도 함께 검토하였다. 철도 건설 이전의 우리나라 도로망과의 비교를 통해 철도 개통으로 인한 공간구조의 변화 등이 보다 명확해질 수 있기 때문이다.

시간적인 범위는 우리나라 철도가 개통된 이후 향후 변화 약 1세기를 보았다. 왜냐하면 철도로 인한 영향력은 장기간에 걸쳐 나타나기 때문이다. 그러나 이 연구에서는 2004년 개통된 고속철도를 통한 변화는 차후 연구로 남겨 두었다. 이는 철도로 인한 효과는 매우 장기간에 걸쳐 나타나기 때문에, 고속철도 개통으로 인한 변화는 향후 약 10년 후에나 가능하기 때문이다.

2. 선행 연구에 대한 검토

철도의 영향력에 관한 대표적인 연구는 1917년 일본 철도원에서 발행한 〈철도의 사회경제적 영향력에 관한 연구〉이다.[20] 철도의 영향력을 주요 산업과 분야별로 정리한 이 연구는 당시 농산물, 임산물, 축산물, 수산물, 광산물 등이 철도로 빠르게 수송됨에 따라 소비자 수요에 신속하게 대응할 수 있게 되었으며, 2차, 3차 산업의 변화와 철도가 통과하는 도시에 인구가 집중하였고, 문화, 관광 등의 분야를 포함하여 많은 사회적인 변화가 있었다고 분석하고 있다.

또한 일본 철도 사학자인 세키타니(関谷)는 1929년~1935년 사이에 일본 오사카대학의 전신인 나니와고등학교 학생들이 철도를 타고 수행여행을 다닌 기록을 정확하게 기록하고 있다. 1933년 7월 13일 학생들이 부산에 도착하여 서울(경성)까지 9시간 30분 만에 기차로 도착했으며, 차창으로 보인 시골의 풍경은 일본과 매우 달랐고, 도회지와는 다른 한적한 풍경이라는 것을 기록하고 있다. 또한 철도를 통하여 수학여행이 한국과 만주까지 가능했다는 기록을 남기고 있다.[21] 일본의 대표적인 철도사학자인 하라다는 철도의 다양한 기능에 주목하면서 철도는 문명의 이기였으며, 근대화

---

20) 鉄道院(1917), 鉄道の社会及び経済に及ぼせる影響
21) 關谷次博(2007), '戦前期中國 · 朝鮮旅行への旅行と鐵道', 철도사학 제24권 pp. 55~67

의 촉진제로서의 역할을 자세하게 설명하고 있다.[22]

철도를 통하여 지역이 발전한 대표적인 사례로는 도쿄 인근의 오미야(大宮)이다. 오미야에 철도가 부설된 것은 1883년으로, 당시 일본철도회사에서 운영하는 사설철도가 개통되었다. 이는 당시 지역의 유력 지주들이 철도 유치운동을 펼쳤기 때문에 가능하였는데, 그들은 정거장 용지를 무상제공하고 철도회사에 대해 건설을 건의하였다. 철도부설에 의해 오미야역 주변이 완전히 바뀌게 되었는데, 1902년에 출판된 사이타마현 영업편람 지도를 보면 역 앞에는 여관, 마차정거장, 음식점, 상점 등이 생겨나게 되었고 또한 미곡상, 포목점 등이 들어서서 역 주변은 생산물의 집산지로 발전하였다. 이러한 영향으로는 오미야 지역의 인구는 1876년에 1,975명에서 철도가 개통된 1883년 이후 급격하게 증가하였는데, 1935년에는 17.1배나 증가하였다. 이는 주변의 철도가 통과하지 않는 다른 지역들의 인구 증가에 비해 매우 높은 증가율이다. 철도가 통과하지 않는 주변지역의 인구증가율은 1876년에 비해 약 2배 정도에 머무르고 있다. 이와 같은 인구증가는, 철도 연변으로 택지가 개발되었고 도시계획도 철도 중심으로 진행되었

<표 3-1> 철도 개통에 따른 인구의 변화(大宮의 사례)

	1876년	1884년	1889년	1921년	1930년	1935년
大宮町(오미야)	1,975명(1)	2,648명	2,863명	19,305명	29,765명	33,852명(17.1)
三橋村	1,932명(1)	2,045명	2,155명	3,755명	4,533명	4,938명(2.6)
日進村	2,064명(1)	2,351명	2,495명	4,528명	5,118명	5,975명(2.9)
宮原村	1,985명(1)	2,277명	2,412명	3,172명	3,080명	3,094명(1.4)
大砂土村	2,906명(1)	3,045명	3,224명	3,679명	3,947명	4,157명(1.4)

주 : ( ) 는 1876년의 인구를 1로 할 경우 1935년의 인구비율을 표시
자료 : 大宮市(1980), 大宮の昔と現在, pp. 12~13

22) 原田勝正(1998), 鉄道と近代化, 吉川弘文館 , pp. 7~11

기 때문이다.

철도가 세계 최초로 부설된 영국의 경우에도 철도가 사회를 크게 변화시켰다. 철도를 통해 거리 개념이 바뀌었고, 여행이 보편화되었고, 문화가 전파되었다. 영국의 토마스 쿡(Tomas Cook, 1808~1892)은 종교적인 목적을 가진 금주(禁酒) 프로그램의 일환으로 철도를 자주 이용하였고, 후에 자신이 직접 여행사를 만들어 철도 이용을 대중화시켰다. 철도로 인해 우편요금이 저렴해졌고, 신문, 잡지가 보급되었다. 문학과 예술에도 철도를 소재로 한 시와 소설이 쓰여졌으며, 디킨스(Dickens)의 소설에도 철도가 자주 등장하였다. 일상생활에서 쓰는 용어도 많이 변화하였다. 예를 들면 철도가 개통되었던 시기에 가장 중요한 단어는 rail, railway, station, train, locomotive였다. 철도역은 근대화의 상징이었고, 철도를 통해 표준시간 개념이 생겨나 삶의 양식을 크게 변화시켰다.[23]

한편 미국의 경우에는 1829년 철도가 최초로 운행되었는데, 철도가 부설되기 이전에는 강을 따라 도시가 건설되었고, 도시는 항구를 가지고 있었다. 그러나 철도가 건설되면서 도시는 철도 노선 주변으로 형성되었고, 시간과 공간, 관념을 바꾸고 서부개척에 큰 역할을 담당하였다. 철도는 최초의 대기업이었으며 운수, 경영, 재정, 노사관계 등에서 자본주의의 관행과 제도를 만들었다. 또한 철도산업은 철강의 최대의 소비자였으며 최대의 고용주였다. 철도의 개통으로 생활과 산업이 바뀌었고 새로운 도시가 생겨났다. 예를 들면 철도 개통 이전에는 식품 등이 원거리까지 수송이 되지 않았지만, 대륙횡단열차가 1869년 개통되어 물자수송과 함께 서부지역으로 도시가 확대되었다. 철도가 만든 대표적인 도시는 시카고로, 1837년 도시

---

23) Jack Simmons(1991), The Victorian Railway, Thames and Hudson

형성 당시 인구는 약 4,000명이었는데 철도가 부설된 1852년 이후 약 11개의 철도가 부설되어 중서부 교통의 중심지가 되었고, 현재는 인구가 약 300만 명에 이르고 있다.[24]

해외의 연구를 보면 철도의 다양한 기능에 주목하면서 공간구조의 변화(예 미국의 서부개척), 도시와 인구 변화(예 시카고), 산업과 지역의 변화(예 일본), 문화와 예술(예 영국), 관광(예 일본)의 변화 등으로 나누어서 철도의 영향력을 설명하고 있다.

이상의 선행 연구에서도 확인되듯이 다른 나라의 경우, 철도 개통으로 사회가 크게 변화한 것을 알 수 있다.

3. 철도를 통한 사회경제적 변화

(1) 통행시간의 변화

경부선이 완공된 것은 1905년 1월 1일로, 서울과 부산 간에 48개의 역이 완공되었다. 당시 서울과 부산 간에는 세 가지 노선의 도로망이 있었는데, 첫 번째는 서울~용인~충주~안동~경주~울산~부산, 두 번째는 충주~문경~상주~대구~밀양, 세 번째로는 청주~영동~금산~성주~창원~김해~부산이었다.

일본은 경부선의 노선 결정에 있어서 최단구간인 충청북도 노선을 경유

---

24) 近藤喜代太郎(2007), アメリカの鐵道史, 成山堂書店, pp. 54~55

하지 않았는데, 그 이유는 호남지방의 경제력을 감안하고, 영남지방과 호남지방의 경쟁적인 철도부설을 하지 않겠다는 방침에 따라 서울~천안~대전~영동~대구~부산 노선을 택하게 되었다.[25] 당시 청주에서는 유림 등의 반대가 있어 대전으로 정해졌다고 한다. 이러한 경부선 노선의 결정으로 경부선은 천안과 조치원, 대전을 지나게 되었고, 이를 통해 새로운 도시가 건설되었다.

경부선은 러일전쟁을 수행하기 위해 속성으로 건설되었는데, 경의선과 함께 대륙으로 연결하는 대륙이동의 수단이기도 하였다. 경부선은 1899년에 시작하여 1905년에 단선이 완공되었고, 수송량의 증가에 대처하기 위해 1937년~1940년에 걸쳐 복선이 완공되었다. 철도 개통 이전에는 서울~부산까지 우마로 약 14일 이상이 소요되었다.

경부선의 개통으로 지역 간 이동이 신속하게 되었고, 국토 공간구조가 크게 변화하였다. 당시의 기록에 의하면, 1894년 우리나라를 다녀간 영국 여류지리학자 이사벨라 버드비숍의 견문기에서는 말을 타거나 걸어도 한 시간에 4.8km 이상은 갈 수 없다고 전하고 있다.[26] 따라서 당시 서울~부산 간의 이동은 약 14일이 소요되었는데, 경부선이 개통된 후 서울~부산 간이 약 11시간이 소요되었다.

1905년의 경부선, 1906년의 경의선, 1914년의 호남선, 1914년의 경원선의 개통으로 우리나라는 X자형의 종단철도망이 완성되었다. 이러한 철도망의 영향으로 우리나라는 종축의 철도망 중심으로 발전하기 시작하였고, 동서축은 크게 발전하지 못하였다.

한편 궤도교통으로서 전차는 도시 내에서 큰 역할을 하였다. 1899년 개

---

25) 철도청(1977), 한국철도사 제2권, pp. 10~11
26) 이사벨라 버드비숍(이인화 옮김)(1994), 한국과 그 이웃 나라들, 살림, pp. 154~155

통된 전차는 서울 서대문에서 청량리 간의 운행으로 대중교통으로서 첫발을 내딛었다. 전차는 계층을 초월한 시민들의 운송기관으로 시민들의 필요에 의하여 노선 연장과 복선화가 지속적으로 이루어졌으며 전차 수도 증가하여 대중교통수단으로서 그 위치를 확고히 하였다. 노선의 신설은 성곽의 파괴를 유도하였고, 성 밖까지 연결되는 전차 노선은 서울의 공간구조를 변화시켰다. 시내 대중교통수단으로 시민들의 환영을 받아 노선을 증설해야 했던 전차는 조선시대 500여 년 동안 지속되어 오던 서울의 모습을 크게 변모시켰으며, 전차노선의 부설은 성문 개폐 및 인정과 파루까지도 폐지하게 하였다. 남대문에서 구 용산, 서대문에서 마포까지의 전차노선의 연장은 새로운 주거지 및

성동교상의 전차(철도공사 제공)

차고에 있는 운행이 정지된 전차들(1968년 11월 29일 동대문 밖)
(동국대 이혜은 교수 제공)

차고에서 파괴되는 전차들(동대문 밖) (동국대 이혜은 교수 제공)

시가지 확장을 가져왔고, 이는 서울의 수평적 공간 확장에 박차를 가하게 되었다. 전차는 1930~1940년대와 한국전쟁 이후 1960년대 초까지 대중교통수단으로서의 역할을 충분히 수행하였다.[27]

(2) 도시 발전과 인구의 변화

철도의 개통으로 철도가 지나는 도시들은 발전하기 시작하였다. 예를 들면, 대전은 1938년 최초의 도시계획이 수립되어 시로서 본격적인 발전을 하게 되었다. 대전의 발전축도 대전역과 서대전역 중심으로 발전하게 되었다. 1905년에 대전역이, 1914년에 서대전역이 생기면서 이 두 역을 연결하는 지역이 발전하게 되었다. 1932년 충남도청의 위치가 바로 두 철도역의 중간에 위치하게 된 것도 이와 관련이 있다.

대전역이 건설되면서 역 주변에는 인구가 집중하기 시작하였다. 특히 호남선의 개통은 대전의 도시 발전을 남북축에서 동서축으로 바꾸어 놓았다. 1932년 5월 30일 대전역의 발전 축이 서쪽으로 확산되는 결정적인 계기는, 서쪽으로 1.1km 떨어진 곳으로 충남도청이 공주에서 대전으로 이전한 것이었다. 충남도청의 이전으로 대전은 크게 발전하였는데, 1년 사이에 인구가 45%나 증가하였다. 행정적으로는 1914년에 대전군이 신설되었고, 1917년에는 대전면, 1931년에는 대전읍으로 승격하였고, 1935년에는 대전읍이 대전부로 승격하였다.

철도가 개통되어 인구가 급격하게 증가하였는데, 대전역 주변에는 철도 관련시설이 들어오면서 철도종사자의 숙소가 건설되어 주로 대전역의 동

---

27) 이혜은(1990), '전차가 서울시 발달에 미친 영향에 관한 인지연구', 문화역사지리, 제2호, pp. 57~82

쪽인 소제동 근처에 관사가 위치하였다. 1904년 인구가 불과 188명(최초 일본인)에 불과했던 대전의 인구는 1905년 경부선과 1914년 호남선의 개통으로 인구가 급격하게 증가하였다. 인구 규모는 1925년에 8,613명에서 1944년에는 76,675명으로 8.9배가 증가하였다.

19세기 말 당시의 인구 2만 명 이상의 도시는 한성, 평양, 개성이었고, 관찰사가 있었던 충주, 공주, 전주, 대구, 원주, 해주, 함흥이 그 뒤를 잇고 있었다.

이 장에서는 철도 개통으로 인한 대전의 변화를 설명하기 위해 충청남도

<표 3-2> 대전의 인구 변화

연도	인구 수(명)	주요 관련 사항
1904	188(일본인)	1905년 경부선 개통 1914년 호남선 개통
1925	8,613	1914년 대전군 1917년 내전면으로 행정구역 확대
1930	21,696	
1935	39,061	1931년 대전읍으로 승격 1932년 충남도청 이전 1935년 대전부로 승격
1944	76,675	
1945	126,704	1949년 대전시로 승격
1950	146,143	
1960	229,393	
1970	414,593	1974년 대덕연구단지 설립
1980	651,642	
1990	937,119	
2000	1,390,510	2004년 고속철도 개통
2007	1,487,836	

자료 : 조선총독부(각 연도), 조선총독부통계연도, 대전시(각 연도), 대전통계연보

도청소재지였던 공주, 천안, 충청북도 소재지였던 충주 그리고 전라북도의
도청소재지였던 전주를 비교해서 설명해 보고자 한다.

충주의 경우도 당시 약 1만 명의 인구 규모였으나, 철도교통으로부터 벗
어나 그 후 성장이 정체되었고, 전주의 경우에도 1927년에 전라선이 개통
되었지만 대전에 비해 성장속도는 늦은 편이다. 공주의 경우도 철도 노선
으로부터 벗어난 이후 성장이 멈추었는데, 1911년에 7,174명(1)에서 1925
년에 10,035명, 1940년에는 20,000명, 2001년에는 135,589명(18.9)으로
대전의 증가율에 비하면 매우 미미한 편이다. 1928년 기록에 의하면 공주
의 인구는 10,700명으로 도청과 지방법원, 도립의원, 학교 등 정치와 행
정, 교육의 중심지였다. 그러나 경부선과 호남선이 공주를 통과하지 않아
급격하게 쇠락의 길을 걷게 되었다. 당시 공주는 수운이 발달하여 군산(장
항), 부여 등과 함께 크게 발달하였다.

한편 천안의 경우 1905년 경부선이 개통되었고, 1927년에 사철인 경남
철도, 1931년 장항선이 개통되면서 크게 발전하였다. 원래 천안은 1895년

상주역 전경(역 개통은 1924년 10월 1일)

에 공주부 천안군이었고, 1896년에는 충청남도에 속하였다. 철도가 개통된 이후 천안역 주변이 발전하기 시작하여 1928년에 인구는 약 12,000명으로 증가하였다. 특히 철도부설 이전에는 직산 부근이 발전하였으나, 철도 개통으로 철도역 부근에 관공서, 금융시설 등이 집중되어 발전의 중심이 되었다.[28] 천안의 1928년 인구는 10,000명에 이르렀다. 조치원은 경부선과 충북선의 분기점이며 조선시대에는 역원을 두었던 곳으로, 경부선 개통 이후 발달하기 시작한 신도시이다. 1928년 당시 인구는 7,000명이었다.[29]

또한 철도망으로부터 소외되어 발전이 멈춘 대표적인 예의 하나는 경상북도 상주이다. 상주는 조선시대 경상도의 도청이 있던 곳이다. 1928년 통계를 보면 상주 인구는 24,000명, 김천이 13,000명, 안동이 10,000명, 문경이 2,000명, 예천이 5,000명으로, 상주는 그 지역의 중심이었다. 상주는

<표 3-3> 철도와 인구 변화

	대전	공주	전주	충주	천안	상주	김천
초기 인구 (A)	188명 (1904)	7,174명 (1911)	12,617명 (1907년)	10,000명 (1900)	12,000명 (1928)	24,000명 (1928)	13,000명 (1928)
최근 인구(B)	148만 명 (2007)	12.8만 명 (2007)	63만 명 (2007년)	20.8만 명 (2007)	53.1만 명 (2007)	11만 명 (2004)	14만 명 (2004)
B/A	9,548	17.8	49.9	20.8	44.3	4.6	10.8
철도 개통	1905년 (경부선)	없음	1927년 (전라선)	간선철도 교통에서 제외	1905년 (경부선) 1931년 (장항선)	1924년 (경북선)	1905년 (경부선)

자료 : 각 도시의 통계연보

---

28) 民衆時論社(1937), 朝鮮都邑大觀, p. 28
29) 小林 외(1928), 일본 풍속지리대계 제16권 조선지방, 신광사, 충청도편

쌀 생산과 양잠으로 유명하였고, 예로부터 상주명주는 전국적으로 질이 높기로 유명하였다. 그러나 상주는 경부선 철도가 김천을 경유함에 따라 해방 이후 계속해서 발전에서 소외되어 현재에 이르고 있다. 현재는 김천에서 영주까지 연결되는 경북선상에 위치하고 있는데, 2004년의 인구는 상주가 11만 명, 김천 인구는 14만 명이다.

(3) 산업과 지역의 변화[30]

대전에 철도가 개통되면서 대전역 주변이 크게 변화하게 되었다. 대전 심상소학교(1906년 구 원동학교의 전신)가 생겼고, 일본인들도 증가하게 되었다. 일본인들은 우리나라 사람들이 많이 살지 않았던 원동, 중동, 정동 등 대전천의 낮은 지역에 주거지를 형성하였다. 대전에 시가지가 형성되면서 군청, 도립의원, 전매국 출장소, 미곡검사소, 중학교와 고등여학교가 설

대전 역 앞 상가의 모습(철도공사 제공)

---

30) 대전광역시 시사편찬위원회(2002), 대전 100년사 제1권, pp. 415~480을 참조

<표 3-4> 대전부(大田府) 직업 현황(1932)

(단위 : 명, %)

	농업	수산업	광업	공업	상업	교통업	공무원	가사 고용인	기타	무직	합계
인원	1,198	0	1	1,930	2,415	758	785	267	999	13,343	21,696
백분율	14.3	0	0	23.1	27.8	9.1	9.4	3.2	12	60	100

자료 : 대전시 시사편찬위원회(2002), '대전 100년사 제1권', p.471

립되었고, 철도와 관련해서는 철도국 운수사무소, 철도국 공무사무소가 위치하였다. 공업도 발전하기 시작하여 대전피혁, 정미업, 양조업 등이 발전하기 시작하였다. 구체적으로는 1921년에 동양척식회사의 지점이 설치되었고, 1924년의 자료에 의하면 인동에는 대전 잡시장이, 중앙극장 뒤에는 대전어채시장이 있었다. 1932년 대전부의 직업 현황은 공업, 상업, 교통업이 주를 이루어 일본인들이 이를 점하고 있었고, 농업은 주로 우리나라 사람들이 담당하였다. 이와 같이 산업의 발달은 철도의 부설과 이를 통한 물자수송과 깊은 관련이 있다. 〈표 3-4〉에서도 철도와 관련하여 교통업의 인구가 전체 인구의 9.1%를 차지하고 있다. 이와 같은 규모는 당시 인구가 비슷한 전주, 광주 등은 교통업의 종사 인구는 5% 미만이었고, 당시 상업과 교통업의 인구가 전체 인구의 약 7%였던 것을 감안한다면 대전에서의 철도의 역할을 짐작할 수 있다.[31] 또한 1939년 자료에 의하면 우리나라 전체의 교통업에 종사하는 인구는 1.2%에 불과하였다.

철도부설에 따라 주변지역 발전과 산업에 큰 변화를 가져온 사례가 여러 가지 있는데, 여기서는 경남철도주식회사의 노선인 경기선의 안성~장호원(41.4km) 구간의 폐선된 사례를 통해 살펴보고자 한다. 이 노선은 전 구간

---

31) 小林 외(1928), 일본 풍속지리대계 제16권 조선지방, 신광사, p. 357

이 1927년에 개통되었고, 1944년에 안성~장호원 구간이 전쟁물자 수행을 위해 철거되었다. 이 선의 주요한 목적은 주변의 생산물인 쌀을 천안으로 수송하는 목적으로 이용되었다. 정차 역은 안성~죽산~매산(간이역)~장호원으로, 죽산의 경우 당시 5일장이 열릴 정도였고 안성보다 더 큰 규모였다. 당시 자료에 의하면 죽산역의 기공식에는 수만 명이 모였으며, 용인, 진천, 음성 등 10개 면의 쌀을 죽산역을 통해 수출하였다. 인근 안성의 철도가 폐지된 1984년의 죽산면 인구는 9,174명에서 2009년에는 7,991명으로 현재는 초라한 지역으로 변화하였다.[32] 당시의 흔적으로는 급수탑 옆에 석탄의 흔적이 남아있다. 매산역은 간이역으로, 역사 위치는 안성시 죽산면 매산리 하구산 마을 173-2번지 일대이다. 주천역은 안성시 일죽면 능극리 438-3에 위치해 있었다. 현장 조사결과 당시에는 철도의 이용으로 매우 번성한 지역이었으나, 지금은 죽산역, 매산역, 주천역 근처는 모두 쇠락의 길을 걷고 있고, 새로운 도로 중심으로 지역이 발전되고 있다. 이러한 사례를 통하여 철도는 지역의 산업발전과 밀접한 관련을 가지고 있었으며, 철도가 폐선되면서 지역과 산업이 쇠락의 길을 걸었던 것을 알 수 있다. 천안~안성 구간은 1925년 개통되었는데, 초기 연도에도 여객이 8만 명, 화물은 18,615톤이 수송되어 이는 당시 금강산전철(철원~금성)과 비슷한 수송규모였다(1925년 여객 5만 명, 화물 18,615톤). 열차운행은 1일 여객과 화물이 정기적으로 왕복 4회 운행되어 당시 충북선(조치원~청주)과 비슷한 운행실적을 가지고 있을 정도로 번성하였다.[33] 그러나 이 노선은 1984년에 폐지되었다. 안성의 경우 폐선된 1984년 전후의 차량등록현황을 보면 1984년에 1,295대의 차량등록대수가 1985년에 2,040대, 1986년에

---

32) 안성자치신문, 2008년 11월 24일 참조
33) 鮮交 会(1986), '朝鮮交通史', p. 796

산천 삼면이 산으로 둘러싸여 있고 금강을 끼고 있는 공주는 옛날 한때는 백제의 수도였던 2천년의 오랜 역사를 가진 곳이다. 충남의 중심이었지만 철도교통으로부터 소외되어 쇠락의 길을 걸었다.

2,350대로 급격히 증가하였는데, 이는 철도의 폐선으로 도로 수송의 증가에 기인한 것이라고 할 수 있다.[34]

한편 철도역의 변화를 통해 철도와 사회의 발전관계를 파악하는 데 도움이 될 것이다.

대전 인근에 위치한 연산역의 연혁을 보면, 단선과 통표식 신호방식은 약 63년이 지난 후에야 복선화와 전자식 신호방식으로 개선되었다. 지금은 CTC와 전철로 운영되고 있다. 신호방식은 1954년 당시에는 첨단방식이었다. 연산역의 경우 신용카드 조회기는 1999년에, 랜망의 도입은 2001년에야 도입되었다. 1990년대 중반부터 우리 사회에 신용카드 조회기와 랜망 등이 본격적으로 도입된 것에 비하면 상당히 뒤쳐졌다는 것을 알 수 있다.

이는 철도가 사회 변화에 적극적으로 대응하지 못한 것에 기인한다고 할 수 있다. 〈표 1-21〉에서 일제강점기에는 철도 위주의 투자로 철도가 가져온 많은 변화를 확인할 수 있었지만, 1960년대 이후 철도보다는 도로에 더

---

34) 안성시, 안성시 통계연보 1982~1986년

<表 3-5> 연산역의 변화

연도	주요 내역	비고
1911. 7. 11.	호남선 대전~연산 간 영업 개시	단선 개통
1914. 1. 22.	호남선 전구간 개통	
1950. 10. 16.	공비 피습으로 역사 소실	
1957. 7. 18.	역사 복구 준공	• 1954년에 우리나라 연동장치 도입
1974. 6. 30.	개태사~논산 간 복선 개통 및 쌍신폐색식 시행	복선화와 신호방식의 개선(통표식에서 쌍신폐색식) • 1968년 중앙선 최초 CTC 도입
1975. 11. 13.	구내 육교 개설	• 우리나라 자동폐색장치 도입(1970년 중반) • 1973년 우리나라 최초 전철화
1977. 11. 1.	특급 열차 여객 취급	
1988. 1. 18.	연동폐색식(제1종 시행)	신호방식의 개선
1989. 4. 8.	자동폐색식 시행	신호방식의 개선
1999. 10. 1.	신용카드 조회기 설치	
2000. 12. 31.	CTC 취급 사용 개시	열차집중제어장치
2001. 7. 25.	랜망 설치 개통	
2001. 11. 19.	호남선 전철화공사 시행	전철화

자료 : 연산역의 역사자료

욱 많은 투자가 이루어져서 철도의 역할은 초기에 비해 매우 약화되었다고 할 수 있다.

철도는 도로망의 발전과 사회의 급격한 변화에 신속하게 적응하지 못해 1960년대 이후 도로 위주의 교통정책으로 철도 수송 분담률이 지속적으로 감소한 것이다.

(4) 문화의 변화

대전은 다른 신흥도시처럼 일본인 거주자의 비율이 높았던 것이 주목되는데, 1931년 전체 인구 수 23,374명의 8.9%인 7,147명이 거주하였고, 대전읍 내에는 6,523명이 거주해 전체 인구인 14,702명의 44%에 달하였다. 한편, 논산의 경우 일본인 거주비율이 3%에 불과하였다.[35]

현재 대전역 동쪽(동광장 앞)의 소제호는 철도가 부설된 이후 1927년에 호수 대신에 철도시설이 들어섰는데, 당시 대전의 소제호는 매우 아름다웠고 주변에는 우암 송시열 선생이 기거한 기국정이 위치하였다. 이 지역은 학문적으로 매우 수준이 높아 기국정 입구에는 동방의 공자마을이라는 표지가 있었다. 이곳에서 약 2.5km 떨어진 곳에 우암 송시열 선생이 학문을 연마하던 남간정사 등이 위치하였다. 소제호의 사례는 철도를 통하여 오히려 이 지역의 문화적 가치가 변화된(훼손된) 사례라고도 할 수 있다.

건축의 경우에도 철도의 영향은 매우 컸다. 서울역은 르네상스 혹은 절충식의 새로운 양식으로 건축되었다. 비록 일본인에 의해 지어진 건축물이지만 우리나라의 건축양식에 영향을 미쳤다고 하겠다. 서울역은 1900년 남대

1910년 당시의 대전역 주변 지도(자료 : 대전시사 편찬위원회)

---

35) 대전광역시 시사편찬위원회(2002), 대전 100년사 제1권, p. 481

문 정거장으로 시작해 1915년에
목조건물의 남대문역이 지어졌
다. 1922년에 새로운 공사를 시
작하여 1925년에 완공되었다. 건
축가는 쓰카모토 야스사였는데
시공은 시미즈 건설, 건립 주체
는 남만주철도주식회사였다.

소제호의 모습(1910년경)

  1900년 경인철도 전통과 함께
영업을 개시하였는데, 1905년 일본 목조양식의 역사가 완공되었다. 그 후
화재로 소실된 후 다시 원형으로 재건되었다가 한국전쟁으로 다시 소실되
었다.

  부산역은 경부선이 개통된 1905년 후에 서울역보다 먼저인 1910년에 완
공되었다. 이 부산역사는 도쿄역보다 먼저 만들어졌는데, 1953년 화재로
소실되었다. 부산역에는 철도의 시발점이라는 특징으로 신의주역과 함께

한국전쟁 중의 대전 지도(소제호 자리는 철도관사로 변해 있음)

일제강점기 철도국장이 거주했던 관사(대전시 대흥동 소재)

건설 중인 서울역(1920년 초, 철도공사 제공)

초기 서울역(남대문 역)의 그림(1905년 개통)

새로 건축된 서울역(1925년 완공, 르네양스양식) (철도공사 제공)

초기 서울역 (1910년경 – 남대문 역) (철도공사 제공)

2000년대의 서울역, 사적 284호(2002년)

고속철도 개통으로 새롭게 건설된 서울역(2004. 1. 1. 준공)

철도호텔이 역에 함께 위치하여 관광기능을 함께 담당하였다. 이는 유럽의 대도시 역사와 같은 역사호텔의 양식이라고 할 수 있다.

한편 대전역이 1905년 1월 1일 경부선이 단선으로 개통되면서 영업이 개시되었고, 1940년에 복선이 완공되었다. 대전역사는 1928년에 준공된 후 1950년 한국전쟁으로 소실되었고, 1958년 12월 28일 새롭게 건설되었다. 새로 건설된 대전역은 전쟁 후 급하게 복구되어 실용적인 콘크리트양식으로 건설되었다. 경부선 CTC는 1989년 12

초기 용산역(1905년 완공, 일본 목조양식) (철도공사 제공)

월 19일에 완공되었다. 현재 대전
역 건물은 2,855㎡, 역내는
161,154㎡, 역 광장은 4,983㎡, 화
물적하장은 1,475㎡이다.

철도역의 건축양식의 발전과정은
1945년 이전에는 르네상스식의 서
울역과 한국 전통양식의 불국사역,
그리고 일본의 전통양식의 용산역,
그리고 삼각형의 양식(연산역의 양
식) 등으로 구분이 되고, 해방 후
에는 주로 콘크리트양식(대전역),
목조, 블록조 등의 양식이 주를 이
루고, 최근 고속철도가 개통되면서
포스트모더니즘의 새로운 타입의
철도역사가 등장하였다.

한편 철도 개통은 관광을 촉진시
켰는데, 주요 역에는 호텔이 건설
되어 철도를 중심으로 관광이 활
성화되었다. 서울의 경우 현재 조
선호텔은 초기에 서울역 인근에
조선철도호텔로 개관하여 철도를
이용한 승객들의 숙소 역할을 하
였다. 서울 · 부산 · 신의주호텔은
철도 운영자가 직영하였다.

한국전쟁 중의 대전 지도(소제호 자리는 철도관사로 변해 있음)

소실된 후 새로 건설된 부산역(1970년대 말, 콘크리트양식)
(철도공사 제공)

고속철도 개통 이후 새로이 건설된 부산역사(2008년 촬영)

한편 철도와 관련한 많은 문화 유적이 존재한다. 주요 예로는 역 뿐만 아니라 급수탑도 그 중의 하나이다. 가장 오래된 연산역의 급수탑은 1911년 호남선 대전~강경 구간의 개통과 동시에 건립되어 증기기관차가 운행된 1970년까지 사용되었다. 당시 호남선에는 서대전과 강경역에도 급수탑이 있었으나, 지금은 없어졌다. 전국에는 7개의 급수탑이 남아있는데, 연산역 급수탑은 2003년 등록문화재 48호로 등록되었다. 건립연도는 정확하게 1911년 12월 30일이며, 주소는 충남 논산시 연산면 청동리 127-74에 위치해 있다. 화강암으로 만들어져 건축적 가치를 더해 주고 있는 급수탑의 높이는 16.2미터, 바닥면적 16.6제곱미터, 총용량은 30톤이다. 한편, 철도에 있어 등록문화재로 가장 많이 지정된 것이 철도역이다. 2008년 9월 현재까지 철도역의 경우는 총 23건의 철도역이 등록

새로 건설된 대전역(1980년대)

고속철도 개통 이후의 대전역(2008년 촬영)

초기 대전역의 모습(1928년 완공) (철도공사 제공)

문화재로 등록되어서 문화적으로 중요한 위치를 차지하고 있다.

한편 차량의 경우도 현재 등록 문화재로 지정되고 있는데 그 중 미카 3형 129호 증기기관차는 1940년 8월에 제작되어 부산~신의주 등 주요 노선에 운행되었으며, 1950년 7월 유엔군 24사당장 윌리엄 딘 소장 구출목적으로 투입되기도 하였다. 1970년까지 30년 동안 운행되다가 디젤 기관차의 등장으로 운행이 중단되었다. 현재 대전 철도차량 정비단에서 관리 중이다.

서울역에서 멀지 않은 곳에 건설된 조선철도호텔(지금의 조선호텔, 1914년 완공) (철도공사 제공)

미카 3형 129호(2008년 8월 등록문화재 415호)

우리나라에서 가장 오래된 연산역 급수탑(1911년 건축, 등록문화재 48호)

(5) 관광의 변화

철도 개통은 관광을 촉진시켰는데, 주요 역에는 호텔이 건설되어 철도를 중심으로 관광이 활성화되었다. 한편, 경부선과 장항선이 분기되는 천안역의 경우에는 1905년에 경부선 개통으로 역이 생겼고, 그 후 경남철도주식회사에서 장항선(당시 충남선)과 경기선(천안~안성~장호원)을 연결하면서 도시가 활성화되었다. 1928년 당시 인구 1만 명의 도시는 2007년에는 57만 명으로 성장하였다. 특히 인근의 온양온천은 철도가 개통되면서 온천휴양지로 개발되었는데, 1927년 사철인 경남철도주식회사에서 온천을 매수하여 신정관을 개업하였고, 대유원지를 조성하는 계획으로 추진하였다. 당시 서울에서 온양까지 직행열차가 운행되었고, 철도회사에서 운영하였던 관중 약 4,000명의 야구장도 온양에 있었다.

대전에서 멀지 않은 유성온천의 경우 1913년에 개발되었는데, 이 또한

죽산역(죽산면 두현리 하산부락 56-21)의 흔적

유성온천의 모습(1930년 초반)

개통 초기의 불국사역(1918년 개통, 한국전통 양식)

철도가 생겨 이곳이 관광지로 개발된 또 하나의 사례하고 하겠다. 유성온천은 유성에 정착한 일본인 가운데 스즈끼(鈴木松吉)가 봉명동 유성천 남쪽에 온천을 개발하고, 1910년에는 대전온천주식회사를 창업하여 1913년부터 개업하였다. 특히 공주 갑부로 불렸던 김갑순은 1932년에 현재의 유성관광호텔 자리에 온천장을 만들었다. 당시에 일본인이 경영하던 봉명관, 만년장과 함께 명소가 되었다.[36]

유성은 경부선과 호남선을 이용하여 많은 손님이 이곳을 찾았고, 대전역에서 유성온천까지 직행버스가 운행되었다.

경주역과 불국사역의 경우도 철도를 통해 관광이 활성화된 사례이다. 경주역은 옛 도읍인 경주를 찾는 관광객이 철도를 많이 이용하였다. 특히 고등학생들의 수학여행으로 많이 이용되었다. 경주역 자료에 의하면 1970년~1990년까지 수학여행을 위해 3월~5월 말까지는 15량 편성의 2개 임시열차가 편성되었다. 1990년 이후 수학여행 이용객이 감소하였는데, 이 때문에 1979년 15명이었던 역무원이 2007년에는 5명으로 감소하였다.[37] 이는 철도의 기능이 약화된 것에 기인하고 있는데 도로교통의 발달로 철도보다는 자동차를 이용하여 수학여행을 다녔기 때문이다.

불국사역의 경우에도 1928년에는 열차운행 횟수가 상하행 7회에서 1951년에는 감소하였다가 1960년

새로 단장된 불국사역(2008년)

---

36) 현재의 유성관광호텔에 있는 자료를 참고, 그리고 최장문(2008) '유성온천 어떻게 생겨났을까' 참조. 2008. 7, pp. 30~32
37) 2007년 8월 경주역 인터뷰 조사

제3장 철도의 사회경제적 영향력 163

~1970년대에는 최고 상하행 14회까지 늘었다. 주로 불국사 관광객과 수학여행단이 이를 이용하였다. 불국사역의 경우 1920년대 이후 역사 양식인 한국전통 양식이라는 특징으로 유명하다. 당시 철도는 수학여행과 관광을 위해 많이 이용되었고, 이를 통해 여행의 범위와 지역 간 문화적인 접촉이 더욱 빈번해졌다.

4. 결론

이 연구에서는 향후 우리나라 철도부설과 그 사회경제적 영향력에 대한 기초 연구로서 몇 가지 사례를 통하여 철도가 우리 사회에 미친 변화를 분석해 보고자 하였다.

철도의 부설은 우리나라 국토 공간구조에 변화를 가져왔으며, 도시의 발전과 쇠퇴에 결정적인 역할을 했다. 이는 대전과 공주의 사례를 통해 증명되었는데, 특히 대전의 경우 철도의 개통과 함께 도시와 산업이 발전하기 시작하였다.

또한 철도는 문화의 전파와 관광활성화에도 기여를 하였는데, 이 연구에서는 철도역이 가져온 건축양식의 변화와 문화재로서의 가치를 발견할 수 있었다. 또한 철도는 수학여행과 온천의 활성화 등에도 기여하였다. 이 연구에서의 철도를 통한 사회경제적 변화를 요약해 보면, 서울~부산까지의 통행시간이 이전 14일에서 11시간으로 단축되었고, 철도 개통으로 대전과 천안이 발전한 반면에 공주, 충주는 철도 노선으로부터 소외되어 쇠퇴의 길을 걷게 되었다. 산업과 지역의 변화에서도 천안~장호원 구간은 철도가

<표 3-6> 철도를 통한 사회경제적 변화의 요약

변화	내용
통행시간의 변화	서울~부산 14일에서 11시간으로 단축(1905년)
도시 발전과 인구 변화	도시 발전 : 대전과 천안 / 도시의 침체 : 공주, 충주
산업과 지역의 변화	부설과 폐선의 예 : 천안~장호원
문화	문화재로서의 가치 증대
관광	온천관광과 수학여행의 활성화

자료 : 선교회(1986), 조선교통사, p.8

폐선됨에 따라 지역발전의 속도와 축이 변화하게 되었다.

한편 철도역은 문화재로서 가치가 증대하였고, 철도를 통해 관광이 활성화된 것을 확인할 수 있었다.

따라서 향후 철도에 대한 가치는 단순한 운송수단으로서의 가치뿐만 아니라 다양한 기능을 가진 것으로 평가되어 철도 건설의 당위성이 보다 더 명확해질 수 있을 것이다.

이 연구에서는 몇 가지 사례를 통하여 초창기 철도의 개통으로 사회가 크게 변화한 것을 알 수 있었으며, 그 후 발전이 정체되어 사회 변화를 선도하기보다는 철도가 오히려 변화에 추종하는 것도 발견할 수 있었다. 특히 1960년 이후 도로교통의 발전으로 철도의 영향력이 정체 혹은 축소의 길을 걸었던 것은 부정할 수 없는 사실이다. 그러던 차에 2004년 이후 고속철도의 개통으로 새로운 변화가 다시 일어나고 있어 이를 포함하여 향후의 새로운 추가 연구가 가능할 것이다.

이 연구를 통해 향후 우리나라 철도의 사회경제적인 영향력과 다양한 기능성에 대한 연구의 확장이 가능할 것이며, 다른 나라와의 비교 연구를 통해서 기능상 공통점과 차이점 등의 발견과 함께 우리나라 철도의 정체성 정립도 가능할 것이다.

제4장

철도와 문화

제4장 철도와 문화

1. 서론

철도는 교통수단으로서뿐만 아니라 빠르고 편리한 이동을 통해 산업의 발전, 도시의 변화, 문화와 관광의 발전 등 다양한 기능을 수행해 왔다. 유럽에서는 철도가 산업혁명을 더욱 가속화시켰고, 일본 철도는 근대화의 견인차 역할을 하였다. 우리나라의 경우에서도 1899년 경인선이 개통된 이래 철도는 국토의 공간구조를 철도 중심으로 변화시켰고, 새로운 도시의 형성과 문화전파 등 다양한 기능을 수행하였다. 이 장에서는 철도의 다양한 기능성에 주목하면서 유럽과 우리나라의 다양한 사례를 들어 철도의 기능을 여러 가지 면에서 조명하려고 하였다. 이러한 연구를 통해 철도의 새로운 가치가 조명될 것이며, 사회문화적인 측면에서 철도의 역할이 더욱 부각될 것이다.

2. 철도의 개통과 발전

철도의 시작은 광산에서 석탄운반을 위한 필요에서 출발하였다. 초기에는 탄광의 석탄을 수레바퀴를 통해 레일 위로 운반하였고, 많은 물량의 경우에는 마차가 석탄을 견인하였다. 그러나 말의 사용은 말의 부족과 사료 값의 인상 등의 문제로 증기기관이 발명되었다.

최초의 증기기관차는 1804년 2월 25일 영국의 남부 웨일즈 광산에서 10톤의 광석을 운반하였다. 이는 리차트 트레비딕(Richard Trevithick)이 발명한 것이었다. 그 후 1814년 스티븐슨이 증기기관차를 제작하였고, 1825년 9월 스톡턴~달링턴 간 40km 구간에서 증기기관차에 의한 세계 최초의 공용철도가 탄생하였다. 당시 이 기차는 석탄 화물만을 수송하였다. 기관차는 스티븐슨이 제작한 '로코모숀 호'를 사용하여 90톤의 화물을 견인하여 시속 16km로 주행하였다. 당시 궤간은 표준궤인 1,435mm였다.

1829년에는 기관차 경주대회에서 스티븐슨 부자가 제작한 '로켓호'가 약 30명의 승객을 태우고 시속 22.5km로 주행하여 우승하였다. 1830년 5월에 영국 맨체스터에서 리버풀의 50km 노선에서 철도가 개통되어 약 1시간 50분에 운행되었으며, 표정속도는 약 27km였다. 그 후 지하철은 1863년 런던에서 최초로 개통되었다.

철도의 개통으로 유럽의 산업혁명은 더욱 탄력을 받았고, 철도가 개통된 도시가 발전하였으며, 여행의 기회도 증가하여 문화가 널리 전파되는 계기가 되었다. 영국의 경우는 산업혁명 시기인 1760년~1830년대로, 당시 철도는 산업혁명을 견인하였다. 특히 철도역의 발전은 눈부신 것이었다. 철도역은 당시의 문화를 그대로 전수하는 역할을 하였는데, 역은 건축물로서 훌륭하게 자리 잡았다. 19세기 튜터 양식으로 지어진 영국의 워털루역이 그렇고, 런던의 세인트 팬클러스역과 함께 지어진 미들랜드 그랜드호텔은 빅토리안 고딕양식으로 지금도 그 위용을 자랑하고 있다.

한편 당시 영국의 철도정책은 정부가 관여하지 않는 자유방임주의였다. 따라서 기업은 각자의 역량에 따라 발전하였고, 중앙정부 혹은 기업 간에 서로 연계노선을 가질 필요가 없었다. 따라서 지방의 자본가들이 철도 건설에 열심이었는데, 그 결과 스톡턴~달링턴 구간 등이 완공되었다. 당시 철도의 건설로 인해 대중들이 철도를 이용하게 되었고, 이를 통해 많은 사업의 기회가 창출되었으며, 철도역에는 수세식 화장실이 등장하여 건강에도 도움을 주었다. 또한 영국의 경우 긴 국토로 여행시간이 많이 소요되었는데, 철도의 개통으로 잉글랜드와 스코틀랜드 지방이 가까워졌다. 그러나 당시 철도는 범죄 등에 이용되거나 소음 등의 문제도 안고 있었다.

프랑스의 철도는 1832년에 시작하여 영국에 비해 그리 늦은 편은 아니었지만 철도 발전 속도는 상대적으로 늦었다. 그 이유는 첫째, 영국에 비해 공화업가 늦었고 나폴레옹전쟁으로 인한 복구가 늦어졌기 때문이다. 이 때문에 철도에 투자하는 자본이 상대적으로 적었다. 프랑스의 경우 산업혁명은 1830년~1860년으로 영국에 비해 약 30년이 뒤졌다. 두 번째로는 프랑스의 강력한 중앙집권 정부가 철도 건설에 관여하여 건설 속도 또한 느렸다. 당시 철도 건설에 대해 영국 정부는 자유방임적인 입장을, 벨기에는 중앙정부가 간섭하는 원칙을 가지고 있었다. 그런데 프랑스는 벨기에 쪽에 가까운 선택을 하였다. 이에 정부와 민간기업 간에는 마찰이 생기는 결과를 가져오고 말았다. 세 번째로는 프랑스는 내륙운하가 발전하여 운하 운영자들이 철도 건설에 반대하였다. 그 결과 초기 프랑스는 영국으로부터 비싼 가격을 주고 철도 차량을 수입하게 되었다.

프랑스 파리의 지하철은 1900년에 1호선이 개통되어 2000년 7월에 100

주년 행사를 할 정도로 잘 발달되어 왔다. 특히 파리를 비롯한 인구 50만 이상이 되는 도시들은 도시철도가 잘 발달되어 시민의 발로서 그 기능을 다하고 있다.

제2차세계대전 이후 전 세계 국가들이 자동차 중심의 교통체계를 구축하던 때인 1960년대에 프랑스 국영철도회사 SNCF는 열차의 고속화기술 개발을 추진하였고, 기존 철도의 고속화와 개량사업에 주력하였다. 그 후 1981년 개발된 새로운 고속철도 노선과 차량을 기존선과 연결시키면서 그 효율을 극대화시켰다.

독일의 경우는 산업혁명이 더욱 늦은 1848년~1870년으로 미국과 거의 같은 시기였다. 독일 철도는 1835년 12월 7일 뉘른베르크~퓌르스 구간에서 최초로 개통되었다. 1845년까지 약 2,000km의 철도망이 생겼고, 1855년까지 약 8,000km까지 발전하였다. 독일은 1871년 25개 주로 된 제국으로 출발하면서 철도는 각 주를 중심으로 발전하였다. 1879년에는 세계 최초로 전기기관차가 베를린에서 제작되었다.

1883년에는 오리엔탈 익스프레스가 개통되었고, 1924년에는 독일제국철도 주식회사가 설립되었다. 경제위기로 1937년 이 회사는 제국철도로 이관되었고, 1937년부터는 전쟁을 수행하는 데 큰 역할을 하였다. 제국철도 시대에 각 주에서 운행된 증기기관차 대신에 표준형인 증기관차가 개발되었다.

1933년에 고속디젤철도가 운행을 개시하였는데, 1973년에 전기기관차의 속도는 252.9km를 기록하였다. 독일은 1976년에 증기기관차가 운행을 종료한 후인 1991년부터 고속철도 시대를 맞이하고 있다. 초기 지방 중심의 철도 발전은 현재에도 철도가 전국적인 네트워크를 형성하고 있어 독일 내 어느 곳에서든 손쉽게 이를 이용할 수 있다.

3. 철도와 사회 : 유럽

로마 시대에 도로를 통하여 문물이 세계로 퍼져나갔듯이 19세기에는 철도가 사회를 크게 변화시켰다. 영국의 경우 1830년 대중교통수단의 1일 수송량을 보면 마차로 약 20,000명(지역 간 수송) 그리고 지역 내에서는 마차로 런던의 경우 95,000명, 기타지역에 15,000명 그리고 스팀보트로 85,000명 등 총 215,000명이 이를 이용하였다.

영국에서는 1825년에 철도가 개통되어 1850년에 1일 이용객은 185,000명으로 이용자가 급격하게 증가하였다. 증가율은 초기보다는 감소하였지만 1인당 여행 횟수는 1850년의 3.2회에서 1900년에 30.1회로 약 10배나 증가하였다.

<표 4-1> 철도 이용객의 증가 추이

구분	철도 수 송(마일)	증가율 (%)	철도여행자 수(천인)	증가율 (%)	1마일당 여행 자 수(인)	증가율 (%)	인구 (천인)	인구 1인당 여행 횟수	증가율 (%)
1850	6,084	–	67,359	–	11,072	–	20,817	3.2	–
1860	9,069	49.1	153,452	127.8	16,920	52.3	23,128	6.6	106.3
1870	13,363	49.6	315,680	105.7	23,275	37.6	26,072	12.1	86.8
1880	15,563	14.8	586,626	85.8	37,694	62.0	29,710	19.8	63.2
1890	17,281	11.0	796,331	35.8	46,081	22.3	33,029	24.1	22.1
1900	18,672	8.0	1,114,627	40.0	59,695	29.6	37,000	30.1	24.9
1910	19,986	7.0	1,276,003	14.5	62,845	7.0	40,831	31.3	4.0

자료 : Jack Simmons(1991), 'The Victorian Railway', Thames and Hudson, p.317

철도는 사회적으로 많은 영향을 미쳤다. 이동의 자유를 통해 여행이 보편화되었고 문화가 전파되었다. 잉글랜드와 스코틀랜드는 지역적으로 가까워졌고, 이를 통해 새로운 산업이 발달하였다. 런던의 주요 역은 지역의 중심지였고, 철도는 건강 증진에도 기여하였다. 예를 들면 전염병을 막기 위해 철도로 식수가 공급되기도 하였다.

토마스 쿡(Tomas Cook : 1808~1892)은 종교적인 목적을 가진 금주 프로그램의 시행을 위해 철도를 자주 이용하였고, 후에 자신이 직접 여행사를 만들어 철도를 대중화시켰다. 지금은 세계적인 여행사로 성장해 있다.

철도로 인해 우편요금이 저렴하게 되었고, 신문, 잡지가 보급되었다. 철도의 사용으로 석탄소비량도 늘어 1840년에 철도의 석탄소비량은 0.3백만 톤에서 1911년에는 15백만 톤으로 증가하였다. 또한 문학과 예술에도 철도를 소재로 한 시와 소설이 쓰여 졌으며, 디킨스(Dickens)의 소설에도 철도가 자주 등장하였다. 일상생활에서 쓰는 용어도 많이 변화하였다. 철도가 개통되고 가장 중요한 단어는 rail, railway, station, train, locomotive였다. 그리고 철도를 통하여 처음으로 1등석, 2등석 등의 구별이 생겼으며, 표준시간이 생겨났고, 지역 간의 교류 증가로 지역의 음식과 문화가 널리 전파되었다.

초기 영국 리버풀과 멘체스터를 달리던 객차(영국 요크철도박물관 소재)

철도가 부설되면서 문제점도 없지 않았다. 노선의 혜택을 받은 지역과 그렇지 못한 지역 간에 문제가 생기기 시작하였다. 예를 들면 스완지는 철도 서비스가 좋지 않아 예전의 번영을 지속시키지 못하였다. 철도 건설로 소음과 지역의 양분화 그리고 지하철에서의 범죄발생 등 여러 가지 문제도 발생하였다. 또한 새로운 노선으로 토지소유자와 농부 그리고 당시의 주요 교통수단이었던 수운업자들로부터 많은 항의를 받기도 하였다. 그러나 이러한 여러 문제는 철도가 가져다 준 신속성과 편리성에는 큰 영향을 주지 못하였고, 철도는 교통의 중심으로 자리 잡게 되었다.

당시 유럽 주요 국가와의 비교를 통해서 19세기 영국 철도의 위상을 더욱 확실하게 알 수 있다. 철도 수송량을 보면 1861년에 여객과 화물의 경우 영국은 프랑스보다 각각 약 3배나 많이 수송하였다.

<표 4-2> 각국의 철도 수송량 비교(여객)

(단위 : 백만 인)

구분	영국	프랑스	벨기에	네덜란드	독일
1861년	163	62	–	–	–
1911년	1,295	494	199	45	1,643

자료 : B. R. Mitchell(1975), 'European Historical Statistics(1750~1970)', The Macmillan Press.

<표 4-3> 각국의 철도 수송량 비교(화물)

(단위 : 천 톤)

구분	영국	프랑스	벨기에	네덜란드	독일
1861년	94,046	27,900	–	–	–
1911년	525,256	121,000	–	–	616,772

자료 : B. R. Mitchell(1975), 'European Historical Statistics(1750~1970)', The Macmillan Press.

여행 횟수를 비교해 볼 때 영국은 프랑스나 독일보다 더 많이 철도를 이용해 여행을 하였다는 것을 알 수 있다. 1861년의 경우 영국은 인구 1인당

<표 4-4> 인구 1인당의 여행 횟수

(단위 : 회)

구분	영국	프랑스	벨기에	네덜란드	독일
1861년	7.1	1.7			
1866년			2.4		
1871년	13.8				
1872년		3.1			
1879년				3.3	
1880년			10.2		
1881년	20.5	4.8			
1889년				4.3	
1890년			13.6		8.6
1891년	24.9	6.7			
1899년				5.5	
1900년			20.8		15.2
1901년	31.0	10.7			
1909년				7.4	
1910년			26.0		23.7
1911년	31.7	12.6			

자료 : Jack Simmons(1991), 'The Victorian Railway', Thames and Hudson, p.342

<표 4-5> 각국의 철도 연장 비교

(단위 : km)

구분	영국	프랑스	벨기에	네덜란드	독일
1861년	15,210	9,626	1,824	335	11,497
1870년	21,558	15,544	2,897	1,419	18,876
1880년	25,060	23,089	4,112	1,841	33,838
1890년	27,827	33,280	4,526	2,610	42,869
1900년	30,079	38,109	4,562	2,771	51,678
1911년	32,223	40,635	4,679	3,190	61,968

자료 : B. R. Mitchell(1975), 'European Historical Statistics(1750~1970)', The Macmillan Press.

약 7.1회 프랑스는 1.7회에 불과하였다.

이러한 결과를 가져온 원인은 여러 가지에서 찾아볼 수 있는데, 첫 번째로 영국은 1861년부터 약 30년간 다른 나라에 비해 많은 철도 노선을 건설하였다. 이는 영국이 산업발달로 민간자본이 축척되어 민간 중심으로 철도 건설이 활발하게 이루어졌기 때문이다. 당시의 철도 연장에서 나타난 이러한 현상은 1861년과 1870년을 기준으로 영국은 프랑스와 독일보다 긴 구간에서 철도를 운영하고 있었다.

경제성장면에서도 영국은 프랑스보다 높은 성장률을 기록하였고, 당시 실업률도 낮았다.

<표 4-6> 국가별 경제성장 비교

구분	영국	프랑스	독일
1911/1861 (National Account Total)	2.87	2.5	3.65

자료 : B. R. Mitchell(1975), 'European Historical Statistics(1750~1970)', The Macmillan Press.

<표 4-7> 각국의 실업률 비교

구분	영국	프랑스	독일
1900년	2.5	7.8	2.5
1911년	3.0	5.4	1.9

자료 : B. R. Mitchell(1975), 'European Historical Statistics(1750~1970)', The Macmillan Press.

다음으로는 도시인구의 높은 비율을 들 수 있다. 영국은 산업화로 인해 1861년에 인구 10만 명 이상의 점유율이 23.9%로 프랑스, 독일보다 높아 철도 이용에 유리한 여건이었다.

한편 각국은 철도 이용에 있어 각각 다른 상황에 처해 있었다. 프랑스의 경우는 앞에서 언급한 것처럼 공업화가 영국이나 독일에 비해 늦었으며,

<표 4-8> 전체 인구 중 인구 10만 명 이상의 인구 점유율

(%)

구분	영국	프랑스	벨기에	네덜란드	독일
1861년	23.9	7.7			
1866년			8.1		
1871년	25.7				4.8
1872년		9.1			
1879년				14.4	
1880년			10.6		
1881년	29.2	10.5			
1889년				17.0	
1890년			11.5		12.1
1891년	31.4	11.5			
1899년				22.4	
1900년			11.6		16.2
1901년	34.9	14.0			
1909년				23.4	
1910년			11.0		21.3
1911년	37.0	14.8			

자료 : Jack Simmons(1991), 'The Victorian Railway', Thames and Hudson, p.343

나폴레옹혁명으로 사회 변화의 혼란기에 처해있었고, 이로 인해 철도에 투자할 민간자본이 부족하였다.

노선의 3분의 1은 협궤로 건설되었다. 이로 인해 정부가 철도 건설에 관여할 수밖에 없었으며 정부 중심의 철도 건설로 시간적으로 신속하게 추진되지 못하였다. 그리고 관료주의로 파리 중심의 철도망이 계획되었다. 또한 독일이나 러시아와는 달리 운하가 발달하여 수운업자들의 반대도 다른 나라보다 심하였다. 이 결과 프랑스는 영국의 민간 중심, 벨기에의 정부 중심의 타협적인 위치에서 철도를 건설하고 운영하게 되었다.

한편 독일의 경우는 1871년 독일 통일이 되면서 각 지역은 각자의 철도망을 건설하게 되었고, 프랑스와는 달리 지역 중심의 철도망이 발달하게 되었다.

이러한 초기의 철도에 대한 영향력과 철도 운영은 그 후 각국의 철도 운영에 큰 영향을 미친 것은 말할 나위도 없다. 영국에서 철도 민영화를 추진할 수 있었던 것도 바로 이러한 민간운영 경험을 바탕으로 한 것이며, 프랑스가 고속철도를 국가 중심으로 그리고 현재도 국영체제를 유지하고 있는 것도 바로 이러한 전통에 기인한 것이다. 또한 독일이 구조 개혁 이후에도 지역 중심의 철도를 운영하고 있는 것도 이러한 역사적인 사실에서 연유하고 있다.

4. 철도와 문화재 : 우리나라

문화란 자연 상태에서 벗어나 일정한 목적이나 생활 이상을 실현하기 위해 사회 구성원에 의해 습득, 공유, 전달되는 행동양식이나 생활양식의 과정 및 그 과정에서 이룩해 낸 물질적 · 정신적 소득을 통틀어 이르는 말로 언어와 학문, 풍습, 종교, 예술, 제도 따위를 뜻한다. 1899년 한국에 철도가 개통되고 기적소리가 전국으로 확장되면서 사람들의 생활 습관이나 활동 범위, 각종 제도와 정책에도 많은 변화가 생겼는데, 이런 관점에서 보면 철도 자체가 하나의 문화이고 철도에서 비롯된 제도와 역사(歷史), 정책, 운영 방식, 시설, 차량, 철도관광 또한 철도문화의 범주에 포함되는 요소라 할 수 있다.

한국의 철도가 115년 넘는 오랜 역사를 가지고 있음에도 불구하고 철도문화에 대한 연구는 그 역사가 대단히 짧다. 그 이유는 철도가 문화 이전에 과학과 기술을 기반으로 하는 교통수단으로 이용되었고, 열강들의 철도 부설권 쟁탈과 한국인의 저항을 다루는 일제강점기 철도사 연구에 주로 초점이 맞춰져 왔으며, 주로 지역 또는 노선 단위의 제한적인 연구만 이루어졌고, 역사와 지리, 공학, 문학 등 학문 연구의 부수적 주제로서 철도 자체가 주된 연구 대상이 아니었다는 점이 그 원인으로 여겨진다.

현재까지 한국에서 문화와 문화유산에 대한 인식은 근대 이전의 시기에 초점이 맞춰져 있기 때문에 철도문화의 의미 또한 철도문화유산과 동일하거나 비슷한 의미로 사용되는 것이 현실이다. 철도청에서 발간한 〈한국 철도 100년사〉(1999)에서는 철도문화를 '책임과 극복의 정신을 가진 철도의 기업 문화'로 서술하고 있고 철도박물관과 철도간행물을 소개하는 데 그치고 있다.

철도문화유산의 영역과 범주를 나누어 목록화하거나 문화적 가치 평가 또한 체계적으로 시도한 사례가 드문데, 2010년부터 시작된 한국철도시설공단과 한국철도문화재단의 '철도문화유산의 수집·보존 및 활용을 위한 연구'는 문화유산을 통해 철도문화의 본질과 가치를 찾아 나가는 첫 번째 시도라 할 수 있다. 그 중에서도 특히 철도역사(驛舍)는 수십 년에서 길게는 100년 가까이 각 지역 사람들의 생활이 고스란히 녹아 있는 공간이며, 정보와 문화의 교류가 이루어지는 장소로서의 역할을 해온 철도문화의 핵심이다.

철도 관련 문화재로 지정된 것은 총 62건인데 그 중 25건(40%)[38]이 철도역사(驛舍)로 가장 큰 비중을 차지하고 있다. 문화재로 지정되지 않은 철도역사(驛舍) 중에도 문화유산으로서의 가치를 가진 곳이 적지 않고 철도 노

---

38) 역 25건, 차량 11건, 급수탑 9건, 교량 5건, 기타 9건이 철도 관련 문화재로 등록되어 있다.

선의 신설과 이설, 리모델링과 신축 등의 사유로 빠르게 멸실되고 있어 연구 및 보존에 대한 빠른 준비가 필요하다. 또한 일반적인 문화재 관점에서의 가치는 낮더라도 철도사와 향토사 연구의 대상이 되거나 희소성을 갖고 있는 곳, 관광자원 활용 가능성이 높아 보존 및 활용할 만한 역사(驛舍)에 대한 검토가 필요하다.

따라서 이 장에서는 현재 문화재로 지정되어 있는 역사(驛舍)와 그 특징을 개관하고, 철도사 · 향토사 연구와 희소가치, 관광자원 활용 가능성 등에 따라 보존 및 활용 가치가 있는 문화유산 잠재 후보군을 유형별로 나누어 보고자 한다.[39]

(1) 문화재로 지정된 역사(驛舍)의 특징

문화재는 크게 국가지정문화재, 시 · 도지정문화재, 문화재자료, 등록문화재, 비지정문화재로 나누어진다. 2011년 1월 현재 문화재로 지정된 철도역사는 모두 25건으로 구 서울역사(사적 제284호), 구 나주역사(전라남도

구 서울역사   구 나주역사

---

39) 이 글에서는 다루지 않고 있지만 철도역사 외에도 철도차량 · 페터널 · 레일 · 통표 · 관사 · 시각표 등 철도 각 분야에서 보존이 필요한 영역에 대한 연구도 병행되어야 한다.

기념물 제183호)를 제외한 23건이 등록문화재로 지정되어 있다.

구 서울역사는 국가지정문화재로 문화재청장이 문화재보호법에 의하여 문화재위원회의 심의를 거쳐 지정한 중요문화재이며, 구 나주역사는 국가지정문화재가 아닌 문화재 중 보존가치가 있다고 인정되는 것을 지방자치단체의 조례에 의해 지정한 시ㆍ도지정문화재에 해당한다. 등록문화재는 지정문화재가 아닌 근ㆍ현대시기에 형성된 건조물 또는 기념이 될 만한 시설물 형태의 문화재 중 보존가치가 큰 것을 지정하는데, 문화재로 지정된 역사의 대부분인 전국 23개 철도역사가 여기에 해당된다.

등록문화재로 지정된 역사들의 경우 일반적으로 아래와 같은 기준에 의해 선정된다.
- 철도교통 발전의 역사성, 문화적 가치가 있는 대상
- 철도교통 기술, 과학 등 교육적 가치가 있는 것
- 보호조치가 없을 경우 멸실 위기에 처한 유물
- 철도교통으로서의 특징이 있는 시설
- 지역 발전의 역사적, 문화적, 경관적 가치가 있는 대상[40]

현재까지 등록문화재로 지정된 23개 역사의 특징을 살펴보면 다음과 같다.

1) 2004년 이후 지정

구 서울역사의 경우 1925년 건축되어 1950년 6·25전쟁 때 많은 부분이 훼손되기는 했지만 2003년 현재의 역사로 이전하기까지 서울과 전국을 잇는 관문으로서의 상징성과 역사적, 건축적 가치로 인해 1981년에 사적 제

---

40) 자료 : 문화재청(2007) 재정리

<표 4-9> 문화재로 지정된 철도역사(25건)

연번	노선 / 명칭	종목	소재지	등록일
1	경부선 구 서울역	사적 제284호	서울 중구	1981. 9. 25.
2	호남선 구 나주역	전남 기념물 제183호	울산 울주군	2000. 12. 29.
3	동해남부선 남창역	등록문화재 제105호	울산 울주군	2004. 9. 4.
4	중앙선 반곡역	등록문화재 제165호	강원 원주시	2005. 4. 15.
5	전라선 구 곡성역	등록문화재 제122호	전남 곡성군	2004. 12. 31.
6	경전선 원창역	등록문화재 제128호	전남 순천시	2004. 12. 31.
7	경의선 신촌역	등록문화재 제136호	서울 서대문구	2004. 12. 31.
8	진해선 진해역	등록문화재 제192호	경남 진해시	2005. 9. 14.
9	장항선 임피역	등록문화재 제208호	전북 군산시	2005. 11. 11.
10	전라선 춘포역	등록문화재 제210호	전북 익산시	2005. 11. 11.
11	대구선 반야월역	등록문화재 제270호	대구 동구	2006. 9. 19.
12	경의선 일산역	등록문화재 제294호	경기 고양시	2006. 12. 4.
13	중앙선 팔당역	등록문화재 제295호	경기 남양주시	2006. 12. 4.
14	중앙선 구둔역	등록문화재 제296호	경기 양평군	2006. 12. 4.
15	경부선 심천역	등록문화재 제297호	충북 영동군	2006. 12. 4.
16	영동선 도경리역	등록문화재 제298호	강원 삼척시	2006. 12. 4.
17	경전선 남평역	등록문화재 제299호	전남 나주시	2006. 12. 4.
18	경춘선 화랑대역	등록문화재 제300호	서울 노원구	2006. 12. 4.
19	전라선 율촌역	등록문화재 제301호	전남 여수시	2006. 12. 4.
20	동해남부선 송정역	등록문화재 제302호	부산 해운대구	2006. 12. 4.
21	대구선 동촌역	등록문화재 제303호	대구 동구	2006. 12. 4.
22	가은선 가은역	등록문화재 제304호	경북 문경시	2006. 12. 4.
23	장항선 청소역	등록문화재 제305호	충남 보령시	2006. 12. 4.
24	문경선 불정역	등록문화재 제326호	경북 문경시	2007. 4. 30.
25	영동선 하고사리역	등록문화재 제329호	강원 삼척시	2007. 6. 1

자료 : 문화재청(2010)

284호로 지정되었고, 구 나주역사는 일제강점기 3대 독립운동의 하나로 알려진 광주학생운동의 진원지라는 역사적 의미로 인해 전라남도 기념물

철암역 선탄시설과 선탄장   연천역 급수탑

제183호로 지정되었다.

문화재보호법의 개정을 통해 등록문화재제도가 도입된 것은 2001년인데, 2002년 5월 31일 태백 철암역 선탄시설이 등록문화재 제21호로 지정된 것을 시작으로 2003년 1월 28일 연천역 급수탑을 비롯한 전국의 급수탑 중 상대적으로 가치 있는 7곳이 등록문화재로 지정되면서 본격적으로 철도 시설의 문화재적 가치에 대한 연구가 시작되었다.

철도역사는 구 서울역사와 구 나주역사의 문화재 지정 이후 몇 년간 문화재로 지정되지 않았는데, 이는 건축적, 역사적 의미가 뚜렷한 곳을 제외한 일반 철도역사 자체에 대한 관심과 연구가 등록문화재제도의 도입 이후로도 거의 이루어지지 않았던 것으로 볼 수 있다.

구 곡성역   원창역

2004년에는 동해남부선 남창역(제105호), 전라선 구 곡성역(제122호), 경전선 원창역(제128호), 경의선 신촌역(제136호)이 차례로 등록문화재로 지정되면서 철도역사 자체에 대한 관심과 연구의 폭이 넓어졌고, 2005~2006년에는 일반인들에게 간이역으로 인식되는 소규모 철도역사 17곳이 등록문화재로 지정되어 철도역사에 대한 일반인들의 관심이 높아지는 계기가 되었다. 따라서 철도역사의 문화재 지정이 본격적으로 시작된 것은 2005년 이후부터라고 할 수 있다.

2) 일제강점기 건축물이 다수

등록문화재의 도입 목적은 전통과 현대를 잇는 근대 문화유산을 보존하기 위해서인데, 일제강점기에 건축된 철도역사는 근대에 지어진 대표적 건축물이면서도 최근까지 그 가치 평가가 조심스럽게 이루어질 수밖에 없었고, 이 기간 동안에도 역사성이나 가치 평가 없이 하나둘 철거되어 왔다. 특히 도시 중심부에 위치한 대규모 역사는 팽창하는 도시 규모와 개발 논리에 따라 신속하게 철거되고 그 자리에 고층빌딩이 들어서는 과정을 반복해 왔다. 대규모 역사 중 일제강점기 때 지어져 현재까지 남아있는 철도역사는 1925년에 건축된 구 서울역사가 사실상 유일하다고 할 수 있다.

이러한 이유로 현재 등록문화재로 지정된 철도역사 23건 중 19건은 간이역으로 불리는 소규모 역사이며, 도시 확장과 개발의 영향권 밖에 있는 역사가 많고 그 건축 시기가 일제강점기에 집중되어 있다는 특징을 가진다.

시기적으로는 1910년대 2건(춘포역, 임피역)[41], 1920년대 2건(신촌역, 진

---

41) 임피역사의 경우 1912년, 1924년, 1936년에 각각 건축되었다는 기록이 있고, 춘포역사는 전북 경편철도 개통 이후 이설 과정을 거쳐 1920년대 이후 현재의 위치에 건축되었다는 주장이 있는데, 문화재청 자료와 한국철도요람집(1986년 철도청 발간)에 표기된 건축연도로 기록하되, 시기적으로는 군산, 전라선 개통시기인 1910년에 대에 포함시켰다.

춘포역   임피역

해역), 1930년대 13건(일산역 외 12건), 1940년대 2건(반곡역, 송정역)으로
1930년대에 집중되어 있는데, 이는 1927년부터 12년에 걸쳐 한반도에 대
대적인 철도망 확충을 위해 실시된 일제의 '조선 철도 12년 계획'과 큰 연
관성을 갖고 있다.

3) 멸실과 훼손으로부터 보호 목적

등록문화재로 지정된 철도역사를 살펴보면 건축물 자체의 건축학적 가
치, 역사성, 지역 상징물로서의 상징성, 주위 풍경과의 조화를 이루는 경관
성과 서정성 등 다양한 사유에 의해 지정되고 있는데, 문화재적 가치의 개
량화 작업보다는 지역별, 노선별, 시대별로 특징 있고 대표성을 가질 수

가은역   청소역

있는 철도역사를 멸실과 훼손으로부터 보호하는 것이 우선되고 있음을 알
수 있다.

등록문화재 제304호로 지정된 가은선 가은역은 1961년 건축되어 문화재
등록 당시 45년에 불과한 역사를 가졌지만 국내 석탄산업의 전성기를 보
냈던 중심 시설로서의 상징성과 역사성을 감안하여 문화재로 지정되었고,
등록문화재 제305호인 장항선 청소역 또한 1961년에 지어졌지만 현재 장
항선에 남은 최고(最古) 역사로서의 희소성과 주변 경관, 서정성이 감안된
것이다.

하고사리역   멀리서 본 하고사리역

영동선 하고사리역의 경우 1966년에 건축되어 41년이라는 짧은 역사임
에도 문화재로 지정될 수 있었던 것은 역사와 함께 서 있는 버드나무와 삼
척 오십천이 이루는 경관이 대단히 뛰어나고 마을 주민들이 직접 만들고
손수 가꾸어 온 몇 안 되는 역사라는 점, 여객영업을 중단한 역사 철거를
앞둔 시점에 멸실과 훼손으로부터 보호하는 것이 우선이라는 위기의식이
주요한 지정 사유가 되었다.

(2) 문화유산 잠재 후보군의 유형별 분류

앞서 살펴본 바와 같이 문화재로 지정된 철도역사 외에도 영업 중이거나 폐역 조치된 역사 중에는 문화적 잠재 가치를 가진 철도역사가 적지 않은데, 이를 각 역사의 특성에 적합한 방향으로 보존, 활용하기 위해 어떤 역사들이 있는지 유형별로 파악해 보고자 한다. 여기서 말하는 잠재 후보군은 문화재 지정 대상 후보군에 국한되지 않고 철도역사 본래 기능 이외의 활용 가능성 및 관광자원화 등의 문화적 접근까지 고려한 것이다.

문화유산 잠재 후보군은 크게 아래와 같이 세 가지 유형으로 구분하였다.

[문화유산 잠재 후보군 구분 기준]

1) 역사적 가치
- 등록문화재와 건축년도가 비슷하거나 더 오래된 역사(예 : 용산선 서강역)
- 건축학적으로 의미 있거나 우선 보존의 필요성이 있는 역사(예 : 수인선 송도역, 용산선 서강역)

2) 철도사적 가치
- 건축 연대에 상관없이 한국 철도상의 역사성과 특수성을 갖춘 역사(예 : 수려선 오천역, 영동선 심포리역, 경춘선 백양리역)

3) 서정적 가치
- 경관이 뛰어나고 역사 자체 또는 역사 주변이 관광자원으로서 활용 가능성이 높아 보존 및 효과적 활용이 필요한 역사(예 : 정선선 선평역, 동해남부선 양자동역)
- 영화, 문학작품, 드라마 배경지로 저명성을 획득한 역사(예 : 영동선 정동진역, 경전선 남평역, 전라선 서도역)

---

1) 역사적 가치

오래된 역사가 무조건 가치 있는 것은 아니지만, 전라선 춘포역사가 일

<표 4-10> 건축년도가 오래된 철도역사(연대순, 27건)

연번	노선 / 명칭	건축년도	소재지	비고
1	용산선 서강역	1929	서울 마포	철거
2	전라선 구 서도역	1931	전북 남원	개·보수
3	경전선 덕산역	1931	경남 창원	개·보수
4	동해남부선 동래역	1934	부산 동래	개·보수
5	동해남부선 좌천역	1934	부산 기장	
6	경춘선 백양리역	1934	강원 춘천	
7	동해남부선 덕하역	1935	울산 울주	개·보수
8	동해남부선 입실역	1936	경북 경주	개·보수
9	동해남부선 불국사역	1936	경북 경주	
10	수인선 송도역	1937	인천 연수	
11	중앙선 우보역	1938	경북 군위	
12	중앙선 화본역	1938	경북 군위	개·보수
13	중앙선 신녕역	1938	경북 영천	개·보수
14	중앙선 모량역	1939	경북 경주	
15	중앙선 아화역	1939	경북 경주	
16	중앙선 건천역	1939	경북 경주	개·보수
17	대구선 금호역	1940	경북 영천	
18	중앙선 단촌역	1940	경북 의성	
19	중앙선 운산역	1940	경북 안동	
20	경부선 아포역	1941	경북 김천	
21	경부선 지천역	1941	경북 칠곡	
22	중앙선 문수역	1941	경북 영주	
23	경부선 전의역	1941	충남 연기	개·보수
24	경부선 직지사역	1941	경북 김천	
25	중앙선 이하역	1942	경북 안동	
26	경부선 대신역	1942	경북 김천	
27	경전선 진영역	1943	경남 창원	

주 : 비고의 '개·보수' 가 표시된 역사(驛舍)는 리모델링이나 대규모 구조변경이 이루어진 곳

반인의 간이역 연구 과정에서 우리나라 최고(最古) 역사로 밝혀져 등록문

화재로 지정된 것처럼 건축년도가 오래된 역사들을 하나의 유형으로 묶어 파악할 필요가 있다. 현재까지 건물이 남아있는 곳 중 건축년도가 오래된 역사를 살펴보면 〈표 4-10〉과 같다.

2000년 이후 전라선과 장항선, 경춘선 등 철도 노선의 전면적인 개량이 빠르게 진행되고 있는데, 이 과정에서 문화유산에 대한 가치 평가 없이 유실된 역사가 적지 않다. 2011년 현재 개량 또는 신설이 빠르게 진행 중인 동해남부선, 경전선, 경의선, 수인선의 구 역사들 중 역사적 가치가 있거나 희소성까지 고려하여 우선 보존이 필요할 것으로 판단되는 역사는 용산선의 서강역, 동해남부선의 동래역, 수인선의 송도역, 경전선의 덕산역 등이다.

① 용산선 서강역

1929년 준공되어 용산선 지상 구간의 철거 시 함께 철거 완료되었다. 서울시는 지하화되는 경의선 지상부 폐철로를 시민공원으로 조성하려는 계획을 가지고 있는데, 서강역사도 공원 사업부지 내에 위치하고 있으므로 리모델링을 통해 자연스럽게 공원의 일부러 남도록 보존하지 못해 아쉽다.

② 동해남부선 동래역

1934년 건축되어 현재까지 건축 당시의 위치에 그대로 남아 있다. 부산

서강역

동래역

시내 한가운데 위치하면서도 근대에 건축된 역사 중 정상 운영 중인 유일한 역사라 할 수 있다. 1990년대 이후 벽체와 지붕 등 대대적인 개·보수작업을 거쳐 현재에 이르고 있다. 역사의 위치가 마을 도로가 끝나는 정면에 위치해 있어 복선전철화 공사 완료와 함께 철거될 확률이 높은데, 구 서울역사의 경우와 같이 신설된 역사와 동해남부선 철도가 드나드는 관문 역할을 하도록 설계하거나 일부만을 활용한다면 굳이 철거하지 않더라도 현 역사를 효과적으로 활용할 수 있을 것으로 보인다.

③ 수인선 송도역

1937년 개통되어 1995년 운행 중지된 우리나라 마지막 협궤철도인 수인선 역사 중 아직 남아있는 역사로는 어천역과 송도역이 있다. 어천역의 경우 1975년에 지어져 건축 시기나 양식에 특별한 점이 없는데 반해, 송도역은 1937년에 건축되어 현재까지 남아있는 유일한 역사이다. 빠른 도시개발로 과거 소금과 해산물 등을 운송하던 수인선의 옛 모습을 찾아보기 어려워진 지금, 송도역을 수인선 기념관 등으로 활용한다면 많은 비용을 들이지 않고도 보존 및 활용이 가능할 것이다.

④ 경전선 덕산역

1931년 건축되어 지금까지 원형을 유지하고 있다. 몇 차례 개·보수를

송도역

덕산역

거치기는 했으나 우리나라에 남아있는 철도역사 중 7~8번째로 오래된 역사이며, 경전선 복선전철화 삼랑진~마산 구간이 완공되면서 여객 취급을 중단했다. 경전선의 경우 이용객 감소로 무인화되면서 많은 역사가 철거되고 간이버스정류장 형태의 소규모 역사가 만들어졌는데, 덕산역은 건물 형태로 남아있는 역사 중 가장 오래된 역사이며 경전선 초기의 건축 양식을 알 수 있는 유일한 흔적으로 남아 있어 우선 역사를 보존하는 것이 시급하다.

2) 철도사적 가치

앞서 살펴본 수인선 송도역, 경전선 덕산역은 70년이 넘는 역사(歷史)를 가지고 있고 해당 노선에서 유일하게 남아 있다는 희소성까지 갖추고 있어 우선 보존이 필요할 것으로 여겨지는데, 역사가 오래되지 않은 곳이라도 철도만의 고유한 특징과 역사(歷史)를 가진 철도역사(驛舍)에 대해서는 사

<표 4-11> 철도사적 가치를 가진 철도역사(11건)

연번	노선 / 명칭	소재지	특징
1	화순선 복암역	전남 화순	석탄 운송 목적의 산업철도 종착역
2	경춘선 백양리역	강원 춘천	우리나라에 두 곳 남은 선상역사 중 하나
3	경북선 용궁역	경북 예천	경북선 최고(最古) 역사
4	동해북부선 양양역지	강원 양양	남북분단 이후 중단된 역사적 가치
5	동해남부선 포항역	경북 포항	6·25 전후 건축된 대규모 역사 중 유일
6	광주선 극락강역	광주 광산	도심에 위치한 세계 유일의 고속철도 교행역
7	수려선 오천역	경기 이천	협궤철도 수려선에서 유일하게 남은 역사
8	경부선 각계역	충북 영동	경부선에 남은 유일한 대매소 역사
9	문경선 진남역	경북 문경	산업철도 분기점 (문경·가은선)
10	영동선 심포리역	강원 삼척	스위치백 철도의 중심 역사
11	중앙선 승문역	경북 영주	지역 주민에 의해 건축된 대매소

람들의 관심도 높지 않고 보존 및 가치 평가가 이루어지지 않은 채 사라지는 경우가 적지 않다. 그동안 문화재로 지정된 역사들의 역사적 가치 비중이 높다보니 일제강점기 역사에 비해 1950년대 이후 1960년대에 지어진 역사 중 현재까지 남아 있는 역사 비율이 상대적으로 낮은 것은 그 예라 할 수 있다.

철도사적 가치로는 산업철도로서 해당 산업을 대표할 만한 장소성, 지형이나 시설현황이 만들어낸 특수성, 역 건물은 남아있지 않지만 두드러진 역사성을 가진 곳 등이 이에 해당된다.

① 화순선 복암역

석탄산업이 활성화된 1940년대 사설철도로 부설된 화순선의 종착역이다. 화순선은 화순탄전의 석탄을 운송하고 근무자들의 출퇴근용으로 여객영업까지 했으나, 현재는 가끔 화물열차만 운행되고 있다. 1950년 역사가 전소된 후 신축되어 현재에 이르고 있으며, 대한석탄공사 화순광업소 근무자들의 쉼터 등으로 이용되고 있다. 산 중턱을 깎아 만들어서 역사의 길이는 길고 폭은 좁은 형태를 취하고 있으며, 역무실과 화장실, 맞이방 등의 구조가 원형에 가깝게 남아있다.

② 경춘선 백양리역

복암역

백양리역

1939년 보통역으로 영업을 개시하여 2010년 12월 경춘선이 복선전철화로 이설되는 날까지 여객열차가 정차하는 무배치 간이역으로 영업하였다. 중앙선 팔당역과 함께 우리나라에 드물게 남은 선상역사(플랫폼 위에 역사가 위치)이며, 주변 경관이 뛰어나 역사적 가치는 물론 경관적 가치를 두루두루 갖춘 곳으로 판단되므로 원형 보존을 최우선으로 하는 활용 방안이 필요할 것으로 보인다.

③ 경북선 용궁역

1928년 11월 보통역으로 영업을 개시하였으며 1944년 10월 구 경북선의 철거로 영업이 정지되었다가 1965년 10월 현재 역사가 준공되었다. 경북선에 남아있는 철도역사 중에서는 가장 오래된 역사로서, 회룡포를 비롯한 용궁면 일대의 수려한 경관을 갖춘 관광지가 TV에 자주 소개되면서 관광 목적의 이용객이 증가하고 있다. 기본적으로 원형을 보존한 상태에서 내성천의 뛰어난 경관과 용궁(龍宮)이라는 지역 명에 어울리는 전래동화를 응용한 철도역사 활용이 바람직할 것으로 여겨진다.

④ 동해북부선 양양역터

동해북부선은 본래 경원선의 안변에서 동해안을 따라 강릉 · 삼척 · 울

용궁역

양양역터

진·포항까지 연장하여 동해남부선을 통해 부산까지 직접 연결할 계획으로 착수된 철도 노선이다. 1929년 9월 북한 지역인 안변·흡곡 사이가 먼저 개통되고 1937년 12월에는 양양까지 개통되어 열차를 운행했다. 이후 나머지 구간은 노반 공사까지 완료된 곳도 있었으나 8·15광복으로 공사가 중단되었고, 6·25전쟁 때 양양 이북의 철도가 철거된 채 현재에 이른다. 현재의 양양역터 일부는 석재공장 등의 용도로 쓰이고 있으나, 당시 종착역으로서 대규모 역사였던 양양역을 구성하던 건물 잔해가 일부 남아 있어 역 터로서의 보존가치 검토가 필요하다.

⑤ 동해남부선 포항역

동해남부선의 북쪽 종점으로, 1945년에 건축된 역사를 2001년 한 차례 개·보수한 이후 현재까지 원형을 거의 유지하고 있다. 1940년대에 건축된 소규모 역사들은 국내에 30여 개가 남아 있어 일부가 문화재로 지정된 경우도 있지만, 포항역처럼 대규모 역사들은 대부분 철거 후 신축하면서 사라진 상태다. 외형상으로는 3단 구조의 비대칭 박공지붕의 모양이 독특하며, 동해남부선 복선전철화가 완료되는 시점이면 철거가 예상되므로 보존 및 활용 방안의 수립이 필요하다.

⑥ 광주선 극락강역

1922년 영업을 개시하였고, 현재의 역사는 1958년에 건축되어 대체로 역사 원형이 잘 보존되어 있다. 화물 취급 목적 및 단선인 광주선의 열차 교행을 주목적으로 하는 소규모 역사이면서도 '세계에서 유일하게 고속철도가 교행하는 철도역사'라는 수식어를 달고 있다. 2000년대 초 경전선 광주 시내 구간 이설과 함께 남광주역사가 철거되면서 현재 광주 시내에서 유일하게 남은 문화유산 잠재 후보군에 해당된다.

⑦ 수려선 오천역

1930년 영업 개시하여 1972년 폐선된 수려선에서 유일하게 남아있는 것

극락강역   오천역

으로 알려진 철도역사이다. 2005년 이전까지 농기구 창고로 방치되어 오
다가 현재는 지역 주민이 거주하고 있어 보존 상태는 양호한 편이다.
2005년 당시 지붕 및 벽체를 보수하면서 역사 자체는 옛 모습을 찾기 어
렵지만 현재도 역 진입로와 역목(驛木)이 역사와 함께 그대로 남아있고, 플
랫폼, 선로 등이 놓여 있던 공간이 공터로 남아 있어 협궤철도 수려선의
모습을 복원하는 데 도움이 된다.

  ⑧ 경부선 각계역

  경부선은 열차 운행 횟수가 많고 선로 개량 속도도 빨라 을종승차권대매
소(乙種乘車券代賣所)급의 소규모 역사의 대부분이 남아있지 않은데, 현재
까지도 그 원형이 잘 보존된 곳이 충북 영동 지역에 위치한 각계역이다.
매표소로 활용되던 공간은 폐쇄되었고 맞이방은 지역 주민에 의해 관리ㆍ
유지되고 있어 항상 청결하다. 현재까지도 대중교통이 불편하여 1일 2회의
여객열차가 정차하고 있어 지역주민 외에도 간이역을 찾는 동호인들이 방
문하고 있다. 1966년에 지어져 현재 등록문화재로 지정되어 있는 영동선
하고사리역과 그 시기가 비슷하며, 소규모지만 화장실과 비품창고까지 설
치되어 있어 대매소 형태의 역사 중에서는 복잡한 구조를 갖추고 있다.

⑨ 문경선 진남역

진남역의 역사는 곧 문경지역 산업의 역사와 그 흐름을 같이한다. 원래

각계역

진남역

문경선은 1955년 점촌~가은 구간에 개통된 철도였는데, 석탄산업이 활발
해지면서 현재의 문경 읍내까지 철도가 추가로 신설되었다. 이에 따라 문
경선의 범위도 점촌~진남~문경을 잇는 구간으로 새롭게 정의되었고, 기
존의 문경선 중 진남~가은 구간은 가은선이라는 이름으로 불리게 되면서
1969년 진남역이 신호소로 영업을 시작한 것이다.

석탄이 사양 산업이 되면서 1968년 준공된 역사(驛舍)는 1995년 폐역되
고 10년 가까이 방치되어 철거를 앞두고 있었으나, 2005년부터 폐선을 활
용한 레일바이크 사업이 많은 관광객을 유치하면서 현재는 레일바이크 출
발역이자 문경 관광산업의 상징적인 장소가 되고 있다.

⑩ 영동선 심포리역

철도를 이용하여 태백산맥의 험준한 지형을 극복하기 위한 노력은 영동
선 개통 이후 지금까지도 계속되고 있다. 철암선 개통 시기인 1940년부터
1962년까지는 강삭철도(인클라인)를 이용하여 물자를 심포리에서 통리로
옮겼으며, 1963년 이후부터 현재까지는 현재의 스위치백 선로를 이용하고
있다. 2011년 말, 길이 16.7km의 솔안터널이 개통되고 나면 기존의 스위

치백 구간에 속한 심포리역, 흥전역과 선로는 폐선되고 이 일대가 관광자원으로 개발될 예정이다. 현재의 심포리역 일대는 70년 가까이 계속된 우리 철도의 역사와 발전 상황이 집약된 공간이므로 관광자원 개발시 이러한 점이 고려되어야 한다.

⑪ 중앙선 승문역

1971년 4월 10일 임시승강장으로 영업을 시작하였으나, 지역 주민 대부

심포리역   승문역

분이 영주와 안동 등 인근 도시로 떠나면서 여객영업이 중단되었다. 주민들이 직접 지은 승문역사는 남아있던 주민에 의해 창고 등으로 활용되어 왔으며, 당시 대매소로서 매표구와 맞이방의 모습이 자연스럽게 남아 있어 민간에 의해 지어진 소규모 간이역사로서의 보존 가치를 가지고 있다. 특히 승문역사는 폐역 이후에도 철도에 애착을 가진 지역 주민(권재익 씨)에 의해 철도 별장이라는 이름으로 10년 가까이 관리되고 있어 신문이나 방송 등의 매체에 여러 차례 소개되기도 했다.

3) 서정적 가치

서정적 가치가 높은 역사란 역사적 · 건축학적 · 교육적 가치보다는 향토

적·문화적·경관적 가치가 높은 곳을 뜻한다. 역사적·건축학적·교육적으로 의미있는 건물이 아니더라도 영화나 드라마의 촬영지로 소개된 이후 꾸준히 사람들이 방문하게 된 영동선 정동진역이 대표적이다. 비록 무분별한 개발로 예전의 경관이 크게 훼손되기는 했지만, 정동진역은 서정적 가치를 획득함으로써 역사(驛舍) 일대가 새로운 경관을 만들어낸 경우라 할 수 있다.

지금까지는 경관이 뛰어나더라도 역사성이 낮거나 정식 건축물이 아닌 경우 문화유산으로 보기 어려워 폐지되는 것이 일반적인데, 이러한 과정이 반복되면서 아주 가까운 과거(1970~80년대)의 흔적을 찾기가 어려워지고 있다. 따라서 철도역사 중 서정적 가치가 높다고 판단되는 곳은 역사를 비

<표 4-12> 서정적 가치를 가진 철도역(15건)

연번	노선 / 명칭	소재지	특징
1	경부선 고모역	대구 수성	'비 내리는 고모령'의 배경역
2	경전선 명봉역	전남 보성	여름향기, 신데렐라언니 등 드라마·영화 촬영지
3	정선선 선평역	강원 정선	영화, CF 촬영지
4	함백선 함백역	강원 정선	이 지역 석탄산업의 상징, '엽기적인 그녀' 촬영지
5	중앙선 이하역	경북 안동	축소되는 시골 역사의 전형적 모습, 지역 중심 건물
6	중앙선 모량역	경북 경주	경관 가치, 협궤 경동선의 기록
7	전라선 구 서도역	전북 남원	소설 《혼불》의 주요 배경 장소, 1931년 건축
8	영동선 정동진역	강원 강릉	국내 제1의 기차여행지, 드라마·영화 촬영지
9	장항선 원죽역	충남 보령	경관 가치, 소규모 간이역사
10	동해남부선 양자동역	경북 경주	경관 가치, 소규모 간이역사
11	경전선 광곡역	전남 보성	경관이 좋고 지역 주민에 의해 지어진 대매소
12	전라선 만성역	전남 여수	바다 조망 경관 가치
13	영동선 양원역	경북 봉화	승부역과 함께 국내 최고의 오지 간이역으로 유명
14	경북선 미룡역	경북 예천	경관 가치, 지역 주민에 의해 지어진 대매소
15	장항선 선장역	충남 아산	경관 가치, 폐역상태, 영화촬영지

롯한 주변 공간을 개발하기 전에 보존과 개발 중 어느 것이 더 큰 효과를 줄지 고려하는 과정이 필요하다. 특히 최근에 와서 스토리텔링이 지역 문화 관광계의 화두가 되면서 철도역사에 관계된 스토리라인을 짜느라 고심하는 관계자가 적지 않은데, 지금은 문화유산으로서의 가치가 낮지만 지역의 숨은 이야깃거리를 발굴하거나 새로운 활용 가능성을 고민하고 시도하는 것만으로도 다양한 계기를 통해 새로운 가치를 부여받을 수도 있을 것이다.

이러한 작업을 위해서는 문화유산 관리 당국의 감독보다는 지역자치단체나 국가 중심기관 스스로 개발과 보존을 동시에 고려하는 인식의 전환이 필요하다. 없앤 뒤에 새로 짓고, 없앤 뒤에 복원이 불가능해지는 일은 더 이상 반복되지 않아야 한다.

서정적 가치를 가지고 있거나 앞으로 획득할 것으로 예상되는 역사 후보군은 아래와 같다.

① 경부선 고모역

"어머님의 손을 놓고 돌아설 때엔 부엉새도 울었다오. 나도 울었소."

1925년 11월에 영업을 개시한 고모역은 가수 현인의 노래 '비 내리는 고모령(顧母嶺)'의 배경 장소로 더 잘 알려져 있을 만큼 유명한 곳이다. 일제강점기에 징용으로 멀리 떠나는 자식과 어머니가 이별하던 장소였다는, 이야기를 듣고 이별의 사연을 담은 노래를 만들었다는 설을 비롯해 여러 가지 유래가 전해진다. 현재의 역사는 1957년 9월에 지어진 벽돌조 건물로, 일제강점기와 직접적인 연관은 없지만, 커다란 박공지붕에 붉은 벽돌조의 외형이 노래와 어울리는 모습이다.

1990년대까지는 자동차로 접근하기 쉽지 않을 만큼 도로교통이 불편한 곳이었지만, 지금은 포장도로가 역 광장을 가로지르고 있다. 얼마 전 카페 등의 용도로 임대를 시도했으나, 입찰자가 없어 현재는 소방파출소로 이용

되고 있다. 하지만 앞으로 '비 내리는 고모령'으로 스토리텔링을 잘 이용
한다면 역사 자체로서도 활용 가능성은 높은 곳이다.

② 경전선 명봉역

전라남도 보성군 노동면 명봉리에 위치한 경전선 철도역으로 1930년 12

고모역

명봉역

월 영업을 시작한 이래 이용객들의 사랑을 받아오다가, 이용객 감소와 역
운영 효율화로 2008년 6월 무인역으로 격하되었다. 현재의 역사는 1950
년에 건축된 것으로, 6·25전쟁을 전후한 시기에 지어진 역사로는 대단히
드물게 원형이 잘 남아 있다.

역 입구에는 '드라마·영화 촬영지'라는 팻말이 크게 쓰여 있는데, 대표
적으로 드라마 '여름향기'와 '신데렐라언니'의 주요 장면이 이곳에서 촬
영되었다. 역 구내의 곡선부가 인상적이며, 녹차밭 관광지로 유명한 보성
역이 가까이 있어 일부러 명봉역을 방문하는 사람이 적지 않아 서정적 가
치가 높은 곳이다.

③ 정선선 선평역

하루 평균 2회 왕복 운행하는 정선선의 간이역으로, 2007년부터 역무원
이 근무하지 않고 이용객도 적지만 경관 가치가 대단히 뛰어난 곳이다. 최
근에는 모 통신사의 CF를 촬영했고, 영화 몇 편에도 등장했지만 아직 역

사(驛舍)의 존재가 일반인들에게 제대로 알려지지 않아 철도와 자연 경관이 조화를 이룬 채 잘 보존되어 있는 곳이다.

최근에는 만 25세 이하 여행자들이 일정 요금만 내면 4박 5일간 무제한 일반열차를 이용할 수 있는 '내일로 티켓'이 큰 인기를 끌면서 간이역 여행자가 증가하고 있는데, 선평역은 최근 신규 운행하고 있는 A트레인이 정차하면서 임시장터가 개설되어 역사와 역사 주변의 뛰어난 경관이 이름을 조금씩 알려가고 있다.

④ 함백선 함백역

현재의 태백선은 험준한 지형을 극복하기 위해 1956년부터 단계적으로

선평역   선평역 구내 설경

개통되었으며, 그 첫 단계 종착역이 1957년에 준공된 함백역이었다. 이 일대에 대한석탄공사 함백광업소가 설치되어 1970년대 연간 약 70만 톤의 석탄을 채굴하기도 했으나, 1990년대 폐광되면서 역사의 지위가 일부 주민들만 이용하는 간이역으로 축소되었고 2008년부터 모든 여객열차가 통과하고 있다. 2006년 10월 역사가 철거되었으나, 2008년 11월 지역 주민과 지자체가 이를 다시 복원하여 현재에 이른다.

현재의 함백역은 마을 역사관 및 여행안내소의 역할을 하고 있으며, 인근 두위봉 등산객과 영화 '엽기적인 그녀'의 주요 장면 촬영지로 알려져

관광객의 방문이 꾸준하다. 또한 국가기록원에 의해 제1호 기록사랑마을로 지정되어 함백 지역의 기록 및 보존 활동이 이루어지는 곳이기도 하여 광업, 철도산업, 관광을 종합적으로 아우르는 적극적인 활용 및 지원이 필요한 곳이다.

⑤ 중앙선 이하역

1942년 건축되어 지금까지 약 70년간 역사 원형을 잘 유지하고 있으며,

함백역   이하역

마을에서 가장 높은 지점에 위치해 있어 오래 전부터 마을의 중심이 되는 건물이다. 이용객수가 가장 많던 1975년에는 연간 15만 명(하루 평균 410명)이 이하역을 이용했지만, 2007년 여객영업 중지 직전에는 인구가 인근 안동시나 대도시로 빠져나가면서 연간 30명(하루 평균 0.1명)이 이용하는, 사실상의 폐역 상태였다.

여객영업 외에도 이하역의 주요한 기능은 마사~이하~서지~안동으로 이어지는 최대 12퍼밀의 철도 급경사 구간을 효과적으로 대비하기 위한 신호장 역할이다. 안동시에서 멀지 않은 위치임에도 이하리의 모습과 이하역의 여객 통계는 오늘날 농촌 마을의 현실을 잘 보여주고 있는데, 오히려 이런 점을 이용하여 농촌체험마을이나 생태관광 등의 용도로 활용한다면 적은 비용으로 철도역사를 적절히 활용하는 좋은 예가 될 것이다.

⑥ 중앙선 모량역

1922년 12월, 건설 당시에는 협궤인 경동선(慶東線) 광명역으로 개업했으며 1939년 표준궤로 개량하고 역사를 현 위치로 이전하면서 모량역으로 이름을 바꾸었다. 1939년 당시의 역사와 협궤시절 교대(橋臺) 등이 주변에 그대로 남아 있으며, 2007년부터 일반여객열차가 통과하면서 역 출입구가 폐쇄되었다.

모량역

역사 측면에 수·소화물을 취급하던 공터가 있는데, 벗나무와 은행나무를 비롯한 다양한 종류의 나무가 자라고 있어 자연스럽게 소규모 식물원 같은 경관을 보인다. 현재도 마을 중심부와는 거리가 있어 여러 방향으로 개발이 쉬운 편이며, 건축된 지 70년이 넘은 역사와 주변 경관은 그 자체로 중요한 경관 가치를 지닌다.

⑦ 전라선 구 서도역

1930년대 전라북도 남원의 몰락해 가는 양반가 며느리 3대(代)에 대한 이야기를 다룬 최명희(崔明姬)의 대하소설 《혼불(魂-)》의 주요한 배경지가 된 역사이다. 2002년 전라선 직선화 공사로 역사가 이전하면서 현재의 구 역사가 남게 되었으며, 현재는 역사 내·외부를 1940년대 당시의 모습으로 리모델링한 상태다. 남원시에서 소설 《혼불》과 서도역을 하나의 테마로 묶은 관광지 개발을 진행 중이며, 이설 전의 전라선 선로가 일부 남아 있어 레일바이크 등으로 시범 활용중이다. 한편으로는 구 서도역이 《혼불》의 주요 배경지이기 이전에 철도역이라는 점을 감안하여 이설 전의 전라선 모습을 볼 수 있는 철도자료관이나 전시관 등으로 활용되는 것도 검토해볼

만하다.

⑧ 영동선 정동진역

1997년 이전까지 정동진은 영동선에서도 그리 특별할 것 없는, 비둘기호 아니면 통일호만 가끔 서는 조그마한 어촌의 간이역이었으나, 지금은 주말

서도역 - 리모델링 전   서도역 - 리모델링 후

마다 1만 명이 넘는 관광객이 다녀갈 만큼 설명이 필요 없는 우리나라 최대의 기차여행지가 되었다. 하지만 역 광장에서부터 정동진마을 전체가 모텔과 민박, 식당으로 들어차 있어 다른 관광지와 차별화될 만한 요소를 찾기가 힘들다. 역 구내 또한 벤치를 비롯한 최신 편의시설이 들어서 있어 사실상 정동진역사를 제외하면 정동진역이 유명세를 타게 만든 본래의 모습을 온전히 갖추고 있는 공간조차 찾기 어렵다.

한편으로는 정동진역사를 효과적으로 활용하여 방문객들에게 철도를 알리고 수익도 극대화해야 한다는 과제도 안고 있는데, 현재 주차장으로 쓰이고 있는 역 북측 공간으로 역사를 이전하는 등의 방법으로 기존의 역사를 최대한 보존함으로써 정동진역의 본질적인 가치를 훼손하지 않는 접근이 필요하다.

⑨ 장항선 원죽역

2004년 3월 31일 통일호 종운 이후 정상적인 건물 형태조차 갖추지 못

한 소규모 간이역사는 대부분 폐지, 철거되었다. 장항선 원죽역은 1929년

정동진역

원죽역

죽림간이정거장으로 영업을 개시하여, 1967년 을종승차권대매소로 지정되었다가 2007년부터 일반열차가 통과하는 소규모 간이역이다.

을종승차권대매소로 쓰이던 시설물이 철거되어 지금은 역명판, 역목(驛木)만이 남아 있어 문화재적 가치 평가 대상으로 보기는 어려우나, 서해안 방향 일몰이 내려다보이는 뛰어난 경관 가치와 주변에 위치한 김좌진장군묘(충청남도 기념물 제73호) 등을 종합적으로 고려한다면 지금까지 철도문화의 관심 밖에 있던 소규모 간이역사에 대한 접근과 활용 또한 가능할 것이다.

⑩ 동해남부선 양자동역

양자동역은 동해남부선에 있는 기차역으로, 경북 경주시 강동면 양동리에 속해 있다. 1967년 9월 1일 을종대매소로 영업을 시작하였고, 2007년 여객 취급을 중단하였다. 양동민속마을이 2010년 유네스코 세계문화유산으로 등재되어 관광객이 점차 증가하고 있으며, 진입로에서 보이는 양자동역에 대한 관심도 높아지고 있다.

장항선 원죽역과 마찬가지로 을종승차권대매소로 쓰이던 소규모 시설물은 철거되고 지금은 눈·비를 피할 수 있는 지붕과 나무의자 정도만 남아

양자동역

양자동역 구내

있지만, 주변 공간감과 경관이 뛰어나기 때문에 양동민속마을 방문객의 방문 코스에 연계하거나 간이역 열차 정차를 재개한다면 간이역의 새로운 활용법으로 새로운 시도가 될 것이다.

⑪ 경전선 광곡역

보성군 노동면소재지에 위치한 역사로 보성 읍내에서 멀지 않지만 도로교통이 불편하여 현재는 여객열차가 정차하지 않고 있다. 역사 일대에 계절별로 색이 다른 꽃이 피고 있고, 과거 대매소와 맞이방의 2중 구조이던 역사가 현재는 맞이방으로만 활용되고 있어 1960~70년대 당시 대매소의 구조가 잘 남아있다.

광곡역

역사 외부 플랫폼에 놓여 있는 역명판과 벤치는 지역 주민과 기차여행객이 잠시 앉아 쉬었다 가는 간이역의 기능에 충실하게 만들어져 있고, 역 광장 방면으로 보성강이 흐르는 주변 경관이 뛰어나 정식 역사가 없는 소규모 간이역사의 전형적인 모습으로 보존할 필요가 있다.

⑫ 전라선 만성역

2000년 이후의 전라선 만성역은 지역 주민보다는 만성리해수욕장 이용을 위해 여름철 단체관광객들이 임시로 찾는 임시간이역사로 더 많이 알려져 있다. 남해안을 끼고 있어 경관이 뛰어나며 정식 역사 없이 간이버스정류장 규모의 소규모 시설이 역사를 대신하고 있다. 단체승객을 수용하던 간이시설답게 50명 가까이 수용할 수 있는 단체용 벤치가 만들어져 있고, 4칸 이상의 재래식 화장실을 보유하고 있어 '단체임시간이역'이라는 독특한 특징을 갖고 있다.

만성역

만성역에서 도보로 이동 가능한 곳 중 1948년 여수순천사건 당시의 사망자가 대량 발견된 지점과 일제강점기 때 많은 조선인들의 애환이 깃든 마래터널이 있어 역사적으로도 의미 있는 곳이다. 전라선 이설과 함께 전라선 여수~만성 구간 철도는 레일바이크 등 관광자원화 사업이 진행 중인데, 만성역 일대의 이러한 역사적, 경관적 가치의 조화된 개발이 필요할 것으로 보인다.

양원역

양원역 내부

⑬ 영동선 양원역

경상북도 봉화군에 위치한 양원역은 승부역과 함께 '산간오지 간이역'이라는 타이틀을 갖고 있다. 얼마 전까지 코레일 역명코드조차 발급되지 않을 만큼 비공식적인 곳이며, 실제로도 마을 주민들이 불편한 교통 문제 해결을 위해 호소하면서 1988년부터 기차가 서게 된 곳이다. 철도역사 역시 마을 주민들에 의해 건립되었으며, 역명판 디자인도 2세대 이전의 코레일 CI인 백색 바탕에 검은색 글자를 사용하고 있다. 겨울철이면 자동차 통행이 어려워져 기차가 사실상 유일한 교통수단이 되며, 낙동강 상류를 따라 승부로 이어지는 철도의 경관이 뛰어나 다양한 방송 매체에서 방송프로그램으로 만들기 가장 좋아하는 간이역으로 손꼽힌다. 최근에는 V트레인 관광열차가 인기를 끌면서 관광객들의 사랑을 받고 있다. 영동선 양원역의 또 다른 특징은 많은 사람들이 적극적으로 역사 꾸미기에 동참하고 있는 '참여형 역사'라는 점이다. 지역 주민들이 자발적으로 만든 역사 내부는 철도동호인과 뜻있는 사람들이 책과 달력, 시계 등을 기증하고 지역 주민에 의해 관리되고 있다. 역사(驛舍) 자체는 보존 가치가 낮지만, 경관 가치와 참여형 역사라는 장점을 극대화할 수 있는 활용 방안이 필요하다.

⑭ 경북선 미룡역

경북선의 간이역으로 1967년 소룡리역이라는 임시승강장으로 영업을 시작하여, 주변 미석리 주민들과 역사를 공유하면서 미룡역으로 역명을 바꾸었다. 이용객이 가장 많을 때에는 하루 200명이 넘는 승객이 있었지만, 경북 북부지역의

미룡역

인구가 급격히 줄면서 1984년 을종승차권대매소 영업이 중지되었고, 2001년 공식 폐역되었다.

을종승차권대매소로 이용되던 당시의 역사가 원형 그대로 방치되어 있으며, 영업 중지 시절의 시간표나 운임표도 그대로 남아 있어 살림을 겸한 을종승차권대매소의 좋은 예라 할 수 있다.

⑮ 장항선 선장역

1985년 도고 임시승강장으로 영업을 개시하였으며, 1992년 선장역으로 이름을 바꾸었다. 2008년 1월 1일 장항선 개량과 함께 구 도고온천역과 선장역은 폐역 조치되었다. 장항선 운행 당시 뛰어난 경관으로 여러 차례 방송과 영화 등에 단골로 소개되었으나, 영업 개시일부터 정상적인 건물이 지어진 적은 없다.

열차는 더 이상 운행하지 않지만, 아산레일바이크의 반환점으로 활용되고 있다. 이처럼 경관이 뛰어난 곳에는 영업 당시에도 없었던 관광 목적의 간이역사를 새롭게 건축하는 발상의 전환도 필요할 것으로 보인다.

이상과 같이 현재 문화재로 지정되어 있는 역사(驛舍)와 그 특징을 개관하고, 문화유산 잠재후보군을 역사적 가치, 철도사적 가치, 서정적 가치의 3가지 유형으로 나누어 보았다. 2000년 이후 철도역사(鐵道驛舍)는 철도

선장역 겨울

선장역 여름

문화유산의 주요한 주제로 자리 잡았으며, 역사(驛舍) 자체를 문화재로 지정하는 작업 외에도 역 구내, 역 광장, 주변 관광지, 마을 등과의 관계를 종합적으로 고려하여 철도사적 가치와 서정적 가치까지 고려한 보존 및 활용 방안을 마련해야 한다.

(3) 한·일간의 철도유산 보존제도 비교

1) 서론

우리나라 철도의 역사는 1899년 9월 18일 경인철도 개통 후 2011년 현재 111년이 경과하였다. 철도 개통 초기에는 우리나라의 자율적인 운영이 어려웠고, 일제강점기에는 철도 건설과 운영의 주도권을 가지고 있지 못했다. 그러나 광복 이후 우리나라 철도는 자립운영과 함께 1960년대에는 산업철도 건설, 1970년대에 도시철도 건설과 운영, 1980년대의 고속철도에 대한 건설 계획 수립을 거쳐 2004년에는 고속철도 개통으로 새로운 철도 발전의 전기를 맞고 있다.

철도의 발전은 다양한 측면에서 고찰이 가능하지만, 최근 들어 철도에 대한 기능을 운송수단만이 아니라 다양한 기능에 주목하는 움직임이 많아지고 있다.[42] 철도가 건설되어 운영되고 사람과 화물이 이동됨에 따라 지역이 발전하게 되고, 문화와 산업구조가 변화는 계기가 되었다는 것이다. 예를 들면 우리나라의 경우 1905년에 경부선이 개통됨에 따라 그동안 교통이 우마와 수로에서 철도로 바뀌게 되었고 철도 노선을 따라 지역이 발전하는 계기가 되었는데, 1905년에 대전이라는 도시가 탄생한 것도 바로

---

42) 이용상(2009), '철도가 가져온 사회경제적 변화에 관한 정성적 연구', 한국철도학회 논문집 제12권 제5호(통권 54호) 등의 연구가 있다.

철도가 개통된 것에 기인한 것이었다.

또한 철도는 문화를 전파하였고, 철도라는 시스템의 탄생으로 철도역, 터널, 교량 등 새로운 건축물과 구조물 등이 만들어지게 되었다. 시간이 흐르면서 이러한 것들은 역사적인 보존가치를 가지게 되었고, 문화유산[43], 산업유산[44]으로 자리매김하게 되었다. 이러한 유산들은 보존하지 않으면 훼손되어 그 원형의 보존이 어려운 측면이 있어 체계적인 보존체계와 제도는 중요하다고 하겠다. 그간의 관련 연구는 문화재 차원에서 송준(2009)의 연구와 최오주(2009) 등의 연구가 있었는데, 모두 우리나라 문화재관리제도에 대한 논의였다.[45] 철도문화유산에 대한 연구로는 이현정(2010), 하은하(2009), 장주은(2010) 등의 연구가 있었는데[46], 주로 증기기관차, 급수탑 보존 등 단일 문화유산 보존차원의 논의였으며, 아직까지 우리나라 철도문화유산 보존제도 자체에 대한 논의가 없었고 더욱이 발전을 위한 일본 등 다른 국가와의 비교 연구도 없었다. 일반적으로 다양한 형태의 정의는 있지만, 일반적으로 철도유산은 철도와 관련된 산업유산의 일부로서 산업화,

---

43) 문화유산의 정의는 인위적, 자연적으로 형성된 국가적, 민족적 유산으로 역사적, 예술적, 학술적, 경관적 가치를 가진 것을 말한다. 유네스코(1972)의 '세계문화 및 자연유산보호를 위한 협약'에서는 구체적으로 기념물과 건조물, 유적지를 포함하는 것으로 정의하고 있다.

44) 근대기에 건설된 시설을 포함하여 산업혁명 이후 근대화 과정에 남겨진 기술과 관련된 시설로서 현대 도시의 고유한 지역 정체성과 역사적 의미를 반영하고 있는 산업시설로 정의한다. 우리나라의 경우는 개항 이후 외국 문물이 들어오면서 우리나라에 시설된 산업과 관련한 시설 중 기술 등 발전의 계보상 보존가치가 높고 산업발전에 기여한 것이라고 할 수 있다. 산업유산보전 국제위원회(1973)에서는 다음과 같은 것을 포함한 것으로 산업유산을 정의하고 있다. ⑴ 산업유산은 지속되는 주요 역사적 과정들이 남겨진 흔적이다. ⑵ 산업유산은 평범한 사람들의 삶의 기록으로서 사회적 가치를 지닌다. ⑶ 이러한 가치들은 건축물과 그 주변의 도시와 기계장치 그리고 이 모든 것이 결합된 산업적 랜드스케이프(landscape)에 내제되어 있는 것이다. ⑷ 특정 산업의 초기 생산과정을 보존하고 있는 유물들은 해당 지역과 그 주변의 랜드스케이프를 포함한 특정한 가치들과 함께 평가되어야 한다. 산업유산보전국제위원회(TICCIH) 홈페이지(http://www.mnactec.cat/ticcih/index.php) 참조

45) 송준(2009), 한국 무형문화재 정책의 현황과 발전 방안, 고려대학교 박사학위 논문, 최오주(2009), 남북통일 대비 문화재보존관리 정책연구, 호남대학교 박사학위 논문

46) 이현정(2010), '철도역사 급수탑 주변 활성화에 관한 연구', 철도학회 논문집 제13권 제4호, 하은하(2008), 근대문화유산 경의선 장단역 증기기관차의 보존에 관한 연구, 경기대학교 석사학위 논문

근대화에 공헌한 기계와 시설 등의 유산으로 유적, 유물 그리고 경관도 포함된다.[47]

이에 이 글에서는 그동안의 우리나라의 철도유산에 대한 보존제도를 검토해 보고 1872년에 철도를 개통하여 운영하고 있는 일본과 비교해 봄으로써 우리의 위치와 시사점, 향후 우리의 발전방향을 모색해 보고자 하였다. 일본은 우리나라 철도 개설에 큰 영향을 미쳤으며, 비슷한 지형적인 특징으로 상호간의 영향력이 매우 크기 때문에 선택하였다.

이 연구의 방법론은 기본적으로 우리나라와 일본의 철도문화유산제도 비교를 통한 개선점을 찾는 방식으로 진행하였다. 비교분석 연구의 장점은 서로 다른 환경에서의 법과 제도, 기능의 분석을 통해 서로 다른 해석과 설명이 가능함과 동시에 발전적인 시각에서 분석이 가능하기 때문이다. 연구방법론은 체제론적 접근방법을 취하였고, 특히 투입요소로서 제도와 법에 중점을 두고 비교분석을 하였다. 투입요소의 다름에 따라 산출물 또한 다른 결과가 나올 것이라는 가정인데, 양국의 경우 다른 역사적 배경을 가지고 있고 철도 발전과정도 다르기 때문에 서로 다른 투입요소와 과정 그리고 결과가 다를 수 있으며, 상호간의 차이를 통한 발전을 모색할 수 있기 때문이다. 아울러 그 중에서도 제도와 법은 정책을 표현하는 가장 중요한 지침이며, 그 영향력이 매우 크기 때문이다. 국가 간의 비교 연구에서는 많은 연구들이 이러한 방식을 쓰고 있다.

이 연구에서의 연구 흐름과 비교분석의 기준, 틀을 살펴보면 다음과 같다.

2) 우리나라의 철도문화유산 보호제도

---

47) T. H. Miyake(2009), Japan Railway Heritage, Yuyou Press, Tokyo, p. 2

우리나라에서는 문화유산과 관련된 것을 보호하는 제도로서 국가지정문

---

① 우리나라 철도문화유산 보호제도의 현황과 분석(법과 제도) → 문제점 도출
② 일본 철도문화유산 보호제도의 현황과 분석(법과 제도) → 다양한 제도 등 차이점 서술
③ 한국과 일본과의 비교분석(분석틀은 비교, 체제론적 방법, 분석기준은 법과 제도) → 해석
④ 시사점 도출과 향후 개선방안 → 장점을 적극적으로 도입

화재와 시도지정문화재, 문화재 자료, 등록문화재, 비지정문화재 등의 제
도가 있다. 이러한 제도의 법적 근거는 '문화재보호법'으로 2조에 국가지
정문화재 등을 정하고 있으며, 47조에 등록문화재 지정을 언급하고 있다.
철도유산은 '산업유산'의 성격을 갖고 있는데, 산업유산은 보존가치가 높
고 건축·토목·공간적 가치가 뛰어난 시설뿐만 아니라 활용가치가 있는
지역의 장소성 및 상징성을 지닌 모든 시설을 포괄한다. 철도교통 관련 산
업유산은 산업 및 공업화에 공헌했던 산업 관련 시설물과 이를 지원했던
인프라 중 철도교통 관련시설을 총칭한다.

우리나라 철도유산은 2001년 제정된 '등록문화재제도'에 의한 근대문화
유산으로 지정되고 보존되고 있다. 등록문화재는 문화재청장이 문화재위
원회의 심의를 거쳐 지정문화재가 아닌 문화재 중에서 보존과 활용을 위한
조치가 특별히 필요하여 등록한 문화재(문화재보호법 제47조 제1항)이다.
이 법에 의하면 〈표 4-13〉과 같은 기준을 충족한 철도 관련 유물에 대해
심의위원회를 거쳐 지정하도록 하고 있다. 철도 근대문화유산의 등록기준
을 보면 철도교통 발전과 관련한 역사성과 문화적, 교육적 가치가 있어야
하며, 멸실 위기에 있는 것을 공통의 기준으로 하고 있다. 구조물의 경우
에는 더 이상 동종의 구축물이 생성되지 않는 특징과 동산도 유일한 기록
물이라는 특징을 가지고 있다.

등록문화재의 등록절차는 ① 관련사항을 기재한 서류를 첨부하여 당해

<표 4-13> 철도 근대문화유산 등록 기준

공통	① 철도교통 발전의 역사성이 있을 것 ② 철도교통의 문화적 가치가 있는 것 ③ 철도교통 기술·과학 등 교육적 가치가 있는 것 ④ 보호조치가 없을 경우 멸실 위기에 처한 유물
구조물(구조물 및 건물)	① 철도교통의 특징이 있는 독자성 유물 ② 동종·동형 구축물은 더 이상 생성되지 않는 단절성이 있을 것 ③ 철도교통 발전에 공여한 바가 있는 기념비적 가치가 있을 것
동산유물	① 도서·서류·사진 그림과 같이 유일한 기록물일 것 ② 철도 영업용품으로 유용했으나 기술개발로 단절된 희귀성 물품 ③ 재생이 어려운 정교한 용품인 것

자료 : 문화재청

문화재 소재지 관할에 등록 신청, ② 관계전문가 3인 이상 조사 및 검토, ③ 문화재청장이 조사보고서를 검토하여 등록가치가 있다고 판단될 경우 관보에 30일 이상 예고하여 각계 의견 수렴, ④ 문화재위원회에서 조사보고서와 예고 결과를 참고하여 등록 여부를 심의하여 등록을 관보에 고시하면 효력이 발생하게 된다.

이러한 제도에 의해 철도유산은 2010년 9월 현재 1개의 사적과 58개소가 철도문화유산으로 지정되어 있는데, 전체 등록문화재는 466개로 철도 관련은 12%에 머무르고 있다.

이를 연도와 기능별로 분류해 보면 다음과 같다.

1981년 서울역사가 사적으로 지정된 이래 2003년에 9건, 2004년에 9건, 2005년에 7건, 2006년 15건, 2007년에 2건, 2008년에 16건이 지정되었다. 이를 기능별로 분류해 보면 역이 25건, 차량이 11건, 급수탑이 9개, 교량이 5개소가 지정되어 있다. 분포를 보면 역이 42%, 차량이 19%, 급수탑이 15%, 교량이 9%, 기타가 15%를 차지하고 있으며, 이 중 동산은 총 59개 중 14개로 약 24%를 차지하여 대부분 부동산임을 알 수 있다.

우리나라 철도문화유산의 지정제도를 요약해 보면 다음과 같다.

첫째, 국가 중심의 철도문화유산 지정제도로 운영되고 있다. 현재 철도문화유산은 문화재청 주관의 등록문화유산이 대부분이라고 할 수 있다. 두 번째로는 문화유산의 유형이 역과 차량 중심으로 다양화되어 있지 않다. 역과 차량이 60% 이상을 차지하고 있으며, 부동산 중심(76%)으로 지정

<표 4-14> 철도문화유산의 분류(1) : 지정 시기와 분류

연도	개소	분류
1981	1	역(1)
2003	9	급수탑(8), 교량(1)
2004	9	간이역(5), 교량(2), 급수탑(1), 차량(1)
2005	7	간이역(4), 터널(1), 정비창(1), 보급창고(1)
2006	15	간이역(13), 검수차고(1), 교량(1)
2007	2	간이역(2)
2008	16	차량(10), 교량(1), 기타(5)
2009~2010	없음	
총 개소	59	역 : 25개소 (42%), 차량 : 11개소(량) (19%), 급수탑 : 9개소(15%), 교량 : 5개소(9%), 기타 : 9개소(15%)

자료 : 문화재청의 문화유산 지식을 참조하여 작성(www.cha.go.kr)

<표 4-15> 철도문화유산의 분류(2) : 종류별

구분	부동산	동산	계
개소	45개소(76%)	14개소(24%)	59개소(100%)

<표 4-16> 철도문화유산의 분류(3) : 건립 시기별

구분	대한제국	일제강점기	해방 이후
시기	3개소	53개소	3개소
내용	대한제국기 철도통표 대한제국기 경인철도레일 쌍신폐색기	역, 급수탑, 차량의 대부분	디젤전기기관차(1950년) 협궤무개화차(1955년) 협궤유개화차(1955년)

되어 있다. 세 번째로는 해방 이후의 철도문화유산에 대한 발굴이 아직 미약하다는 것이다. 단 3건에 불과하다. 네 번째로는 철도 111년의 역사와 철도가 가지고 있는 역사성과 산업에의 기여에 비해 등록문화재에서 차지하는 비중은 12%에 불과하다. 마지막으로는 철도문화유산 등록을 위한 노력이 부족하다는 점이다. 예를 들면 2008년에 지정된 16개소의 경우도 문화재청에서 용역 과제로 시행한 '근대문화유산 교통(철도) 분야 목록화 조사보고서'에 기초해서 지정된 것이다. 다만 최근 철도공사를 중심으로 자체적인 철도 문화 보존 노력이 시작된 것은 의미있는 일이라 하겠다.   .

3) 일본의 철도문화유산 보호제도

일본에서 철도유산은 '철도와 관련이 있는 폭 넓은 산업유산'이라고 정의하고 있으며, 일반적으로 산업유산은 산업유적, 산업 고건축의 잔존물, 산업유물 등 3개로 분류하고 있다. 철도의 산업유적은 선로(노반, 도상, 궤도)나 선로 자취라고 하는 토목시설이 그 대표적인 것이며, 산업 고건축의 잔존물에는 터널, 교량 등의 토목시설이나 역 건물과 그 부속 시설, 변전소, 철도 공장 등의 건조물이 있다. 또한 산업유물에는 철도 차량과 그 구성요소(차체 · 대차, 주행 장치, 기기류), 철도 공장의 공작기계류, 신호 시스템, 전시 모형, 기록 사진 · 도면, 명판, 문서 등이 있다.[48]

일본은 철도문화유산에 대해서는 국가에서 지정하는 중요문화재제도와 지방자치단체에서 지정하는 제도와 구 국철에서 지정하는 철도기념물제도, 준철도기념물제도, 학회에서 지정하는 제도 등이 있다. 1987년 민영화

---

48) 堤一郎(2007), '機械記念物－鉄道編－を通して見る鉄道遺産の意義', 日本機械学会誌 2007년 4월호 제110권 1,061호

이후에는 민영화된 회사에 이를 승계하여 운영하고 있다. 또한 최근 2007년부터 경제산업성 주관 하에 근대산업유산으로 철도 관련 유물이 지정되고 있다. 일본의 경우는 총 400여 개소 이상이 문화유산으로 지정되어 보존되고 있으며, 지정과 관련한 주요한 제도는 다음과 같다.

① 국가와 지방자치단체의 지정제도

국가와 지방자치단체에서는 '중요문화재', '사적', '등록유형문화재' 등의 제도로 철도유산을 지정, 보호하고 있다. '중요문화재'는 일본에 소재하는 건축물, 미술공예품 등 유형문화재 중 문화사적 가치, 학술적으로 중요한 것으로 문화재보호법에 의해 문부과학 대신이 지정하며, 철도와 관련해서는 주로 건축물 중심으로 2010년 현재 74개소가 지정되어 있다

'사적'은 문화재 보호법에 의한 문화재 분류 중의 하나로 유형문화재, 무형문화재, 민속문화재, 기념물(사적, 천연기념물), 문화적 경관, 전통적 건축물 등이 있으며, '등록유형문화재'는 1996년 문화재보호법의 개정에 의해 만들어진 문화재등록제도에 기초해 문화재등록원부에 등록된 유형문화재이다. 건축물이 주종을 이루고 있으며, 2010년 4월 현재 7,852건이 등록되어 있다. 등록유형문화재는 국가나 지방자치단체에서 지정을 받지 않은 것을 대상으로 하며 지정을 받으면 등록이 말소된다. 2010년 현재 철도와 관련해서는 288개소가 등록유산으로 지정되어 있다.

또한 최근에는 경제산업성에서 지정한 '근대산업유산제도'가 있다. 근대산업유산제도는 2007년 11월 30일에 33건의 근대화산업유산 575건이 지정되었고, 2009년에 다시 33건의 근대화산업유산 540건의 인정유산이 공표되었다. 이 중 철도는 도쿄역과 철도 건설, 철도연락선, 철도시설, 산림철도, 사철연변문화권(예 다카라츠카음악학교 구 학교시설), 철교, 간사이철도 등이 지정되어 있다.

② 학회 등의 지정제도

일본 토목학회가 선정한 유산에는 '토목학회 선정 토목유산'과 산업고고학회의 '산업고고학회 추천 산업유산' 제도가 있다. 토목학회 지정 유산으로는 하코네 등산철도 등이 있으며, 산업고고학회 지정 유산으로는 2100형, 2019형 증기기관차 등이 있다.

③ 철도 기관의 지정제도

철도기관의 철도문화유산에 대한 보존의 역사를 살펴보면, 처음으로 철도문화유산을 보호하려는 움직임은 철도원(1908~1920)에서 시작되었다. 당시 내각 직속의 철도원 초대총독인 고토 신페이(1857~1929)는 1911년에 철도박물관 조직을 만들었고, 1912년에 철도박물관 소장품으로 121점을 모았으며, 이 중에는 황실의 영구차도 포함되어 있었다.

1922년 일본 철도 개통 50년을 기념한 사업은 그 후 철도성(1922~1943)으로 이관되었다. 먼저 1921년 도쿄역에서 전시품을 일반에 공개하였고, 이 박물관은 1923년 간토대지진으로 폐관되었고, 1925년 간다역 부근의 고가 밑에 철도박물관이 만들어져 다시 개관하였다. 1936년에 다시 교통박물관으로 개칭되어 운영되어 오다가 2006년에 폐관되었으며, 2007년에 오미야에 철도박물관으로 다시 개관하였다.

한편 철도유산의 보존에 대해서는 국철이 1958년에 철도기념물제도를, 1963년에는 준철도기념물제도를 만들었다. 철도기념물제도는 국철 총재가, 준철도기념물제도는 지사장(철도관리국장)이 지정하도록 하였다. 구 국철 시대부터 철도기념물 및 준철도기념물의 지정, 해제 및 관리를 위하여 '철도기념물 등의 보호규정'을 제정하여 운영하고 있으며, 현재는 민영화 이후 각 철도 회사별로 기존 철도기념물 및 준철도기념물의 지정 및 관리를 위하여 보호규정을 운영하고 있다.

이 규정에서는 철도기념물로 지정하는 것으로, 다음과 같이 규정하고 있다.

• 지상시설, 그 밖의 건조물, 차량, 고문서 등으로 역사적 문화가치가 높은 것

• 제복, 작업용구, 간판, 그 밖의 물건으로서 모든 제도의 추이를 이해하기 위해 지속되지 않는 것

• 제시설의 발상이 되는 지점, 철도회사와 관련 있는 전승지, 철도의 발달에 공헌한 고인의 유적(묘비 포함) 등으로 역사적 가치가 있는 것

한편 준철도기념물제도는 역사·문화적 가치가 높은 지방 철도 자료를 대상으로 미래에 철도기념물이 될 가능성이 있는 것을 각 지사나 관리국이 독자적으로 지정한 것이다.

또한 철도기념물보다 한 단계 낮은 단계인 준철도기념물은 철도기념물에 준하는 것으로, 다음과 같이 규정하고 있다.

• 철도기념물로 지정된 것과 동일 종류의 것

• 현재 역사적 가치가 인정되지 않았지만 장래에 그 가치가 생겨 철도기념물로 지정되기에 적당한 것

• 철도기념물로 지정되지 않았지만 지역적으로 볼 때 역사·문화적 가치가 높은 것

이 규정에는 철도기념물의 지정 외에도 해제, 관리, 철도기념물의 임대, 보존시설의 관리 및 종류, 표식, 설명판, 주의표시, 경계표 등에 대하여 규정하고 있으며, 아울러 철도기념물 및 그 보존시설의 손실 및 손상의 경우에 대한 처치 내용도 포함하고 있다.

일본에서는 또한 '등록철도문화재보호규정'이 있는데, 이 규정은 철도문화 활동의 보급을 도모하기 위해 철도기념물 등 보고규정에서 정한 철도기

념물, 준철도기념물의 후보를 '등록철도문화재'로서 지정하는 것에 의해 귀중한 철도문화유산이 없어지는 것을 막고, 양호한 상태로 보존, 관리하는 것을 목적으로 제정되었다.

이 규정에서 등록철도문화재로는 장래 철도기념물, 준철도기념물로 지정될 가능성이 있는 것으로, 다음과 같은 것으로 규정하고 있다.

• 철도에 관련된 지상시설, 그 밖의 건조물, 차량, 고문서 등으로 기술사적 관점에서 철도의 발전에 중요한 성과를 나타낸 것

• 철도에 관련된 지상시설, 그 밖의 건조물, 차량, 고문서 등으로 사회사적 관점에서 국민생활, 문화, 경제, 사회에 대하여 막대한 공헌을 한 것

이 규정에서도 등록문화재의 지정 및 해제, 관리자 등의 범위, 문화재의 임대, 보존시설의 관리, 종류 등에 대하여 규정하고 있다.

일본의 국철 시대에는 철도기념물에 대해서 1972년에 6141전동차를 지정한 것이 마지막이었으며, 철도기념물제도와 준철도기념물에 해당하는 것은 건축물, 차량, 고문서 등이 있다.

한편 민영화 이후 JR서일본은 1987년 민영화되면서 철도기념물 규정을 전수하여 현재 이를 사유화하여 계승 발전시키고 있다. 이를 기초해서 준철도기념물 4점을 철도기념물로 승격시켰으며, 그리고 2006년에는 우메고지 증기관차군과 관련시설을 준철도기념물로 지정하였다. 이 제도에 따라 서일본철도주식회사는 관계전문가로 구성된 자문위원회의 검증을 거쳐 철도기념물과 준철도기념물을 지정하고 있다.

④ 사철, 지방공공단체, 민간단체 등에 의한 철도유산의 보존 사례

지방자치단체에서는 조례를 제정하고 사철이나 민간단체에서도 철도유산을 보존하고 있다. 이를 항목별로 나누어 보면 다음과 같다.

㉠ 박물관이나 기념관 등의 시설을 건설해 차량 등을 보존 · 전시(정태

<표 4-17> 일본의 철도기념물과 준철도기념물의 내용

연도	철도기념물	준철도기념물	주요 내용	비고
1958~ 1959년	10건		고문서 (1959, 철도기념물)	최초는 1호 기관차 (1958, 신바시~요코하마 운행)
1960년대	24건	23건	- 방설림 풍경(1960, 철도기념물) - 철도국유법 설명 초안 (1962, 철도기념물) - 이노우에 마사오 묘지(1964, 철도기념물)	1969년 국철버스 1호도 지정
1970년대	1건	13건		
1980년대		11건	철도 발전 외국인 묘지 6건 (1980, 준철도기념물)	
2000년대	5건	1건		서일본철도주식회사에서 계승 가장 최근은 0계 신칸센 차량 (2008, 철도기념물)

보존)하거나 혹은 보존 운전을 실시하는 것(동태 보존). 이러한 예로는 한 큐전철에서 다카라즈카 전철관(효고현)을 1963년 개관하여 차량을 보존 · 전시한 사례가 있고, 요코하마시에서는 요코하마시 보존관(카나가와현)을 1973년에 개관하여 차량을 보존 · 전시하고 있다.

ⓛ 영업용 차량을 전국 각지 혹은 해외의 철도로부터 모으고, 보존을 겸한 영업 운전을 실시하는 경우로, 히로시마 전철(히로시마현)은 오사카시 교통국, 고베시 교통국, 교토시 교통국, 니시테츠 키타큐슈선 · 후쿠오카시로부터 양도받은 차량에서부터 독일의 도르트문트와 하노버 양 시의 노면 전차를 구입하여 영업 운전을 실시하고 있다.

ⓒ 지방공공단체가 교육 목적 외에 지역의 활성화사업이나 관광객의 유치를 겨냥하여 철도 차량의 운전이나 보존 · 전시를 실시하는 것으로, 실제의 관리 · 운영은 제3섹터가 담당하기도 하며, 차량의 운전이나 보존에 부가가치가 요구되는 일례라고 말할 수 있다. 예를 들면 마루셋푸초(홋카이도)는 산림철도에서 사용된 증기기관차를 휴식의 숲에서 보존, 운전하고

있다.

ⓔ 대학이나 민간단체가 독자적으로 보존 활동을 실시하는 것에 대한 예를 살펴보면, 일본공업대학이 사이타마현 오이가와 철도로부터 기증받은 증기기관차를 1993년부터 교내에서 보존 운전하고 있다.

4) 한일 간의 비교 및 시사점

이에 한국과 일본의 간략한 철도유산제도를 비교해 보면 다음과 같다.

첫 번째로 철도문화유산 보존제도 면에서 일본이 우리나라보다 다양한 제도를 가지고 있다는 것이다. 우리나라는 등록문화유산제도에 의존하고 있으나 일본은 중요문화재, 지방자치단체 지정, 철도 운영자 지정(철도기념물제도 등), 학회 지정 등 다양한 제도가 있다. 두 번째로는 일본의 경우 철도문화유산의 내용이 건축물에서부터 고서, 풍경, 철도를 발전시킨 사람의 묘까지 다양하게 지정되고 있다는 점이다. 이에 비해 우리나라는 현재 부동산과 동산에 한정되어 있다. 세 번째로는 최근 철도문화유산의 지정노력이 활발하게 진행되고 있다는 점이다. 일본의 경우 2008년 이후 서일본 철도주식회사에서 국철의 철도문화유산제도를 계승하여 발전시키고 있다. 네 번째로는 일본은 산업유산에서도 철도유산을 '근대산업유산' 으로 지정 보존하고 있다.

이 연구에서는 우리나라와 일본의 철도문화유산제도를 비교해보았다. 양국의 비교를 통해 우리나라에게 주는 시사점을 찾아보면 다음과 같다.

첫째로 우리나라의 경우 철도문화유산을 보존하기 위한 다양한 제도가 필요하다. 철도문화유산에 대한 본격적인 보호제도는 2003년부터 근대문화유산제도에서 시작되어 10년이 지나지 않았다. 향후 적극적으로 철도문화유산을 보존하기 위해서는 철도 관련 기관 등의 노력이 절대로 필요하다고 하겠다. 철도 관련 운영자들이 일본처럼 철도기념물제도 등을 만들어 스스로 이를 보호하는 노력이 필요하다. 또한 철도문화유산의 보존 범위도 현재의 역, 차량 위주에서 문헌, 풍경까지 다양하게 보존될 필요성이 있어 보인다. 다만 최근 철도공사 중심으로 자체적인 철도문화보호규정이 일본 철도 보존제도를 참고로 마련되고 있다.

최근 서일본철도주식회사는 '등록철도문화재보호규정'을 제정하여 철도 문화재, 준철도문화재 이전의 후보를 지정하는 제도까지 만들어 운영하고 있으며, 이 규정에 의해 2010년 9월 현재 30개가 지정되어 있다.

두 번째로는 근대산업유산제도의 도입도 적극 검토되어야 할 것이다. 철도가 가진 근대산업에의 기여 면을 고려할 때 제도가 만들어질 경우 철도가 보다 많이 보존될 수 있을 것으로 판단된다.

세 번째로는 지방자치단체와 민간의 노력도 필요하다. 지방자치단체의

<표 4-18> 우리나라와 일본의 철도문화유산 관련제도의 비교

	우리나라	일본	비고
철도 개통 연도	1899년 9월 18일	1872년 10월 14일	
철도유산 보존제도	등록문화재 (2003년 시작)	중요문화재, 지방자치단체 지정, 철도기념물제도(1958년), 근대산업유산(경제산업성)	- 국보는 없음 - 일본은 학회에서도 지정 (토목학회, 산업고고학회)
특징	① 역과 차량 등에 집중 ② 철도 운영자의 노력이 부족 ③ 국가 차원의 실질적인 지원이 미약	① 고서, 풍경, 묘까지 다양하게 지정 ② 최근 민간 차원의 노력이 활발(서일본철도주식회사, 등록철도보호규정) ③ 사철과 지방자치단체 활동도 활발(한큐철도와 일본 내셔널트러스트의 활동 : 증기기관차운영 등)	- 영국의 경우는 정부 차원의 보존노력이 강하다 (민영화 후 Railway Heritage Committee)
지정 개소	59개소 (등록문화유산이 대부분)	500개소 이상 (중요문화유산 74개소, 등록문화유산 288개소, (준)철도기념물 88개소, 산업유산, 사철 등)	전국 각지에 대규모 철도박물관이 30개소가 있으며 철도 관련 자료실을 합하면 166개소

경우 지방의 간이역을 보존하고 이를 박물관 등으로 활용한다면 관광자원
으로도 매우 유용하게 활용될 것이다. 민간의 경우에도 현재 철도문화재단
을 비롯한 철도와 관련한 단체가 몇 개에 불과해 향후 철도 관련 문화단체
를 육성할 필요가 있을 것이다.

네 번째로는 단순한 숫자적인 측면이 아니라 철도 관련 문화유산을 고
서, 풍경까지 범위를 확대해 다양하게 지정하고 있다는 점과 지방자치단체
의 노력을 높이 평가할 수 있다.

이러한 양국의 차이는 첫째로 일본의 경우 철도 도입에 보다 적극적이었
으며, 우리나라의 경우는 1899년 9월 철도 도입이 자율적이라기보다는 일
본의 타율적인 강요에 의한 면이 강하기 때문이다. 또한 일제강점기 동안
철도 기능에 대한 수탈의 도구라는 측면이 강하여 광복 후에도 철도에 대
한 인식은 높지 못하였다. 이에 비해 일본의 경우 철도는 근대화의 견인차
였으며 경제성장을 이끈 주요한 수단이라는 인식이 매우 강하다. 두 번째
로는 일본의 경우 철도 개통이 1872년이었고, 국유철도뿐만 아니라 사설
철도가 계속 존재하여 철도가 가진 다양한 기능을 경험할 수 있는 기회가
많았다고 할 수 있다. 세 번째로는 일본 철도는 1986년 민영화 이후 철도
가 지역별로 분화되면서 지역과 더욱 밀접한 관련을 가지고 발전하고 있어
철도문화에 대한 인식이 우리나라보다 높다고 할 수 있다.

5) 결론

일본은 철도기념물보호규정, 등록철도문화재보호규정 등을 제정하여 JR
각 회사별로 독립적인 철도문화재의 지정 및 관리를 수행하고 있다. 철도
민영화 이전부터 관리되어 온 철도문화재뿐만 아니라 민영화 이후 철도 각
사를 중심으로 문화재 등록 등 다양한 활동 등을 전개해 오고 있으며, 특

히 폐선이나 폐차(증기차) 등에 대한 다양한 활용으로 살아있는 문화유산으로 대국민에 대한 서비스를 시행하고 있다. 또한 지방자치단체에서도 관광상품화 등을 위하여 철도 관련 기념물들을 직접 관리, 활용하고 있다. 다양한 전통마을 만들기 사업과 함께 기존 철도 관련 기념물 등을 직접 활용하고 있는데, 지역 관광 상품과 연계하여 철도기념물의 관리와 함께 관광상품 개발을 동시에 진행함으로써 지역경제에 이바지하고 있다. 따라서 자체 철도문화재보호규정 등을 제정, 관리하고 또한 향후 철도문화재로서 가치가 있는 문화재 및 기념물 등에 대한 사전 준비를 철저히 하여 문화재 및 기념물의 훼손 등을 사전에 방지할 필요가 있다.

아울러 철도문화재에 대해서는, 지정과 시행은 철도 관련 기관에서 시행하여야 하지만 이를 뒷받침할 수 있는 법적 근거는 국가에서 수립하여야 할 것이다. 지방자치단체에서는 지방문화재 보존 및 활성화의 차원에서 적극적인 지원이 함께 이뤄져야 할 것이다. 현재 지방자치단체에서 관광 차원의 철도문화재에 대한 접근이 시행되고 있는 이러한 관점도 물론 현실적으로 중요하지만, 지역문화재의 보존과 유지라는 측면에서의 접근이 요구된다.

일본의 경우 다양한 교통수단 가운데 철도는 국민적 관심이 가장 높은 수단 중의 하나이다. 이에 따라 철도와 관련된 각종 민간단체들의 활동이 매우 활발한 실정이다. 철도 관련 연구회를 비롯한 철도문화유산 관련 연구회 등도 활발하게 활동하고 있으며, 철도문화유산 보존을 위한 세미나 및 보존 활동도 활발하게 진행되고 있다. 이러한 활동들은 JR 각 사 및 지방자치단체와의 긴밀한 협조 하에 진행되고 있으며, 일부는 민간단체가 주도하는 형태도 나타난다. 따라서 철도 관련 민간부문에서의 활동의 활성화가 철도문화유산의 보존과 유지에 있어서 많은 역할을 담당하고 있으므로 이를 활용할 수 있는 다양한 방안들이 강구되어야 할 것이다.

　일본의 경우 철도문화유산의 경우 대부분이 민간이 주된 역할을 하고 있는데, 철도박물관의 경우도 대부분이 지방자치단체 혹은 민간이 운영하고 있다. 반면 영국은 민영화하면서 철도문화유산을 보전하는 기구로 Railway Heritage Committee를 만들어 국가적으로 철도문화유산을 지정, 보호하고 있다. 따라서 영국과 같이 국가가 이를 주도하는 노력도 필요하다고 하겠다. 우리나라도 다른 나라와 마찬가지로 다양한 분야에서의 철도문화유산 보존에 대한 노력이 필요할 뿐만 아니라 국가 차원에서 지원이 가능하도록 철도문화유산 보호제도를 확립할 필요가 있다.

제5장
철도 물류

제5장 철도 물류

1. 철도 물류사업 현황과 환경변화

(1) 철도 물류사업 현황

철도 물류사업의 일반적인 현황을 살펴보면, 2010년 말을 기준으로 화물 취급역의 경우 132개 역(보통역 113, 간이역 18, 조차장 1)이 있으며, 1일 화물열차 운행 횟수는 299개 열차로 컨테이너 73, 양회 102, 석탄 18, 기타 106개 열차가 있다. 또한 물류수송의 기반이 되는 주요 역은 약 71개가 있다.

화물수송용기인 화차는 약 12,744량이 있으며, 이 중에서 유개화차

<표 5-1> 물류수송 주요 역 및 시설

컨테이너	양회	철강품	기타
CY : 28개 역 오봉, 부산진 등 (863천㎡)	Silo : 35개 역 오봉, 수색 등 92기 (550천 톤)	철강창고 : 3개 역 의왕, 오봉, 괴동 (21천㎡)	CFS 3개소 34천㎡ 지류센터 8개 역 자동차하치장 등

1,191량, 무개화차 3,472량, 컨테이너 화차 2,741량, 조차 4,662량, 평판화
차 479량, 기타화차 199량을 보유하고 있다. 물류수송용으로 주로 사용 중
인 동력차는 약 340량이 운용되고 있다.

철도화물의 품목별 물동량 추이를 살펴보면 전품목이 감소 추세를 보이
는 반면, 컨테이너는 2009년을 제외하고는 전반적으로 증가 추세에 있는
상황이다. 현재까지 철도화물로 수송되는 주요 3대 품목은 양회, 컨테이
너, 석탄이며, 이들 3대 품목의 수송비중이 전체 수송비중에서 약 80%에
육박하고 있다.

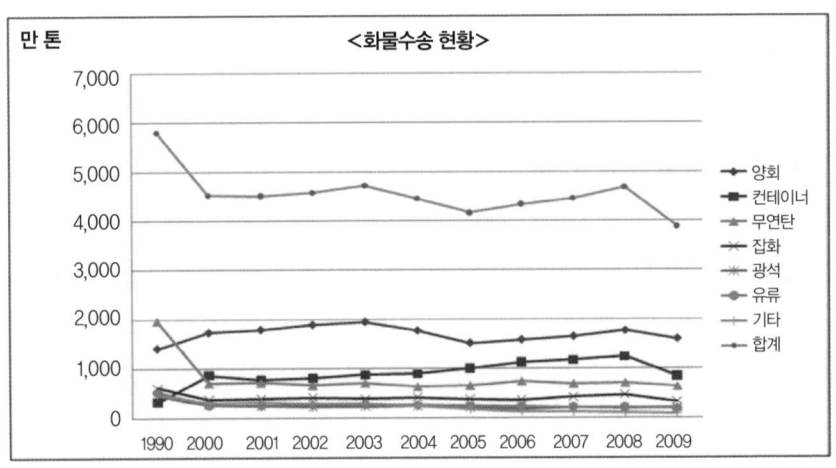

주 : 한국철도공사 내부 통계자료

<그림 5-1> 철도화물 품목별 수송 추이

국내 교통수단별 화물수송 현황(톤 기준)을 2009년 기준으로 살펴보면
공로가 전체 수송의 79.2%로 가장 높은 수송 분담률을 차지하고 있으며,
철도 5.1%, 해운 각 15.7%를 차지하고 있는데, 이를 통해 국내의 화물수송
이 공로에 편중되어 있다는 사실을 알 수 있다. 공로 위주의 화물수송은

도로의 혼잡을 가중시켜 혼잡에 따른 각종 사회적 비용을 발생시키므로, 따라서 국가 물류비 절감을 위해 공로 위주의 화물수송을 타 수단으로 전혼할 필요가 있다.

화물의 전체 수송실적을 톤 기준으로 살펴보면, 1996년부터 2007년까지 연평균 약 2%씩 감소하는 경향을 보이고 있다. 품목별로 살펴보면 양회, 컨테이너의 수송량이 전체 수송량의 63.3%를 차지하고 있다. 화물의 포장 형태가 규격화되는 추세이기 때문에 컨테이너의 철도 수송은 증가하고 있는 추세이며, ICD와 CY의 인입선 건설로 인해 컨테이너 철도 수송 여건이

<표 5-2> 교통수단별 화물수송 현황(톤 기준)

(단위 : 천 톤/년, %)

연도	철도		공로		해운		항공		합계
	수송실적	분담률	수송실적	분담률	수송실적	분담률	수송실적	분담률	
1995	57,469	9.7	408,368	68.6	129,112	21.7	323	0.1	595,272
1996	53,527	8.6	426,414	68.6	140,951	22.7	351	0.1	621,243
1997	53,828	7.7	499,083	71.3	147,046	21.0	387	0.1	700,344
1998	43,345	7.6	408,136	72.0	115,179	20.3	363	0.1	567,023
1999	42,081	7.4	401,177	70.7	123,692	21.8	393	0.1	567,343
2000	45,240	6.7	496,174	73.4	134,467	19.9	434	0.1	676,315
2001	45,122	6.3	535,725	74.2	140,544	19.5	431	0.1	721,822
2002	45,733	5.9	584,573	75.7	141,706	18.3	433	0.1	772,445
2003	47,110	6.2	565,456	74.6	145,327	19.2	423	0.1	758,316
2004	44,512	6.6	518,856	76.4	115,636	17.0	409	0.1	679,413
2005	41,669	6.1	526,000	76.5	119,410	17.4	372	0.1	687,451
2006	43,341	6.3	529,278	76.6	117,805	17.1	355	0.1	690,779
2007	44,530	6.2	550,264	76.9	120,079	16.8	316	0.1	715,190
2008	46,805	6.4	555,801	76.2	126,964	17.4	254	0.0	729,824
2009	38,898	5.1	607,480	79.2	120,031	15.7	268	0.0	766,677

주 : 공로는 1998년부터 비영업용 자동차의 수송량이 제외된 값임
자료 : 건설교통부, 건설교통통계연보, 각 연도

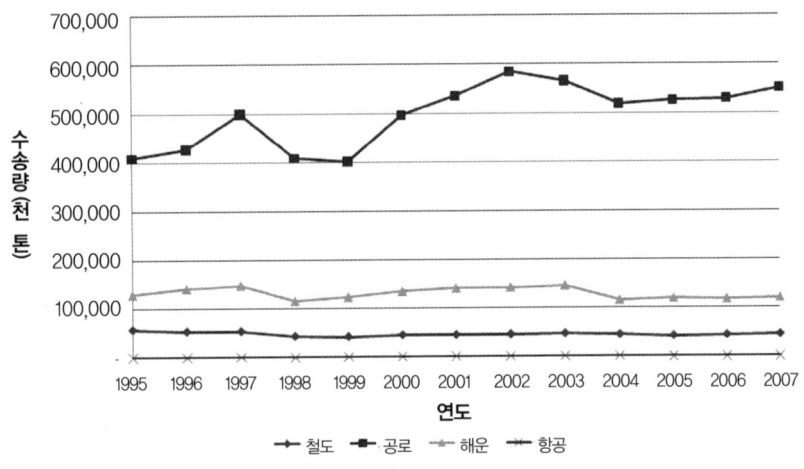

<그림 5-2> 교통수단별 화물수송 현황(톤 기준)

개선되었기 때문으로 분석된다. 포대 양회의 경우 생산 공장에서 수요처로 바로 수송되는 비율은 낮고, 1차 수송수단인 철도나 육송을 통해서 역이나 하치장에 수송된 후 2차 수송수단인 육송을 통해 수요처까지 수송되는 시스템을 갖추고 있다. 벌크 양회의 경우 생산 공장에서 지역별 유통기지인 사일로(silo)에 저장 후 육송을 통해 소비자에게 공급된다.

사일로까지의 수송은 철도 수송이 대량수송의 강점을 가지고 있다. 그리고 수송시 발생하는 분진으로 인해 공로보다는 철도를 이용하고 있는 실정이다. 분진에 대한 마감처리 문제로 철도의 벌크 양회 수송량은 계속해서 일정 수준을 유지할 것으로 예상된다. 2004년 철강의 수송량을 살펴보면 전년도 대비 약 2배 가까이 증가하였다. 대표적인 고중량 화물인 철강의 경우 공로보다 철도의 경쟁력이 우수하여 철도 관련 물류시설이 추가 공급될 경우 수송량이 더욱 증가할 것으로 예상된다. 철도 수송량을 톤-km 기준으로 살펴보면 컨테이너의 수송거리가 타 품목에 비해 장거리인 것으로

<표 5-3> 철도화물 수송실적(톤 기준)

(단위 : 천 톤, %)

연도	컨테이너		철강		양회		비료		석탄		유류	
	수송량	비율	수송량	비율	수송량	비율	수송량	비율	수송량	비율	수송량	비율
1996	5,822	10.9	620	1.2	19,084	35.3	1,348	2.5	7,653	14.3	4,627	8.7
1997	6,350	11.8	535	1.0	20,594	38.4	1,356	2.5	7,158	13.3	3,712	6.9
1998	6,916	16.0	622	1.4	16,059	37.1	1,120	2.6	6,543	15.1	2,418	5.6
1999	7,648	18.2	622	1.5	15,984	38.0	1,048	2.5	6,457	15.3	2,677	6.4
2000	8,715	19.3	578	1.3	17,361	38.4	944	2.1	7,115	15.7	2,579	5.7
2001	7,774	17.2	609	1.4	17,943	39.8	715	1.6	7,178	15.9	2,592	5.7
2002	8,154	17.8	594	1.3	18,926	41.4	545	1.2	6,666	14.6	2,649	5.8
2003	8,753	18.6	774	1.6	19,505	41.4	366	0.8	7,115	15.1	2,639	5.6
2004	8,925	20.1	1,398	3.1	17,716	39.8	327	0.7	6,378	14.3	2,547	5.7
2005	10,034	24.1	1,399	3.4	15,160	36.4	352	0.8	6,566	15.8	2,402	5.8
2006	11,253	26.0	1,400	3.1	15,823	36.5	181	0.4	7,368	17.0	2,202	5.1
2007	11,729	26.3	1,817	4.1	16,478	36.9	224	0.5	6,878	15.4	2,104	4.7
2008	12,423	25.5	–	–	17,670	36.0	–	–	7,077	15.0	2,006	4.0
2009	8,511	22.0	1,128	3.0	16,015	41.0	–	–	6,367	16.0	1,818	5.0

연도	광석		양곡		일반기타		건설		사업용품		합 계
	수송량	비율	수송량	비율	수송량	비율	수송량	비율	수송량	비율	
1996	3,923	7.3	17	0.1	8,214	15.4	594	1.1	1,514	2.8	53,417
1997	3,302	6.2	20	0.1	8,402	15.6	592	1.1	1,696	3.2	53,716
1998	2,846	6.6	12	0.1	4,530	10.5	450	1.0	1,823	4.2	43,339
1999	2,665	6.3	12	0.1	3,120	7.4	339	0.8	1,505	3.6	42,080
2000	2,612	5.8	15	0.1	3,225	7.1	358	0.8	1,736	3.8	45,238
2001	2,392	5.3	11	0.1	3,325	7.4	319	0.7	2,261	5.0	45,120
2002	2,219	4.9	83	0.2	3,584	7.8	376	0.8	2,009	4.4	45,732
2003	2,261	4.8	10	0.1	3,100	6.6	323	0.7	2,263	4.8	47,108
2004	2,344	5.3	8	0.1	2,777	6.2	424	1.0	1,668	3.8	44,510
2005	1,967	4.7	2	0.1	2,437	5.9	283	0.7	1,065	2.6	41,668
2006	1,758	4.1	1	0.1	2,354	5.4	256	0.6	813	1.9	43,337
2007	1,999	4.5	1	0.1	2,432	5.5	230	0.5	666	1.5	44,558
2008	1,939	4.0	–	–	5,671	12.0	–	–	–	–	48,806
2009	1,969	5.0	–	–	3,090	8.0	–	–	–	–	38,898

자료 : 철도공사(2010) 내부자료

<표 5-4> 철도화물 수송실적(톤-km 기준)

(단위 : 천 톤, %)

연도	컨테이너		철강		양회		비료		석탄		유류	
	물동량	비율	물동량	비율	물동량	비율	물동량	비율	물동량	비율	물동량	비율
1996	2,219,009	17.1	235,846	1.8	4,150,013	32.1	360,862	2.8	1,576,450	12.2	972,405	7.5
1997	2,404,057	18.9	192,386	1.5	4,225,724	33.3	362,948	2.9	1,422,689	11.2	780,162	6.1
1998	2,563,001	24.7	219,849	2.1	3,259,381	31.4	309,150	3.0	1,273,869	12.3	553,159	5.3
1999	2,772,163	27.5	205,037	2.0	3,232,902	32.1	289,948	2.9	1,219,801	12.1	577,976	5.7
2000	3,112,790	28.8	175,556	1.6	3,542,052	32.8	261,671	2.4	1,317,222	12.2	564,894	5.2
2001	2,726,172	26.0	189,516	1.8	3,639,687	34.7	203,928	1.9	1,355,729	12.9	602,254	5.7
2002	2,834,306	26.3	189,418	1.8	3,882,358	36.0	157,328	1.5	1,276,661	11.8	641,817	6.0
2003	3,014,300	27.3	250,486	2.3	3,975,360	36.0	101,952	0.9	1,362,609	12.3	640,816	5.8
2004	3,038,824	28.6	502,705	4.7	3,629,081	34.1	90,896	0.9	1,164,342	10.9	613,586	5.8
2005	3,286,679	32.5	509,669	5.0	3,067,042	30.3	99,597	1.0	1,216,021	12.0	593,356	5.9
2006	3,643,309	34.7	483,412	4.6	3,215,775	30.6	53,272	0.5	1,363,163	13.0	511,319	4.9
2007	3,799,182	34.8	672,769	6.2	3,319,515	30.8	60,607	0.6	1,084,042	9.9	528,854	4.8
2008	4,071,588	35.2	–	–	3,562,132	30.8	69,786	0.6	1,249,676	10.8	519,900	4.5
2009	2,716,718	29.3	–	–	3,116,028	33.6	40,445	0.4	1,244,124	13.4	500,835	5.4

연도	광석		양곡		일반기타		건설		사업용품		합 계
	물동량	비율	물동량	비율	물동량	비율	물동량	비율	물동량	비율	
1996	1,046,953	8.1	4,531	0.1	2,098,558	16.2	135,748	1.1	144,034	1.1	12,944,407
1997	901,337	7.1	5,387	0.1	2,102,175	16.5	143,769	1.1	166,920	1.3	12,707,554
1998	768,455	7.4	3,235	0.1	1,134,885	10.9	115,483	1.1	171,686	1.7	10,372,153
1999	736,367	7.3	3,344	0.1	783,428	7.8	102,567	1.0	148,381	1.5	10,071,915
2000	696,029	6.4	4,463	0.1	842,740	7.8	103,703	1.0	181,793	1.7	10,802,911
2001	634,380	6.1	3,384	0.1	837,021	8.0	88,699	0.9	210,883	2.0	10,491,655
2002	600,820	5.6	2,583	0.1	886,578	8.2	104,106	1.0	207,670	1.9	10,783,644
2003	578,943	5.2	3,196	0.1	819,670	7.4	91,425	0.8	217,915	2.0	11,056,672
2004	589,456	5.5	2,865	0.1	738,032	6.9	120,552	1.1	150,201	1.4	10,640,541
2005	511,777	5.1	794	0.1	640,281	6.3	79,698	0.8	103,315	1.0	10,108,231
2006	470,496	4.5	57	0.1	619,604	5.9	70,718	0.7	80,652	0.8	10,511,777
2007	509,108	4.7	–	–	823,891	7.5	68,434	0.6	60,647	0.6	10,927,051
2008	490,652	4.2	–	–	1,496,377	13.0	51,005	0.4	54,519	0.5	11,565,635
2009	480,363	5.3	–	–	1,050,694	11.3	74,765	0.8	49,160	0.5	9,273,132

자료 : 철도공사(2010) 내부자료

나타난다. 이는 컨테이너의 주요 수송경로가 수도권에서 부산항, 광양항인 장거리 노선이기 때문이다.

철도공사의 경영성적은 2004년 5,959억 원, 2005년 5,373억 원, 2006년 5,337억 원, 2007년 6,414억 원의 적자를 시현했는데 그 중 화물 분야에서 매년 약 4,000억 원의 적자가 발생하고 있어 이에 대한 근본적인 처방책 마련이 시급한 실정이다.

이러한 철도 물류의 경쟁력 저하요인을 살펴보면, 우선 철도 투자 부족을 들 수 있다. 2003년부터 2010년까지 도로 부문의 SOC 투자비율은 31.9~47.9%이고, 금액으로는 7조 4천억 원에서 9조 6천억 원 사이인데 반해서, 철도 부문은 16.7%~21.4%로 금액으로는 3조 3천억 원에서 4조 8천억 원으로 도로에 비해 절반에 불과한 실정이다.

두 번째로는 철도 물류 자체의 단점으로, 복잡한 운송단계로 인한 운임 및 시간 경쟁력 저하를 들 수 있다. 이는 철도의 근본적인 문제점으로, 문전수송이 어렵다는 태생적인 한계를 가지고 있다. 더욱이 남북이 단절되어 철도구간 거리가 길어야 400~500km에 불과함에 따라 상대적으로 철도 수송시간 외에 추가로 발생하는 시간(상하역 및 셔틀 수송시간)이 더욱 길게 느껴지는 것이 현실이다.

세 번째로는 고객 니즈에 부응하는 서비스 제공의 부족을 들 수 있다. 고객은 수송 외에 창고, 보관, 하역, 국제운송 등 종합물류 서비스를 원하나, 현실의 철도는 아직도 종합적인 물류 서비스 기반이 부족하고 수송 부문에만 역량이 집중되어 있는 상황이다.

네 번째로는 철도 물류 인프라의 부족을 들 수 있다. 수송량 측면에서는 과거보다도 수송량이 줄어든 상황이라 이러한 수송 총량을 가지고 인프라 부족을 판단하면 아직도 부족하지 않다고 판단할 수 있으나, 현실은 일반화물에서 컨테이너화물로 주요 수송품목의 변화가 나타나고 있다. 화물역 거점화 계획으로 소규모 화물역이 통폐합되는 등 과거와는 달라진 인프라 환경에서는 특정품목(컨테이너 등) 수송을 위한 적합한 하치장 및 작업선 등이 부족한 상황이며, 더욱 중요한 것은 기존의 물류시설로는 현재의 도로 수송과 견주어 경쟁력을 확보하기 어려운 불리한 상황에 놓여 있다는 점이다. 도로는 과거 '60~'70년대 2차선의 꾸불꾸불하고 경사가 많았는데 현재는 4차선으로 대폭 확충되어 주행속도도 빨라지고 터널 등으로 인해 경사로가 대폭 줄어들어 개선된 반면, 철도는 1백년이 지나도록 기존 시설을 그대로 유지한 상태에 있는 경우가 많다. 결국 1백 년 전의 시설을 가지고 최신의 도로시설과 경쟁을 하는 상황이다. 또한 영동, 태백, 경전선의 경우 1개 열차에 8~10량 정도만 연결이 가능하여 수송원가를 확보하기 어려운 것이 현실이다.

다섯 번째로는 정부 차원의 제도적인 지원이 아직은 부족하다는 것이다. 이는 경쟁수단인 도로 수송에 비해 정책적 지원이 부족한 것으로, 화물자동차와 연안화물선의 경우 2001년부터 인상된 유류세 전액을 보조해주고 있으며, 금액도 9년간 약 6조 5천억 원에 이르고 있다. 반면 철도의 경우 유류세 보조를 받지 못하는 실정이다. 또한 고속도로 통행료의 경우도 심야시간대 50%를 할인해 주고 있다. 사실 이러한 화물자동차에 대한 보조는 외국의 교통정책과는 상반된다. 선진 유럽의 경우 화물자동차에 대한 일부 시간대 통행제한 및 통행료를 부과하는 등 도로 수송 억제정책을 추진하고 있다.

그리고 기존선 개량사업시에 발생하는 문제점으로 기존 물류시설에 대한 이전대책의 미흡을 들 수 있다. 이러한 결과로 양회 및 탄광업체의 물류시설이 이전에서 누락돼, 고스란히 철도 운영자의 부담으로 작용하는 경우가 발생한다.

<표 5-5> 연도별 SOC 예산 현황

(단위 : 억 원)

구분		합계	도로	철도	도시철도	항공·공항	해운·항만	물류 등 기타	수자원	지역 및 도시	산업단지
2003	금액	183,628	87,989	39,279	7,098	3,785	16,718	4,158	17,268	3,755	3,578
	%	100	47.9	21.4	3.9	2.1	9.1	2.3	9.4	2	1.9
2004	금액	173,880	81,180	33,761	8,675	3,617	16,724	5,588	17,208	4,074	3,053
	%	100	46.7	19.4	5	2.1	9.6	3.2	9.9	2.3	1.8
2005	금액	182,566	76,639	36,598	12,366	4,059	18,555	7,178	18,835	4,864	3,472
	%	100	42	20	6.8	2.2	10.2	3.9	10.3	2.7	1.9
2006	금액	184,236	73,567	32,941	12,953	3,918	19,402	10,081	22,426	5,237	3,711
	%	100	39.9	17.9	7	2.1	10.5	5.5	12.2	2.8	2
2007	금액	184,218	75,330	34,625	12,845	3,334	20,622	10,746	16,210	6,329	4,176
	%	100	40.9	18.8	7	1.8	11.2	5.8	8.8	3.4	2.3
2008	금액	206,207	80,682	38,869	13,853	2,109	20,491	16,125	15,536	10,913	7,629
	%	100	39.1	18.8	6.7	1.0	9.9	7.8	7.5	5.3	3.7
2009	금액	254,974	95,850	47,654	15,898	592	21,298	22,264	28,434	14,177	8,808
	%	100	37.6	18.7	6.2	0.2	8.4	8.7	11.2	5.6	3.5
2010	금액	251,106	80,038	42,020	11,492	666	18,617	22,386	51,076	15,919	8,893
	%	100	31.9	16.7	4.6	0.3	7.4	8.9	20.3	6.3	3.5

주 : 국토해양부(2010), 알기 쉬운 국토해양 예산

<표 5-6> 연도별 유가보조금 현황

(단위 : 억 원)

구분	'01	'02	'03	'04	'05	'06	'07	'08	'09	계
화물자동차	347	577	1,680	3,483	6,428	9,439	12,911	14,123	15,038	64,026
연안화물선	21	33	78	83	155	211	242	246	270	1,338
합계	368	610	1,759	3,566	6,593	9,650	13,153	14,369	15,308	65,364

주 : 국토해양부(2010), 알기 쉬운 국토해양 예산

(2) 철도 물류의 환경변화

1) 환경 및 에너지

21세기 전 세계는 환경 및 에너지에 대한 관심이 크게 증가되고 있으며, 이러한 환경변화 속에서 철도는 새로운 르네상스를 맞이하고 있다. 환경 및 에너지에 대한 환경변화를 구체적으로 살펴보면, 1992년 기후변화에 관한 국제협약이 채택되었고, 2005년 2월 교토의정서가 발효되어 EU, OECD 국가 등 온실가스 감축 의무량이 할당되었으며, 2008년 7월 G8 확대정상회의에서 2050년 세계 전체 온실가스 50% 감축 공동노력 원칙이 결정되었다. 국내에서도 이와 관련하여 대통령이 2008년 8·15 경축사를 통해 세계는 농업혁명, 산업혁명, 정보혁명을 거쳐 환경혁명의 시대로 접어들고 있으며, 녹색성장은 온실가스와 환경오염을 줄이는 지속가능한 성장으로서 한강의 기적에 이어 한반도의 기적을 만들 미래전략으로 녹색성장을 신 국가 발전 패러다임으로 삼아야 한다고 밝혔다.

에너지 부분에서는 세계 에너지 자원 경쟁이 심화되고 있으며, 국제 원유가격 불안이 심화되고 있는 상황이며, 우리나라는 세계 4위의 석유수입국으로 에너지 원유가격이 급등할 경우 심각한 타격이 예상되고 있다. 환경과 에너지는 교통수단과 불가분의 관계라고 볼 수 있으며, 교통 부문의 에너지 사용 비중은 21%, 온실가스 배출 비중은 20%(2006년 에너지연구원)로, 에너지절감 및 온실가스 감축을 위해서는 교통수단이 철도 등 친환경

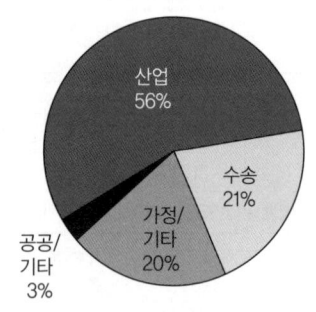

주 : 에너지연구원(2006)

<그림 5-3> 부문별 에너지 사용비중

운송수단으로 전환되어야 하는 상황에 놓여 있다.

2) 녹색성장과 철도 수송

정부의 녹색성장 10대 추진방향은 에너지 이용효율과 탄소배출 등을 재화와 서비스 가격에 반영하고, 기존 도로 중심의 물류체계를 저탄소, 친환경 철도 투자로 전환하는 정책으로, 결과적으로 철도 투자 확대의 기회가 다가왔다고 볼 수 있다. 저탄소 녹색성장법, 지속가능 교통물류발전법이 시행됨에 따라 녹색성장 교통수단의 주역으로 철도 투자의 확대 및 역할이 기대되고 있다.

정부는 2019년까지 총 94조 원을 간선철도에 투자하여 전국을 90분대로 커버하는 순환철도망을 구축하여 고효율, 친환경적인 철도의 수송 분담률을 2배 이상 확대할 계획이며, 이는 다른 선진국에서 추진하고 있는 철도 중심의 교통체계로 전환하는 것을 의미한다.

녹색성장의 주요 대상인 철도화물의 친환경성을 살펴보면, 철도화물 수송 분담률 1% 증가시 연간 2,955억 원의 에너지 소비 및 CO_2저감 효과가 발생한다. 화물자동차에 비해 철도화물의 CO_2 배출은 13분의 1에 불과하

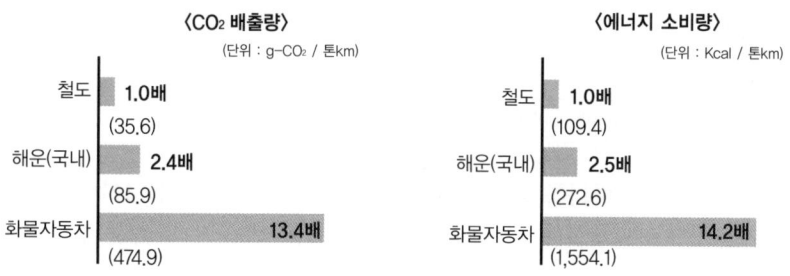

주 : 한국철도공사 연구원(2008), 철도 수송 분담률 증대에 따른 경제효과 추정

〈그림 5-4〉 교통 부문별 CO_2 배출량 및 에너지 소비량

고 에너지소비량은 14분의 1에 불과한 상황이다.

2. 해외에서의 철도 물류 현황 및 사례

(1) 각국의 철도화물 현황

EU 27개국의 화물수송량 추이를 살펴보면, 도로 및 철도, 해운, 항공 등 총 화물의 증가율은 2.3%이며, 이중 도로의 경우는 2.9%로 평균치를 상회하고 있으며, 반면 철도화물 증가율은 1.1%에 그치고 있다.

<표 5-7> 화물수송량 추이(EU-27개국)

(단위 : 10억 ton · km)

구분	1995	2000	2005	2006	2007	2008	1995~2008 연평균 증가율
도로	1,289	1,519	1,800	1,854	1,915	1,878	2.9%
철도	386	404	414	440	453	443	1.1%
내륙운하	122	134	139	138	147	145	1.3%
파이프라인	115	127	136	135	127	124	0.6%
해운	1,148	1,314	1,461	1,505	1,532	1,498	2.1%
항공	2.0	2.5	2.6	2.7	2.8	2.7	2.3%
계	3,080	3,377	3,953	4,076	4,177	4,091	2.3%

자료 : European Commission(2010), Transport Statistics

수송 분담률의 변화를 살펴보면 도로의 경우 1995년에 42.1%에서 2008년에 45.9%로 증가하였고, 철도는 12.6%에서 10.8%로 감소한 것으로 나타났으며, 해운이나 항공 등 타 교통수단은 거의 변화가 없는 것으로 나타났다.

<표 5-8> 수송수단별 분담률의 변화

(단위 : %)

구분	1995	2000	2005	2006	2007	2008
도로	42.1	43.4	45.5	45.5	45.8	45.9
철도	12.6	11.5	10.5	10.8	10.8	10.8
내륙운하	4.0	3.8	3.5	3.4	3.5	3.6
파이프라인	3.8	3.6	3.4	3.3	3.0	3.0
해운	37.5	37.5	37.0	36.9	36.7	36.6
항공	0.1	0.1	0.1	0.1	0.1	0.1
계	100	100	100	100	100	100

자료 : European Commission(2010), Transport Statistics

한편 UIC(국제철도연맹) 가맹국가의 철도화물량 수송 추이를 보면, 유럽은 2004년과 2007년을 비교해 약 11% 증가하였고, 아시아는 20%로, 전체적으로 약 15% 증가하였다.

<표 5-9> 대륙별 철도화물 수송량의 변화

(단위 : 10억 ton · km)

	2004	2005	2006	2007
유럽	250.0(1)	253.2	265.3	279.7(1.11)
아프리카	12.8(1)	13.0	13.1	12.9(1.0)
미주	305.0(1)	337.1	350.3	349.8 (1.14)
아시아	254.4(1)	270.9	288.6	306.1(1.20)
계	822.2(1)	874.2	917.3	948.5(1.15)

자료 : UIC(2008), Annual Report

그런데 영국, 독일, 스위스의 철도화물 증가율은 도로 증가율보다 높은 것을 알 수 있다. 유럽 전체의 철도화물 증가율이 1995년~2008년 간 14.7% 증가한 반면, 영국은 86%, 독일은 60%, 스위스는 38%가 증가하여 평균치보다 매우 높은 실적을 보이고 있다. 한편, 일본과 우리나라의 경우에는 철도화물 수송량이 1995년에 비해 약 12% 감소한 것을 알 수 있다.

<표 5-10> 철도화물 수송량 추이

(단위 : 10억 ton · km)

구분	1995	2000	2005	2006	2007	2008
영국	13.30(1)	18.10(1.36)	22.32	27.37	26.38	24.83(1.86)
독일	70.50(1)	82.68(1.17)	95.42	107.01	114.62	115.65(1.60)
프랑스	48.27(1)	57.73(1.19)	40.70	41.18	42.62	40.63(0.84)
스위스	8.86(1)	11.08(1.25)	11.68	12.47	11.95	12.27(1.38)
일본	25.1(1)	22.1(0.88)	22.8	23.1	23.3	22.1(0.88)
우리나라	13.1(1)	10.8(0.82)	10.1	10.5	10.9	11.6(0.88)

자료 : European Commission(2010), Transport Statistics

이에 반해 도로화물 수송량의 경우 영국 3%, 독일 31%, 프랑스 29%, 스위스 14%로 철도화물 수송량의 증가율보다 낮은 것을 알 수 있다.

<표 5-11> 도로화물 수송량

(10억 ton · km)

구분	1995	2000	2005	2006	2007	2008
영국	146.7(1)	150.3(1.02)	154.4	158.1	160.4	152.4(1.03)
독일	201.3(1)	226.5(1.12)	237.6	251.3	261.4	264.5(1.31)
프랑스	135.3(1)	106.9(0.79)	177.3	182.7	191.3	175.1(1.29)
스위스	8.3 (1)	8.9(1.07)	9.1	9.2	9.4	9.5(1.14)
일본	294.6(1)	313.1	334.9	346.5	354.8(1.20)	–
우리나라	91.3(1)	99.0	100.8	109.0	110	114.2(1.25)

자료 : European Commission(2010), Transport Statistics
한국교통연구원(2008), 지역간 화물 기종점 통행 자료의 현황화
주 : 우리나라의 2007년과 2008년의 자료는 도로 톤 기준의 증가율을 적용하였음.
2007/2006 : 1%, 2008/2007 : 3.9%, 2000년도 역시 도로화물 증가율로 추정

한편 경제성장률의 경우 2000년~2008년 사이의 5년간의 성장률을 비교해 보더라도 큰 차이가 없다. 영국 2.42%, 독일 2.2%, 프랑스 2.14%,

<표 5-12> 경제규모와 경제성장율 추이

구분	GDP(2008) (십억 유로)	2000	2005	2006	2007	2008
영국	1,818.9	3.9	2.2	2.9	2.6	0.5
독일	2,495.8	3.2	0.8	3.2	2.5	1.3
프랑스	1,950.1	3.9	1.9	2.2	2.3	0.4
스위스	341.3	3.6	2.6	3.6	3.6	1.8
일본	3340.4	2.6	2.3	2.3	1.8	-3.7
우리나라	631.9	8.5	4.2	5.0	4.9	4.6

자료 : European Commission(2010), Transport Statistics

스위스 3.04%로 나타나 경제성장률의 국가적 차이는 크게 없다.

철도와 도로의 증가율을 비교해 보면, 영국과 독일, 스위스의 경우 철도화물의 증가율이 높으며 프랑스의 경우가 낮은 것을 알 수 있다.

<표 5-13> 철도와 도로의 화물 수송량 증가율 비교(2008년/1995년)

(단위 : ton · km)

구분	철도	도로
영국	86	3
독일	60	31
프랑스	-16	29
스위스	38	14
일본	-12	20
우리나라	-12	25

한편 각국의 철도화물 운영회사를 보면 영국은 8개의 민간회사가 참여하고 있으며, 독일은 DB철도화물주식회사(국영)가, 프랑스는 SNCF(국영)와 자회사가 이를 담당하고 있다.

<표 5-14> 철도화물 운영회사

구분	철도 운영자	비고
영국	8개 민간회사	EWS가 60%를 차지
독일	DB철도화물주식회사	다른 나라에 선로 개방
프랑스	SNCF와 자회사	
스위스	SBB Cargo	
일본	JR철도화물주식회사와 임해철도 등의 사업자 13개	
우리나라	철도공사 1개 회사	

(2) 각국의 철도화물정책

1) EU

최근 EU의 전체 화물수송량은 GDP 신장률(2007년은 2006년 대비 2.9% 증가)을 크게 상승하여 증가하고 있다. 도로의 경우 37.9%, 해운 34.6%, 항공 31.1%가 신장하였다. 이렇게 크게 증가한 이유는, 첫째로 EU 권역 외로 특히 중국으로 수출물량이 급증하고 있기 때문이며, 두 번째로 생산과정에 적합한 입지조건을 가진 국가나 지역으로 생산 공장을 분산한 결과 EU권역 내에서의 수송이 증가하였고, 특히 도로 수송을 증가시키는 요인이 되었다.

EU에서 철도화물 수송정책이 최초로 언급된 것은 1990년대였다. 1991 년에 제정된 각료회의 결정(91/440/EEC)에서는 국가로부터 독립한 철도 사업 경영의 보증과 철도 노선 사업과 운송사업의 회계상의 분리로 철도사 업자가 함께 가맹국의 선로를 사용, 통과하는 권리를 보증하는 이른바 오 픈 억세스를 실시하였으나, 실제로 선로를 이용할 수 있었던 것은 국제복 합화물운송사업자에 한정되어 철도시장의 자유화는 충분히 진행되지 못하 였다. 이러한 상황 가운데 2001년 철도개혁의 제1패키지(package)가 채택되었다. 91/440/EEC에서는 오픈 억세스에 참여 가능한 사업자는 국제 수송을 행하는 철도사업자의 국제그룹과 국제복합화물운송사업자로 한정했지만, 제1패키지에서는 2003년부터 설정된 유럽횡단화물철도네트워크(TERFN)에서 국제운송을 수행하는 화물사업자로 개정되어 약 90%로 확대되었다. 2004년에 채택된 제2패키지에서는 모든 노선에서 국제화물 수송이 자유화되었으며, 또한 2007년부터 국내 화물 수송도 억세스권이 완전 자유화되었다.

유럽은 국제 환경 협약에 따른 저공해 물류를 통한 경쟁력을 제고하고, 고유가로 인한 에너지비용의 절감을 목적으로 친환경 물류를 추진하고 있다. 도로에 집중된 화물량이 매년 증가하면서 겪는 환경문제와 시간적·경제적 손실로 인한 경쟁력 저하에 대응할 수 있는 방안을 철도 물류 활성화에서 찾고 있다. 〈2010 유럽 교통백서〉의 주요 내용을 보면 도로 수송 점유율을 획기적으로 줄이는 것을 목표로, 유럽연합국의 후생이 감소하지 않는 범위에서 운송합리화를 추진하고, 도로 수송을 대체할 수 있는 운송수단의 이용을 최대한으로 증가시키는 정책을 추진하고 있는데, 그러한 핵심 정책 중 하나가 철도 이용을 활성화하는 모달 시프트(Modal Shift)이다.

구체적으로 1995년부터 2002년까지 EU에서는 물류운송 개선을 위한 파일럿 프로그램으로 PACT(Pilot Action for Combined Transport)를 추진하였다. 이 PACT 프로그램은 운송수단간 연계성을 강화하기 위해 5,300만 유로가 투입된 프로그램으로, 철도-항만, 철도-항공 간의 연계를 통하여 도로교통량을 감소시키고, 수송시간을 단축하는 데 그 목적이 있었다. 도로 화물을 줄이고 여러 운송수단을 결합하는 복합운송 프로젝트에 최대 30%, 실현가능한 연구에는 50%까지 비용을 지원하였다.

그 후, 이전의 경험을 바탕으로 2002년 유럽위원회의 제의로 마르코 폴로(Marco Polo) 프로그램의 계획이 수립되었고, 2003년 1월부터 2006년 12월까지 4년에 걸친 물류 혁신 프로그램이 실행되었다. 마르코 폴로 프로그램의 주된 목적은 과도한 도로 물동량을 줄이고, 환경친화적인 운송수단으로 전환하는 새로운 친환경 교통시스템과 여러 운송수단들을 이용한 연계망을 구축하는 데 있다.

마르코 폴로 프로그램은 단독 국가가 아닌 EU 회원국과 후보국 등 2개 이상의 국가에서 2개 이상의 업체가 협력해서 활동하는 국제적인 프로그램으로, 매년 업체별로 프로젝트를 공모 받아 심사한 뒤 선정하여 재정을 지원하고 있다. 프로그램은 세 가지 활동 영역[49]으로 분류되어 있는데, 그 중 하나가 모달 시프트 활동이다.

마르코 폴로 프로그램에서 제안하는 모달 시프트 활동은 도로운송에서 다른 수송수단으로의 전환을 주된 내용으로 하며, 500ton · km 전환시 1유로를 지원하여 최소 50만 유로를 지원한다. 구체적인 지원 내용으로는 프로젝트 비용의 30%까지 지원가능하며, 인프라 구축에는 20%까지 지원하고 최대 3년간 지원을 받을 수 있다. 최소 2.5억 ton · km를 전환해야 하며, 지원이 끝난 후에도 실용화가 가능하여야 한다는 조건이 있다.

마르코 폴로 프로그램은 1차와 2차로 구분되는데, 2006년 12월 1차가 종료된 뒤 2007년 1월부터 2013년까지 2차가 진행 중에 있다. 2차에서는 4억 유로를 투자 지원하며, 연간 200억 ton · km의 도로화물 물동량의 전환을 시도한다. 2차에서는 1차의 내용을 발전시켜 프로그램의 적용지역을 확대하고, 새로운 활동영역으로 해양고속도로 건설과 도로운송 방지 활동을 추가로 도입하였다.

---

49) Modal shift actions, Catalyst actions, Common learning actions.

EU는 마르코 폴로 프로그램을 도입, 실행하여 연간 100억 ton·km 이상의 도로물동량을 다른 수송수단으로 전환하였고, 이로 인한 환경비용 등 외부비용을 절감하는 효과를 가져왔다. 계속 진행 중인 마르코 폴로 프로그램은 기반시설의 지원을 확충하고, 참여국의 증대를 늘리기 위한 새로운 혁신 활동의 개발 등 여러 가지 개선책을 보완하면서 향후 지속적인 친환경 운송시스템을 구축하는 노력을 하고 있다.

이와 같이 모달 시프트를 통한 철도화물 활성화는 철도의 높은 사회경제적 편익이 있기 때문이다. 철도가 가진 사회경제적 편익으로 인해 철도역에서의 상하역으로 인한 시간적 제약 그리고 많은 투자비용으로 인한 고비용의 구조를 극복하도록 도와주고 있는 것이다.

<표 5-15> 마르코 폴로(Marco Polo) 1차 프로그램 결과

구분	2003	2004	2005	2006
수행 예산(백만 유로)	13	20.4	21.4	18.9
전환 물동량(십억 톤 킬로미터)	12.4	14.4	9.5	11.5
환경 이익(백만 유로)	204	324	245	241
외부비용 절감(1유로 지원 당)	15.7	15.9	11.4	12.7

자료 : European commission(2007), The Marco Polo programme : key for sustainable mobility

2) 영국

영국의 철도화물 수송량은 1953년에 370억 ton·km에서 1995년에는 130억 ton·km까지 감소하였으나, 그 후 증가 추세로 돌아서서 2008년에는 210억 ton·km로 증가하였다. 철도화물이 증가된 이유 중의 하나는 환경친화적인 철도를 육성하기 위한 정책의 채택과 함께 철도 관련 보조금을 늘려왔기 때문이다.

최근에 철도화물 보조금은 더욱 다양화되었다. 영국은 Delivering a

<표 5-16> 마르코 폴로 II 프로그램의 사업 구문 및 내용

활동	주요 내용	비고
운송수단의 전환 (Modal Shift Action)	– 현재의 시장 조건에서 경제적으로 의미 있는 많은 물동량이 도로운송에서 해운, 철도, 내륙수운으로 전환되는 사업 – 새로이 시작하는 사업이 현재의 사업을 현격히 개선하는 사업	– 최대 지원액 : 500ton·km당 1€ – 최소 지원 기준 : 50만 € 또는 250백만 ton·km – 보조금 지원 비율 : 35%(신규) – 최장 지원 기간 : 36개월
촉매 활동 (Catalyst Action)	– 도로운송이 아닌 화물운송의 방법을 혁신하는 사업 – EU 화물운송에서 구조적인 시장의 장애를 극복하는 사업 – 획기적인 변화를 일으킬 수 있는 사업	– 보조금 지원 비율 : 35% – 최소 지원 기준 : 2백만 €(신규) – 최장 지원 기간 : 60개월(신규)
공동학습활동 (Common Learning Action)	– 화물물류 부분에서 지식을 개선하고 화물운송시장에서 협력 절차나 선진 기법을 도입한 사업 – 협력 및 노하우의 공유를 개선시키는 사업	– 보조금 지원 비율 : 50 % – 최소 지원 기준 : 25만 € – 최장 지원 기간 : 24개월
복합운송으로 전환 (Motorways of the Sea Action)	– 장거리 도로운송을 해운 서비스를 포함하는 복합운송 서비스로 전환하면서, door-to-door 서비스를 제공하는 사업	– 최대 지원액 : 500ton·km당 1€ – 최소 지원 기준 : 2.5백만 € 또는 전환 물동량 12억 5천만 ton·km – 보조금 지원 비율 : 35% – 최장 지원 기간 : 5년
교통량 감소 (Traffic Avoidance Actions)	– 도로운송을 회피하여 교통량을 감소하는 사업	– 최대 지원액 : 500ton·km당 1€ – 보조금 지원 비율 : 35% – 최장 지원 기간 : 5년

자료 : Anne Barseth(2006), 'Innovative with Marco Polo', European commission(2007)

<표 5-17> 영국의 철도화물 보조금 추이

(단위 : 백만 파운드)

연도	1995	1996	1997	1998	1999	2000
금액	4	15	29	29	23	36

자료 : SRA(2003), National Rail Trends

<표 5-18> 철도화물 보조금제도의 변화

	종래의 제도	새로운 제도
화물 보조금제도	FFG(1974~)	FFG 지속
	TAG(1993~2007. 3.)	REPS(Bulk)(2007. 4.~2010. 3.)
	CNRS(2003~2007. 3.)	REPS(2007. 4.~2010. 3.)
		MARS(2010. 4.~2015)

주) FFG : Freight Facility Grant(화물 시설보조금)
　　TAG : Track Access Grant(선로 이용보조금)
　　CNRS : Company Neutral Revenue Support(철도 이용자에 대한 보조금)
　　REPS : Rail Environmental benefit Procurement Schemes(철도 환경편익보조금)
　　MARS : Modal Shift Revenue Schemes(모달 시프트 보조금)

<표 5-19> 영국의 주요 철도화물 육성정책

연도 및 근거	정책	주요 내용	지원금
1974년 철도법	철도화물 보조금제도	FFG (철도시설 이용보조금으로 철도시설을 가지고 있는 운송회사와 화주에 지원)	2007년 : 1.7백만 파운드 2008년 : 1.3백만 파운드 (지원가능 총예산은 2009년에 7백만 파운드, 2013년에 25백만 파운드)
2000년 Transport 2010	철도화물 육성	철도분담률 6%에서 10%로 향상	
2007년 Delivering a Sustainable Railway	환경편익을 계산하여 철도회사에 보조금 지불	REPS(철도 환경편익제도)를 신설하여 철도가 도로보다 비싼 경우 철도회사에게 지불	2008년~2010년 3년간 보조금으로 2.37백만 파운드 지출 115,000대의 화물차 감소
2010년 4월~2015년	모달 시프트	MARS(Mode Shift Revenue Scheme)	REPS을 더욱 강화한 내용

Sustainable Transport(2007)를 제정하였는데, 이 법은 철도 환경편익제도를 도입하였으며, 이는 철도화물 보조금제도인 TAG(선로 이용보조금)와 CNRS(철도 이용자에 대한 보조금)를 통합하여 운영하는 제도로, 철도 환경편익제도(Rail Environmental benefit Procurement Schemes : 이하

REPS)이다.[50] 이 제도는 2007년 4월부터 2010년 3월까지 시행하도록 하였고, 이에 영국 교통부는 REPS에 3년간 300만 파운드를 지출할 예정이며, 이를 통하여 약 215,000대의 트럭 운송이 철도로 전환될 것으로 예상하고 있다.[51]

그동안 영국의 철도화물 육성정책을 정리해 보면 〈표 5-19〉와 같으며, 2010년에는 모달 시프트를 위한 보조금인 MARS를 도입하는 등 더욱 적극적인 정책을 추진하고 있다.

3) 프랑스

철도개혁 이후 프랑스의 철도화물 수송량은 2000년을 정점으로 계속 하락하였다. 2003년의 재무상황은 SNCF 영업 손실의 3분의 1을 철도화물이 차지하는 4.5억 유로의 적자를 기록하였다. 이러한 문제를 해결하기 위해 SNCF는 '철도화물 수송 재건계획(2004~2006)'을 발표하였다. 이 계획에 의해 3년간 21억 유로의 보조금이 프랑스 정부와 SNCF로부터 교부되었다. 그러한 액수의 투자에도 불구하고 2006년도 화물 매출액은 66.9억 유로로 전년대비 3.7% 증가하였지만, 2.3억 유로의 손실을 기록하였다. 여기서 SNCF는 2007년에 처음으로 고객의 신뢰성을 회복시키는 계획에 착수하였다. 고객의 서비스를 높이는 적극적인 활동의 결과 2007년 철도화물 수송량은 2000년 이후 계속적인 감소에서 증가로 전환하였고, 수입은 77.3억 유로, 경영손실은 1.9억 유로로 개선되었다.

2008년 10월에 SNCF는 2012년을 목표로 하는 'Destination 2012'를 발표하였으며, 이 사업계획에는 10개의 항목이 제시되었다. ① 화물노선의

---

50) Department for Transport(2006), Rail Environmental Benefit Procurement Scheme.
51) http://www.dft.gov.uk/pgr/freight/rfg/pnrailfreightgrants.

혼잡완화를 위해 국가 및 RFF에 대하여 2010년까지 5,000만 유로의 융자와 긴급프로그램을 제안하며, ② 2008년부터 단거리화물 사업자에 대하여 2,000만 유로를 원조한다. ③ 2009년부터 프랑스 국내에서, 2012년부터는 유럽 전역에서 프랑스우정공사와 공동으로 고속열차를 이용한 우편, 소화물 수송을 개시한다 등을 정하였다. 2008년 수입은 80.3억 유로였으며, 영업이익은 2.7억 유로로 흑자 전환하였다. 이즈음에 SNCF는 국제화물운송회사를 합병하여 이를 중점적으로 발전시키는 전략을 채택하였다. 2009년 이후 전략은 ① 국제적 전문 물류활동 기반의 강화 ② 유럽 전체의 철도화물 수송사업의 적극적인 전개 ③ 적절한 방법에 의한 트럭화물 수송의 개선 ④ 혁신적인 또한 다양한 해결책 제시에 의한 SNCF의 지휘 확립 ⑤ 자산관리의 전개 등을 전개하고 있다.

프랑스 정부는 2009년 9월 16일 지구 온난화대책의 일환으로 2020년까지 철도화물 수송 인프라 정비에 70억 유로를 투자하는 방침을 발표하였다. 이 계획의 목표는 2022년까지 화물수송에 있어 트럭, 항공수송 이외에 철도와 해운수송의 비율을 2007년 14%에서 25%로 상승시키는 것이다. 이를 위해 국제 수송, 장거리수송, 알프스와 피레네산맥을 넘는 모든 트럭 수송에 대하여 대체 수송수단을 강구하는 것이 중요하게 고려되고 있다. 이를 위해 철도화물 수송 분야를 위험물 분야와 대량공산품으로 확대할 예정이다. 이러한 계획의 배경에는 2008년 4월 프랑스 정부가 공표한 '환경 Grenelle 기본법안' 교통수송 분야의 목표, 즉 2020년 온실가스 배출량을 1990년 수준으로 감소하는 것이 자리잡고 있다. 이를 위해 트럭에 대해 주행거리에 비례한 과세, 철도화물 수송의 인프라 정비 등을 제시하고 있으며, 이러한 것을 추진하기 위해 2010년~2015년까지 8개의 프로젝트를 추진하는 것으로 발표하였다.

프랑스의 경우 최근 매우 적극적인 계획을 발표하고 있다. 이를 추진하기 위한 방대한 예산이 확보되어 있기는 하지만, 현재 프랑스 정부는 도로망의 정비계획을 함께 발표하고 있고, 이번 계획에 따라 SNCF 직원 6,000명의 전환배치가 함께 추진되고 있어 노조와의 원만한 타협도 중요한 문제가 되고 있다.

<표 5-20> 프랑스의 철도화물 인프라 정비계획(2010~2015)

추진 계획	내용
1. 정시운행을 지향하는 트럭수송 전용노선 정비	피기백 수송이 가능한 4개 노선정비 2020년까지 연간 트럭 50만 대의 감소를 통해 연간 45만 톤의 이산화탄소 배출을 감축
2. 복합화물운송 촉진	2020년까지 해운과 철도를 연결하는 복합화물의 수송량 2배로 증대 ① 도로에서 철도로 전환보조금을 30% 인상 ② 1편성당 1,000미터의 화차운행(파리~마르세이유) 　연간 50만 대의 트럭 감축으로 연간 62만 톤의 이산화탄소 감축 ③ 1회 복합수송할 경우 12유로에서 15.6유로로 보조금 증대
3. 지방과 항만수송을 담당하는 단거리 화물운송 사업자 창설	2009년까지 단거리수송을 담당하는 3개 회사를 설립하고, 연간 800만 유로의 비용을 투자하여 기술지원
4. 공항과의 고속화물수송 추진	파리와 릴 국제공항에 17억 유로를 투자하여 고속화물 전용선과 플랫폼 정비. 연간 10만 대의 트럭과 항공기 1,000대분의 화물수송을 철도 수송으로 전환하여 연간 15만 톤의 이산화탄소 감축
5. 화물 전용노선의 개량	2009년 노선 조사 개시와 2010년에 전용선 공사 시작
6. 용량 포화 노선 해소	투자액 45억 유로(주로 우회 전용노선의 건설)
7. 항만과 철도 연계수송	항만에 항만철도 수송사업자 설립(2개 항구)과 창고 설치
8. 운송사업자에 대한 서비스 개선	RFF에 고객지향서비스본부 설치 RFF와 고객간의 품질협정 체결 트럭 전용선에 정시성의 보장

자료 : 萩原隆子(2010), 'フランス鐵道貨物輸送の動向と鐵道貨物インフラ整備計畵', '運輸と經濟', 第70券 第2号 참조

4) 독일

독일 철도의 교통정책에서 중요한 변화의 하나는 2000년에 발표된 《교통

백서》이다. 《교통백서》에는 장래 교통량의 예측을 통해 도로교통에 의한
화물수송이 한계에 도달할 가능성이 있다고 전망하며 철도로 전환할 필
요가 있다고 기록되어 있다. 아울러 이를 위해서는 도로를 이용하는 화
물수송에 세금을 부과하는 정책을 도입하고, 이를 재원으로 철도 인프라
를 정비하는 데 투자하도록 하였다. 이어서 발표한 연방 도로교통계획
2003(BVWP 2003)의 교통 예측에 따르면 1997년부터 2015년 사이에
화물운송 분야가 64% 그리고 여객운송 분야가 20% 증대될 것이라고
전망하고, 철도에 의한 화물수송 분담률이 2배에 이를 것으로 전망하고
있다. 구체적으로는 화물의 경우에는 1997년의 분담률이 ton·kg 기준
으로 19.7%에서 2015년에는 24.3%로 약 103%가 증가할 것으로 예측하
고 있다.

이러한 교통정책의 일환으로 1995년부터 총중량 12톤 이상의 트럭에 대
해 통행료를 부과하고 있으며, 또한 12톤 이상의 차량에 대해 주행거리 1
킬로미터당 15센트를 부과하고 있다. 이러한 재원 등을 바탕으로 독일은

<표 5-21> 독일의 수송 수요 예측

		1997년		2015년 예측		수송 수요의 변화
		십억 ton·km	%	십억 ton·km	%	
여객	철도	74	7.8	98	8.7	+32
	자동차(개인)	750	79.6	873	77.3	+16
	항공	36	3.8	73	6.5	+103
	공공도로 수송버스	83	8.8	86	7.6	+4
	소계	943	100.0	1130	100.0	+20
화물	철도	73	19.7	148	24.3	+103
	장거리 도로운송	236	63.6	374	61.5	+58
	내륙운하	62	16.7	86	14.1	+39
	소계	371	100.0	608	100.0	+64

자료 : Federal Transport Infrastructure plan 2003(German)

교통 부문에 투자하고 있는데, 교통투자계획(2006~2010)을 보면 철도와
도로의 투자비율이 거의 비슷한 것을 알 수 있다.

<표 5-22> 독일 연방 교통투자계획(2006~2010)

(단위 : 10억 유로)

	연방 정부의 철도 구간	국도	수로	합계	기타 분야ⓐ	총계
2006년~2010년 연방 재무부 자금계획	16.62 ⓑ	19.93 ⓒ	2.84 ⓓ	39.3	9.3	48.6
2006년~2010년 기존망의 보존	12.5	10.05 ⓔ	2.66 ⓕ	25.1	0	25.1
IRP(통합자원계획)에서 완결 또는 착수되어야 하는 필요 프로젝트계획 2006년부터	25.2	22.4	2.5 ⓕ	50.1	0	50.1

주 : ⓐ 이에 해당되는 사항 : GVFG, Transrapid, Galileo, 기상 서비스, 항공교통
　　ⓑ 철도 인프라의 보존, 확충 및 신설에 직접적으로 적용되지 않은 투자자금 미포함(총 7.5억 유로, 그 중 복합적 교통, 소음차단, 철도 교차로법에 따른 조치 그리고 민간 방위 등 포함)
　　ⓒ 도로 인프라의 보존, 확충 및 신설에 직접적으로 적용되지 않은 투자자금 미포함(총 28억 유로 : 정비소, 화물차, 장비, 고층건물 건축방안, 교통통제시설 그리고 필요계획 밖의 개조 및 확충계획)
　　ⓓ 수로 인프라의 보존, 확충 및 신설에 직접적으로 적용되지 않은 투자자금 미포함(총 11억 유로, 그 중 운송수단과 장비, 운전 및 서비스 건물, 해상 비상시스템, IT-기술, 항해 기술 장비, 운전 도로, 복합적 교통)
　　ⓔ 도로 분야의 경우 보존과 확충, 개조 및 신설 사이의 분리를 확실히 하기에는 어려움. 확충 및 개조작업에 6차선의 고속도로 확장 공사와 같은 프로젝트도 포함되기 때문임.
　　ⓕ 수로 분야의 경우 보존과 확충 투자 사이의 분리가 제한적으로 가능하다. 왜냐하면 병행된 조치가 시행되기 때문임(확충을 내용으로 하는 대체 투자).

5) 스위스

스위스 교통정책의 목표는 환경 및 삶의 질을 쾌적하게 유지하는 가운데
지속가능한 이동성의 확보('Alpine Initiative', 1994)이며, 특히 알프스
횡단 화물교통을 도로에서 철도로 전환시키려고 노력 중이며, 이를 위해
도로화물에 대한 규제강화를 통한 철도화물 운송 증대를 도모하고 있다.
과거 스위스의 철도화물 증대정책은 트럭에 대한 최대중량 제한(28톤) 적

용 등 제재적인 정책 위주였으나, 최근에는 보다 시장지향적인 정책으로 전환함에 따라 통행료 부과 등 경제적 제재를 통해 철도로의 전환을 유도하고 있으며, 복합운송에 대한 운행보조금을 1999년의 1억 2,500만 CHF(약 1,000억 원)에서 향후 연평균 2억 5,900만 CHF(약 2,000억 원)으로 2배 가량 증대할 계획이다. 또한 철도화물 환적시 병목현상의 개선을 위한 터미널건설 촉진을 위해 2010년까지 연평균 1,800만 CHF(140억 원)을 배정할 계획이다. 이러한 중·장기 정책들이 효과를 발휘하기까지 단기정책을 병행함으로써 철도화물 운송 증대를 도모하고 있으며, 대형트럭으로부터 징수한 통행료는 두 개의 알프스 관통터널 건설 등 철도시설의 현대화를 위한 재원으로 활용하는 등 도로로부터 징수한 통행료를 철도화물 활성화에 투자하고 있다.

<표 5-23> 스위스의 철도화물 운송 증대를 위한 단기정책

도로관련 정책	철도관련 정책
- 트럭운전자 근무시간에 대한 제재 (근무 여건에 대한 EU 기준 준용) - 야간 & 일요일 트럭 통행금지 - 첨단교통시설의 활용을 통한 도로교통 소통 원활화	- 철도 운영자간의 경쟁 극대화를 위한 보조금체계의 조정(선로 사용료 경감 및 복합운송 서비스 지원을 위한 보조금) - 철도화물 선로 사용료 경감을 위한 예산 및 복합운송에 대한 예산 증액 (연평균 259백만 CHF 수준으로 2배 증액) - 스위스 국·내외 환적장의 용량 증대를 위한 지원 - 철도 생산성의 향상(연평균 5% 증대 목표)

주 : 이러한 목표는 영국의 경우와 비교하면 매우 높은 목표치임. 영국의 경우 1996년~2006년에 2.0~3.1%로 설정
자료 : 한국철도기술연구원(2007), 미래형 철도 물류체계 구축방안 연구, p.64 표 인용

2001년 1월부터 스위스의 모든 도로를 운행하는 3.5톤을 초과하는 트럭에 대하여 통행료 징수제도를 적용(국·내외 운송업자에 모두 적용)하며, 운행거리·총 허용중량·배출량(3등급으로 구분)을 기준으로 탄력적으로 부과하고 있다. 예를 들어 15톤 화물트럭이 400km를 운행할 경우의 통행

료는 배출량 등급(1.42~2.0)에 따라 76,680~108,000원 수준이며, 30톤 화물트럭의 경우에는 153,360~216,000원이다. 최대 허용중량은 2001년에는 34톤, 2005년에는 40톤으로 증대시키는 반면, 도로통행료에 외부비용을 포함시킴으로써 통행료 수준을 상향조정하였다. 대형트럭에 대한 통행료는 2001년 1월에 300km 기준, 34톤 트럭에 대해 평균 172CHF(약 15.5만 원)을 부과하던 것이 점차 증가하여 알프스횡단철도의 운행이 개시되는 2008년에는 300km 기준 40톤 트럭에 대해 325CHF(약 29만 원)을 부과할 계획이며, 대형트럭에 대한 통행료 부과 9개월 후 그 영향을 모니터링한 결과 도로교통량이 약 3% 감소하는 효과를 보였다.

6) 일본

일본은 비교적 최근인 2005년을 전후로 해서 온실가스 절감을 위한 여러 가지 대책을 내놓고 있다. 주요한 것으로는 제3차 종합물류시책대강과 물류종합효율화법, 그린물류 파트너십 회의, 녹색교통을 위한 세제지원 등이 그것이다. 이러한 제도들의 특징은, 그간 온실가스 절감을 위한 정책이 선언적인 것이었던 것에 비해 매우 구체성 있는 정책이 실현되고 있다고 하겠다. 예를 들면 온실가스 절감을 위한 지원제도 등이 그것인데, 이는 환경문제를 경제적인 영역에서 적극적으로 취급하기 시작했다는 것을 의미하며, 환경을 보호하는 것이 장기적으로 사회를 지속시킬 수 있다는 인식에서 출발한 것이다.

유럽의 경우 이미 환경비용을 사회경제적 비용에 포함하여 계산하고 있다. 구체적으로 유럽에서는 철도화물이 환경친화적인 것을 고려하여 500ton · km당 1유로를 지원하고 있으며, 영국의 경우에도 화물터미널 사업자, 화주 등에 연간 약 7,000유로를 지원하고 있다.

두 번째로는 다양한 정책수단이 강구되고 있다는 것이다. 저공해 차량에서부터 철도의 육성, 물류거점시설에 대한 지원 등 교통 부문의 다양한 영역에서 추진되고 있다는 것이다.

<표 5-24> 주요 정책의 도입시기와 내용

구분	도입시기	주요 내용
제3차 종합물류시책대강	2005~2009	- 철도, 해운 등 환경친화적 교통수단의 육성 - 저공해형 차량보급을 위한 지원
물류종합효율화법	2005~	- 환경친화형 물류시설에 대한 지원
개정 에너지절약법	2006~	- 대기업의 이산화탄소 배출 감축 의무화
그린물류 파트너십 회의	2005~	- 이산화탄소 배출 감축을 위한 사업에 대한 지원
녹색교통을 위한 세제지원	2009~	- 물류거점시설에 대한 소득세, 법인세 감면 - 철도화물 수송사업자의 취득 자산에 대한 세제감면

일본의 경우 그린물류 파트너십 회의에서 지원비용 총액은 2002년 ~2004년까지 연간 1~2억 엔에서 2008년에 22억 엔, 2009년에는 14억 엔을 지원하였다.

(3) 각국의 철도화물 정책 비교 및 시사점

이러한 철도화물에 대한 인식 하에 유럽에서는 다음과 같은 화물철도 수송 지원책이 실시되고 있다. 철도에 대한 직접적인 보조는 인프라 부분에 중점을 두고 있으며, 화물수송과 도로운송이 결합된 복합화물 수송에 대해서도 각종 지원책이 마련되어 있다. 주요 국가별 화물철도 수송 지원책은 다음과 같다.

<표 5-25>　유럽의 화물철도 수송 지원책

지역	화물철도 수송 지원책
EU	• 유럽 횡단 네트워크 등 우선적인 프로젝트는 EU가 앞장서서 지원책을 실시 • 철도사업자와 정부는 계약상의 공공 서비스 실시가 요구되고 있음. 특히 근거리 여객수송은 철도사업자와 정부가 계약을 체결하고 정부 또는 지자체가 책임을 지는 방향(지역화)으로 진행하고 있음.
프랑스	• SNCF(프랑스 국철)의 화물철도 부문에는 3억 프랑이 지원됨. 지원금은 복합화물 수송과 트럭 직행요금을 동일한 수준으로 맞추기 위한 것으로 고속도로 요금으로 조성된 기금에서 지출되고 있음. • 복합수송 컨테이너 장치의 저금리대출 지원을 위한 수백만 프랑의 예산 확보 • 철도 인프라 관리 사업을 실시하고 있는 RFF는 수입 286억 프랑의 약 70%인 198억 프랑을 정부에서 지원 • 역이나 환적시설 등 복합수송 시설에 대한 보조금으로 1억 6,900만 프랑 예산 확보(반액보조) • 복합수송 트럭에는 중량 규제를 40t에서 44t으로 완화하는 우대정책 실시
독일	• 지역 여객철도의 비용 부담이 주의 관할로 변경, 예산은 정부가 석유세를 각 주에 배분하거나 도시교통 개선 조성법의 지원을 받아 운영 • 복합화물 수송 트럭은 자동차 차량세 전액 면제 • 복합수송 트럭의 중량 규제는 40t에서 44t으로 완화 • 환경세의 경우 철도는 다른 수송 모드의 절반에 해당하는 세율 적용 • DBAG(독일 철도)의 신규 노선이나 노선개량 등 철도 인프라에 정부가 보조금 지원
영국	• 화물철도 수송에 대해서는 2000년~2010년 동안 화물철도 수송량의 80% 증가, 화물철도 점유율을 7%에서 10%로 인상할 계획이며, 이를 위해 화물철도 수송에 40억 파운드(약 7,900억 엔)를 투자하기로 결정 • 노선의 유지관리 사업을 실시하고 있는 네트워크레일에 보조금 지원
스위스	• 알프스의 피기백 수송을 위해 NEAT계획. 터널 공사비에 연간 5,000~6,000만 스위스프랑 지출 구체적으로 고타드(Gotthard)터널 건설비의 4분의 1은 석유 수입세의 지원을 받고 있음. • 전용선에 대해 50%의 보조금 지급 • 소음방지를 위해 10년간 20억 스위스프랑의 지원금 지급 • 연간 50억 스위스프랑의 석유 수입세 가운데 5억 스위스프랑을 피기백사업 지원

　한편 각국의 철도화물 정책을 비교해 보면 영국은 보조금정책, 독일은 시설개량과 투자정책, 스위스는 트럭에 대한 규제와 보조금정책으로 철도화물을 육성하고 있는 것을 알 수 있다. 프랑스의 경우에는 최근에 시설개량에 역점을 두는 정책을 취하고 있다. 한편, 일본의 경우에는 직접적인 보조금은 약하다는 것을 알 수 있다.

<표 5-26> 각국의 철도화물 정책 비교

구분	철도화물 정책	시기	규모	주요 정책	비고
영국	FFG, REPS 등으로 적극적인 지원	1974년부터 시작하여 1995년 이후 적극적인 지원정책	FFG는 2010년 : 10백만 파운드 2013년 : 25백만 파운드로 증액	철도 이용 화물에 보조금	2010년까지 10% 수준으로 향상
독일	– 철도와 도로의 동등한 투자에 의한 육성 – 2008년 철도화물 분담률을 17%에서 2015년에 25%까지 증대 – 여객과 화물을 동등하게 취급하여 육성	1992년 (연방교통망계획)	연간 주행세로 철도에 약 9.1억 유로 지원(2005년)	– 2005년부터 트럭에 부담금 (주행세) – 복합수송 트럭의 중량 규제를 40톤에서 44톤으로 완화	2015년까지 목표치가 분명히 있음
프랑스	최근 프랑스 정부의 적극적인 투자(시설개량 중점)	2004년부터 SNCF의 철도화물 재건계획	2004년~2006년까지 3억 유로 지원	– 복합운송에 대한 지원 – 트럭에 대한 중량 규제(40톤)	최근 정부투자 확대 아직 철도 이용자에 대한 직접적인 보조가 약함
스위스	트럭 규제에서 보조금 정책으로 전환	2001년부터 적극적인 지원정책으로 전환	복합운송에 연간 2억 5,900CHF 지원 (약 2,000억 원)	– 트럭에 대한 중량 규제(40톤) 피기백 사업에 지원 – 고타터널의 건설비 4분의 1을 석유세에서 지원	
일본	– 물류종합효율화법 – 그린물류 파트너십 회의 – 녹색교통을 위한 세제지원	2005년 2005년 2009년			– 직접적인 철도화물 보조는 없다(간접적인 지원) – 기업 차원의 활성화 노력이 주가 되고 있음 (비용절감과 컨테이너화, 국내용 용기)
우리나라	전환보조금 제도	2010 년	연안 해운과 합해 24억 원		화주에게 보조금을 주는 제도

<표 5-27> 각국 사례를 통한 시사점과 우리나라 도입 가능성

	시사점	우리나라의 도입 가능성
영국	직접적인 보조금정책	보조금의 확대
독일	종합물류정책 차원에서 철도 육성	철도화물망 확대
프랑스	복합운송의 육성, 국제운송	복합수송, 국제운송의 확대
스위스	도로화물의 규제	유가보조금의 축소
일본	– 과감한 선택과 집중전략(컨테이너 중심)으로 구조조정 – 비용절감 – 수요자 위주의 전략	– 수익성 중심으로 전략적인 품목 위주로 재편 – 권역별, 품목별 차별화전략 도입 – 비용절감 – 다양한 소비자 니즈 수용(국내용 컨테이너 제작 등)

(4) 소결

이 장에서는 유럽 주요 국가와 일본 등에서의 철도 활성화를 위한 다양한 정책 등을 살펴보았다. 이러한 분석 등을 통하여 향후 우리나라의 철도화물 활성화를 위해 다음과 같은 시사점을 도출할 수 있었다.

첫 번째로는 철도화물 활성화를 위한 그랜드 디자인의 구축이 필요하다. 녹색물류 실현을 위한 철도화물의 육성 목표에 대한 구체적인 합의와 추진을 위한 조직과 기구 등이 필요하며, 추진 주체를 보다 분명히 하고 이를 추진할 수 있는 권한과 내용의 보완이 필요하며, 조직 차원의 통합적인 합의 도출을 위한 것이 필요한 실정이다. 예를 들면 유가보조금 문제, ICD 내에서의 철도화물 수송 문제 등의 해결을 위한 합의 등도 포함될 것이다.

두 번째로는 새로운 선택과 집중 전략에 대한 수익성 품목 중심으로 철도화물 수송이 재편되어야 하며, 새로운 수송영역을 확보하여야 한다. 또한 향후 수익성 있는 품목인 컨테이너 중심으로 수송체계를 재편하는 노력이 필요하며, 새로운 물량 유치를 위한 노력이 필요하다. 예를 들면 위험물 수송, 대량 계약 수송, 블록트레인 등이 그것이다. 일본과 같은 인증제도와 공단별 대형업체 유치방안이 마련되어야 할 것이며, 아울러 하남산업단지의 경우는 삼성전자 물량 등의 유치가 바로 그것이다. 대도시권에서의 폐기물 및 리사이클 물자 수송에서 철도화물 수송을 활용한 정맥물류 시스템의 가능성을 검토하고 있다.

세 번째로는 환경친화적인 철도의 적극적인 홍보로 철도 수요를 확대시켜야 한다. 일본의 경우 에코레일마크는 친환경적인 철도화물 수송을 활용하여 지구 환경문제 해결을 위해 적극적으로 추진되고 있는 상품이나 카탈로그에 마크를 부여하는 제도로, 2005년 3월 국토교통성이 설치한 '친환경적인 철도화물 수송의 인지도 향상에 관한 검토 위원회'에서 도입이 결정되었다. 소비자로 하여금 기업의 환경 부하 저감활동에 대한 행동을 인식하게 함으로써 상품을 구입하는 것에 의해서도 환경부하 저감에 공헌할 수 있음을 알리고, 소비자와 기업이 하나가 되어 환경문제에 적극적으로 대처할 수 있도록 유도하는 제도이다. 표시 대상이 되는 매체로는 ① 개별 상품의 이미지를 표상하는 매체(상품, 종이상자, 카탈로그, 신문광고 등), ② 기업의 이미지를 나타내는 매체(환경보고서, 웹사이트, 포스터, 신문광고, 카탈로그 등)로 구분하고 있으며, 상품의 인정을 받는 기업은 철도화물 수송을 정기적으로 이용하고 있으면서 원칙적으로 일반 소비자용 상품 제조를 하고 있는 기업이 된다. 상품의 인정 기준으로는 해당 상품의 수송에 대하여 수량 또는 수량×거리비율로 30% 이상의 수송에서 철도를 이용하고 있어야 하며, 이를 기준으로 상기 표시 대상이 되는 매체 중 1개 매체에 대한 에코레일마크의 게시가 인정된다. 기업 인정에 대해서는 수량, 또는 수량 ×거리비율로 15% 이상의 수송에 철도를 이용하고 있어야 하며, 이에 적합한 기업의 경우 상기 표시 대상 매체 중 2개 매체에 대해 마크의 게시가 인정된다. 2005년 4월부터 인정 상품 및 기업 모집을 개시하였으며, 2008년 5월 현재 인정 상품 17건, 인정 기업 수가 40개사에 이르고 있다. 이 제도는 환경활동을 적극적으로 전개하는 기업의 PR이 되는 것으로, 기업에 대한 인센티브의 성격을 지니고 있다.

네 번째로 철도화물 지원정책의 확대이다. 금년에 연안 해운과 철도에 약 24억 원을 지원하고 있는 것은 다른 나라에 비해서 매우 미약하다고 하겠다. 왜냐하면 현재 철도와 도로의 경쟁력의 차가 매우 크기 때문이다. 이와 함께 현재 도로 분야에 지불되고 있는 유가보조금의 경우 철도 보조금의 효과를 상쇄할 우려가 있으므로 보조금의 규모가 축소되어야 할 것이다.

다섯 번째로는 국제화물과 복합화물의 육성이다. 항만과 공항을 연계하고 국제화물을 철도로 유치하려는 노력이 필요하다. 외항해운과 철도의 연계 강화를 위한 복합일관 수송시스템의 구축에도 노력 중이다.

여섯 번째로는 운임의 경쟁력 제고를 위한 비용절감 등의 노력이 필요하다. 무인화와 화물터미널의 위탁 등의 방안이 바로 그것으로, 거점별로 통합하는 것도 한 방안이 될 수 있다. 컨테이너의 신속한 적양하를 위하여 발착선에서 직접 상하차 작업을 수행하는 E&S(Effective and Speedy Container Handling System) 방식의 하역 정비를 추진하여 수송효율의 향상에 노력하고 있다. 또한 IT를 활용한 컨테이너 수송에서는 IT-FRENS & TRACE[52]시스템을 도입하여 수송력 증강과 수송시간의 단축, 나아가 리얼타임으로 정확한 화물수송을 도모하고 있으며, 네트워크 확충을 도모하는 오프레일 스테이션, 역 구내에서의 물류시설 임대사업 등의

---

52) (1) IT-FRENS, a new freight train reservation system allowing users to request reservations based on delivery dates rather than on particular trains in order to make the most of carrying capacity (2) the TRACE system(consisting of forklifts equipped with GPS, RFID and wireless LAN units), enabling real-time identification of container storage locations in the station yard. This report describes both of these systems(HANAOKA TOSHIKI, General Outline of the IT-FRENS and TRACE Systems, Japan Railway Eng VOL. 45 pp. 17 21, 2005)

서비스를 제공하고 있다.

일곱 번째로는 화물전용선 등의 확보와 속도 향상을 위한 하드웨어의 확충이다. 일본의 철도화물 수송에서 주된 역할을 하고 있는 일본화물철도(주)도 수송 서비스의 확충에 주력하고 있는데, 수송시간의 대폭적인 단축이 가능한 전차형 특급컨테이너열차(슈퍼레일카고)를 운행하고 있다. 또한 컨테이너의 범용성 확보와 운용효율 개선, 다양한 물류니즈에 대응한 컨테이너의 연구개발 등을 수행하고 있다.

철도화물의 활성화를 위해서는 다양한 분야의 정책들이 필요하다. 하지만 이러한 정책들은 정부 주도만으로는 성공적인 결과를 얻기가 힘들기 때문에 화주와 운송업자, 정부가 공동으로 협력하여 추진하여야 할 것이다. 또한 국민들에 대한 철도의 친환경성, 고에너지 효율성 등에 대한 적극인 홍보를 통하여 철도에 대한 인식전환도 아울러 이루어져야 할 것이다.

3. 철도 물류 중장기 개선방안

(1) 중장기 목표

철도 물류사업은 중장기 목표로 현재의 철도 수송 위주의 운영에서 셔틀운송 서비스 확대와 창고사업, 상하역 사업, 종합물류 조성 및 운영, 간선택배사업, 항만 '철송장' 운영, 국제물류운송 및 주선사업 등으로 영역을 확대하여 화물 수송 분담률을 15% 이상으로 달성하여 글로벌 종합물류기업으로 성장, 육성하는 것을 목표로 삼고 있다.

(2) 목표달성을 위한 개선방안

첫 번째로 기존 물류시설의 전면 개선이 필요한 상황이다. 현재와 같이 20량 미만의 소량 연결 및 중간 역 입환과 조차장을 집결 조성하는 방식으로 운영하는 구조로는 인력 및 차량의 과다 보유가 지속되어, 영업계수 200 이상이 지속되는 적자구조를 벗어나기가 어려운 상황이다. 앞으로는 약 40량 단위의 장대열차 운행(일반 및 컨테이너)과 이러한 수송구조에 적합한 시설개량이 시급한 상황이다.

두 번째로 컨테이너, 철강 등 핵심 성장화물로의 역량 집중과 일반화물의 컨테이너화 유도를 통한 비용절감이 필요하다. 다양한 유형의 화차를 보유하는 것이 오히려 탄력적인 차량운행을 저해하고 차량 수선유지비 증가 요인으로 작용하고 있다.

세 번째로 운송 부문의 연계사업까지 본격적인 사업 확장이 필요하다. 현실의 물류 상황에서는 단순 운송기능만으로는 살아남기 어렵고, 다양한 고부가가치가 물류사업들을 운영하는 것이 필요하다. 실제로 민간 물류기업에서도 대부분 운송기능보다는 관련된 상하역 사업이나 창고사업 등을 통해서 흑자를 내는 상황임을 감안할 때, 철도 물류사업도 다양한 연계사업으로 진출을 해야 한다.

네 번째로 물류관련 R&D 기능의 강화와 철도전문 물류기업의 집중 육성정책이 필요하다. 지금까지 철도 물류기술에 대한 연구개발 투자가 미미한 상황이나, 앞으로는 다목적 화차의 집중개발, 친환경철도 물류차량의 개발, 철도전용 상하역 장비의 본격적인 개발로 철도 물류의 미래를 대비하여야 한다.

다섯 번째로는 친환경 녹색성장 정책과 연계하여 철도를 중심으로 수송하는 복합운송사에 대한 운송보조금 지원, 철도 수송용 시설투자사업(창고 조성, 차량 구입, 상하역 장비구입 등)에 대한 지원 등 정부 차원의 철도 보조금 지원정책이 필요하다.

(3) 철도 물류시설의 중장기 개선 방향

가장 시급한 물류시설 개선으로는 철도 차량의 장대화사업을 들 수 있다. 철도화물이 경쟁력을 확보하기 위해서는 단위당 수송력을 배가시켜야 하며, 그런 관점에서 볼 때 유효장 장대화가 가장 시급한 사항이라고 할 수 있다. 유효장 장대화사업 중에서도 시급한 대상지는 경부선, 중앙선, 충북선, 경전선을 들 수 있는데, 중앙선과 충북선은 양회 수송과 관련된 노선이며, 경부선과 경전선은 컨테이너 수송과 관련된 노선으로 분류할 수 있다. 특히 양회 수송이 많은 수도권에 양회 수송열차의 경쟁력을 강화하기 위해서 기존 20량 단위로 운송되는 양회열차를 40량 단위로 운송하는 것이 필요하다. 충북선의 경우도 세종시 및 첨단의료복합단지 조성 등 양회 수요가 꾸준히 증가하므로, 충북선을 장대화하여 40량 단위로 운송할 필요성이 있다.

경부선의 경우 현재 장대화와 관련된 기본 설계를 시행하고 있으며, 17개 역에 대한 개량 방안을 구체적으로 검토하고 있다. 한꺼번에 17개 역 전부를 개량하기에는 사업비 부담이 크므로 단계별로 우선순위를 정해서 사업이 진행될 예정이다. 기본적으로 컨테이너 1개 열차당 28량 연결을 37량 연결로 증대(32%)하는 것을 목표로 추진되고 있다.

경전선의 경우 2015년까지 순천~부산 간은 장대화로 개량 중이나, 순천~광주 간은 기존 노선 그대로이므로 순천~광주 구간의 개량사업이 시급한 상황이다. 이 구간은 컨테이너 운송과 밀접한 관계가 있는 구간으로, 현재 이 구간은 1개 열차에 17량(34TEU) 이상 연결이 어려운 상황이다. 이 구간을 장대화시켜 40량을 연결 운행할 경우, 약 80TEU의 컨테이너 수송이 가능하여 지금보다 2.35배 수송능력이 향상되며, 광양 및 부산까지 직통운송이 가능해질 것이다.

<표 5-28> 장대 화물열차 운행을 위한 노선별 유효장 개량비용

노선	개량 대상 역수	개량비용
경부선	17개 역	1,052억 원
호남선	8개 역	309억 원
전라선	7개 역	348억 원
중앙선	7개 역	367억 원
충북선	7개 역	336억 원
경전선	17개 역	1,463억 원

자료 : 한국교통연구원(2007), 미래형 철도 물류체계 구축방안 연구

DST 시스템 도입사업은 철도 컨테이너화물의 수송효율을 최고로 극대화시킬 수 있는 혁신적인 사업으로 분류할 수 있다. DST는 이단적재열차(Double Stack Train)를 말하며, 1개 화차에 20피트 컨테이너 4개를 적재하는 시스템이다. 철도 컨테이너 물동량이 가장 많은 경부선을 예로 들자면, 기존 33량에서 DST 25량으로 전환할 경우 66TEU에서 100TEU로 증

현행 컨테이너 열차

이단적재(DST) 열차

<그림 5-5> 현행 컨테이너열차 및 DST 열차

가하므로 약 52%의 수송효율이
증대되는 것이며, 장대화까지 포
함할 경우 DST 30량에 120TEU
가 가능하여 열차당 82% 수송력
이 증대되는 획기적인 방식이다.
경전선에 장대화 및 DST를 동
시에 개량사업으로 추진할 경우,
현재 열차당 17량 34TEU 연결
에서 1개 열차당 DST 30량에
120TEU이므로 약 253%가 증가
하여 물류수송 경쟁력 향상에
크게 기여할 것으로 예상된다.

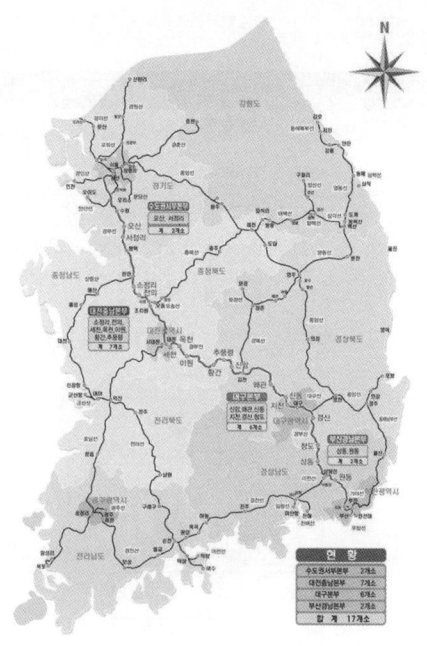

<그림 5-6> 경부선 장대화 개량 대상 17개 역

DST 시스템을 도입하기 위해
선 가장 큰 문제가 전차선 가선의 높이다. 기존 가선 높이는 5,200mm이나,
DST 방식은 600mm가 높은 5,800mm가 필요하다. 결국 전차선 높이 조정
과 함께 기존 터널의 높이도 개량되어야 하는데, 기존 경부선은 대략 1조 2
천억 원이 소요되는 것으로 철도공단에서 수행한 용역 결과[53]에서 나타났으
며, 경전선의 경우는 기존 개량사업비에 추가로 약 300억 내외만 투자하더
라도 DST 도입이 가능한 것으로 나타났다.

<표 5-29> DST 도입을 위한 경부선 경제성 분석 결과

구분	B/C	NPV(억 원)	IRR(%)
DST 도입시	1.82	2,893	7.8

53) 서울대학교(2010), 경부선 시설개량 방안 연구용역

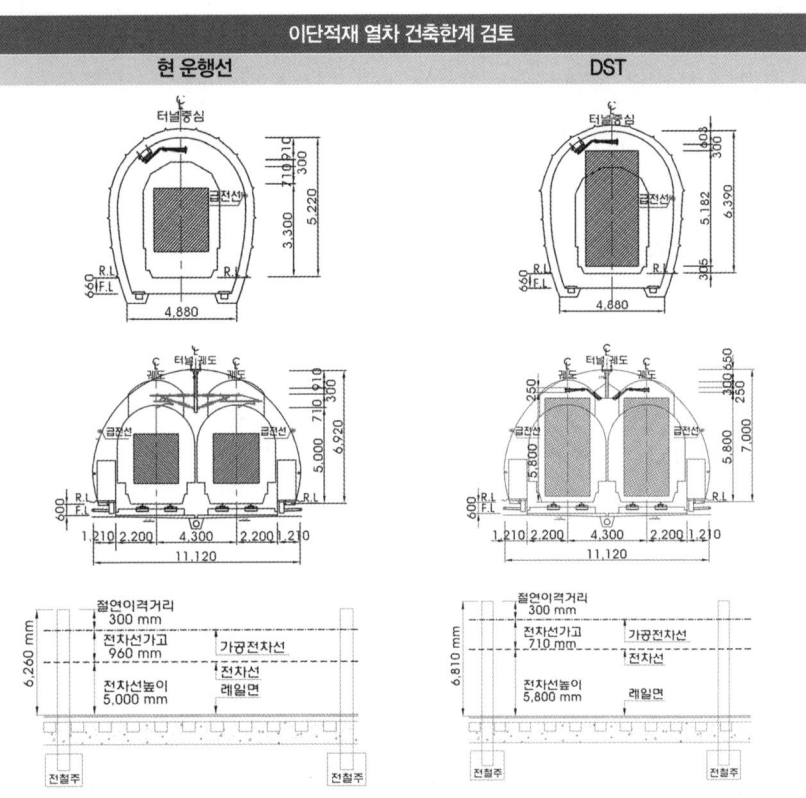

자료 : 서울대학교(2010), 경부선 시설개량 방안 연구용역

<그림 5-7> 이단적재 열차 건축한계 검토

경부선 시설개량 방안 연구용역(2010. 6)의 연구결과에 의하면, 경부선에 DST를 구축할 경우 편익이 1.82로 분석되어 경제적 타당성이 확보되는 것으로 나타났다.

E&S(Effective and Speedy Container Handling System) 시스템은 본선에서 작업선으로 열차가 도착하여 화차 위에 적재된 컨테이너만 상하역 작업 후 열차를 출발시키는 방식으로, 차량 입환 업무[54]가 생략되는 방식

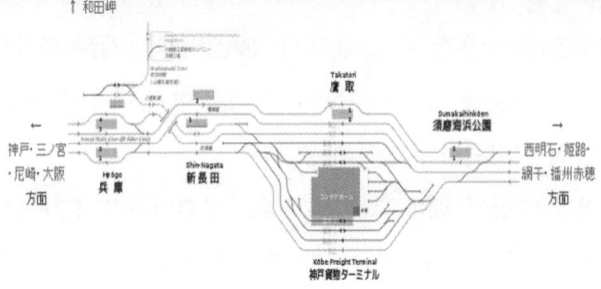

<그림 5-8> 일본의 고베 화물터미널역 정거장 도면(E&S 구축 역) 및 항공사진

을 말한다. E&S 시스템은 JR화물에서 1988년 11월 처음 도입하였으며, 2010년 기준으로 27개 역에 이 방식이 채용되었다.

E&S 시스템은 많은 장점을 가지고 있으며, JR화물 사례를 통해서 나타난 주요 장점은 다음과 같다.

첫째, 구내 입환 작업의 대폭적인 감소로 수송효율화를 달성할 수 있다. 또한 입환 기관차를 줄이는 데도 기여한다.

둘째, 열차 정차시간이 짧다. E&S 역에서의 하역을 위한 최단 정차시간은 8분으로, 열차 소요시간 단축에 크게 기여한다.

셋째, 화물 수탁시간을 늘릴 수 있다. 기존에 비해 역 화물의 마감시간을

---

54) 동력차를 이용하여 화차를 작업선 또는 유치선으로 이동시키며 화차연결 또는 해방을 하는 작업을 말한다.

늦출 수 있고, 배송 개시시간을 앞당길 수 있다.

넷째, 수송 서비스의 향상에 의해 이용 기회를 확대할 수 있다. 화물수탁 마감시간을 늦추고 배송시간을 단축함에 따라 화주의 이용시간을 확대할 수 있다. 기존 방식에서는 열차의 도달시간 및 표정속도를 늦추지 않기 위해 미리 하역한 후에 화차를 구내에 유치하여 열차가 도착할 때에 화차를 연결하는 곳이 많다. 이렇게 되면 연결된 화차는 당해 역보다 시발역 쪽의 여유 공간(余席)을 이용할 수 없게 된다. E&S 방식에서는 화차 연결을 필요로 하지 않기 때문에 시발역~당해역 간에서 여석 이용이 가능하여 화차를 풀로 활용한 고정편성 운영이 가능하다.

다섯째, 철도 연변에 있는 소규모 역에는 간선열차가 정차하지 않기 때문에 이들 역까지의 수송은 일단 거점역과의 공급 수송이 필요하다. 그러나 E&S화에 의해 간선운행 열차로의 직접 중계하역이 가능하다. 소량의 전국 수송이 필요한 경우에 특히 효과가 있다.

여섯째, 중간역에서의 화물하역을 위해 화차의 연결 해방작업이 불필요하고, 거점 간 직행화에 의해 안정적인 수송이 가능하다. 열차 다이아에 영향력을 미치는 중간 역에서의 작업이 없어지게 되므로 수송 장애 발생시에도 시발역 조성으로 도착이 가능하여 중계화차의 결차 등 다음 수송 장애를 예방할 수 있다.

일곱째, 최소 인원으로 역내 작업을 수행할 수 있기 때문에 인력 효율화 등 인건비 등을 절감할 수 있다.

여덟째, 협소한 공간으로도 작업이 가능하기 때문에 토지활용도가 높으며, 아홉째, 구내선로 연장이 적어 보수비용이 절감되며, 열 번째, 화물역 신설시에 화차 유치선이 감축되어 공사비가 저렴해진다.

향후 E&S(본선 직상차 및 입환생략 모델) 방식이 국내에 도입되고 이와

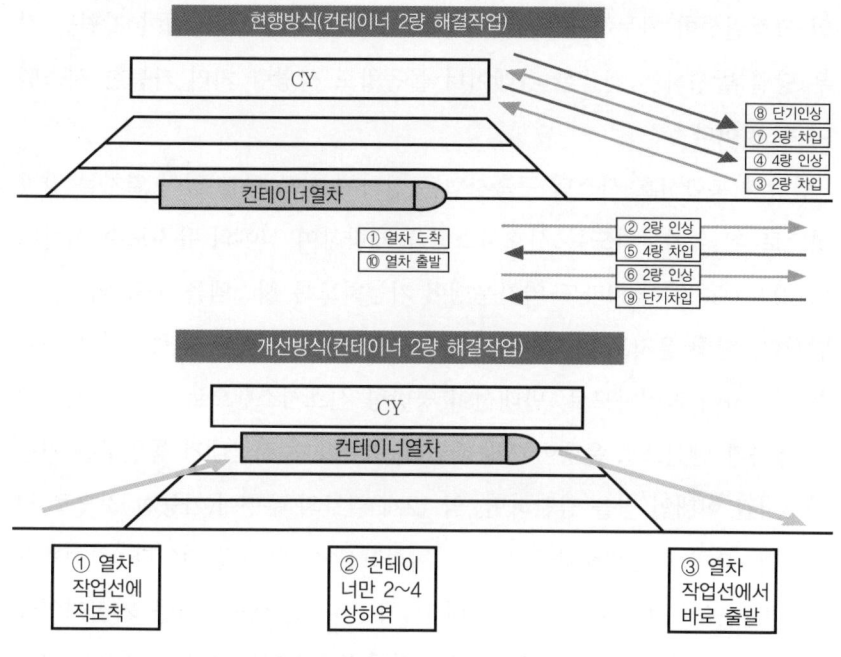

현행방식(컨테이너 2량 해결작업)

CY

컨테이너열차

| ⑧ 단기인상 |
| ⑦ 2량 차입 |
| ④ 4량 인상 |
| ③ 2량 차입 |

| ① 열차 도착 |
| ⑩ 열차 출발 |

| ② 2량 인상 |
| ⑤ 4량 차입 |
| ⑥ 2량 인상 |
| ⑨ 단기차입 |

개선방식(컨테이너 2량 해결작업)

CY

컨테이너열차

| ① 열차 작업선에 직도착 | ② 컨테이너만 2~4 상하역 | ③ 열차 작업선에서 바로 출발 |

<그림 5-9> E&S 시스템 도입 전·후 비교

함께 장대화, DST(이단적재)가 함께 구축된다면 철도 물류는 비약적인 수송 경쟁력 확보가 가능해질 것이다. 따라서 철도 물류 분야의 핵심적인 물류시설 개량사업을 들자면 이 세 가지 사업이 가장 중요하다고 말할 수 있다.

우선, E&S 시스템이 국내에 도입될 경우 최우선적으로 적용할 대상 역은 경부선 회덕역과 소정리역을 들 수 있다. 회덕역은 대전권에 자리하고 있으며, 호남선, 경부선, 충북선에서 분기되는 컨테이너화물을 중계하는 중추적인 역이 될 것이다. 그리고 소정리역은 경부선과 장항선의 컨테이너 화물중계 및 인근지역인 천안산단, 탕정산단의 대규모 수출입 물동량을 철도 수송으로 유치할 수 있는 거점 수송역 기능을 담당하게 될 것이다. 두 개의 역이 개량될 경우 우선적으로 대부분의 경부선 컨테이너열차의 고정편성이 가능하게 될 것이며, 여기에 물류정보시스템이 지원될 경우 당일 발생하는 긴급한 컨테이너 물동량도 상당량 처리 가능한 시스템이 될 것이다.

양방향 복합신호 시스템 구축사업은 상하행 선로 구분 없이 열차를 양방향으로 취급 가능하도록 신호시스템을 개량하여 심야의 유지보수 시간대 (24:00~05:00 사이)라도 열차운행이 가능하도록 시스템을 구축하는 것을 말한다. 현행 유지보수 시간대의 동일구간에서는 상하행선 중 1선만 선로를 차단하여 작업하므로, 반대선이 양방향 신호시스템으로 구축되었을 경우 열차가 단선으로 운행이 가능해진다. 유지보수 시간대가 동일구간 기준 약 3시간 이내인 점을 감안하면, 약 12개 열차의 운행이 가능할 것으로 전망되며, 특히 간선택배화물 수송에 최적합한 모델이 될 것이다. 간선택배화물의 수송시간은 대략 24시부터 05시 사이로, 택배화물을 거점지역에 모아 야간에 대량수송 수단을 통해 착지에 도착시키는 기존 택배수송 모델에 맞춤형 철도 수송모델이 될 수 있을 것이다.

추가로 컨테이너화물의 경우에도 주간에 공장에서 작업한 물품을 컨테이너에 적입 후 수송수단에서 취급하는 시간은 야간시간대 및 심야시간대가 취급할 물량이 많음에도 철도의 경우 심야시간대 유지보수 작업에 따라 열차운행의 제한으로 컨테이너 물량을 제때에 수송치 못하는 경우도 있었다. 그러나 양방향 복합신호 시스템이 구축될 경우 심야시간대도 자유로운 철도 수송이 가능하여 철도물량 증대 및 실시간 고객 서비스가 가능해질 것이다.

두 번째로, 핵심 성장화물을 중심으로 한 영업전략 강화가 필요하다. 핵심 성장화물로는 컨테이너와 철강을 들 수 있으며, 대형 운송사 및 화주를 대상으로 타깃 마케팅을 전개, 고객맞춤형 블록트레인(Block Train) 열차

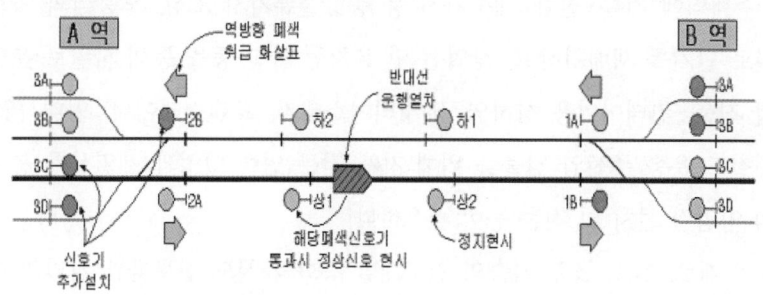

<그림 5-10> 양방향 복합신호 시스템 구축 설명도

확대, 시장 변화에 즉시 대응이 가능한 탄력적 운임정책의 시현, 왕복수송 시 복편화물에 대한 운임 할인 폭 상향조정, 비수요 시간대에 운행하는 컨테이너열차에 할인운임 추가적용 등 다양하고도 탄력적인 영업정책의 수행이 필요하다. 또한 일반화물의 컨테이너화가 필요한데, 특히 벌크화물의 경우 착역에서 하역작업시 발생하는 분진으로 인한 민원과 작업시간의 과다 소요, 포클레인 작업으로 인한 화차 손상 등의 문제점이 발생한다. 무개화차의 유지보수기간 단축과 화차 회전률이 저조하여 추가로 화차를 보유해야 하는 문제점을 개선할 필요가 있는데, 일반화물도 컨테이너형 용기에 적재하여 컨테이너화차로 수송하면 착역에서 발생하는 분진이 없어지고 신속한 하화작업으로 화차의 회전률이 증가하여 화차보유량 수가 줄어드는 등 운용효율성을 극대화할 수 있을 것이다.

세 번째로, 다양한 연관 사업으로의 진출이 필요하다. 컨테이너 운송과 연계하여 상하역 사업과 장비임대사업, 컨테이너형 창고사업인 CFS 운영, 일반 물류창고사업으로 기업체의 출하창고 및 배송센터를 역 구내 유휴부지 내에 개발 및 운영 등이 필요하다. 구체적으로 살펴보면 부산진역, 녹산역, 약목역에 CFS 조성, 오봉역 철강창고 조성, 서빙고역 지류창고 조성, 수색역에 지류·철강·내수가전 등 종합물류기지 조성, 오봉역의 양회 사일로 단지를 재배치하고, 작업선 및 유치선 확장 등을 통해 사일로 운영 사업 진출, 컨테이너용 상하역 장비(리치스태커, 트랜스테이너) 임대사업, 국제철도 운송 주선업 진출을 위해 자체 전문 인력 양성과 계열사를 통한 해외 영업점 설치 및 진출 등이 필요하다.

네 번째로, 철도 물류 기술의 연구개발 강화와 철도 전문물류 기업의 육성정책이 필요하고, 주요 물류기술 개발과제로는 컨테이너 운송에 적합한 친환경 하이브리드 기관차의 기술개발이 필요하다. 특히 이와 관련해서 LNG 하이브리드 기관차 기술개발이 주요 과제로 나타나고 있다. 기존의 전기기관차는 컨테이너 작업선에서 상하역하는 리치스태커나 트랜스테이너(Transtainer)로 인해 전차선을 가선할 수가 없어 항만 철송장 및 중간역의 컨테이너작업선까지 직접 기관차 운행이 어렵다. 현재로선 디젤기관차를 이용하여야 하나, 향후에는 보다 친환경적이며 연료 절약형인 LNG 하이브리드 기관차를 개발한다면 컨테이너 운송에 최적합한 운송차량을 구비할 수가 있을 것이며, 기관차의 동력비 절감에도 크게 기여할 것이다. 또한 컨테이너 화차에 다양한 수송용기를 탈·부착할 수 있도록 탈·부착식 수송용기의 개발이 필요하다. 이와 관련해 현재 무개컨테이너 용기를 활용한 무연탄 등의 벌크화물을 수송할 수 있는 다목적 용기를 개발하고 있으며, 향후에는 홉파차형 용기, 양회컨테이너형 용기 등을 지속적으로 개발한다면 컨테이너화차로 다양한 화물수송이 가능한 시대가 도래할 수 있을 것이다. 최근 (주)고려차량에서 다목적 용기 중 하나인 무개형 컨테이너의 시제품이 국내 최초로 제작되었다. 현재로는 대량 보급상태가 아니므로 20피트 1개 무개컨테이너 용기의 가격이 1천만 원대이나, 향후 대량 구입체제가 구축될 경우 8백만 원 이내로까지 저렴해질 것으로 예상된다. 향후 2013년까지 홉파형 컨테이너와 양회용 컨테이너 용기가 계속해서 국가 R&D 사업으로 추진될 계획이다. 항만 철송장의 경우는 트랜스테이너라는 상하역 장비를 사용함에 따라 전차선 설치가 불가하므로 항만 철송장에는 무가선 유도급전방식의 시스템 설치가 필요하다. 무가선 유도급전방식은 전차선 가선이 없고 선로 옆에 유도급전이 가능한 시스템을 구축하여 열차 동력을 확보하는 방식으로, 항만 철송장에 전기기관차를 투입할 수 있는 방안이 될 것이다.

다섯 번째로는 친환경 녹색성장정책과 연계한 정부의 철도 물류 지원정책이 현실화되어야 한다. 철도 물류 분담률을 1% 높일 경우 온실가스 저감 및 연료비 절감액만도 약 3,000억 원에 이르며, 사회경제적 비용으로 볼 때에는 도로에 비해 약 8,200억 원에 이르는 비용절감효과가 있다. 철도 물류가 지속가능 발전 및 정부의 녹색성장에 기여하는 것을 적극 활용하여 정부 차원에서도 철도 물류에 대한 지원정책을 본격화할 시점이라고 본다. 정부 차원의 철도 물류 지원정책으로는 현재 도입 초기단계인 복합운송 화주에 대한 운송보조금의 지급 외에도 철도 수송과 관련된 상하역 장비에 대한 면세유 지급, 철도 물류수송을 위한 시설투자(창고 건립, 사유화차 및 기관차 구입, 상하역 장비 구입 등)에 대한 보조금 지급, 철도 물류시설 투자에 따른 각종 제세금의 경감대책 등이 필요하다. 철도 물류 지원정책 중 핵심 과제로는 시설투자 보조금을 들 수 있다. 철도 물류시설 투자는 한 번에 대규모의 자금이 소요되나, 반대로 투자된 이후에는 철도 물류의 대량수송 전초기지로서 역할을 수행하므로 이러한 시설투자에 대한 적극적인 정부 지원정책이 마련되어야 할 것이다.

4. 철도화물 활성화 방안 : 호남권 사례

(1) 서론

현재 호남지역에는 철도 컨테이너 처리시설로 호남 ICD를 비롯하여 한국철도공사에서 운영하고 있는 송정리역 CY, 임곡역 CY 등이 있다. 호남 ICD는 장성에 위치하며, 사업기간을 1999~2010년(2005년 1단계 운영 개시)으로 총사업비 3,323억 원(정부 1,335억 원, 민간 1,988억 원)의 투자를 예정하고 사업이 추진 중이다.

현재 호남권 철도 컨테이너의 이용현황을 보면 2006년 현재 전체 22,134TEU이며, 이 중 송정리역 CY가 11,219TEU, 임곡역 CY가 9,951TEU이고, 호남 ICD의 경우는 이들보다 낮은 965TEU이다. 이러한 비율은 전체 호남권 컨테이너 취급물량 485,198TEU의 4.6%로 매우 낮은 수준을 보이고 있다.

이렇게 호남권 화물량 중 철도를 이용하는 컨테이너의 비율이 저조한 이유는 철도가 도로와의 경쟁에서 시간과 비용이 더 많이 발생하기 때문인 것으로 나타나고 있다. 구체적으로 호남권에서 부산으로 화물을 수송할 경우 호남 ICD 기준으로 철도가 도로에 비해 운임이 14.2%~33.2% 비싸게 나타났으며, 시간의 경우에도 철도가 도로보다 약 3시간 30분이 더 소요되기 때문이다. 따라서 호남권의 철도화물을 육성하기 위해서는 이러한 비용과 시간의 격차를 해소하지 못하면 경쟁력이 없는 실정이다. 이를 위해서는 운임인하에 해당하는 노력과 시간 절감을 위한 고속화 등 다양한 정책들이 요구되고 있다.

이에 이 연구에서는 호남 ICD 및 철도공사에서 운영 및 계획하고 있는 컨테이너 CY의 운영에 대하여 호남지역에서의 철도화물 경쟁력을 향상시키는 방안에 대하여 검토하고자 한다.

(2) 호남권의 철도 경쟁력 분석

호남권에서의 화물 처리를 위한 철도시설로는 한국복합물류에서 운영하고 있는 내륙컨테이너 기지인 호남 ICD와 한국철도공사에서 운영하고 있는 송정리역 CY, 임곡역 CY가 있다. 호남 ICD는 철도 컨테이너 처리시설인 CY를 포함하여 내륙컨테이너 기지로서 다양한 기능을 보유할 예정이며, 한국철도공사에서 운영하고 있는 송정리역 및 임곡역 CY는 단순히 컨테이너만을 취급하는 시설로서 역내 시설을 건설하여 운영하고 있는 개인 운영사업자가 운영하고 있다. 각 시설 모두 철도만을 이용하여 컨테이너를 수송하는 것이 아니라 공로도 이용하여 수송하고 있는 실정으로, 철도 전용시설이라고는 말할 수 없다.

<표 5-30> 호남권 철도시설 현황

구분	호남 ICD	송정리역 CY	임곡역 CY
CY 규모	892,287㎡	14,031㎡	8,646㎡
운영사업자	한국복합물류	세방, 국보	삼익, 한진
비고	금호타이어 부산 수출 컨테이너 수송	운영사업자의 광주철도 Depot로 활용	전남 운송 중요 거점기지, 하남 산업단지 수출입컨테이너 수송 철도, 육로 병행

주 : 호남 ICD는 2단계 확장 규모
자료 : 국토해양부

2006년의 경우 호남권의 철도화물 취급시설 3개의 철도 수송실적은 22,134TEU이다. 2006년 영향권 내 총 컨테이너 발생량이 485,198TEU

임을 감안하면, 2006년의 영향권 내 철도 수송 분담률은 4.6%임을 알 수 있다. 한편, 영향권 내 ICD 및 CY의 컨테이너 철송실적은 ICD 및 CY를 이용하는 모든 컨테이너 물동량을 포함한 것은 아니다. 왜냐하면 CY를 거쳐 가는 컨테이너 중 상당수는 육송으로 수송되기 때문이다. ICD 및 CY를 거치는 컨테이너 물동량 중 육송되는 컨테이너 물동량은 정확한 파악이 어렵다. 이에 이 연구는 ICD 및 CY를 이용하는 운수전문회사에 대한 설문조사에서 도출한 14.41%의 철송 분담률을 활용하여 ICD 및 CY를 이용하는 전체 (육송+철송) 컨테이너 물동량을 추정하였다. 즉, 2006년도의 철송되는 22,134TEU가 ICD 및 CY를 이용하는 전체 컨테이너 물동량의 14.41%임을 감안하면, 2006년 전체 ICD 및 CY 이용 물동량은 153,602TEU이다 (즉, 22,134×100/14.41=153,602TEU). 이에 따라 2006년의 영향권 내 총 컨테이너 물동량이 485,198TEU임을 감안하면 ICD 및 CY이용률은

<표 5-31> 호남권 철도 컨테이너 수송실적(2004~2008)

단위 : TEU/년

역명	구분	2004	2005	2006	2007	2008
호남 ICD	발송	–	30	459	1,510	1,290
	도착	–	30	505	1,542	1,562
	소계	–	60	964	3,052	2,852
임곡역 CY	발송	2,844	4,100	4,899	4,509	6,005
	도착	3,150	4,933	5,052	4,535	6,368
	소계	5,994	9,033	9,951	9,044	12,373
송정리역 CY	발송	3,619	7,219	5,762	5,515	9,001
	도착	3,123	6,869	5,457	3,879	8,037
	소계	6,742	14,088	11,219	9,394	17,038
총계	발송	6,463	11,349	11,120	11,534	16,296
	도착	6,273	11,832	11,014	9,956	15,967
	계	12,736	23,181	22,134	21,490	32,263

자료 : 국토해양부와 철도공사

31.7%(147,335/485,198×100%)로 추정된다.

호남권의 철도 컨테이너 수송실적을 살펴보면 2008년 기준으로 총 32,424TEU를 수송하고 있는데 이 중 송정리역 CY에서 전체의 52.8%를 처리하고 있으며, 임곡역 CY가 38.4%, 호남 ICD는 가장 낮은 8.8%만을 처리하고 있는 것으로 나타났다.

호남권 컨테이너 물동량의 주요 기종점 패턴을 보면 2006년 기준으로 전체 물동량의 48.3%가 부산지역이며, 역내 지역인 전남지역으로도 46.6%를 수송하고 있다. 기타 다른 지역으로의 물량은 매우 미미하게 나타나고 있어 호남권 컨테이너 물동량의 대부분은 부산지역과 전남지역을 기종점으로 하고 있는 것으로 분석되었다.

<표 5-32> 호남권 컨테이너 물동량의 주요 기종점별 패턴분석(2006~2026)

단위 : TEU/년

연도	총물동량	주요 기종점					
		부산	전남	전북	영항권(물류거점시설에서 50km 이내)	경기	인천
2006년	485,198	234,566	226,324	10,140	8,010	4,167	1,991
비율(%)	100.0	48.3	46.6	2.1	1.7	0.9	0.4

자료 : 한국교통연구원(KTDB)

현재 철도와 도로의 비용을 분석해 보면, 하남산업단지를 출발하여 광양항으로 가는 경우 40ft 컨테이너의 도로 수송 비용은 223,000원이고, 20ft 컨테이너 비용은 40ft 요금의 90%인 200,700원이다. 반면 철도의 경우는 송정리역 CY, 임곡역 CY, 호남 ICD를 각각 이용할 경우의 비용을 살펴보면, 하남산업단지에서 발생하는 물량을 송정리역 CY를 거쳐 광양항으로 가는 경우에 40ft 컨테이너는 403,500원이고, 20ft는 277,100원이다. 또한 임곡역 CY를 이용할 경우 40ft는 414,400원이고 20ft는

<표 5-33> 호남권 철도 컨테이너의 수송 비용(하남산업단지~광양항)

단위 : 원

기점 하남산업단지			종점 : 광양항	
			20ft	40ft
수단	도로		200,700 (1.00)	223,000 (1.00)
	철도	송정리역 CY	277,100 (1.38)	403,500 (1.81)
		임곡역 CY	284,100 (1.42)	414,400 (1.86)
		호남 ICD	398,900 (1.99)	546,400 (2.45)

주 : ( )안의 값은 도로를 1로 하였을 경우 철도의 각 기점별 운임 비중

284,100원으로 나타났으며, 호남 ICD를 이용할 경우 40ft는 546,400원이고 20ft는 398,900원이다. 즉, 철도를 이용하는 경우 도로를 이용하는 것보다 요금이 1.38배에서 2.45배 이상 비싼 것으로 나타났다.

① 호남권(하남산업단지)~광양항

현장에서의 또 다른 문제는 철도의 경우 호남권 내 ICD 및 CY를 이용하여 광양항까지 수송할 경우, 호남권에는 컨테이너가 없기 때문에 이를 부산진에서 가지고 올 경우 왕복비용을 지불해야 하는 문제가 있다. 이 경우 호남 ICD의 경우에는 부산진컨테이너 CY~부산진~광주~화주~광양항으로 컨테이너 수송이 이루어지며, 발생 비용은 셔틀 운송비·상하차/장치료·철송 요금·조작/하역료 등으로 구성되어 있다. 호남 ICD를 이용하는

<표 5-34> 주요 구간별 철도 이용시 세부 비용(광양항)

단위 : 원

구분		셔틀비	상하차료/장치료	철송비용
송정리 CY ~광양	20ft	115,000	48,000	114,100
	40ft	166,000	60,000	177,500
임곡 CY~광양	20ft	115,000	48,000	121,100
	40ft	166,000	60,000	188,400
호남 ICD~광양	20ft	214,000	49,000	135,900
	40ft	276,000	59,000	211,400

경우에 광양항까지 20ft의 경우 발생 비용이 398,900원이며, 이 중 철송 비용은 135,900원이며, 광주에서 화주까지의 셔틀 운송비가 214,000원을 차지하고 있다.

② 호남권(하남산업단지)~부산항

하남산업단지에서 발생하는 물량을 철도를 이용, 송정리역 CY를 경유하여 부산항으로 수송하는 경우의 비용은 40ft는 646,400원, 20ft는 424,000원이며, 임곡 CY를 이용할 경우 40ft는 657,400원, 20ft는 430,800원이다. 한편, 호남 ICD를 이용할 경우에는 이보다 더 많은 40ft는 682,200원, 20ft는 545,200원으로 나타났다. 반면, 도로를 이용할 경우에는 하남산업단지에서 부산항까지는 40ft는 462,000원이고, 20ft는

<표 5-35> 호남권 철도 컨테이너의 수송 비용(하남산업단지~부산)

단위 : 원

기점 : 하남산업단지			종점 : 부산항	
			20ft	40ft
수단	도로		415,800 (1.00)	462,000 (1.00)
	철도	송정리역 CY	424,000 (1.02)	646,400 (1.40)
		임곡역 CY	430,800 (1.04)	657,400 (1.42)
		호남 ICD	545,200 (1.31)	682,200 (1.48)

주 : ( )안의 값은 도로를 1로 하였을 경우 철도의 각 기점별 운임 비중

<표 5-36> 주요 구간별 철도 이용시 세부 비용(부산항 이용 시)

단위 : 원

구분		셔틀비	상하차료/장치료	철송 비용
송정리역 CY~부산	20ft	115,000	48,000	261,000
	40ft	166,000	60,000	420,400
임곡역 CY~부산	20ft	115,000	48,000	276,800
	40ft	166,000	60,000	431,400
호남 ICD~부산	20ft	214,000	49,000	287,200
	40ft	276,000	59,000	347,200

415,800원이다. 즉, 철도를 이용하는 경우 도로를 이용하는 것보다 요금이 1.02배에서 1.48배 이상 비싼 것으로 나타나고 있는데, 이것은 곧 철도가 도로에 비해 가격 경쟁력이 낮다는 것을 보여준다.

호남 ICD에서 출발하여 부산과 광양으로 갈 경우 도로와 철도의 소요시간을 비교해 보면, 부산항의 경우에는 철도가 약 3시간 30분, 광양항의 경우에는 1시간 40분에서 2시간 40분까지로, 철도가 1시간 또는 2시간 정도 많이 소요된다. 이러한 차이가 발생하는 이유는 호남권에서 부산항으로 갈 경우 철도 노선이 없어 광주에서 대전을 통하여 부산으로 향하기 때문이다. 즉, 소요시간에서 철도는 도로에 비해 경쟁력이 매우 낮게 나타나고 있는 것이다.

<표 5-37> 철도와 도로의 소요시간(호남 ICD)

기준 : 1TEU

지역	철도(km)	도로	차이
호남 ICD ~ 부산항	7시간(374km)	3시간 30분(275km)	3시간 30분
호남 ICD ~ 광양항	3~4시간(173km)	1시간 20분(108km)	1시간 40분~2시간 40분

자료 : 철도공사 내부자료

물류의 경쟁력을 확보하기 위해선 대규모 물동량이 발생하는 지역과 근거리에 위치하여 셔틀 운송비를 낮춰야 하나, 호남 ICD는 하남산업단지에서 20~25km 지점에 위치하여 비용이 증가하고 있다. 하남산업단지에서 광양지역 및 부산지역으로 수송하는 순방향에 터미널이 위치하여야 하나, 반대방향에 위치하여 시간 및 운송 경쟁력 면에서 문제점이 있다. 즉, 대도시(광주광역시)와의 접근성과 권역 내 도시와 도시, 호남권에서 수도권으로 연결할 수 있는 고속도로(호남고속도로, 서해안고속도로)와 가장 최단으로 연결될 수 있는 점, 물류기지로서 주변 배후도시와 지역 내 · 외의 양호한 접근성과 경인지역이나 다른 대도시 지역보다 토지가가 저렴하나, 기업 입장에서는 물류비가 많이 들고 또한 산업단지로부터 떨어져 있어 추가적인 셔틀 비용이 발생하는 단점이 있다.

또한 송정리 CY의 경우 장래 호남고속철도의 신선이 건설될 경우 그 이전이 불가피하며, 임곡 CY의 경우에는 입지상으로 문제가 없지만 주요 물류 발생지역인 하남산업단지로부터는 송정리 CY는 5km, 임곡 CY는 8km 떨어져 있어 상대적으로 하남 CY보다 멀다. 또한 송정리 CY는 연간 처리능력이 47,000TEU, 임곡 CY는 29,000TEU로, 향후 물동량 증가에 적극적으로 대처하기 어려운 규모이다. 아울러 운영상에도 CY가 거점화되는 추세로 2개를 운영함에 따른 부대비용, 운영비용이 추가적으로 발생하고 있다.

(3) 호남권 철도 이용자 설문조사 분석

호남권 CY의 이용은 호남권에서 물류활동을 하는 운송업체의 수요에 따라 결정되므로 운송업체를 대상으로 하는 조사가 필요하다. 따라서 이 연구에서는 호남권 컨테이너 수송 관련 운송업체의 철도 선호도 및 호남권 CY · ICD에 대한 인식의 정도를 파악, 장래 호남권 컨테이너 수송 여건에 대한 인식 및 물동량 증가의 잠재력 파악을 위한 설문조사를 시행하였다. 화주가 수송에 영향을 미치는 외국과 달리 우리나라는 운송업체 위주로 수송이 이루어지고 있으며, 특히 컨테이너 수송은 운송업체의 결정권이 더욱 크게 나타난다. 이 연구에서는 호남권의 주요 화주 기업체를 사전 조사하여 이 같은 특성을 확인하였고, 이를 토대로 운송업체를 조사 대상으로 결정하였다.

이 설문조사를 통하여 조사된 내용을 분석하여 보면, 우선 호남권 컨테이너의 수송수단별 분담률은 ICD와 CY 이용 컨테이너 중 도로 86%, 철도 14%로 도로의 분담률이 철도보다 높게 나타나고 있으며, 이는 수송거리가 대부분 300km 이하로 도로와의 경쟁력을 확보하기 어렵기 때문인 것으로 나타났다. 또한 호남권에서 부산, 광양항 등 타 지역으로 컨테이너 수송시 비용의 차이는 철송 비용을 100%로 할 경우 도로 비용이 68% 수준으로 도로가 절대적인 경쟁력을 확보하고 있다. 이것이 철송의 분담률을 낮게 하는 결정적 요인으로, 철도의 분담률을 높이기 위해서는 비용 인하가 가장 효과적인 방안으로 고려될 수 있다.

운송업체들이 장래 호남권에 사업을 확장할 가능성에 대해서는 64%가 긍정적으로 답했으며, 장래 철도 컨테이너 수송 물동량 계획도 53%가 증가시키겠다고 응답했다. 이는 장래 호남권의 컨테이너 수요와 철송 환경에 대해 긍정적인 인식이 있음을 의미한다. 다만, 현 시점에서 철송이 도로보다 경쟁력이 떨어진다는 것에는 대부분 동의하고 있으므로, 이를 개선하는 정책이 필요하다고 하겠다.

현재 도로 수송을 하는 운송업체가 철송으로 바꿀 조건은 운송비용의 감소가 67%, 운송시간의 감소가 22% 등이며, 비용의 감소 희망 정도는 현재 수준보다 평균 34%, 시간의 감소 희망 비율은 현재보다 평균 26%이다. 이는 철도 수송을 활성화시키기 위해서는 비용을 인하하는 정책이 다른 정책보다 효과적임을 의미하므로 비용 인하를 적극적으로 검토할 필요성이 있다. 또한, 향후 호남권 CY·ICD를 활성화시키기 위한 방안으로는 다양한 화차운행 서비스를 가장 선호하였고, 다음으로 철도 CY의 공용화를 지적하였다. 그밖에 선로 사용료의 인하·면제, 공컨테이너의 공동사용의 순서이다. 호남 ICD에 필요한 추가 기능은 통관기능이 81%로 대다수를 차지하고 있는데, 즉 호남권 CY·ICD를 활성화시키기 위해서는 다양한 서비스와 정부의 지원정책이 필요함을 의미한다.

(4) 호남권의 철도화물 활성화 방안

1) 철도화물 증가 대책

호남권 ICD와 하남역 CY 활성화를 위해서는 설문조사와 외국 사례를 통해 볼 때 운임인하, 보조금, 새로운 화물 유치, 택배열차, 네트워크 효과 등과 해외 성공 사례를 통해 물동량을 증가시키는 노력이 필요하다. 그 중에서도 가장 시급한 것은 운영자의 자구적인 노력이다. 예를 들면 현재 호남 ICD를 이용할 경우 추가적으로 부담하고 있는 비용에 대해서 어느 정도 운영자가 이를 부담하는 노력이 필요하며, 아울러 마케팅 활동 등을 강화하여 물량을 유치하여야 할 것이다. 이와 함께 화물 활성화를 위해 철도공사의 운임인하 노력과 정부 지원정책이 함께 고려되어야 할 것이다.

우선순위에 대해서는 운송업체와 화주 등의 의견을 참고하고 분석을 통해 이를 설명하였다. 첫 번째로는 호남 ICD의 경우는 운영자의 자구노력과 마케팅 활동이 먼저 선행되어야 하며, 두 번째로는 택배열차 등 다양한 열차 운영이 필요하다. 세 번째로는 CY의 공용화를 통해 상하역료 등의 인하 등의 효과가 있게 하고, 네 번째로는 공컨테이너 지정을 통한 비용절감과 통관 등 다양한 기능이 추가적으로 들어오는 것으로 정리되었다.

철도화물 증대, 호남 ICD 활성화, 철도 CY활성화 방안으로는 다음과 같은 대책이 있으며, 그에 따른 예상 효과를 20%~45%까지 예상할 수 있다. 이는 방안의 규모 등에 의해 결정될 것이지만, 운임의 탄력성이 2 이상이라는 것을 감안하면 가능한 대안이 될 것이다. 특히 호남 ICD의 활성화가

<표 5-38> 호남권 철도화물 활성화 방안

	대책		예상 효과		우선 순위
			최소	최대	
1	철도화물 증가 대책	1) 보조금	5%	15%	2
		2) 운임인하 등(비용절감 측면)			1
		3) 철도네트워크 확충			3
2	호남 ICD 활성화 대책	1) 운영자의 자구적인 노력(단기) 셔틀 비용의 운영자 부담 마케팅 활동 강화	10%	20%	1
		2) 공컨테이너 지정			4
		3) 다양한 기능(의왕 ICD와 동일 기능)			5
		4) 각종 지원제도(거점화 지원 등)			6
		5) 택배열차(삼성전자 물량 유치)			2
		6) 보세화물 장치장 설치 특허			5
		7) CY의 공용화 방안			3
3	철도 CY (중기)	1) 지역 CY 통폐합	5%	10%	1
		2) 경전선 등 개량			2
합계			20%	45%	

매우 중요한 쟁점인데, 이를 위해서는 운영자 입장에서 셔틀 비용 등을 포함한 현재 기업 측에서 부담이 되는 비용을 일부 부담하는 방안이 나와야 한다. 그런데 분석에 따르면 기업 입장에서는 현재 비용 구조가 문제이므

<표 5-39> 호남 ICD 활성화 단기대책

기간	내용	비고
단기	1) 셔틀 비용의 운영자 부담 2) 철도 운영자의 운임인하 3) 마케팅 활성화	1) 협의에 따라 부담(최고 50%까지) 2) 10%~30%까지 3) 추가물량 유치
중장기	1) 호남 ICD에 공컨테이너 지정 2) 정부 지원	1) 지정 지원 2) 지원율 결정

로 이를 운영자가 50% 이상 부담하는 방안이 나와야 할 것이며, 나머지는 철도 운임 할인, 정부 지원 등으로 보전되어야 할 것이다. 아니면 운영자 입장에서 비용 부담을 줄이기 위해서는 CY 운영을 공용화하여 비용을 낮추는 방안도 하나의 대안이 될 것이다.

주요 정책의 시행에 대한 기대효과를 분석하여 보면 첫째, 보조금 기대효과는 1ton·km당 1원 지원할 시 수송 분담률이 1.3% 증가될 것으로 예상되었으며, 운임 또한 5% 인하 시 수요가 약 11% 증가될 것으로 예상된다. 이는 EU 사례와 선행연구에서 운임 탄력성 2.29를 적용했기 때문이다.

둘째, 거점화를 통해 비용이 20% 절감이 가능할 것으로 예상되며, CY를 공용화할 경우 대략 15% 이상 운임인하 효과가 발생해 수요가 약 30% 증가될 것이라 예상된다. 1개의 허브에서 지역에 허브를 하나 더 두어 2개로 운영할 경우 SCM 효과를 통해 약 20%의 비용 절감이 가능하다.

셋째, 지역 CY 통폐합 시 인건비가 약 50% 감소할 것으로 예상되고, 경전선이 개량될 경우 시간이 10% 이상 단축되어 수송량이 12% 증가될 것으로 예상된다.

<표 5-40> 철도화물 활성화 대책별 예상 기대효과

구분	대책	기대효과
철도화물 증가 대책	1. 보조금	1ton·km 당 1원 지원 : 수송 분담율 1.3% 증가
	2. 운임인하 등 (비용절감 측면)	운임을 현재보다 5% 인하 시 수요는 약 11% 증가 (탄력성 2.29 적용)
호남 ICD 활성화 대책	1. 각종 지원제도 (거점화 지원 등)	거점화할 시 비용이 20% 절감 가능(SCM 효과)하므로 운임인하 효과 발생
	2. CY의 공용화 방안	양목 CY 경우 상하역료가 5만 원에서 1만 원으로 감소(4만 원 감소). 대략 15% 이상 운임인하 효과 발생, 수요는 약 30% 증가 예상
철도 CY	1. 지역 CY 통폐합	인건비 약 50% 감소 가능성
	2. 경전선 등 개량	시간 단축 10% 이상이 발생할 시 수송량 12% 증가

마지막으로 기타 공컨테이너 지정, ICD의 다양한 기능(보세 장치장 설치 면허 등), 화주에 맞는 블록트레인의 운영 등으로 수송량은 증가할 수 있을 것이다.

2) 추진방안

① 운임인하 등 철도 운영자의 노력

철도를 이용하는 화주들에게 가장 고려되는 선택 요소는 바로 운임이다. 앞서 설문조사 등에서 나타난 바와 같이 철도의 운임을 보다 낮게 책정할 경우 많은 화주들이 철도로 화물을 운송할 의지를 가지고 있는 것으로 나타났다. 따라서 철도의 운임인하 노력이 필요한데, 운임을 현재보다 5% 인하 시 수요는 약 11% 증가(탄력성 2.29 적용)하는 결과를 가져올 수 있어 철도 운영자의 비용절감을 통한 운임인하 노력이 필요할 것이다.

② 보조금 지급

철도에 의한 화물수송은 이산화탄소 배출량이 적고 효율성이 높아 전 세계적으로 모달 시프트에 대한 지원책이 실시되고 있다. 이러한 지원책을 우리나라에도 적용할 필요가 있다. 예를 들어 1ton · km당 1원을 지원할 경우 수송 분담률 1.3%가 증가하는 사례를 통해 보면 철도화물의 활성화를 위해서는 정부의 보조금이 필요할 것이다.

③ 철도네트워크 효율 향상

현재 철도 관련 노선들이 개량 및 신선으로 건설 중이며, 계획된 노선들은 향후 철도네트워크 구축이란 측면에서 지속적으로 건설될 것으로 기대된다. 철도의 특성상 경부축에 집중된 수요로 인하여 경제성을 확보하기 어렵고, 네트워크상의 노선들이 효과적으로 연결되지 못함으로써 직결운행에 어려움이 있다. 경부축에 집중되어 있는 화물 물동량이 장래에도 지속될 것으로 분석되므로, 철도네트워크의 효율적 활용이라는 측면에서 수도권 중 경부축 화물 집중 현상을 시급히 완화해야 할 것이다. 관련 사업들이 완료될 경우 철도 노선들의 서비스능력이 전국적으로 개선될 것이며, 네트워크상에서의 효과도 크게 증진될 것이다. 수도권 서남부 화물기지는 이러한 철도계획노선들 중 서해안 축을 따라 신규 수요를 창출하고 운송함으로써 기존에 검토된 계획 이상으로 경제성을 향상시켜 줄 수 있을 것이며, 철도네트워크 효율성이란 측면에서도 효율성을 향상시킬 수 있을 것이다.

철도 역할 증대를 위해서는 네트워크의 특성을 고려한 시설투자가 이루어져야 한다. 단위사업별 타당성 분석 결과만을 기초로 하여 시설투자가 이루어지다 보면, 동일 노선 안에서도 서비스 수준과 시설 수준이 차이가 나게 되고, 사업완료 후 개통시기도 각각 상이하여 실질적인 서비스 개선 효과를 기대하기 어렵다. 따라서 상호 연결노선들이 적절한 시기에 함께 개통되어 서비스될 수 있도록 투자시기 등을 조정해야 한다.

④ 운영자의 노력

가장 먼저 검토되어야 하는 안으로는, 현재 호남 ICD를 이용할 경우 높은 비용을 지불해야 하기 때문에 이에 대한 운영자의 자구적인 노력이 필요하다. 앞서 분석한 바와 같이 호남 ICD와 송정리역 CY, 임곡역 CY의 셔틀 비용을 비교해 보았을 때 40ft 기준으로 약 110,000원의 차이가 나는 것을 알 수 있는데, 이러한 비용 차이를 극복하기 위해서는 셔틀 비용 차액의 50%를 운영자가 부담하는 노력이 필요하다.

또 다른 방안으로, ICD 운영기관에서 운영하는 CY와 상하역 장비들을 이용한 상하차료/장치료에 대하여 보조하는 방법도 있을 수 있다. 초기 호남 ICD가 주변 철도 CY와는 달리 불리한 입지 여건이므로, 이를 상쇄시킬 수 있는 방안으로 상하차료 및 장치료를 몇 년간 무료화함으로써 주변지역으로부터의 화물 유치가 가능할 것으로 판단된다. 이와 함께 CY를 공용화할 경우 상하역료가 감소하기 때문에 이에 대한 검토도 함께 이루어져야 한다.

또한 호남 ICD를 이용함에 따라 광양항 및 부산항으로 수송하는 컨테이너의 경우에 호남 ICD 운영자가 한시적으로 지원하도록 하는 방안도 검토해 볼 필요가 있다. 이 경우 호남 ICD 이용의 활성화를 위하여 전체 화물을 대상으로 하는 것보다는 운영사가 지정한 주요 고객사, 셔틀 운송사 이용 업체에 대한 지원형태가 되어야 할 것이다.

⑤ 택배열차 등의 운행

호남복합터미널은 광양 및 부산진 방면으로는 하남역 CY에 비해 경쟁력이 떨어지는 것이 사실이기 때문에, 광양 및 부산지역 수출입 컨테이너 수송은 하남역 철도 CY 거점화를 통해 추진하고, 수도권은 호남 ICD으로 추진하는 이원화 정책이 바람직하다. 따라서 호남복합터미널에서 화물에 대해 경쟁력 확보가 가능한 구역은 진행 방향 순로에 위치한 수도권지역에 대한 화물 확대방안이다. 또한 수도권 물동량은 주요 수송품목이 일반 내수화물이므로, 삼성전자의 내수화물(하남산업단지 연간 약 20만 톤)을 군포 배송센터에 의거 택배회사의 유치를 위해 군포와 장성 간을 연결하는 택배열차를 유치해야 할 것이다.

⑥ CY의 공용화 유도

CY의 운영에는 여러 가지 방법이 있다. 그러나 최근 들어 CY의 공용화를 통한 효율성을 높이고 있다. 최근에 전용 CY를 통합하여 공용 CY로 통합한 부산진역의 경우를 보면, 처리능력이 약 30% 증가하고 운영인력도 감소함을 알 수 있다. 구체적으로 살펴보면 운영 장비에서는 공용 크레인 등의 이용으로 연간 4억 원의 운영 장비 비용을 절감할 수 있었고, 운영시간도 상시운영을 통하여 서비스를 더욱 향상시켰다. 장치능력 면에서는

6,220TEU에서 10% 상승한 6,812TEU로 향상되었으며, 운영인력 면에서는 3명이 감소되어 1억 원이 절감되는 것으로 나타났다. 또한 처리능력 면에서도 전용 CY보다 공용 CY로 전환됨에 따라 30%가 증가된 것으로 나타났다. 따라서 호남 ICD의 CY의 운영은 전용 CY보다는 공용 CY 형태로 CY의 공용화를 유도하여야 할 것이다.

<표 5-41> 부산진역 통합 공용 CY 운영 전·후 비교

구분	통합 전(전용CY)	통합 후(공용CY)	비 고
운영 장비	크레인 17, 셔틀 11	크레인 13, 셔틀 9	연간 4억 원 절감
운영시간	업체별 종료 시까지	상시운영	
장치능력	6,220TEU	6,812TEU	10% 향상
운영인력	업체별 운영(46명)	통합운영(43명)	3명 감소 (1억 원 절감)
CY 사용	업체별 전용사용	공동사용	
처리능력	800량	1,100량	30% 증가

⑦ 공컨테이너 Depot 지정

현재 호남 ICD에서 철도 수송을 할 경우 공컨테이너가 없어 부산항이나 광양항에서 이를 가져와야 한다. 그로 인해 운임이 추가로 들기 때문에 공컨테이너 디포트(Depot)로 지정되어야 한다. 이를 위해서는 국토해양부에서 선사들을 설득, 유도해야 할 것이다. 공컨테이너 지정 시 철도는 50% 할인이 가능하여 철도 경쟁력을 높일 수 있다. 전체 비용은 철도의 운임 (55%), 부대비용(45%)으로 이루어져 있는데, 철도 운임(55%)의 약 50%인 25%의 운임을 절감될 수 있다고 예상한다. 이러한 방안은 타 가격경쟁력 확보방안과 병행함으로써 공로운송 대비 철송 가격 경쟁력의 향상을 가능하게 해준다. 이러한 공컨테이너 Depot 지정은 ICD 활성화를 위한 중요한 요인으로, CY 운영 주체인 운송업체의 가장 최우선적 요구사항으로 알려져 있다.

⑧ CY 거점화

철도 CY의 활성화를 위해서는 현재 운영방식이 개선되어야 한다. 현재는 철도공사에서 민간 운송업체에게 철도 CY를 위탁하고 있는 방식이 대부분으로, 이 경우에는 민간운송업체가 철도 수송보다는 도로 수송을 우선으로 할 확률이 높다. 왜냐하면 도로로 컨테이너를 수송할 경우 시간과 비용 면에서 절감되기 때문이다. 따라서 향후 철도역에 있는 CY를 활성화하기 위해서는 기본적으로 철도 컨테이너 수송을 원칙으로 하는 운영의 전환이 필요하다. 만약 현재의 방식을 고수할 경우에는 운송업체와의 계약 시에 철도 이용률을 담보하는 계약조건을 붙이거나, 아니면 철도 CY를 철도공사에서 직영하면서 철도 이용량을 늘려야 할 것이다. 직영할 경우에는 어느 업체나 모두 CY를 이용할 수 있도록 공용화하여야 한다. 이 과제와 관련하여서, 하남 CY를 활성화할 경우에는 인근 CY인 임곡과 송정리역의 폐쇄를 통해 인원을 절감하고, 향후 경전선이 개량된다면 광양항과 부산항까지의 경쟁력 확보가 가능해지는 이점이 있다고 하겠다.

철도 CY의 활성화를 위해서는 전국적으로 CY를 거점화하여 철도화물의 경쟁력을 높여야 할 것이며, CY에서의 상하역 장비의 개선과 시설개선이 함께 이루어져서 신속한 상하역이 이루어져야 할 것이다. 또한 철도화물의 신속한 이동을 위해서는 화차의 고속화와 장대수송이 가능하도록 시설개량을 이루어야 한다. 철도 CY의 거점화는, 예를 들면 두정은 인근의 소정리역으로 통합하고, 신탄진은 인근 회덕으로 통합시켜 경쟁력을 높여야 할 것이다.

현재의 철도 CY의 현황을 하남역 CY의 예를 들어 설명해 보면, 현재 하남역 CY에서의 철도 컨테이너 이용률은 14.41%에 불과한 실정이다. 따라서 이를 증대시킬 필요가 있으며, 이를 위해서는 CY 등의 공용화 노력이 필요할 것이다.

(5) 결론

최근 들어 지구온난화에 따른 환경문제가 주요 이슈로 부각됨에 따라, 이러한 문제를 해결하기 위한 교통 부문의 방안으로 철도를 이용한 화물수송에 대한 각종 연구와 시책 등이 전 세계적으로 추진되고 있다. 우리나라도 환경친화적인 철도에 의한 여객 및 화물수송을 위한 다양한 정책을 추진할 필요가 있다. 특히 서울과 부산을 잇는 경부축의 경우에는 경부고속철도 등 다양한 투자가 이루어지고 있으나, 호남지역의 경우에는 서울과 부산을 연결하는 네트워크가 활성화되지 못하고 있는 실정이다. 따라서 시간, 비용 면에서 철도보다 우위에 있는 도로를 중심으로 여객 및 화물이 수송되고 있는 것이다. 특히 호남권에서 철도를 이용한 화물 수송의 비중이 매우 낮게 나타나고 있는데, 이것은 주요 수송처인 광양항과 부산항까지의 수송에서 도로보다 비용 면에서 요금이 높게 나타나고 있고, 시간 면에서도 도로보다 더 많은 시간이 소요되기 때문에 철도의 경쟁력이 낮은 것에서 기인한다. 따라서 호남권의 철도화물을 육성하기 위해서는 이러한 비용과 시간의 격차를 해소하지 못하면 경쟁력이 없는 실정이므로, 이를 해결하기 위한 다양한 방안들이 필요하다.

현재 호남권에는 철도 컨테이너 취급시설로 호남 ICD와 철도역 CY가 입지하고 있는데, 이 연구에서는 현재 논의되고 있는 호남 ICD와 철도역 CY의 효율적 운영을 위한 여러 가지 대안에 대하여 검토를 수행하였다. 우선 호남지역뿐만 아니라 최근에 이슈가 되고 있는 친환경 교통수단인 철도의 활성화를 위한 철도화물 증가 대책에 대한 검토와 제안을 수행하였다. 철도화물 증가 대책으로 보조금, 운임인하, 철도네트워크 확충에 대한 방안과 예상효과를 분석하였으며, 호남권 지역에서의 철도시설에 대한 활성화 대책도 검토하였다. 호남 ICD의 활성화 대책으로 셔틀 비용의 운영자 부담, 마케팅 활동 강화, 공컨테이너 지정, 택배열차 운행 등 다양한 방안에 대해서 검토, 제시하였다. 또한 호남지역에 있는 철도 CY의 활성화를 위한 지역 CY의 통합방안과 경전선 개량 등에 대하여 검토를 수행하였다. 호남지역의 철도화물 활성화는 물론 그 지역적 특성을 감안한 다양한 대책들이 수립되어야 하지만, 철도는 네트워크 산업이므로 지역적인 문제해결만 가지고는 전체 네트워크의 효율성을 높이고 이에 따른 철도화물 활성화를 기대할 수는 없다. 따라서 지역적인 철도 활성화 대책과 함께 국가 전체적인 철도화물 활성화를 위한 다양한 정책들이 함께 추진되어야 그 효과가 더욱 커질 것이다. 아울러 향후 화물 수송시장에서의 철도에 대한 투자 확대와 활성화에 대한 연구도 지속적으로 진행되어야 할 것이다.

철도 물류는 지금 본격적인 활성화를 맞을 수 있는 호기를 맞이하였다고 본다. 사회경제적 비용절감에 가장 유리한 교통수단, 녹색성장 및 친환경에 유익한 교통수단, 지속가능한 발전에 기여하는 교통수단으로서 그 중심에 철도 물류가 자리 잡고 있는 것이다.

하지만 아직도 국내에서는 도로운송에 대한 지원이 사라지지 않고 있다. 화물트럭에 대한 유가보조금으로 1조 원이 넘는 돈이 지원되고 있고, 고속도로 심야 통행료 할인, 일반도로 통행료 무료 등 현재도 철도 물류는 도로 물류에 비해 매우 불리한 상황에서 경쟁을 하고 있는 상황이다. 선진국의 도로운송 규제 및 철도 운송 지원정책처럼 국내 교통정책이 친환경수송수단에 대한 지원 중심으로 빨리 전환되어야 함은 물론이거니와, 철도 물류 인프라에 대한 대대적인 시설정비를 통해 철도 물류 인프라에 대한 중장기 마스터플랜이 마련되어야 하며, 철도 운영자의 경우도 이러한 기초 경쟁력 강화를 발판으로 철도 물류사업을 다각화하여 국제적인 대형종합 물류기업으로서의 역할을 수행하여 국가 성장 동력으로서 한 축을 담당하여야 할 것이다.

제6장
남북철도와 대륙철도

제6장 남북철도와 대륙철도

1. 남북철도 연결과 유라시아의 꿈

(1) 문제의 제기

2007년 5월 17일 분단 이후 처음으로 남한과 북한 간에 열차를 시험 운행하는 역사적인 사건이 있었다. 시험운행은 경의선 구간과 동해선 구간에서 각각 열렸는데, 이는 56년 만에 남과 북이 기차로 연결되고, 이를 통해 대륙까지 연결될 수 있다는 새로운 꿈과 희망을 안겨다 주었다.

원래 한반도 철도는 1899년 9월 18일 노량진과 인천 간에 개통되었고, 1906년 4월 3일에 용산~신의주 구간의 경의선이 완공되어 열차가 운행되었다. 이 열차는 1911년 11월 1일 압록강철교가 완성되어 대륙인 만주까지 연장 운행되어, 대륙을 연결시켜 주는 간선 교통수단이었다. 이어 1914년에는 경원선이 개통되어 서울~원산 구간에도 열차가 운행되었고, 1937년에는 동해선 구간인 원산에서 양양 구간이 완공되어 한반도는 타율적이기는 했지만 하나의 철도망으로 연결되어 운행되었다.

1950년 전쟁 이후 남과 북의 열차는 연락 운행이 정지되어 그 후 분단된 채로 각자의 길을 걸었다. 북한의 경우 1954년 6월 3일에 평양과 베이징 간에, 그리고 1987년에 평양과 모스크바 간에 직통열차가 운행되어 한반도 철도는 다시 대륙과 연결운송을 개시하였다.

북한 철도는 2005년 현재 철도네트워크가 5,235km로, 여객수송의 60%, 화물수송의 90%를 담당하는 주요한 교통수단으로 철도 노선 중 80%가 전철화되어 있는데, 이는 북한이 가지고 있는 풍부한 석탄과 수력자원 때문에 가능하였다.

한편 우리나라의 경우 1960년 이후 도로교통의 발전으로 철도는 침체의 길을 걸어오다가, 1990년 이후 고속철도의 건설과 기존선의 개량으로 새로운 도약의 시대를 맞이하고 있다. 특히 2004년 고속철도의 개통은 간선 교통을 철도 중심으로 바꾸고, 철도의 경쟁력을 제고시키는 결정적인 계기가 되었다.

(2) 북한 철도 현황

기관차의 경우 내연기관차, 전기기관차, 증기기관차로 구성되어 있다.

화차의 경우 유개차, 무개차, 조차(일반조차, 알카리조차 등), 장물차(평

내연기관차   전기기관차   증기기관차

판차), 모래차, 광석차, 석탄차, 통풍차, 보온차, 냉장차 등이 있다.

무개차

차장차

조차

객차는 좌석차(상급객차, 일반객차), 침대차(상급침대차, 일반침대차), 봉
사차(식당차, 매대차), 설비차(난방차, 발전차, 시험차, 위생차), 선전차(선전
차, 영화차, 출판물차), 손짐우편차(손짐차, 우편차, 손짐우편차)로 나눈다.

식당차

침대차

상급객차

연결기

연결기

연결기

차량은 주철제 브레이크슈를 활용한 답면제동을 실시하고 있으며, 제동
관 압력은 6km/㎠를 사용하고 있어, 남한의 주공기관(9km/㎠), 제동관
(6km/㎠) 차량과 운행 및 제동에는 문제가 없다.

우리나라와 북한의 철도를 비교해 보면 다음과 같다

<표 6-1> 남북철도 비교

	한국 철도(2004)	북한 철도(2002)
철도 수송(km)	3,374km	5,235(2004)km
광궤구간(1,520mm)	0	156km
표준궤구간(1,435mm)	3,374km	4,557km
협궤구간(762mm)	0	523km
복선(km)	1,318	156
복선화율(%)	39	3
전철화(km)	1,586	4,132
전철화(%)	47	79
전기공급방식	교류 25,000V	직류 3,000V
신호자동화구간(km)	657.2	60
화물수송량(백만 톤km)	10,641	9,137
여객 수송량(백만 인km)	17,288	2,535
차량 수(량)	18,052	20,370
기관차 수(량)	2,869(16%)	1,119(5.5%)
객차 수(량)	1,636(9%)	1,132(5.6%)
화차 수(량)	13,528(74.9%)	18,119(88.9%)

자료 : 건설교통통계연보(2005), 북한 철도 현황(2002)

북한의 국경 역 구간은 신의주~단둥을 통한 TCR, TMGR 연결 노선, 만
포~지안, 남양~투먼을 통한 TMR 노선, 두만강~하산을 통한 TSR 연결의
4개 노선이 있다. 평양~베이징 간 국제열차가 신의주~단둥을 거쳐 주 4
회 왕복 운행되고 있으며, 평양~신의주~모스크바, 평양~두만강~모스크

바 국제열차가 주 1회씩 운행되고 있다.

현재 한반도에서 연결이 가능한 철도망으로는 러시아를 경유하는 TSR(시베리아횡단철도)과 중국을 경유하는 TMR(만주횡단철도), 몽골을 경유하는 TMGR(몽골횡단철도) 그리고 중국과

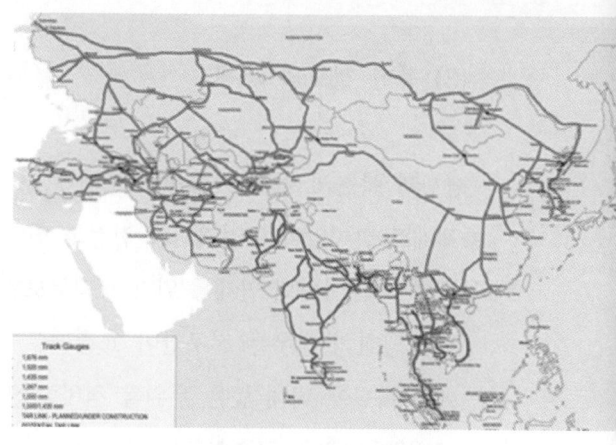

<그림 6-1> 유라시아 철도망

중앙아시아를 경유하는 TCR(중국횡단철도) 등이 있다. 이 노선 등은 각각 다른 여건을 가지고 있지만 우리나라의 입장에서는 매우 중요한 의미를 갖는 노선들이다. 2007년 기준으로 TSR 물동량의 약 25만 TEU의 70%는 우리나라가 차지하고 있으며, TCR의 경우에도 TSR 물동량의 2분의 1 수준이지만 증가 추세에 있다. 일본의 경우 최근 러시아 항구인 자르비노의 항만터미널 건설에 자본을 투자하고, 일본으로부터 모스크바까지의 자동차 수출에 철도를 이용하기 시작하였다. 이는 철도가 해운에 비해 운송시간이 약 2분의 1에 불과하다는 것에서 착안한 것이다. 중국은 티베트 연결 철도에 이어 파키스탄, 인도까지 연결을 꾀하고 있으며, 러시아도 자국 철도의 연결을 더욱 확대하려 하고 있다.

또한 나진·선봉지구에는 중국, 일본, 러시아 등이 진출을 위해 노력하고 있으며, 최근에는 나진~하산까지의 철도 보수작업이 진행되어 우리나라도 참여가 예상되고 있다. 이처럼 동북아시아에서 철도는 크게 그리고 빠르게 변화하고 있고, 유라시아횡단철도에 대한 관심이 더욱 높아지고 있다.

(3) 북한 철도의 과제

남한과 북한의 철도 현황을 비교해 보면 북한의 경우는 철도 중심의 교통체계로 말미암아 영업거리와 전철화 면에서 남한에 비해 우위를 보이고 있으며, 러시아와의 연계를 위한 광궤철도를 일부구간에서 운영하고 있다.

한편 남한의 경우는 전구간이 표준궤로 운영되고 있고, 복선화, 수송량 면에서 북한에 비해 높은 우위를 점하고 있다. 특히 남한은 2004년 최고속도 300km/h의 고속철도를 운영하고 있는 반면, 북한은 최고속도 구간에서도 60km/h로 운영하고 있는 실정이다.

남한과 북한의 철도 연결에 대해서는 의미 있는 말이 전해지고 있다. 1994년 북한의 김일성 주석이 벨기에 노동당 중앙위원회 의장과의 회견에서 한 말인데, 주요 내용은 신의주와 개성 간에 노선을 하나 더 만들어 복선으로 하고, 한국에 들어가는 중국의 상품을 운반하는 것만으로도 1년에 4억 달러 이상의 수입을 올릴 수 있다는 것이다. 이처럼 북한은 남북철도 연결을 경제적인 관점에서 이해하고 있다는 것이다.

그 후 2000년 6월에는 김대중 대통령과 김정일 위원장이 평양에서 만나 사상 최초의 남북수뇌회담이 개최되었고, 공동성명에는 남북 분단의 철도 노선에 대한 복구가 강조되었다.

향후 남북한 철도의 통합운영을 상정해 볼 경우 예상되는 문제점으로는 첫째로, 네트워크 운영의 높은 효율성을 유지하기 위해서 북한의 경우 복선화와 자동신호의 추진과 속도향상을 위해 노반개선 등이 필요할 것이다. 두 번째로는 전기 공급 방식의 차이를 극복하기 위해서는 직·교류 겸용 동력차 운영이 필요하다. 세 번째로는 본격적인 상업운전을 위해서는 운임체계, 기관차와 객차의 운영방식 등에 대한 합의가 이루어져야 한다.

또한 남북철도의 통합운영을 위해 추진되어야 할 국제적인 노력으로는 이미 시행된 시험운행을 계기로 추가적인 운행에 대한 논의가 계속되어야 할 것인데, 상업운전을 위한 상호협의체가 구성되어야 할 것이다. 이에 대해서 북한은 군을 우선으로 하는 정책으로 철도도 이에 종속되어 있어서 향후 독립적인 운영보장이 필요한데, 이를 위해서 이해관계 국가가 참여하는 논의의 장과 상호연락 운송에 대한 합의가 필요하다. 이에 우리나라가 아직 가입되어 있지 않은 국제운송기구인 OSJD의 가입이 추진되어야 한다.

이번 남과 북이 철도로 연결된 것에 대해서는 몇 가지 큰 의미를 가지고 있다.

첫 번째로는 한반도 철도의 재연결이며, 대륙철도와의 연계를 위한 시발점이라는 것이다. 두 번째로는 남과 북의 철도 연결의 가능성을 확인하였다는 것이며, 서로의 노력 여하에 따라 한반도 철도망의 연결은 높은 가능성을 가지고 있다. 마지막으로는 상호 철도 연결은 평화정착을 위한 매우 훌륭한 수단으로, 앞으로 이를 지속적으로 발전시킨다면 한반도의 긴장완화와 평화통일을 위한 촉진제가 될 것이다.

향후 우리나라는 호남고속철도의 완공과 동서축의 간선망의 확대 등을 통해 철도의 르네상스 시대를 맞이할 것으로 예상된다. 이러한 흐름은 우리에게 한반도 철도망의 확충과 남한과 북한의 철도 운행, 유라시아대륙과 철도로 연결하는 새로운 꿈을 가지게 해 주었다.

(4) 동아시아 철도

1) 중국[55]

중국 철도는 광대한 면적(동서 5,400km, 남북 5,200km)의 중국을 사회적으로 통합시키고 경제적으로 결속시키는 기능을 수행하고 있다. 중국의 철도망은 남북과 동서로 8종 8횡의 주간선망으로 이루어져 있다.

<표 6-2> 중국의 주요 철도망

주요 철도망	허브	주요 노선
8종	베이징	베이징~하얼빈 노선, 동부연해 노선(선양~광저우) 베이징~상하이 노선, 베이징~지우롱 노선 베이징~광저우 노선, 다퉁~잔장 노선 빠오터우~류저우 노선, 란저우~쿤밍 노선
8횡	광저우	베이징~란저우, 석탄운송 북 노선 석탄운송 남 노선, 대륙연계 노선(롄윈강~아라산코우) 난징~시안 노선, 예장노선, 상하이~쿤밍 노선 서남출해 노선

대륙연결은 접경국이 14개국으로, 3개의 간선철도 연결망과 연결되어 있다.

<표 6-3> 대륙연결 주요 철도망

주요 철도망	구간	주요 기능
TCR (Trans-China Railway)	롄윈강~우루무치	중앙아시아~TSR 연계로 유라시아대륙의 통합물류체계 형성
남서부 철도	청두~쿤밍	동남아와 중국 간 경제교류
베이징~하얼빈 노선	베이징~하얼빈	북한~신의주 한반도 철도(TKR) 연결, 한국과 유라시아대륙 교류의 중요한 역할 수행

---

55) 중국 자료는 로지스올 주식회사의 협조를 받았다.

2004년 1월 '중장기 철도망 계획'을 발표, '8종 8횡'의 주간선을 강화하고, 2020년까지 전국 철도 총연장 10만km, 베이징~상하이 노선을 포함한 '4종 4횡 여객운송전용 고속철도 건설 계획'이 핵심내용이다. 이에 따라 '10차 5개년 계획'이 끝나는 2005년까지 총 영업연장 7.5만km, 복선화 2.5만km, 전철화 2만km로 늘리고, 2010년까지 베이징~상하이 고속철도, 시안~안캉/난장철도, 티베트 진입철도 등을, 그리고 2020년까지 롄윈강~란저우~우르무치철도, 청두~쿤밍~난닝철도를 신설, 연장할 계획이다.

<표 6-4> 중국 중장기 철도망 계획

■ **기본원칙**

중장기 철도망 계획은 도로, 항공, 수운, 파이프라인 등 여타 계획과의 유기적인 연계를 통하여 추진되며, 운송 능력에 한계를 보이고 있는 주요 간선은 여객과 화물 분리 운행, 경제 발달지역 및 인구 밀집지역은 도시 간 고속여객운송 시스템 구축 계획임.

또한 지역 간 연계성 강화 및 철도 운송 능력의 조화를 통해 여객 및 화물운송 주요 적체 현상 해결 및 철도망의 밀도 제고와 운행면적 확대를 통해 지속적인 경제성장, 국토개발, 국방 등에 유리한 조건을 조성한다는 기본 원칙을 설정하고 있다.

■ **주요 내용**

1. 철도의 영업연장 10만km(2020년), '4종 4횡' 고속 여객운송 전용선 구축
2. 신설철도 1.6만km 부설 : 서북지역과 서남지역의 국경을 통과하는 국제 철도망의 개조와 신설, 서부 대개발 전략에 따른 새로운 철도망 구축
3. 기존 철도망의 개량 및 요충지 건설 : 석탄 등 에너지원의 운송 능력 제고
   - 기존노선 개조 : 복선화 1.3만km, 전철화 1.6만km
   - 18개의 철도 컨테이너 전용터미널 건설(화물 증가 대비)
   - 2단 적재 컨테이너 운송열차 운행 계획
   - 복합운송 허브지역 : 베이징, 상하이, 광저우, 우한, 청두, 시안

■ **주요 특징**

1. 여객과 화물의 분리 운영(주요 간선철도 포화상태)
2. 기존 철도 노선망의 정비 및 신설(서부지역 타깃)
3. 기존 철도의 운송 능력 제고(기존 철도 노선 복선화)
4. 철도 관련 기술의 혁신

<표 6-5> 4종 4횡 여객전용 철도 건설 계획

구간	총연장(km)	비고
4종		
베이징~상하이	1,300	징진에서 창장 삼각주 연계
베이징~우한~광저우~선전	2,230	화북지역과 화남지역 연계
베이징~선양~하얼빈	1,860	동북지역과 관내지역 연계
항저우~닝보~푸저우~선전	1,600	창장 삼각주, 주장 삼각주와 동남연해지역 연계
4횡		
쉬저우~정저우~란저우	1,400	서북지역과 화동지역 연계(TCR 구간)
항저우~난창~창샤	880	화중지역과 화동지역 연계
칭다오~스좌장~타이위엔	770	화북지역과 화동지역 연계
난징~우한~충칭~청두	1,900	서남지역과 화동지역 연계
합계	11,940	

<표 6-6> 철도망 정비와 서부 대개발 철도 노선

① 중국~키르기스스탄~우즈베키스탄 간 국제철도 연계를 위해 카스~투어가터 간 철도 신설
② 중국~베트남 간 국제철도의 연계를 위해 기존의 쿤밍~허커우 간 철도 개조
③ 중국~라오스 간 국제철도 연계를 위해 쿤밍~징홍~모한 간 철도 신설
④ 중국~미얀마 간 국제철도 연계를 위해 따리~뤼리 간 철도 신설
⑤ 서북~화북지역 새로운 물류 통로 형성을 위해 타이위엔~중웨이~인촨 간 철도, 린허~하미 간 철도 신설
⑥ 서북~서남지역 새로운 물류 통로 형성을 위해 란저우/시닝~충칭/청두 간 철도 신설
⑦ 신장~칭하이~티베트로 이어지는 단축 통로 형성을 위해 쿠얼라~거얼무 간 철도, 롱강~둔황~거얼무 간 철도 신설
⑧ 서부지역의 내부 철도망 개선을 위해 징허~이닝, 쿠이툰~아러타이, 린즈~라싸~르카저, 따리~샹그리라, 용정우~위린/마오밍, 허푸~허춘, 시안~핑량, 류저우~쟈오칭, 상건다라이~장쟈커우, 화이거얼~후허하오터, 지닝~장쟈커우 등 내부 철도 신설
⑨ 동중부지역의 철도망 개선을 위해 통링~쥬장, 쥬장~징더전~취저우, 간저우~샤오관, 롱옌~샤먼, 후저우~쟈싱~쟈푸, 진화~타이저우 및 동북지역의 동변도 철도 신설

이 중 주요한 내용으로는 중국의 4종 4횡의 여객전용 철도 건설계획이다. 또한 철도망 정비 및 서부 대개발 철도 노선 신설은 다음과 같은 내용을

<표 6-7> 중장기 철도 신설계획

구간	총연장(km)	비고
징허~이닝	210	
카스~투얼가터	160	중앙아시아 연계철도
쿠이툰~아러타이	550	
린허~하미	1,450	
쿠얼러~거얼무	1,240	칭하이~신장
롱강~둔황~거얼무	630	
타이위엔~중웨이~인촨	720	
시안~핑량	300	
란저우/시닝~충칭/청두	900	
롱창~황통	430	
따리~루이리	620	미얀마 연계철도
류저우~쟈오칭	410	
쿤밍~장홍~모한	750	라오스 연계철도
쿤밍~허커우	380	베트남 연계철도(협궤에서 표준궤로 개조)
합계	8,750	

<그림 6-2> 중국의 제3의 유라시아대륙철도 건설 추진

포함하고 있다.

중장기 철도 신설계획은 다음과 같다.

중국 남부에서 아시아를 거쳐 유럽을 잇는 아시아~유럽대륙횡단철도 프로젝트가 추진되고 있다.

유라시아 21개국을 잇는 1만 5,157km 대륙철도=아시아와 유럽을 잇는 제3의 철도는 중국 남부 선전(심천)에서 출발해 아시아 남부와 중동을 거쳐 중유럽 네덜란드의 로테르담까지 연결된다. 노선은 선전~쿤밍(昆明)~다카(방글라데시)~뉴델리(인도)~이슬라마바드(파키스탄)~테헤란(이란)~앙카라(터키)~로테르담으로 21개국을 관통하며, 총연장 1만 5,157km이다. 제3의 유라시아대륙철도는 중국 남부에서 출발해 남아시아와 중동을 거쳐 가기 때문에 겨울에도 철도 관리에 별다른 문제가 없으며, 항구와 공항, 세계 각국의 수도가 연결돼 안전하면서도 운송효율도 높다. 아직 구상 단계이며, 특히 다른 지역에 비해 문화적 이질감이 비교적 큰 중국, 인도, 중동, 유럽의 21개국이 모두 합의해야 성사될 수 있다.

<그림 6-3> 중국-독일 유라시아 물류네트워크 구축

2) 일본

동아시아 철도망에 있어 최근 논의되고 있는 것이 한국과 일본의 해저터널이다.

<표 6-8> 한일 해저터널의 개요와 주요 터널 비교

	한일터널(A)	한일터널(B)	한일터널(C)	유로터널	세이칸 터널
연결구간	거제도 중부~쓰시마 남부~카라스	거제도 남부~쓰시마 중부~카라스	부산~쓰시마 북부~카라스	포크스톤(영국)~칼레(프랑스)	아오모리~시리우치(홋카이도)
총길이	209km	217km	231km	50.45km	53.9km
해저구간	145km	141km	128km	38km	23.3km
해저 깊이	200m	200m	200m	40m	100m
횡단시간 (고속철도)	1시간	1시간 10분	1시간 20분	35분	40분
건설비용	10~15조 엔 (복선)	10~15조 엔 (복선)	10~15조 엔 (복선)	210억 달러 (3개 터널)	1조 1천억 엔 (복선)
건설기간	10년~15년			7년(1987년 ~1993년)	24년(1964년 ~1988년)

자료 : 유로터널 홈페이지(www.eurotennel.com)
일한터널연구회(www.jk-tunnel.or.jp) 참조

3) 러시아

러시아는 2007년 9월 러시아 철도교통 2030을 발표하였다

4) 유라시아 철도망

장차 남한과 북한이 철도로 연결된다면 우리나라 철도는 유라시아대륙의 시발점으로서 몇 가지 중요한 의미를 가진다. 첫 번째로는 한반도 철도의 재연결이며, 대륙철도와의 연계를 위한 첫걸음이 될 것이다. 두 번째로는 남과 북의 철도 연결을 통해 장차 한반도 철도망의 완성 가능성이 높아질

<표 6-9> 러시아 철도교통 2030 내용

- 총예산은 13조 7천억 원(약 500조)로 중앙정부가 120조, 지방정부가 24조, 나머지는 민간이 조달할 예정
- 2030 목표의 물동량은 1.7배, 화물운송 속도는 26%, 컨테이너 수송은 2.6배가 성장할 전망
- 주요 내용은 철도교통 서비스가 국제교통 시스템에 통합되어야 하며, 교통 서비스 수출이 2.6배 성장을 예상함
- 고속과 초고속 여객 서비스는 2030년까지 고속열차구간(160~300km 속도)을 현재 650km에서 10,800km로 증가시키고, 이 중 1,500km 구간은 시속 300km 이상으로 설계될 예정임

• **러시아 2030 철도교통 전략은 2008년부터 본격화**
- 이 계획을 계기로 철도교통이 획기적으로 발전될 전망
- 이를 통해 러시아 여객 수송은 2010년까지 10~13% 증가 전망
- 철도 프로그램 사업은 고속철도, 기존선 고속화, 장거리 여객운송으로 나누어서 추진함
- 장거리 여객은 700km 이상의 장거리 여객열차에 침대 등의 편의시설과 함께 70~90km의 속도 향상
- 기존선 고속화 : 노선의 개보수를 통해 속도 등 160~200km, 편도시간은 7시간을 넘지 않도록 할 예정임
- 고속열차 노선 신설 : 시속 350km 이상 연장은 페테르브르크~모스크바 659km, 모스크바~소치 1,740km 총 31조 예상함(총연장 2,399km)

것이다. 마지막으로는 상호 철도 연결은 평화 정착을 위해 매우 훌륭한 수단으로, 앞으로 이를 지속적으로 발전시킨다면 한반도의 긴장완화와 상호 경제발전, 궁극적으로는 평화통일의 촉진제가 될 것이다.

다음 단계로 남북한 철도를 통해 유라시아대륙과 철도로 연결된다면 우리는 동북아의 중심국가로 발돋움하는 계기가 될 것이다. 현재 동북아는 러시아와 중국, 일본 등의 초강대국의 정치적, 경제적 각축장이 되고 있다. 현재에도 동북아는 세계 경제의 25%를 차지하고 있고, 앞으로는 그 비중이 더욱 커질 전망이다. 우리나라는 지정학적으로 일본과 대륙을 연결시켜 주는 위치에 있으며, 해양세력과 대륙세력이 만나는 중요한 위치에 있다. 따라서 향후 우리나라 철도가 유라시아대륙으로 연결된다면 이 철도는 동

북아의 경제뿐만 아니라 유럽과 아시아 전체를 연결하는 횡단철도망이 될 것이다. 또한 동북아의 경제공동체 구상에도 철도는 매우 중요한 운송수단으로 자리매김할 것이다.

이제 우리나라 철도도 새로운 꿈을 가지게 되었다. 북한을 통하여 대륙으로 연결함으로써 우리나라는 대륙철도의 주역으로 발돋움하게 될 것이다. 이는 우리 철도가 국제철도로서 그 역할을 다한다는 것이며, 국제운송의 비중이 높아진다는 것을 의미한다.

이를 위해 우리 철도는 여러 가지로 철저한 준비를 해야 한다. 먼저 한반도 내에서의 한반도 철도망 계획을 수립하고, 이를 바탕으로 북한과의 연계를 추진해야 한다. 최근 러시아 측의 발표를 보면 북한 철도 개량비용으로 약 5조 원이 소요될 것으로 예상하고 있는데, 재원조달의 문제도 국제적인 협력투자방식 등으로 해결해야 할 것이다. 이와 함께 대륙의 주요 터미널과 물류거점에도 우리나라의 자본이 진출해야 할 것이다. 이러한 거점의 구축을 통해서 우리 철도의 위상과 협상력이 높아질 수 있어 장래를 위한 구체적인 대비가 가능하다는 것이다. 이와 함께 국제적인 철도 전문 인력 양성도 필요하다. 기술력은 물론 어학능력, 협상능력까지 갖춘 인력의 배양이 시급하다고 하겠다.

19세기 말 동북아시아 각국은 철도 건설을 통하여 제국주의를 팽창시키려 했다. 이제 21세기 동북아 시대의 철도는 유라시아횡단을 통한 평화와 경제 번영을 실어 나르는 노선이 되어야 한다. 초창기의 철도가 국제사회를 바꾸어 놓았듯이, 이제 21세기 철도는 국제사회를 다시 한 번 바꾸어 놓을 것이다.

이러한 중심에 우리 철도는 당당하게 위치해 있다. 이제 우리에게 남은 것은 이러한 희망을 실현하려는 의지와 열정 그리고 노력이다.

이제 우리도 멀지 않은 장래에 부산에서 기차를 타고 신의주에서 내려 백두산 여행을 하고, 모스크바를 경유하여 파리 그리고 런던까지 기차여행을 하는 벅찬 미래를 꿈꿀 수 있게 되었다. 그날이 하루 속히 오기를 기원해 본다.

2. 대륙철도 이용의 가능성에 관한 사례

(1) 문제의 제기

남북 분단 이후 처음으로 남한과 북한 간에 열차를 시험 운행하는 역사적인 사건이 2007년 5월 17일 있었다. 시험운행은 경의선과 동해선 구간에서 각각 열렸는데, 이는 56년 만에 남과 북이 철도로 연결되고, 이를 통해 대륙까지 연결될 수 있다는 새로운 희망을 안겨다 주었다. 그러나 그 후 남북 간의 정치적인 문제 등으로 철도를 통한 물자수송에는 진전이 없는 상태이다. 또한 2008년에는 사상초유의 유가상승으로 국제운송에 있어 해상루트의 대안으로 철도 수송이 심도 있게 논의된 바 있다. 또한 2008년 1월 컨테이너 화차 49량을 연결한 시험열차가 북경~함부르크까지 운행하여 대륙을 경유하는 철도 수송이 가시화되고 있다.

이에 이 장에서는 이러한 현실적인 여건과 새로운 변화에 대처하기 위해서 구체적으로 대륙을 통한 철도 이용의 타당성을 검토해 보고자 하였다.

이 연구의 대상은 삼성전자의 공장이 있는 중국 상하이 근처 쑤저우 공장(상하이에서 약 70km 거리)에서 슬로바키아의 트라나바(Tranava)까지 수송에 대한 타당성을 검토하고자 하였다. 그동안 삼성전자의 운송루트는 상하이에서 배로 함부르크까지 가서 그곳에서 철도로 슬로바키아의 트라나바까지 운송되었는데, 현재의 해상운송과 새로운 대안으로 대륙을 통한 철도 운송의 시간과 운임을 비교하고자 하였다. 실제로 대륙철도인 TSR 이용 비율은 2008년 우리나라, 중국, 일본이 각각 66:31:3으로 우리나라가 높은 비중을 차지하고 있다.[56] 이러한 연구를 통하여 대륙을 통한 철도 수송의 가능성과 향후 남북철도를 통한 유럽까지의 철도 수송에 대한 진단도 함께 해 볼 수 있을 것이다.

(2) 선행연구 검토

그동안의 교통개발연구원, 철도기술연구원, 철도공사 등에서의 대륙철도에 관한 연구는 우리나라를 기점으로 한 해상과 철도 운송의 비교가 주를 이루고 있다. 대부분의 연구는 한반도를 출발하는 철도가 대륙의 TSR, TCR 노선과 어떻게 연결되며 유럽까지의 수송거리는 얼마나 되는지에 초

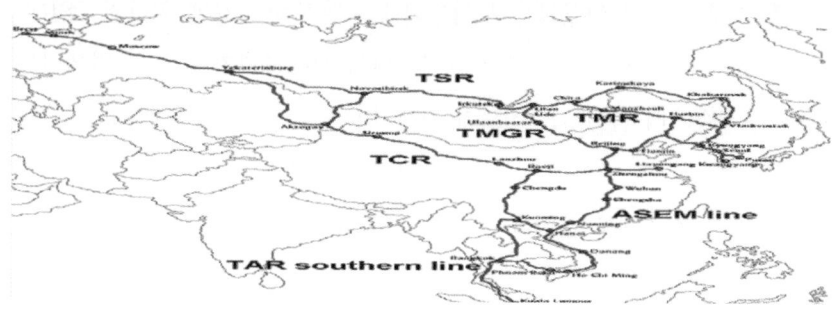

<그림 6-4> 한반도와 대륙철도를 연결하는 노선

---

56) 러시아철도/CCTT 자료

점이 맞추어져 있다. 우리나라를 출발하여 유럽의 주요 도시까지 철도 운
송의 거리를 중심으로 그 경쟁력을 평가하였다. 예를 들면 부산에서 유럽
까지는 철도를 이용할 경우 총연장이 11,000km~12,000km로, 철도로 수
송할 경우 약 20일이 소요되며, 해상으로 갈 경우에는 20,000km로 약 30
일이 소요된다는 것이다.[57]

<표 6-10> 한반도와 유럽을 연결하는 대륙철도 노선(한반도~유럽 연결지점)

	노선	한반도~대륙 간 주요경로	통과국	총연장(km)
1	경의선/TCR/TSR	신의주(북한)~단둥(중국)~아라산쿠(중국)~드루주바(카자흐스탄)~자우랄리에(러시아)	남한, 북한, 중국, 카자흐스탄, 러시아	12,091
2	경원선/TSR	두만강(북한)~하산(러시아)~나호드카(러시아)	남한, 북한, 러시아	13,054
3	경원선 등/TMR	남양(북한)~투먼(중국)~만주리(중국)~자비칼스크(러시아)	남한, 북한, 중국, 러시아	11,608
4	경의선/TMGR	신의주(북한)~단둥(중국)~베이징(중국)~자미우데(몽골)	남한, 북한, 중국, 몽골, 러시아	11,231

자료 : 한국철도기술연구원과 철도공사 내부자료 참고

한편 가장 최근의 연구로는 무역협회에서 발간한 자료에 의하면 TSR과
해상운송을 비교한 것으로, 부산으로부터 함부르크까지는 운임 면에서는
해상이, 수송거리 면에서는 철도가 경쟁력이 있는 것으로 분석하고 있다.

또한 비교적 최근 연구인 일본학자인 쓰지히사코의 연구에서는 TSR의
역사와 물동량 추세를 분석한 후 한반도 철도와의 연결 가능성까지 자세하
게 언급하고 있다.[58]

57) 외교부(2002), 러시아철도, p. 35, 안병민(2002), 시베리아 횡단철도의 현황 및 한반도 연결에 따른 파급효과, 교통개발연구원, p. 38
58) Tsuji Hisako(2007), The Trans-Siberian Railway Land Bridge, 成山堂書店

<표 6-11> TSR과 해운의 운송기간 및 운임 비교(2007. 5. 기준)

도착지(국가, 지역)		해상운송				TSR 운송			
		거리 (km)	기간 (일)	운임(US$)		거리 (km)	기간 (일)	운임(US$)	
				TEU	FEU			TEU	FEU
핀란드	루자이카	22,000	33	2,200	3,500	11,300	22	2,645	4,200
러시아	모스크바	2,3000	35	3,800	7,200	10,280	21	2,945	5,300
	타간로크	9,500	30	2,500	4,500	10,950	26	2,745	4,100
네덜란드	로테르담	20,800	30	1,600	3,000	12,200	22	2,845	4,800
독일	함부르크	21,000	32	1,600	3,000	11,000	22	2,845	4,800
헝가리	부다페스트	–	–	2,800	4,500	–	–	2,745	4,400
체코	프라하	–	–	2,800	4,500	–	–	2,745	4,400

자료 : 무역협회(2006.6), TSR과 해상운송 간의 운송시간 및 운임 비교. 단, TSR 운송의 운임은 2006년 1월 운임 인상분(US$)145/TEU 및 US$300/FEU을 가산하여 나타낸 것임.
주 : 부산 기점

그동안의 연구는 우리나라를 출발한 화물이 대륙으로 갈 경우 소요되는 시간과 비용을 추정한 것이 대부분이었다. 그러나 이 연구에서는 현실적인 대안으로 우리나라의 생산 공장이 많은 중국지역에서 철도를 통하여 유럽으로 수송하는 가능성을 검토해 보고자 하였다. 또한 2008년에 북경에서 함부르크 구간의 블록트레인이 시범 운행되고, 상용화되고 있는 시점에서 그 실현 가능성이 매우 높다는 점에 주목하여 이 노선을 중심으로 분석하였다.[59]

---

59) 저자는 2008년 10월 상업운전을 하고 있는 독일 회사의 담당자들과 면담하는 기회를 가졌다.

(3) 현황분석

1) 일반현황

① 중국 철도

중국 철도는 1876년 개통 이후 국민경제의 대동맥으로 중국 교통의 주도적 위치를 차지하여 왔다. 그러나 시장경제로의 변화와 타교통수단의 급격한 발전에 따라 1990년 이후 2000년까지 철도 수송 분담률이 떨어지는 추세를 보여 왔으나, 2003년을 기점으로 중장기 철도망 시설확충 계획 등 철도 발전 전략추진 및 경제성장에 따라 철도 수송량이 증가하고 있다. 철도 영업거리는 2008년 기준으로 78,000km, 여객 수송인원은 14억 명, 화물 수송량은 24.9억 톤이다. 철도 차량은 총 578,000량으로 화차가 510,327량, 객차 44,000량, 기관차 18,300량이다. 국제철도인 TCR은 중국 내 대륙횡단철도로 TCR, TMR, TMGR이 있으나 TCR이 주로 활용되고 있으며, 주요 운행노선은 롄윈강(연운항)에서 우루무치, 카자흐스탄의 드루주바를 거쳐 유럽에 이른다. TCR은 1회 운행 시 약 40량을 열차로 견인하여 TM TEU 수송이 가능하다. TSR에 비해 거리가 짧아 시간 단축 등의 장점이 있으나, TSR보다 요금이 비싸고 화물 추적이 되지 않고, 국경 통과시의 환적, 화차 공급지연으로 인한 수송 지장 초래 등의 문제가 있

<표 6-12> 중국의 대륙 연결 주요 철도망

주요 철도망	구간	주요 기능
TCR(Trans-China Railway)	연운~아라산쿠~카자흐스탄	중앙아시아-TSR 연계로 유라시아대륙의 통합 물류체계 형성
남서부철도	청두~쿤밍	동남아와 중국 간 경제교류
베이징~하얼빈 노선	베이징~하얼빈	북한 신의주~한반도 철도(TKR) 연결, 한국과 유라시아 대륙 교류의 중요한 역할수행

다. 이를 개선할 경우 향후 주요 수송로로서의 위상을 차지할 것으로 예상된다. 2007년 한 해 동안 TCR을 이용한 컨테이너 수송량은 6만TEU를 초과한 것으로 집계되어 전년대비 19% 성장하였으며, 특히 2007년 10월 관련 국가간 노력으로 렌윈강에서 모스크바까지 컨테이너 정기열차가 운행을 개시하여 실질적인 유라시안 랜드브리지로서의 역할을 본격 수행하게 되었다. 중국의 주요한 대륙철도망은 아라산쿠~카자흐스탄을 통하여 유럽으로 향하는 철도와 청두~쿤밍을 통하여 동남아시아로 연결되는 노선, 베이징~하얼빈을 통한 노선이 있다.

② 러시아 철도

러시아 철도는 연인원 14억 명이 이용하는 총연장 86,000km의 노선을 가지고 있으며, 철도 관련 근로자만 무려 129만 5천여 명에 이르는 거대한 조직이다. 철도 연장 2008년 기준으로 85,500㎞이며 복선구간은 42%인 36,489㎞이다. 궤간 1,520mm(사할린 1,067㎜), 전철화율은 46%, CTC화율은 72%이다.

유라시아 철도 물류체계의 그랜드비전을 추진하기 위해 2003년 10월 정부 소유의 철도주식회사(RZD)를 설립하였으며, 자산 500억 달러, 연간매출 130억 달러에 이르는 러시아 최대 기업이자 세계 2위 철도회사로 탈바꿈하였다.

2008년도 철도화물 분담률은 톤·km 기준 82%에 달하며, 화물차량 65,000대에 여객차량 25,000대를 보유중이다. 2008년 화물 약 13억 톤, 여객 약 13억 명을 수송하였다. 2010년에는 화물 17억 톤, 여객 15억 명 수송을 목표로 하고 있다. 러시아에서 특히 기대되는 화물은 컨테이너로서, 러시아 경제가 활력을 되찾기 시작한 2000년대에 이르러 지속적인 증가 추세인데 1995년 9백만 톤에서 2003년 1,470만 톤을 수송하였으며,

2010년경에는 3,200만 톤에 이를 것으로 전망하고 있다.

국제철도 노선인 시베리아횡단철도(TSR, 9,208km)는 유라시아 물류 주요 통로로서 보스토치니 및 하산에서 모스크바를 거쳐 상트페테르부르크를 경유, 핀란드로 연결되는 노선과 벨로루시를 거쳐 폴란드, 독일 등으로 연결되는 노선으로 나눠진다.

보스토치니항은 캄차카반도, 사할린, 일본 및 한반도에서 오는 해상 화물의 집결지이고, 하산역은 한반도 및 두만강지역의 화물집결지로 운용되고 있다. 궤도의 폭은 광궤(1,520mm)이며, 전 구간 복선전철화 및 36개의 역이 설치되어 있으며, 그 중 13개 역은 컨테이너 취급역이다. TSR의 이용 물동량은 1998년에 68,173TEU에서 2007년에 620,831TEU로 약 9.1배 증가하였다.

<표 6-13> TSR 수송량 추이

연도	수송량(TEU)
1998년	68,173
1999년	54,806
2000년	103,441
2001년	120,146
2002년	157,940
2003년	245,502
2004년	400,921
2005년	406,804
2006년	420,528
2007년	620,831

자료 : 러시아철도/CCTT

그 중에서 2007년 기준으로 TSR 이용 물동량의 약 71%를 중국과 한국이 차지하고 있다. 중국과 한국의 TSR 이용실적을 보면 중국의 경우

<표 6-14> 한국과 중국의 TSR 이용량

(단위 : TEU)

	2003	2004	2005	2006	2007
중국~러시아	79,818	121,119	134,937	159,039	235,100
한국~러시아	119,501	154,245	139,882	128,720	206,200

자료 : 러시아철도/CCTT

2003년에 79,818TEU에서 2007년에 235,100TEU로 2.94배 증가하였고, 한국의 경우 2003년에 119,501TEU에서 2007년에 206,200TEU로 1.72배 증가한 것에 비해 크게 증가하였다.

최근인 2008년에 러시아철도공사의 운임 인상이 있었는데, 그 배경은 수출입화물의 증대와 운송장비 및 관련 인프라의 포화 등을 감안하여 이뤄진 것으로, 수출입화물의 절반 수준인 통과화물 운임을 인상하여 향후 통과화물 수송은 줄이고 꾸준히 증가 추세인 수출입화물을 추가로 유치하기 위한 전략으로 분석된다. TSR의 전반적인 경쟁력을 보았을 때 운송시간은 10일 정도 단축효과가 있으나, 유럽까지 통과하는 화물의 경우 운송비용이 해상운송보다 30~50% 비싼 상태여서 경쟁력이 약화된 상태이며, 운임의 예측 가능성과 신뢰성의 저하, 통관·검역 등의 경직된 운영과 시설투자 부족으로 인한 서비스 수준의 저하 및 수급 불균형에 따른 공컨테이너 회수의 애로사항 등의 문제점이 있다. 러시아 철도는 TSR이 보유한 통과 운송 잠재력을 실현시키기 위해 통관절차의 개선, 운임 조정, 컨테이너 운송기술의 개발, 열차 속도 증가, 기타 서비스 개선 등을 계획하고 있다.

3. 국제철도 노선[60]

① 자미우데~몽골 : 몽골은 북경으로부터의 화물을 러시아로 수출하는 최단경로이다. 2008년 1월 컨테이너 화차가 북경을 출발하여 몽골~러시아~벨로루시~폴란드~독일의 함부르크까지 9,780km를 약 15일에 주행하였다. 독일 철도 산하의 수송회사인 DB Schenker사는 2009년 2월부터 독일~중국 간 정기철도 수송 서비스를 개시하였다. 독일~중국 간에 주 2회(15일, 30일 운행 자미우데 출발), 20일 만에 수송이 가능한데, 2008년 9월부터 상업운송이 개시되었다.

② 아라산쿠~카자흐스탄 : 아라산쿠는 중국 최대의 내륙기지로, 컨테이너 수송량은 2005년에 93,000TEU에서 2006년에 143,000TEU, 2007년에는 191,000TEU로 증가하였다. 약 3분의 1이 중국으로의 수입, 3분의 2가 중국으로부터의 수출로 이뤄져 있다.

③ 만주리~자바이칼~치타 : 중국 북동부와 화북으로부터 러시아로 향하는 수출에 이용되고 있다. 2005년 국경을 통과한 컨테이너는 34,571TEU였다. 2008년 10월 자바이칼에 철도 컨테이너 시설을 확충해서 중국으로부터 수입 컨테이너 취급능력을 16.4만TEU에서 60만TEU로 증가시켰다. 이 노선을 이용하면 북경~만주리~TSR을 이용하게 된다.

---

60) 辻久子(2009), '東アジア、ロシア間貿易と物流ルートの展望', ERINA REPORT Vol ; 85 2009 JANUARY, p. 19

4. 가능한 노선 검토

삼성전자의 수송루트를 검토하고 또 대안으로 철도 수송의 경제적 타당성을 검토함에 있어 다음과 같은 노선이 대안이 될 것이다.

최근 독일과 중국이 시범운행을 한 노선으로, 몽골을 경유하여 TSR을 활용하는 방안(1안)과, 난징을 경유하여 TCR을 활용하는 방안(2안), TSR을 처음부터 활용하는 방안으로 블라디보스토크까지 해운을 이용하는 방안(3안), 중국 철도를 이용하여 만주리를 경유하는 방안(4안) 등을 대안으로 생각할 수 있다. 이를 구체적으로 보면 다음과 같다.

① 1안 : 쑤저우~베이징~몽골~TSR~바르샤바~슬로바키아(트라나바)(약 9,000km)

구체적으로 쑤저우(상하이)~베이징~울란바토르~이루크츠크~예카테린부르크~모스크바~민스크~바르샤바~크라코프~슬로바키아(트라나바) 노선이다.

② 2안 : 쑤저우~난징~TCR~아라산쿠~중앙아시아~슬로바키아(트라나바)

구체적으로는 쑤저우(상하이) 난징~청저우~우루무치~알마타~카자흐스탄~우크라이나~슬로바키아(트라나바) 노선이다.

③ 3안 : 쑤저우(해상)~블라디보스토크~TSR~바르샤바~슬로바키아(트라나바)

구체적으로는 쑤저우(상하이)(해상)~블라디보스토크~이루크츠크~예카테린부르크~모스크바~민스크~바르샤바~크라코프~슬로바키아(트라나바)이다.

④ 4안 : 쑤저우~베이징~만주리~TSR~바르샤바~슬로바키아(트라나바)

구체적으로는 쑤저우(상하이)~텐진~베이징~하얼빈~만주리~치타~이루크츠크~예카테린부르크~모스크바~민스크~바르샤바~크라코프~슬로바키아(트라나바)이다.

⑤ 5안 : 해상운송(기존 안)으로, 쑤저우~상하이~로테르담(블록트레인)~슬로바키아(트라나바)의 노선이다.

(1) 노선별 경제성 분석

철도 이용이 가능하려면 현재 상업운송이 되고 있는 루트를 먼저 검토하고, 이를 기초로 하여 시간과 운임을 비교, 검토해 봐야 한다.

1) 1안

최근에 상업운송이 검토된 중국(표준궤)~몽골(광궤)~러시아(광궤)~폴란드 바르샤바(광궤)~슬로바키아를 이용하는 노선으로, 환적을 포함하면 약 23~25일 소요된다. 운임은 철도가 해운보다 비싸지만 물동량이 많아진다

<표 6-15> 소주~함부르크 간 철도/해운 비교

구간	항목	철도	해운
소주 → 함부르크	거리(km)	11,379	
	시간(일)	23~25일 - 소주→북경 : 4일 - 아라산쿠 통관 : 1~2일 - 북경→독일 : 17일 - 독일 통관 : 1~2일	26~30
	비용($)	5,000/40FT	3,500/40FT
	루트	소주→북경→함부르크	소주→상하이→함부르크

자료 : 중국 현지 조사자료(주식회사 로지스올 협조)

면 운임은 인하될 여지가 있다. 2008년 시범운송 시에는 베이징~울란바토르~노보시비르스크~모스크바~민스크~바르샤바~프랑크푸르트~함부르크 구간이 약 15일 소요(2006년 6개 회사가 합작으로 시범운송)되었다. 철도의 경우 1일 약 1,000km의 운송이 가능하여, 통관과 환적의 문제가 해결된다면 가능한 시간이다.

이를 근거로 하면 쑤저우~함부르크 구간의 경우는 약 23~25일이 소요될 것이다.

2) 2안

중국 내륙의 철도와 TCR, 중앙아시아 철도를 연결하는 방안으로 약 23~25일 이상 소요가 예상된다.

3) 3안

기존의 TSR을 이용하는 노선으로, 보스토치니까지 배로 운송하여 TSR을 활용하는 방안인데 약 30일 이상 소요될 것이다. 이는 상하이에서 보스토치니까지 4일이 소요되고, 보스토치니~부다페스트 구간이 약 25일 소요되는 것이다.

4) 4안

중국 내 철도와 만주리를 통해 TSR을 활용하면 약 27일~30일 소요된다.

5) 해상운송(기존 안)

쑤저우~상하이~로테르담(블록트레인)~슬로바키아(트라나바) : 약 31일 소요된다(상하이~로테르담까지 약 28일 소요).

각 대안별 결과를 분석해 보면, 시간 면에서 해운에 비해 가장 경쟁력 있는 노선은 1안~2안의 내용이 될 것이다. 운임으로 보면 해상 운임과 철도 운임이 거의 비슷하거나 해운이 약간의 경쟁력을 가지고 있다. 쑤저우~함부르크 구간은 철도가 40피트에 US$ 5,000, 해운은 US$ 3,500로 조사되고 있으나, 물량과 계약조건에 따라 약간 차이가 있다. 최근 유가상승 등으로 해운 운임이 올라가고 있다. 참고로 부산~헝가리 부다페스트 20피트 해운과 철도의 경우 공히 US$ 2,800, 40피트의 경우는 US$ 4,400로 차이가 별로 없다.

<표 6-16> 대안별 비교

	시간	비용	비고
1안	23~25일	US$ 5,000/40FT	물량에 따라 운임 조정 가능
2안	23~25일	US$ 5,000/40FT	
3안	30일	US$ 5,000/40FT	
4안	27~30일	US$ 5,000/40FT	
5안(해운)	31일	US$ 3,500/40FT	

6) 기타 검토사항

이 장에서는 중국 현지공장에서 유럽으로 가는 경우 철도의 이용 가능성에 대해 검토해 보았는데, 이와 유사한 사례는 현대자동차(주)는 한국과 흑연해안의 타간로그 현지공장 사이에 해운과 철도를 선택적으로 사용하면서 불확실성을 최소화하고 있다. 이 회사는 철도를 이용 시 울산~보스토치니~타간로그 구간으로 약 25일이 소요(FESCO)되며, 해운 이용 시 부산~콘스탄타(Constanta)의 경우 콘스탄타에서 피더선으로 환적한 수송시간은 35일~40일이 소요되고 있다.

향후 이 연구는 기업 입장에서 구체적으로 판단하기 위해서는 수송루트에 대한 상세한 검토가 필요하다고 하겠다. 예를 들면 폴란드 내에서의 최단 루트(민스크~트라나바, 혹은 바르샤바~트라나바), 시간, 환승지점, 통관절차, 안정성의 문제와 TSR, TCR의 운송현황 검토(최근의 운임 인상, 화차문제, 수송능력)가 추가적으로 이루어져야 한다. 또한 수송업체에 대한 상세검토로, 러시아 회사(FESCO, Trans Container)와의 장기운송계약, 중국 철도회사의 이용 가능성이 있다. 아울러 현재 운행(타간로그~모스크바) 구간은 향후 물량이 증가할 경우 확대될 전망으로, 이는 삼성전자의 예상 물량 규모(컨테이너당 무게, 내용물의 종류, 회송물량)와 운송회사와 운임협약 및 내용 등이 구체적으로 검토되어야 할 것이다.

마지막으로 컨테이너 확보와 공컨테이너 회송 문제인데, 철도 운송회사와의 계약 시 자사 컨테이너가 필요할 것이므로, 이에 대한 비용이 예상된다. 현재 대략 유럽 방향으로 가는 물동량이 85%, 아시아로 오는 물동량이 15%를 차지하고 있다. 만약 슬로바키아에서 공컨테이너를 회수할 경우 약 500km를 육로로 수송해야 한다. 이에 컨테이너를 flexible container로 만드는 방안도 검토 가능하며, 돌아오는 컨테이너에 기본 컨테이너 물량과 다른 회사 물량을 함께 운송하는 것도 운임을 인하하는 하나의 대안이 될 것이다.

(2) 결론

상하이~슬로바키아의 트라나바 구간의 운송에 있어 해상과 철도 운송을 비교해 보면 시간 면에서 철도가, 운임 면에서는 해상이 약간의 우위에 있다. 철도 이용의 타당성은 1안~2안의 상세조사를 통해 결정될 것인데, 구체적인 경제성 검토를 위해서는 물량 규모, 컨테이너 구입, 회송물량 등의

<그림 6-5> 슬로바키아 주변 지도

검토가 추가적으로 이루어져야 할 것이다. 검토 시에는 러시아 중심의 TSR, 중국 중심의 TCR 노선 중 어느 것을 이용하는 것이 더 경쟁력이 있는가 하는 것에 귀결될 것인데, 두 노선의 경쟁적인 성격을 잘 활용한다면 협상 조건이 좋아질 수도 있을 것이다.

한편 운임은 매년 변화 가능성이 있어 향후 철도 운송의 가능성을 열어 놓고 검토해 볼 필요가 있다. 특히 철도 물량에 따라 운임이 변화할 것이므로 시급성을 요하는 수송물품이라면 철도를 좀 더 적극적으로 검토할 필요가 있다. 환적의 경우는 표준궤 이후에서 환적하는 것이 유리할 것으로 판단되어 바르샤바에서 할 필요가 있다.

결론적으로 대륙을 통한 철도 운송의 가능성은 해운에 비해 결코 뒤지지 않으며, 철도의 사회경제적 우위성을 감안하더라도 철도 이용이 적극적으로 검토되어야 할 것이다.

제7장
해외 철도의 발전

제7장 해외 철도의 발전

1. 일본의 해외 진출

(1) 들어가며

철도의 위상과 기술을 배경으로 세계적으로 높은 평가를 받아 온 일본 철도는 철도기술 협력을 바탕으로 해외 진출에 많은 힘을 기울이고 있다. 특히 사단법인인 '해외철도기술협력회(Japan Railway Technical Service 약칭 JARTS)'는 운수성(현재 국토교통성)의 협력과 일본국유철도, 일본철도건설공단과 제도고속도교통영단 등의 지원을 받아 철도에 관한 한 모든 기술을 축적하는 기관으로, 1965년 9월 1일 운수대신의 허가를 받아 설립되었다.

이 협회는 출범 당시에는 소규모 조직이었지만, 운수성으로부터의 위탁 연구, (사)일본트럭협회, (재)일본선박진흥회 등의 보조금에 의한 연구 사업을 수행하면서 발전의 기틀을 마련하였다. 그 후 한국의 지하철 건설, 철도 전철화 계획, 아르헨티나 국철의 전철화 계획, 이란 국철 전철화 계획 등 해외 프로젝트에 참여하면서 비약적으로 발전하였다.

그런데 '해외철도기술협력'의 주요 업무인 기술컨설턴트가 상대국의 사정, 국제사정 등에 의해 업무의 파동이 심하여 여러 번의 어려움을 겪었다. 첫 번째로는 1975년 전후에 현지사무소까지 설치한 콩고공화국(당시 자이르공화국) 철도 건설계획이 석유 위기에 의한 콩고 국가경제 악화로 당초의 계획이 변경되어 거액의 부채를 떠안았다. 또한 1987년 일본국철 민영화에 의해 '해외철도기술협력회'의 조직과 인원은 확충된 반면, 해외 프로젝트는 감소하여 경영은 악화되었다. 그러나 운수성의 협력에 의해 (재)일본선박진흥회와 철도업계, 재계 등의 협력으로 협회에 기금이 설치되고, 기금의 증액에 의해 재정이 안정되었다.

'해외철도기술협력회'는 사단법인으로서 해외 철도에 관한 조사, 정보수집, 철도 전문가의 파견과 영입, 외국 철도산업에 대한 소개 등 홍보활동 등의 공익사업과 외국 철도와 도시철도에 관한 컨설턴트 업무 등을 실시하여 왔다. 이러한 업무에 대해서는 운수성, 국제협력사업단(JICA), 해외경제협력기금(OECF), (재)일본선박진흥회 등으로부터 많은 수탁 연구를 받았고, 업무의 수행에 있어서는 국철(현재 JR그룹), 일본철도건설공단, 제도고속도교통영단 등의 많은 지원과 협조를 받았다. 그 결과 일본 해외철도기술협력회는 그간 60여 국가의 프로젝트를 실시하였고, 기술협력 건수는 400건을 넘고 있다.

(2) 발전과정

1) 해외 철도 간담회의 발족

일본은 1960년 12월 국민소득 배가 계획이 각의에서 결정되면서 고도 경제성장기를 맞이하게 되었다. 당시 해외와 경제, 교통 분야의 교류가 활발해지면서 철도 관계의 유력자와 전문가가 모여 철도산업의 해외 진출과 철도기술의 해외협력에 대한 의견 교환의 장으로서 해외 철도 간담회가 1961년 6월에 발족하였다. 이 회의는 매월 1회씩 회합을 하고, 해외기술협력 경험자의 의견을 듣기도 하고 자료를 수집, 검토하는 일을 수행하였다.

한편 일본 정부는 수출 촉진과 자원 확보, 평화 등을 목표로 개발도상국에 대해 경제 및 사회개발의 원조프로그램을 추진하였다. 초기에 정부 차원에 의한 자금협력은 일제강점기 시대의 과오에 대한 배상의 형태였지만, 1958년부터는 정부 직접 차관이라는 새로운 형태로 자금협력이 진행되었다.

정부의 직접 차관 실시기관으로서 일본수출입은행 이외에 1961년 3월에 해외경제협력기금이 설치되고, 기술협력에 대해서는 1962년 6월 해외기술협력사업단(OTCA)이 발족되면서 정부 차원의 기술협력을 일원화하였다.

한편 국철에서는 소고 국철 총재의 주장으로 1957년~1958년에 걸쳐 개최된 4번의 아시아철도수뇌회의의 영향으로 철도기술의 필요성이 높아졌다. 그리하여 1962년 4월 '해외철도간담회'를 개칭하여 '해외철도협의회'로 명칭을 바꾸고, 정보교환과 강연회 등을 활발하게 진행하였다.

한편 1964년 10월 도카이도 신칸센의 개통을 계기로 발전도상국뿐만 아니라 선진국에도 그 기술의 우수성이 알려져, 수출 진흥을 추진하였던 정부 관계자는 이 기회에 철도컨설턴트에 관한 상설기관을 설치하여 우수한 철도기술 관련사업의 시장개척과 적극적으로 수출을 추진하는 의향을 가지게 되었다. 또한 국철은 철도기술의 해외 진출을 위한 단체가 없었기 때문에 이러한 단체의 설립을 바라고 있었다.

이러한 상황에서 '해외철도협의회'는 프랑스 등을 참고로 하여 기술협력을 추진하기 위해서는 공공과 민간 부문이 일체가 된 철도컨설턴트의 설립을 목표로, 당 협의회를 법인격을 가진 단체로서 해외기술협력의 실시기관으로 발전시키는 것에 대한 진정서를 관계기관에 제출하였다. 그리고 운수성과 국철의 지도에 기초해 정관의 검토와 회원의 선정, 기존의 컨설턴트회사와의 조정을 통하여 1965년 4월에 발기인대회와 같은 해 7월 7일 창립총회를 개최하였다. 총회에서는 '해외철도기술협력회의'의 설립이 결정되어 회장에는 전 운수대신인 나가노(永野) 씨가 임명되었다.

법인격으로서는 사단법인 설립허가를 1965년 9월 1일 운수성으로부터 받았다. 피로연에서는 총리대신과 운수대신, 국철 총재, 해외기술협력사업단 이사장, 경단련 부회장 등의 축사를 받는 등 성황리에 개최되었다.

2) 초기 성장기(1965년~1970년)

초기 사무국은 사무국장 밑에 총무부와 기술부를 두고 사무국원 7인, 회원 85인, 찬조회원 12개 회사로 출발하였다.

최초의 해외조사사업은 (사)플랜트협회가 실시한 멕시코시 지하철계획 기초조사에 참여한 것이었다. 이 조사에 전문가를 파견하였고, 이와는 별도로 매년 해외조사사업을 실시하였다. 초기에 협회는 독자적으로 전문가를 파견하여 조사를 수행하였다.

초창기 활동에 있어 중요한 위치를 점한 것은 운수성으로부터의 위탁 연구였다. 이는 1967년~1971년까지의 연구로, 연구테마는 '아시아 간선철도망 계획에 관한 예비조사'(조사대상국 : 태국, 말레이시아, 싱가포르, 인도네시아, 방글라데시, 파키스탄, 아프가니스탄, 이란)와 해외철도기술협력 연구(타이, 대만, 이란의 속도향상, 말레이시아의 낙뢰대책)를 실시하였다.

그 후 1970년 1월에 나가노(永野) 회장의 서거로 신칸센의 기사장이었던 시마(島) 당시 부회장이 회장으로 취임하였다. 시마 회장은 해외로부터의 기술협력의 요청이 점점 더 증가하자, 협회체제의 강화를 확신하고 상근임원과 사무국인원의 증원과 기획위원회 등을 설치하였다. 자금 면에서는 회비만으로는 부족하여 해외기술협력사업단으로서의 수주와 (사)일본플랜트협회, (재)일본선박진흥회 등으로부터의 수탁사업, 보조 사업을 좀 더 적극적으로 요청하게 되었다.

이 결과 (재)일본선박진흥회로부터는 1970년 12월부터, 해외기술협력사업단으로부터는 1971년 11월부터 수탁을 받아 연구가 시작되었다.

이렇게 진행된 이 협회의 해외기술협력은 정부의 개발도상국 원조정책의 강화와 관계기관의 이해, 협력에 의해 급증하게 되었다. 창립 후 10년간(1965년~1975년) 해외협력은 100건에 이르렀다. 그 가운데 서울지하철 건설, 국철 전철화계획의 컨설턴트업무(64명 파견) 등에 참여하게 되었다.

한편 1974년 8월 해외기술협력사업단이 기관통폐합을 통해 국제협력사업단(JICA)으로 개편되었다. 또한 1975년에는 해외경제협력기금(OECF)과 일본수출입은행과의 업무조정에 의해 신규 차관에 대해서는 원칙적으로 해외경제협력기금이 업무를 수행하도록 되었다. 이런 변화와 함께 협회는 성장을 거듭하였다.

3) 재정위기와 위기의 극복(1975년~1985년)

1971년 콩고공화국(당시 자이르공화국)에 대해 일본 정부는 철도 건설협력을 약속하였는데, 150km 구간의 신선건설계획이었다. 약 345억 엔의 차관이 공여되는 교환공문에 의해 이 협회는 사전조사단을 파견, 1974년에 현지사무소를 설치하였고, 계약 BOT 방식의 촉진과 조사활동을 시작하였다. 그러나 중동전쟁으로 인한 오일쇼크는 비산유국인 콩고공화국을 직격하여 경제가 심각한 국면에 직면하게 되었다. 결국 철도 건설계약은

파기되었고, 협회는 콩고로부터 철수하였다. 이 결과 많은 손실을 입게 되었다. 이러한 심각한 국면에서 (재)일본선박진흥회와 국철 관련업계, 경제계로부터 협력을 얻어 3년 만에 15억 엔의 기금을 마련하였다. 재정적인 기반이 마련된 후 약 30명의 전문가가 상주하여 철도컨설턴트 업무를 수행하였다.

석유 위기 이후 세계 각국은 전철화를 서둘러 진행하였다. 이와 함께 조직을 정비하였으며, 사업 실시에 있어 국철과 일본철도건설공단, 제국고속도교통영단 등 회원사들의 참가 하에 기술진 보강을 꾀하였다.

이러한 노력의 결과 사업규모는 1982년에는 23억 엔으로 1981년 7.5억 엔의 3배에 이르게 되었다. 1983년에는 25억 엔, 1984년에는 20억 엔으로 안정적인 성장을 계속하였다. 이는 1978년 2억 3,000만 엔에 비하면 놀라운 성장이었다.

그 후 JICA의 수주와 OECF의 차관에 따른 상대국과의 계약이 증가하고, 민간의 요구도 늘어나 업무량이 증가하였다. 직원 수도 1983년에 35명에서 1985년에는 정부기관의 파견을 포함, 70명으로 배가 증가하였다.

기금 또한 증가하여 1984년 말 현재 기금은 21억 엔으로 늘어났고, 회원수는 개인이 39명, 단체회원이 133개 회사로 증가하였다.

(3) 조직 및 활동

해외철도기술협력회의 구성은 사단법인 형태로 운영되며, 회원수가 2003년 3월 31일 현재 단체 120개사, 개인 67명이다. 임직원은 회장 1명, 이사장 1명, 상무이사 4명, 이사 33명(회장, 이사장, 전무이사 포함), 감사 3명 등이며, 직원은 90명(국토교통성 등으로부터 직원 파견 포함)에 이르고 있다.

임원의 구성은 2004년 3월 31일 현재 회장에 이마이(今井) 일본경제단체연합회 회장, 전무이사는 마쓰모토(松本) 전 국토교통성심의관, 이사는 각 철도회사, 철도건설공단, 철도 관련협회 등에서 참여하고 있다. 구체적으로 동일본철도 등 JR 각 회사와 철도건설 운수시설정비지원기구, 일본통신주식회사, (사)일본철도기술협회, 정보통신네트워크산업협회, (사)일본철도 차량공업회, (사)일본철강연맹, (재)철도종합기술연구소, (사)일본전기공업회, (주)동경지하철, (사)일본건설업단체연합회, (사)일본철도전기기술협회, 일본교통기술주식회사, (사)일본무역회, (사)해외운수협력협회, (사)일본민영철도협회 등에서 참여하고 있다. 단체회원은 철도 운영업체와 관련기업이 참여하고 있으며, 개인회원의 경우에도 일반인이 아닌 철도 관련기업이나 관련단체의 장이 참여하고 있는 특징을 가지고 있다. 단체회원의 경우는 이사회의 승인을 얻어 가입이 가능하며, 입회비는 12만 엔 그리고 연간 1구좌 당 12만 엔의 회비를 내도록 규정되어 있다.

<표 7-1> 수입내역(2002년 4월 1일~2003년 3월 31일 결산 기준)

(단위 : 천 엔)

과목	수입	비율(%)
기본자산 운용수입	41,287	1.7
입회금 수입	480	0
회비 수입	56,253	2.4
사업 수입	2,184,876	91.8
부담금 수입	34,724	1.5
잡수입	8,813	0
특정예금 수입	4,416	0
단기차입금	50,000	2.1
합계	2,380,851	100

자료 : 해외철도기술협력회의(2003), 2003년도 사업보고를 참조하여 재작성

재정규모를 보면 2003년 현재 기금이 25억 8,687만 엔, 2003년 당기수입이 23억 8,085만 엔이다. 수입내역을 보면 사업금 수입이 91.8%로 대부분을 차지하고 있으며, 회비 수입이 2.4%, 단기차입금이 2.1%를 차지하고 있다.

정부로부터의 수의계약에 의한 보조금 성격의 사업비는 59,123천 엔으로 전체 수입 중 2.48%를 차지하고 있다. 보조금의 선정 이유는 해외 철도에 관한 기술협력을 70개국 이상과 실시하여 기술과 노하우를 가진 유일한 기관으로 인정되고 있기 때문이다.

2003년에 실시한 주요 사업을 보면 국제협력사업단(JICA)의 개발조사사업으로 인도네시아 '자바 간선철도 전철화실시설계조사', 폴란드 '국철민영화계획조사' 등 3건에 참여하였다. 국제협력은행(JBIC) 차관공여사업으로는 인도, 인도네시아, 태국 등의 간선철도개량사업, 중국 '충칭시의 모노레일건설사업' 등 6건, 국제협력은행의 조사사업으로는 인도네시아, 이란 등의 사업, 경제통산성사업으로는 인도네시아 '자카르타 MRT고가화 계획조사'를 수행하였다. 일본무역진흥회(JETRO)와 관련된 사업으로는 '베트남의 철도와 물류망 정비사업', (사)해외운수협력협회(JTCA)의 보조에 관한 사업으로는 인도네시아와 터키 철도 정보수집에 참여하였다. 그리고 대만 고속철도 건설계획 참여, 중국 고속철도 건설계획 협력, 국제협력사업단의 위탁에 의해 외국의 철도 관련 요인과 연수생 6건에 44명을 초청하여 시찰과 연수업무를 수행하였다. 또한 단기전문가 파견으로 3개국에 5명을 파견하였으며, 홍보책자 발간(JARTS : 격월간 발행)과 국제회의 출석 등 다양한 해외 철도 업무 활동을 전개하였다. 특히 해외 철도로부터의 요청에 의한 연구가 눈에 띄는데 '미국 캘리포니아 고속철도계획조사'를 캘리포니아주 정부가 설치한 캘리포니아고속철도위원회로부터 위탁을 받고 과제를 수행하고 있으며, 영국 '런던~글래스고우 간 고속철도 계획조사'는 영국 정부인 SRA로부터 요청을 받고 과업을 진행하고 있다.

(4) 일본 신칸센의 대만 진출

대만의 고속철도는 1985년부터 계획이 수립되어 2000년 3월에 토목공사가 착수되었는데, 2000년 12월에 일본연합(컨소시엄)이 차량과 전기설비를 수주하였으며, 2002년 7월에는 일본연합이 궤도와 역의 건설도 수주하여 2007년 3월 2일 정식 개통하였다. 건설 경위를 간단하게 살펴보면 다음과 같다.

<표 7-2> 대만 고속철도의 일본 진출 경위

시기	추진 내용
1990년 3월	교통부에 의해 타당성조사 완료
1997년 9월	대만고속철도연맹이 BOT 사업으로 우선 교섭권을 받음.
1998년 7월	대만고속철도연맹이 사업권 계약을 체결 (대만고속철도연맹은 사업권 계약체결 후 채용시스템을 재검토하였고, 일본연합은 JR, 해외철도기술협력회 등의 협조를 받아 대만고속공사에 신칸센 기술 설명)
1999년 12월	대만고속철도연맹이 일본연합에 우선 교섭권 부여
2000년 12월	일본연합 차량, 전기시설에 대하여 대만철도공사와 계약체결
2002년 7월	일본연합 궤도2공구 계약(전체 5공구 중)
2003년 1월	일본연합 궤도2공구 추가 계약

자료 : 해외철도기술협력회(2003), 2003년도 사업보고를 참조하여 재작성

타이베이~가오슝의 345km 구간이 현재의 4시간이 소요되는 운행시간을, 최고속도 300km로 1시간 30분에 주행하여 무려 2시간 30분을 단축하게 된다. 차량편성은 12량, 좌석은 986석으로 차량 길이는 최장 300m,

회전 가능한 좌석 900석, 최소곡선반경은 R=6,250m, 축중은 25.5톤, 터널 단면적은 90㎡로 일본의 신간선 60.4㎡보다 크다.

당초 2005년 10월 개통을 목표로 하고, 1일 수송인원은 개통 시에 17만 명, 2033년에는 35만 명으로 예상하고 있다. 차량운행간격은 피크 시 10분 간격, 수요 유발 시 6분 간격으로 운행을 예정하고 있다. 영업시간은 오전 6시부터 24시이다. 차량은 신칸센 700계 차량으로 신호방식은 ATC, 동력분산방식을 채택하고 있다.

열차운행 횟수는 개통시점에 편도 약 88회이며, 개통 시에 약 30편성이 운행될 예정이다. 대만의 인구밀도는 620인/㎢로 일본 338인/㎢, 우리나라 467인/㎢보다 높아 효율성이 매우 높을 것으로 판단된다.

대만의 고속철도는 총 345km에 16조 원이 투자되고 있는데, 일본 기업 연합이 차량 부문 등을 포함해서 5조 3천억 원에 수주하였다. 일본 기업은 미쓰비시중공업, 가와사키중공업, 미쓰이물산 등 7개 기업 등으로, 서로 경쟁관계에 있는 회사가 결속하여 수주하였다.

운영방식은 BOT 방식으로 중국의 5개 기업(전기, 해운, 보험회사 등)과 일본 기업 등이 투자한 대만고속철도공사에서 35년간 고속철도를 운영하고, 50년간 역세권을 개발 운영한다. 이러한 대만고속철도에 일본 신칸센이 진출한 경위를 자세하게 살펴보면 다음과 같다.

1990년 6월 대만 교통부 교통연구소의 타당성 조사를 바탕으로 교통부는 대만 서부고속철도 건설을 정식으로 인가하였다. 원래 1992년 7월경 착공하여 1999년에 완성할 예정으로 계획을 수립하였으나, 1992년도 예산에 조사비용만 포함되어 있었던 관계로 본격 착공은 지연되었다. 1994년 12월 대만 정부는 자국의 재정 상황을 감안하여 고속철도 프로젝트를 BOT 방식에 의해 추진하기로 결정하고, 교통시설에 대한 BOT 사업법을 제정하였다.

1996년 10월 BOT 사업자의 사전자격심사가 고시되었으며, 1997년 3월 중화고속철도연맹과 대만고속철도연맹 등을 후보자로 선정하였다. 중화고속철도연맹은 중화개발신탁을 간사로 하고 榮民, 中華鋼鐵, 中華工程, 遠東航空 등과 같은 대만의 주요 기업과 일본의 미쓰이물산, 미츠비시중공업, 카와사키중공업, 도시바 등이 일본의 신칸센 시스템을 공급하는 형태로 참여하였다.

한편 대만고속철도연맹은 大陸工程, 長榮海運, 富邦産保, 東元電氣, 太平洋電線電氣 등의 5개 기업으로 구성되었고, 여기에 GEC Alsthom과 Siemens가 TGV와 ICE 시스템을 공급하는 형태로 참여하였다. 1997년 8월 두 그룹은 투자계획서를 대만 교통부에 제출하였다. 1997년 9월 평가조사 결과 정부 부담을 줄이는 방식으로 계획서를 제출한 유럽연합(대만고속철도연맹) 측 시스템을 우선 교섭 대상으로 선정되었다. 1998년 7월 사업권에 대한 교섭이 진행된 후 대만 교통부와 유럽연합 간에 사업권 계약이 성립되었다.

그 후 일본 측은 대만고속철도연맹이 채용 예정인 시스템에 대해 다시 BOT 방식에 들어갔고, 그 결과 일본 측 시스템도 선택에서 배제하지 않겠다는 의향을 얻어내는 데 성공하였다. 이후 신칸센 건설 · 운영 관계자인 JR회사와 해외철도기술협력회의 전문가들의 참여로 대만에서의 기술교류회 및 세미나 개최, 대만 측 고속철도 관계자 및 언론 관계자들에 대한 신칸센 시찰 등을 통해 대만 측의 신칸센 기술력에 대한 이해도 제고에 심혈을 기울였다. 이와 더불어, 일본연합에 미츠비시상사, 마루베니, 스미토모상사 등을 가세시켜 수주를 위한 다각적인 전략적 노력을 시도하였다.

이러한 노력의 결과 1999년 연합월 대만 정부(대만고속철도주식회사)로부터 유럽연합 및 일본연합 양측에 정식으로 제안서를 제출해 달라는 요청서가 발부되었다. 1999년 12월 28일 대만 정부(대만고속철도주식회사)는 일본연합에 우선 BOT 방식권을 부여하여 2000년 12월 대만 정부와 일본연합 측이 최종 계약서를 체결하였다. 2003년 1월 일본연합 측은 궤도공사 부문에 있어서도 전 5공구 중 타이베이 지하 구간을 제외한 4공구를 수주하는 데 성공하였다.

한편 이러한 과정에서 JR 관계자와 해외철도기술협력회의 참여가 매우 큰 역할을 하였는데, 기술교류회뿐만 아니라, 신칸센 시승식, 기술자로서 대만의 리덩후이 총통과의 회담 등에 참여하여 적극적으로 홍보, 수주에 큰 힘이 되었다.

<표 7-3> JR과 해외철도기술협력회의 참여 내용

일자	주요 내용
1999년 1월 7일	일본과 대만의 기술교류회
1999년 4월 20일	일본차량수송협회 주관으로 타이베이에서 기술교류회 개최, 다나카 JR 도카이 부사장이 강연
1999년 8월	대만신문 6개 회사의 기자를 일본으로 초청하여 신칸센 시승
1999년 12월 1일	대만 지진 이후 지진세미나 개최, JR도카이 가사이 회장과 다나카 부사장이 리덩후이 총통과 회담
2000년 7월 7일	일본연합과 해외철도기술협력회는 동경에 대만 신칸센 프로젝트 사무소 개설
2002년	해외철도기술협력회의 전 회장 시마 히데오가 컨설턴트로서 참여

자료 : 讀賣新聞中部社會部(2001), 海を渡る新幹線,中公新書ラクレ61을 참조하여 작성

2. 일본의 지구온난화와 관련한 교통정책의 변화

(1) 문제의 제기

1988년 세계기상기구(WMO, World Meteorological Organization)와 국제연합환경계획(UNEP ; UN Environments Program) 공동으로 설립한 기후변화에 관한 정부간 패널(IPCC ; Inter-governmental Panel on Climate Change)에 따르면, 2100년의 지구 평균 기온은 1990년에 비해 1.4~5.8℃ 상승하고 해수면은 8~88cm 상승하는 등 지구온난화가 가속화될 것으로 전망하였다. 이러한 일련의 지구온난화에 대한 세계적 이슈 등으로 인하여 최근 일본의 교통정책은 크게 변화하고 있다. 그동안 소통 중심의 교통정책에서 이제는 환경을 고려한 정책으로 변화하고 있는 것이다. 이러한 배경에는 일본이 국제적으로 교통 부문의 이산화탄소 배출량이 미국에 이어 2번째 국가라는 인식과 함께 2008년 후쿠다 정부가 6월에 후쿠다 비전을 발표하고, 2008년 7월에는 도야코 정상회담에서 환경문제를 주요 이슈로 삼는 등 최근의 변화에 기인하고 있다.[61]

구체적으로는 유럽연합이 2008년 3월에 2020년까지 온실가스 배출량을 1990년에 비해 20% 감축하고, 2050년까지 선진공업국들은 60~80% 감축하는 것을 목표로 하는 것을 공표하였다. 일본의 경우는 이를 보다 적극적으로 규정한 후쿠다 비전을 발표하였는데 주요한 내용은, 일본은 2020년까지 온실가스 배출량을 2005년에 비해 14%로 감축하는, 보다 엄격한 기준을 제시하고 있다.

---

61) 2003년 기준으로 이산화탄소의 배출량은 미국이 1,794백만 톤, 그 다음으로 일본이 250백만 톤이며, 우리나라는 98백만 톤이다. 자료 : 한국교통연구원(2006), 기후변화협약 대비 교통 부문 온실가스 저감정책의 효과분석 : 2단계

이러한 배경에 맞추어 일본의 교통정책도 매우 빠르게 변화하고 있다. 종래의 환경과 관련한 교통정책의 경우는 2020년까지 이산화탄소 4,600만 톤을 저감하는 목표를 가지고 있었는데, 이는 1990년 수준에 비해 약 17%가 증가한 수치이고 1995년 수준에 머무르게 한다는 목표치였다.[62]

그러나 2006년 일본의 온실가스 배출량은 1990년에 비해 6.2% 증가하여, 교토의정서에서 정한 2008~2012년까지 1990년 수준의 6%를 감축하는 목표를 달성하는 것이 매우 어렵게 되었다. 이에 일본 정부는 매우 적극적인 여러 가지 정책 목표와 수단을 만들고, 이를 적극적으로 추진하고 있다.

이 연구에서는 교토의정서가 발효된 2005년 이후 일본 정부의 지구온난화에 적극 대처하기 위한 일본의 교통정책을 분석하여 보고, 이에 대한 시사점을 살펴 향후 우리나라 교통정책의 도입 가능성에 대해서 알아보는 것을 그 목적으로 하였다.

(2) 선행연구 검토

김현진(2001)은 일본의 지구온난화에 대한 대응자세를 시기별로 1980년 후반~19991년까지는 수동적인 자세, 1991년~1992년을 환경외교 측면에서 그리고 1992년~1997년까지를 경제협상의 측면에서 분석하였는데, 일본의 경우 점차 지구온난화에 적극적으로 대응해 가는 이유를 다음과 같이 분석하고 있다. 첫째로, 일본이 높은 화석연료 의존도로 전체 에너지의 81.5%를 해외로부터 수입하고 있는데, 석유의 경우 전체 이용량의 99.7%

---

62) 2003년의 교통 부문의 이산화탄소 목표. 자료 : 일본의 국토교통성 2003년 발표자료

를 수입하고 있다는 것이다. 두 번째로, 일본은 고도의 환경기술을 가지고 있다는 것이다. 이는 미국의 자동차시장 진출에서 미국의 강력한 배기가스 규제를 기술력으로 극복한 것에서 이를 발견할 수 있다고 보았다. 세 번째로는 국제사회에서 공헌과 리더십을 발휘해야 한다는 주장이었다.

한편 일본은 국제적인 측면에서 1997년 교토회의를 유치하는 등 성과가 있었지만, 국내적으로는 이를 실현하는 부처 간의 갈등 또한 있었다고 보았다. 예를 들면 적극적인 환경부와 소극적인 통산성의 이견으로 구체적인 성과가 나타나고 있지 않는 문제점을 지적하고 있다. 이 장은 일본의 지구 온난화 정책에 대한 대응을 시기별, 국가적인 차원에서 설명하고 있다는 장점은 있지만, 구체적인 교통정책에서 이를 어떻게 수용하고 있는가를 설명하지 못하고 있다.

이용상(2003)은, 2000년 일본에서 교통 부문에서 배출하는 이산화탄소의 배출량은 256.1백만 톤으로 전체의 20.1%를 차지하고 있으며, 1990년과 2000년에 자동차의 온실가스 배출량이 21%나 증가하였는데, 이는 자동차 보유대수가 29%나 증가한 것에 기인한다고 분석하였다. 두 가지 논문은 교토의정서가 발효되기 이전 일본의 정책을 분석한 것으로, 시기적으로 2005년 이후 교토의정서 발효를 전후하여 지구온난화의 급격한 정책변화에 대한 설명을 하지 못하는 한계를 가지고 있다. 이에 이 장에서는 교토의정서가 발효되는 시점을 전후하여 지구온난화에 대응하는 일본의 교통정책이 어떠한 변화를 가져왔는지를 집중적으로 조명해 보고자 한다.

(3) 일본의 지구온난화 대응형 교통정책의 도입

일본은 교토기후변화협약에 따른 온실가스 감축 의무 이행 대상국으로,

2008년~2012년 사이에 1990년 대비 6%의 온실가스를 감축시켜야 한다. 이러한 이유로 일본 정부는 환경부하가 작은 교통체계의 구축을 위해 모달 시프트 정책을 추진하고 있다. 2007년 현재 일본의 철도화물 수송 분담률은 약 1%(톤 기준)이며, 2010년까지 8%대로 향상시킬 것을 목표로 정하고, 화주와 물류업자들로 하여금 도로 수송에서 철도 수송으로 수단전환을 유도하기 위하여 그에 필요한 환경과 지원체계를 마련하여 추진 중에 있다.

그동안의 일본 정부의 교통 부문의 노력을 보면, 1997년부터 '종합물류시책대강(綜合物流施策大綱)'을 수립하여 환경 및 에너지 효율성 측면에서 유리한 철도와 해운운송의 활성화를 강조하였다. '종합물류시책대강'에서는 물류시설의 편리성 제고 및 물류 서비스의 가격경쟁력 제고, 에너지 및 환경문제에의 대응을 주요 목표로 설정하였다. 2001년 수립된 '신종합물류시책대강(新綜合物流施策大綱)'에서는, 교토의정서 채택에 따른 온실가스 배출 저감문제를 비롯한 에너지 및 환경 부담이 적은 효율적인 물류시스템의 구축에 관한 내용을 제시하였다. 그러나 두 차례에 걸친 노력에도 불구하고 2003년의 '지구온난화대책추진대강(地球溫暖化對策推進大綱)'에서는 다음과 같은 분석을 내어 놓았다.

1999년의 이산화탄소 배출량은 일본이 13억 1,400만 톤으로, 2010년에는 13억 2,000만 톤으로 증가할 것으로 예상되는데, 이는 교토의정서 목표치인 11억 5,500만 톤에 비해 약 14%나 증가하는 수치로 현재 상태로는 목표 달성이 어렵다는 판단을 하게 되었다.

이에 1단계로서 1990년 수준으로 이산화탄소를 억제하는 목표를 세웠는데, 그 내용을 보면 2010년에 산업 부문에서 462백만 톤으로 1990년 기준에서 7% 감소, 민생 부문에서 260백만 톤으로 1990년 기준에서 2% 감소, 교통 부문에서는 250백만 톤으로 1990년에 비해 17% 증가하는 것으로 정하였다. 이는 교통 부문이 타 부문에 비해 이산화탄소의 억제가 쉽지 않으며, 더 적극적으로 추진되어야 할 필요성을 나타낸 것이라고 하겠다.

이에 교통 부문에서는 에너지 절감을 위해서 저공해 차량의 보급과 공공교통기관의 촉진, 철도 등 물류의 효율화를 추진하고 새로운 에너지의 개발, 연료 전환 등의 노력을 추진하는 것으로 정하였다.

<표 7-4> '지구온난화대책추진대강'의 분석(2003년)

연도	이산화탄소 발생량	비고
1990년	12억 2,900만 톤	
교토의정서 목표치 (1990년의 6% 감소)	11억 5,500만 톤	1
1999년 실적치	13억 1,400만 톤	1.13
2010년 예상	13억 2,000만 톤	1.14

자료 : 지구온난화대책추진본부(2003), 지구온난화대책추진대강

이를 위해 교통 부문에서는 2005년에 이산화탄소 절감을 보다 획기적으로 감축시킬 수 있는 구체적인 내용을 담은 제3차 '종합물류시책대강'을 발표하여 철도 및 해상운송으로의 수단 전환, 트럭 운송의 고효율화, 유통물류 효율화 지원책 등 기업 차원의 물류비용 최소화가 아닌 사회경제 전반의 물류비용 최소화를 추구하기 위한 정책을 추진하는 등 그린물류를 표방하였다.

1) 제3차 '종합물류시책대강'(2005년~2009년)

일본 정부는 1997년 교통의정서 발표에 따른 환경대책의 일환으로 2001년 7월 '신종합물류시책대강'을 발표하여, 신속하고 정확한 국내외 물류를 실현하고, 환경친화적이고 수요를 중시하는 효율적인 물류시스템을 구축하여 국민생활의 안전을 도모하는 것을 물류정책의 기본 방향으로 제시

하였다. 신종합물류시책대강에서는 2005년을 목표 연도로 하여 물류 분야에서의 "비용을 포함한 국제적으로 경쟁력 있는 수준의 시장을 구축한다"와 "환경부하를 저감시키는 물류체계의 구축과 순환형 사회로의 공헌을 목적으로 한다"의 2개 목표를 두고 종합적인 물류시책을 추진하였다. 여기서는 구체적으로 수송수단의 전환을 통해 500km 이상의 장거리 수송에 있어서 효율성이 높은 철도와 연안해운의 수송 분담률을 2010년까지 50%까지 달성하겠다는 목표를 설정하고 있다.

또한 구체적인 실현을 위해 2002년 3월 '지구온난화대책추진대강'을 발표하고, 물류 분야에서의 철도와 해운으로의 모달 시프트에 의한 이산화탄소 배출 삭감 목표를 '2010년까지 440만 톤 삭감'이라는 목표를 결정하였으며, 2002년부터는 화주, 물류업자 등 관계자간 상호협력으로 철도나 해운으로의 모달 시프트 등의 환경부하 저감을 위한 실증실험을 시행할 경우, 일정 효과가 인정되는 사업자에 대해서는 실증실험에 대한 보조금을 교부하는 조성제도를 실시하였다.

2003년 5월에는 '모달 시프트 촉진을 위한 실행프로그램'을 작성하여 철도에 있어서는 일본 간선물류의 대동맥을 이루고 있는 도쿄~기타큐슈 간 산요선의 수송력 증강사업의 추진 및 화주·물류업자의 모달 시프트 의식 향상을 위한 각종 대책을 마련하였다.

또한 2004년 12월에는 '그린물류 파트너십 회의'를 개최하여 화주기업과 물류업자 간 연계강화를 통한 이산화탄소 배출 삭감과 의식의 저변확대를 도모하고, 선진적인 모델사업에 대한 공적 지원 확대를 위해 노력하고 있으며, 에코레일마크제도 등 철도화물 수송의 홍보를 적극적으로 실시하는 등 새로운 제도 마련 및 법적 지원과 같은 모달 시프트 정책을 활발하게 실시하고 있다.

그러나 여러 가지 노력에도 불구하고 도쿄~키타큐슈 간 산요선에서 정한 모달 시프트 수송의 달성이 어려워지면서 좀 더 적극적이며 구체적인 정책을 내놓았는데, 제3차 '종합물류시책대강(2005 ~2009)'이 바로 그것이다. 제3차 종합물류시책대강에서는 ① 빠르고 단절이 없으며 동시에 저렴한, 국제와 국내가 일체가 되는 물류의 실현, ② 그린물류 등 효율적이며 환경친화적인 물류의 실현, ③ 수요자 요구를 중시한 효율적 물류시스템의 실현, ④ 국민생활의 안전·안심을 지원하는 물류시스템의 실현을 제시하였다. 이를 실천하기 위한 주요한 내용으로는, 지구온난화에 대응하는 전체적인 틀로서 수송수단의 전환과 일정규모 이상의 수송사업자 및 화주에 대하여 에너지 절감 계획 및 사용량 보고를 의무화하고, 이산화탄소 배출량을 줄이기 위해서 철도와 해운 기능의 향상 그리고 저공해형 차량의 보급을 위한 저리융자제도의 도입 등이다.

2) 그린물류 파트너십 회의(2005년~현재)

그린물류 파트너십 회의는 그린물류를 실현하기 위한 관민합동 프로그램으로, 2004년 12월 (사)일본로지스틱스시스템협회, (사)일본물류단체연합회, 경제산업성, 국토교통성, (사)일본경제단체연합회의 협력에 의해 발족되었으며, 2007년 현재 화주기업이 808개사, 물류업자 1,425개사, 기타 기업·지방자치단체 510개 단체 등 2,743개의 기업과 단체가 등록되어 있다. 2005년부터는 화주와 물류업자가 제휴하여 이산화탄소 삭감을 추진하는 선진적인 사례에 대해서는 '모델사업보조금'을, 2006년부터는 모델사업 등의 선례를 기초로 이산화탄소 삭감 사례를 보급·확대시키는 경우에 대해서 '보급사업보조금'을 지원하고 있으며, 2007년부터는 파트너십 구축을 위한 문제점 및 대응책을 사전에 조사하는 그린물류프로젝트의 추진을 지원하는 '소프트 지원 사업'을 전개해 나가고 있다.

2005년 물류 효율화를 추진하는 모델사업으로 33건이 선정되었는데, 이 중 철도로의 모달 시프트는 10건이었으며, 2006년도에는 모델사업 15건과 보급사업 64건으로 이 중 철도로의 모달 시프트는 2건이 있었다. 2007년도의 경우에는 모델사업 4건, 보급사업 40건, 소프트 지원 사업 7건으로, 이 중 철도로의 모달 시프트 건수는 보급 사업에서 11건이었다. 2008년에는 총 61건의 사업이 추진되었는데, 이 중 보급 사업이 48건, 소프트 지원 사업이 13건이었으며, 이 중 철도로의 모달 시프트 사업이 11건, 해운으로의 모달 시프트 사업이 3건으로, 추진이 결정된 사업에 대해서는 경제산업성 및 국토교통성에서 심사가 이루어지고 일정 요건을 만족시킨 사업자에

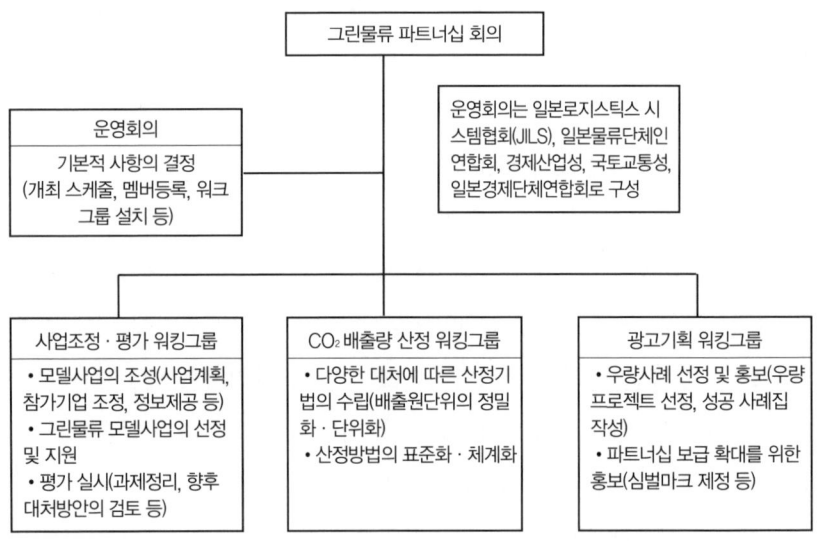

<그림 7-1> 그린물류 파트너십 회의 운영체제(www.greenpartnership.jp)

---

63) 일본 그린물류 파트너십 발표자료(http://www.greenpartnership.jp/)

대해서는 보조금이 지급되었다.[63]

또한 국토교통성은 지구온난화 방지 · 에너지 절약 대책의 새로운 추진을 위하여 NEDO 기술개발 기구(신에너지 · 산업기술 종합 개발 기구)의 에너지 온난 합리화 사업자 지원 사업을 활용하여 에너지 절약 설비 · 기술과 영업 창고 및 트럭 터미널 등에 있어서의 고효율 에너지 기기의 설치를 도모하고 있다. 또한 국토교통성에서는 물류 분야에 있어서의 환경부하 경감과 관련한 대책에 대하여 현저한 공적이 있던 사업자에 대해서는 '그린물류 관계대신 표창'을 제정하여 그린물류 활성화를 유도하고 있다.

3) '물류종합효율화법'(2005년)과 세제 지원(2009년)

지구온난화에 보다 적극적으로 대처하기 위해서 2005년 10월부터 '물류종합효율화법'을 제정하고 시행하고 있는데, 주요한 내용은 비용절감과 환경 부담이 적은 사업에 대해서 그 계획의 인정과 관련한 지원조치를 정하고 있다. 구체적으로는 지구온난화에 대응하여 시설과 운송수단에 대해서 세제상의 특례를 인정하고 있다는 것이다. 2009년에 시행되는 구체적인 사례를 보면, 환경 부담이 적은 교통시설에 대해서 소득세와 법인세를 경감하고, 이산화탄소 배출량이 적은 철도화물 수송사업용의 자산에 대해서 법인세를 감면해 주도록 되어 있다.

구체적으로 살펴보면, '통운사업근대화기금 융자제도'가 있는데, 이 제도는 영업용 자동차의 공공성 등을 배려하여 수송력의 확보, 수송비용의 억제, 수송 서비스의 개선, 안전 운행의 확보 등을 목적으로 운수 사업 진흥 조성 교부금 제도 등이 설치되어 있다. 또한 일본정책투자은행과 중소기업금융공고 등을 통하여 물류사업 관련 주요 재정투융자제도도 시행하고 있다.

물류사업 관련 주요 세제 제도를 살펴보면, 창고용 건물 등의 할증상각, 특정사업용 자산 교환 시의 과세 특례, 특정사업용 자산을 교환한 경우의 과세 특례, 에너지 수급구조개혁추진설비 등을 취득한 경우의 특별상각 또는 세액공제, 중소기업자 등이 기계 등을 취득한 경우의 특별상각 또는 세액공제, 중소기업 등의 대손 준비금의 특례, 자동차중량세의 특례 등 다양한 세제특례를 시행하고 있다.

철도화물 부분에서는 장거리, 고용량 수송이라는 철도의 수송특성을 잘 발휘할 수 있는 간선 컨테이너 수송을 중심으로 하여 편리성이 높은 수송 서비스를 실현하기 위하여 JR화물의 경쟁력 강화, 미래지향적인 경영기반을 강화함과 함께 고성능 기관차와 화차의 개발 투자에 대한 세제특례조치와 인프라 정비에 대한 국고보조의 조성 조치 등도 강구하고 있다. JR화물에 대한 주요 조성 조치를 살펴보면, 우선 간선철도 활성화 사업 보조인데 보조율은 보조 대상 경비의 10분의 3이었으며, 산요선 철도화물 수송력 증강사업 등 3개 사업을 지원하였다. 또한 세제 조치로 민영화 이전의 구국철로부터의 승계자산에 대한 고정자산세의 경감, 고성능기관차·화차(고속주행, 대량적재가 가능한 신형차량)에 대한 고정자산세의 경감 등을 시행하였다. 일본정책투자은행에 의한 재정투융자로서는 교통네트워크(차량증강 등)에 대해서는 정책금리 III, 융자비율 50%, 물류네트워크(복합일관수송시설)에 대해서는 정책금리 I, 융자비율 40% 적용 등 다양한 금리와 융자정책을 시행하였다.

4) 수송수단 전환의 실증시험제도

일본에서는 철도화물 운송 증대를 위해 다양한 사업을 전개하여, 도로 운송량의 전환을 도모하고 있다. 그 중 한 가지로 모달 시프트 촉진을 위한 실증실험제도를 시행하고 있는데, 철도 활용을 높이고 이산화탄소 배출량을 줄이기 위한 수송방법을 일정 기간에 걸쳐 실험 형식으로 진행하는 것이다. 이는 철도 수송이 여객의 경우 약 4분의 1, 화물의 경우 8분의 1 정도 자동차에 비해 이산화탄소를 적게 배출하고 있기 때문이다.

이 제도는 간선수송에서 화주와 물류업자가 공동으로 수송수단을 트럭에서 철도·해운으로 전환하거나 트럭의 공동수송으로 효율화를 도모하는 등 환경부하 저감을 위한 시책을 실시할 경우, 일정한 효과가 인정되는 사업자에 대하여 시책효과(보조금 100만 엔당 이산화탄소 배출 삭감량)가 큰 순으로 예산범위 내에서 보조금을 지원하는 제도로서, 화주와 물류기업간의 협력 체제를 구축하고 모달 시프트 우수 사례로 보급하여 지속적으로 활용할 수 있는 방안을 마련하는 것이 목적이다. 1억 엔을 한도로 초기 투자액의 3분의 1을 지원하며, 화주와 물류기업간의 협력체계를 구축하고 모달 시프트 우수사례를 보급하여 지속적으로 활용할 수 있는 방안을 마련하는 것이 주요 목적이다. 2002년부터 2004년까지 3년간 이루어진 실증실

<표 7-5> 수송수단 전환의 실증실험 실적 추이

		2002년	2003년	2004년	합계
인정 건수		7	35	32	74
분류	트럭 → 철도	4	30	22	56
	트럭 → 내항 해운	3	5	7	15
	트럭의 효율화	0	0	3	3
이산화탄소 삭감량 계획 (t-이산화탄소)		23,606	35,656	33,624	92,886
보조금 신청액(천 엔)		141,310	229,797	237,351	608,458
시책효과 (t-이산화탄소/백만 엔)		167.1	155.2	141.7	464.0

자료 : 일본 국토교통성(www.mlit.go.jp)

험에서는 74건의 인정이 이루어졌으며, 이 중에서 트럭에서 철도로의 전환은 56건으로, 이는 전체의 약 76%에 해당하였으며, 이산화탄소의 삭감량도 약 9.3만 톤에 이르는 것으로 나타났다.

5) 에코레일마크제도

에코레일마크(Eco Rail Mark)는 친환경적인 철도화물 수송을 활용하여 지구 환경문제에 적극적으로 추진되고 있는 상품이나 카탈로그에 마크를 부여하는 제도로 2005년 3월 국토교통성이 설치한 '친환경적인 철도화물 수송의 인지도 향상에 관한 검토 위원회'에서 도입이 결정되었다. 소비자로 하여금 기업의 환경 저감활동에 대한 행동을 인식하게 함으로써 상품을 구입하는 것에 의해서도 환경부하 저감에 공헌할 수 있음을 알리고, 소비자와 기업이 하나가 되어 환경문제에 적극적으로 대처할 수 있도록 유도하는 제도이다.

표시 대상이 되는 매체로는 첫째, 개별상품의 이미지를 표상하는 매체(상품, 종이상자, 카탈로그, 신문광고 등), 둘째, 기업의 이미지를 나타내는 매체(환경보고서, 웹사이트, 포스터, 신문광고, 카탈로그 등)로 구분하고 있으며, 상품의 인정을 받는 기업은 철도화물 수송을 정기적으로 이용하고 있으면서 원칙적으로 일반 소비자용 상품 제조를 하고 있는 기업이 된다.

상품의 인정기준으로는 해당 상품의 수송에 대하여 500km 이상의 육상화물 수송 중에서 30% 이상을 철도로 수송하고 있는 것이어야 하며, 이를 기준으로 상기 표시 대상이 되는 매체 중 1개 매체에 대한 에코레일마크의 게시가 인정된다. 기업 인정에 대해서는 500km 이상의 육상화물 수송 중에 15% 이상을 철도를 이용하는 기업으로서, 수량으로는 연간 1만 5천 톤 이상 또는 수량×거리비율 기준으로 연간 1,500만 톤킬로그램 이상을 철도로 수송하고 있는 기업에 대하여 인정된다.

2005년 4월부터 인정 상품 및 기업 모집을 개시하였으며, 2009년 2월 현재 인정 상품 32건(37품목), 인정 기업은 50개사에 이르고 있다. 이 제도는 환경활동을 적극적으로 전개하는 기업의 PR이 되는 것으로 기업에 대한 인센티브의 성격을 지니고 있다.

<그림 7-2> 일본 Eco-Rail마크(www.jrfreight.co.jp)

6) 새로운 제도의 특징

일본은 최근인 2005년을 전후로 해서 온실가스 절감을 위한 획기적인 여러 가지 대책을 내놓고 있다. 주요한 것으로는 제3차 종합물류시책대강과 물류종합효율화법, 그린물류파트너십회의, 녹색교통을 위한 세제 지원 등이 그것이다. 이러한 제도들의 특징은 그간 온실가스 절감을 위한 정책이 선언적인 것이었다면 이에 비해 매우 구체성 있는 정책이 실현되고 있다고 하겠다. 예를 들면 온실가스 절감을 위한 지원제도 등이 그것이다. 이는 환경문제를 경제적인 영역에서 적극적으로 취급하기 시작했다는 것이다. 이제 환경을 보호하는 것이 장기적으로 그 사회를 지속시킬 수 있다는 인식에서 출발한 것이다. 유럽의 경우는 이미 환경비용을 사회경제적 비용에 포함하여 계산하고 있다. 구체적으로 유럽에서는 철도화물이 환경친화적인 것을 고려하여 500톤·km당 1유로를 지원하고 있으며, 영국의 경우에도 화물터미널 사업자, 화주 등에 연간 약 7,000유로를 지원하고 있다. 두 번째로는 다양한 정책수단이 강구되고 있다는 것이다. 저공해 차량에서부터, 철도의 육성, 물류거점시설에 대한 지원 등 교통 부문의 다양한 영역에서 추진되고 있다.

<표 7-6> 주요 정책의 도입시기와 내용

구분	도입시기	주요 내용
제3차 종합물류시책대강	2005년~2009년	– 철도, 해운 등 환경친화적 교통수단의 육성 – 저공해형 차량보급을 위한 지원
물류종합효율화법	2005년~	– 환경친화형 물류시설에 대한 지원
개정 에너지절약법	2006년~	– 대기업의 이산화탄소 절약 의무화
그린물류파트너십회의	2005년~	– 이산화탄소 절감을 위한 사업에 대한 지원
녹색교통을 위한 세제 지원	2009년~	– 물류거점시설에 대한 소득세, 법인세 감면 – 철도화물 수송사업자의 취득 자산에 대한 세제 감면

(4) 시사점과 향후 전망

지금까지 2005년을 전후하여 일본의 교통정책이 지구온난화를 방지하기 위해 여러 가지 제도를 적극적으로 도입한 것을 살펴보았다. 이러한 것에 더욱 박차를 가하게 된 계기는 2008년 7월 일본 도야코에서 있었던 정상회담이었다. 일본은 각국의 이견에도 불구하고 회장국으로서 2050년까지 온실가스를 현재 수준의 50%로 감축한다는 합의를 이끌어 내었다. 당시 후쿠다 수상은 회의 이전인 6월에 후쿠다 비전에서 온실가스 감축을 위해 배출권 거래제의 시행, 환경세 도입, 신에너지 개발을 위한 국제적 협력체계 구축을 제안한 바 있다. 또한 새로운 목표인 쿨어스(cool earth)의 구체적인 실천방안으로 바이오연료전지 개발, 클린 디젤자동차 등 향후 5년간 2,000

억 엔의 기술개발 투자를 선언하고, 21개 핵심 사업을 추진하고 있다.

한편 2006년 개정된 '에너지절약법'에서는 매년 3,000만 톤·km 이상
을 수송하는 화주는 매년 1%의 이산화탄소 절감계획을 세우고 실천하며,
이 사항을 보고하도록 의무화하고 있다. 이 법에 해당되는 기업은 약
2,000개이다. 이 법의 발효에 따라 각 기업은 이산화탄소 절감을 위해 기
존의 트럭 운송에서 이산화탄소 배출량이 적은 철도 운송으로 전환하고 있
다. 이러한 환경적인 여건의 변화 등으로 종래의 교통정책이 크게 변화하
고 있는데, 그 이유는 첫째로 정부의 역할이 변화했다는 것이다. 그동안
소극적이며 피상적인 정책 목표가 구체적인 목표로 변화하였다. 두 번째로
는 정책 목표가 보다 적극적으로 바뀌었다. 2010년까지 5,800만 톤을 감
소하는 것으로 되어 있어, 종래 2020년까지 4,600만 톤을 감축하는 것에
비해 2배 이상의 적극적인 목표를 설정하고 있다.

<표 7-7> 지구온난화와 관련한 교통정책의 변화

구분	종래의 교통정책	변화된 교통정책
정부의 역할	- 방관자적인 역할	- 적극적인 역할
정책 목표	- 2020년까지 이산화탄소 4,600 만 톤 저감으로 소극적인 목표 설정	- 2020년까지 2005년에 비해 온실가스 14% 감소 - 2010년까지 5,800만 톤 감소
정책수단	- 선언적인 법제	- 그린물류파트너십 세제 지원 등 환경문제를 경제적인 영역에서 취급하는 실제적인 프로그램
특징	- 추상적인 면이 강함	- 정부가 정책적인 의지를 표명하고 이를 구체적으로 실천 - 다양한 정책 추진

이와 같은 일본의 최근의 적극적인 정부의 역할과 많은 프로그램은 우리
에게 많은 시사점을 주고 있다.

우리나라의 경우는 1997년의 교토협약에 의한 의무감축국에는 포함되어

있지 않지만 2013년부터 우리나라는 감축 의무 대상국에 포함될 것으로 보인다. 왜냐하면 우리나라는 2006년 기준으로 온실가스 배출량이 599백만 톤으로 세계 6위에 해당되며, 1990년 대비 2004년 증가율은 90.1%로 세계에서 가장 높은 비율을 보이고 있기 때문이다. 따라서 우리는 시급하게 온실가스 배출을 억제하는 정책을 수립할 때가 되었다. 특히 교통 부문은 심각한 수준이다. 2005년 기준으로 교통 부문의 에너지 소비는 21% 수준으로 산업의 55%, 가정과 상업(22%)에 이어 그 다음으로 높다. 또한 이산화탄소의 배출량은 교통 부문에서 약 20%(2004년 기준)를 차지하고 있는데, 이는 전력 34%와 산업 32% 다음으로 높은 수치이다. 교통 부문에서 이산화탄소의 배출량은 도로 부문이 84.2%를 차지하여 이산화탄소 배출의 주요 요인이 되고 있다. 1990년의 비중이 79%에서 2004년에는 84%로 증가하여 문제의 심각성을 더해 주고 있다.

한편 철도의 경우는 1%만을 차지하고 있다. 이러한 현상은 자동차의 급격한 증가에 기인하고 있는데, 2000년 1,206만 대의 자동차가 2008년에 1,674만 대로 72%나 증가하였다. 도로 연장의 경우에도 1962년 27,169km에서 2006년에 102,061km로 3.76배나 증가한 것에 비해 철도

<표 7-8> 수송수단별 이산화탄소 배출 추이

(단위 : 백만 톤)

구분	1990년	2000년	2004년	1990년~2004년 연평균 증가율(%)
교통	42.2(100)	86.6(100)	96.1(100)	6.1
도로	33.3(79)	69.2(80)	80.9(84)	6.6
철도	0.9(2)	1.0(1)	0.9(1)	−0.2
해운	5.3(13)	15.0(17)	13.0(14)	6.6
항공	2.7(6)	1.4(2)	1.2(1)	−5.7

자료 : 국토해양부 종합교통정책과

의 경우는 1962년에 3,032km에서 2006년에는 3,372km로 11%의 증가에 그치고 있다.

이는 1990년대에 자동차 등록대수가 207만 대에서 2009년 1월에는 1,688만 대로 약 8.2배나 증가한 것에 기인하고 있다.

따라서 우리나라의 경우 교통 부문에서 도로 중심에서 환경친화적인 철도로의 이전 등이 적극적으로 모색되어야 할 시점에 와 있다.

일본의 사례를 참고해 볼 때 우리나라의 경우에도 다음과 같은 노력이 필요하다고 하겠다.

첫째로 교통정책의 획기적인 변화가 필요한데, 그것은 온실가스 저감형 교통체제로의 변화이다. 환경친화적이고 저탄소의 교통수단인 철도 등을 집중적으로 육성하고 관련시설을 확충해야 할 것이다.

두 번째로는 법과 제도가 확립되어야 할 것이다. 특히 일본과 같이 대기업이 의무적으로 이산화탄소를 감축하게 하거나 이산화탄소를 줄이는 기업에게 보조금을 주는 등 적극적인 제도의 도입이 필요하다고 하겠다.

세 번째로는 지구온난화와 관련한 적극적인 리더십과 구체적인 예산 배분 등의 노력이 필요하다. 2009년 일본 회계예산에는 저탄소를 지향하는 많은 예산이 편성되어 있다. 특히 교통 부문에서는 '지구 환경 시대에 대응한 생활조성'을 위해 저탄소 운송수단 등 이산화탄소 삭감 추진대책에 약 100억 엔, 지구온난화감시시스템 개발에 약 90억 엔, 관련기술 개발에 43억 엔 등을 신규로 투자하고 있다.

네 번째로는 쿨 어스와 같은 생활에서 실천할 수 있는 프로그램이 마련되어야 할 것이다. 이와 관련해서는 여름에 넥타이 안 매기 운동이라든가, 겨울에 내복 입기, 대중교통수단 이용하기 등 생활에서 실천할 수 있는 운동 등이 자리매김하도록 프로그램이 개발되어야 할 것이다. 이를 위해서는 대중교통을 이용할 경우 세제 지원을 해 주는 등 적극적인 프로그램개발도 필요하다고 하겠다.

3. 일본 철도역의 기능 변화

(1) 문제의 제기

철도 개통으로 철도가 지나는 도시들이 발전하기 시작하였으며, 역 주변으로 인구가 집중되고 상업과 유통업이 발전하기 시작하였다. 일본 철도는 그간 국철 운영에서 발생한 적자문제를 해결하지 못해 1987년 4월 1일 민영화되었다. 이에 모든 철도사업이 상업성을 가미하여 운영되고 있다. 철도역의 경우도 운송기능에서 상업기능까지 갖춘 복합개발이 이루어지게 되었다. JR동일본, JR서일본 등의 대부분의 주요 역은 역사뿐만 아니라 백화점, 문화공간 등을 갖추고 역으로서의 기능 이외에 쇼핑과 회의, 문화, 휴식공간 등을 제공하고 있다. 이러한 새로운 역사 개발을 통해 역이 생활의 중심이 되고 있으며, 이용객도 크게 증가하고 있다. 또한 역을 중심으로 하는 도시계획으로 지역의 균형 있는 발전을 꾀하고 있다.

이러한 변화는 그동안 일본 철도가 국유철도 운영에서 민영화되면서 각 철도회사는 자립운영을 위해 공공성보다는 기업성을 추구하는 회사로 거듭나야 하는 필요성 때문이었다. 국철 시대의 철도 운영이 파탄된 이유 중 내부적 요인으로는 인건비와 지방적자선, 화물 부문, 차입금을 들 수 있으며, 외부적 요인으로는 급격한 교통 환경변화와 국철에 대한 과도한 내외부 행정규제 등을 들 수 있다.[64] 민영화 이후 각 회사는 독립적인 운영을 위해서는 비용절감과 함께 수익창출에 온 힘을 기울였다. 수입창출을 위해서는 다양한 부대사업을 전개할 수밖에 없는데, 그 중의 하나가 바로 역을 개발하여 상업성을 가미한 운영을 꾀하는 것이다.

우리나라의 경우 철도는 공사 운영체제로 대부분의 역이 승객의 승하차 기능만 수행할 뿐 역을 중심으로 도시개발이 이루어지지 않고 있는 실정이다.

그간의 관련 연구를 보면 철도 역세권에 관한 연구로는 조남건(2005)이 일본의 고속철도 역세권개발 사례를 연구한 것이 있으며[65], 위정수(2009)는 역세권 활성화를 위한 국내외 사례 연구를 하였다.[66] 국내 역세권개발에 관한 연구로 정봉현(2009)은 호남고속철도 개통에 대비한 광주권 고속철도역의 운영 및 역세권 개발방향 연구를 수행하였다.[67] 그간의 연구를 보면 일본 사례 연구는 고속철도 역세권에 국한되어 있고, 국내 연구도 역세권에 한정되어 있었다. 이에 일본 철도의 기능변화, 특히 민영화 전후를 비교해서 분석하지 못한 한계가 있었으며, 최근에 개발된 역을 설명하지 못하였다.

이에 이 장에서는 일본의 주요 역의 최근 개발 사례를 통해, 특히 민영화 이후 일본 철도역의 기능이 어떻게 변화해 왔으며, 그 효과는 어떠했는지를 살펴보고 이를 통해 시사점을 도출해 보고자 한다. 역사적으로 지역은 철도를 중심으로 발전하였다가, 그 후 자동차의 발전으로 발전 축이 변화하였다가, 다시 철도역이 발전하는 '역의 르네상스' 시대가 도래하였다고 할 수 있다. 이 장에서는 이를 철도의 부활이라는 관점에서 관찰하여 일본

64) 이용상 외(2005), 일본 철도의 역사와 발전 , 한국철도기술연구원, pp. 121~125
65) 조남건(2005), 일본의 고속철도 역세권 개발사례, 국토연구원, pp. 114~123
66) 위정수(2009), '역세권 활성화 방안에 관한 국내외 사례 비교 연구', 2009 한국철도학회 가을 학술대회 발표대회 논문집, pp. 636~647
67) 정봉현(2009), '호남고속철도 개통에 대비한 광주권 고속철도역의 운영 및 역세권 개발방향 , 지역개발연구, 전남대학교 지역개발연구소, pp. 123~144

적인 특징이 무엇인가 그리고 철도역의 발전을 새롭게 해석하여 우리나라에 주는 시사점은 무엇인지 살펴보았다.

이 연구에서 일본을 선택한 이유는, 일본은 우리나라와 비슷한 지형적인 특징과 향후 우리나라 철도가 나아가야 할 방향에 여러 가지 시사점을 주고 있기 때문이다.

이 연구의 방법론은 기본적으로 일본의 철도역 개발 사례를 통해 우리나라에 대한 시사점을 찾는 방식으로 진행하였다. 일본 사례와 우리나라의 사례를 비교하는 방식을 취하였는데, 이러한 비교분석 연구의 장점은 서로 다른 환경에서의 법과 제도, 기능의 분석을 통해 서로 다른 해석과 설명이 가능함과 동시에 발전적인 시각에서 분석이 가능하기 때문이다. 연구방법론은 체제론적 접근방법을 취하였고, 특히 투입요소로서 제도와 법에 중점을 두고 비교분석하였다. 투입요소의 다름에 따라 산출물 또한 다른 결과가 나올 것이라는 가정인데, 양국의 경우 다른 역사적 배경을 가지고 있고 철도 발전과정도 다르기 때문에 서로 다른 투입요소와 과정 그리고 결과가 다를 수 있지만 상호간의 차이를 통해 발전을 모색할 수 있기 때문이다. 그 중에서도 제도와 법은 정책을 표현하는 가장 중요한 지침이며, 그 영향력이 매우 크기 때문이다. 국가 간의 비교 연구에서는 많은 연구들이 이러한 방식을 쓰고 있다. 특히 일본의 경우 민영화라는 경험과 이를 실현하려는 법과 제도가 많은 영향을 미쳤기 때문이다. 연구범위는 일본 철도 민영

---

① 일본의 철도역 개발 사례분석(민영화 이전과 이후의 변화)
② 변화 요인에 대한 설명(법과 제도 등)
③ 한국과 일본과 비교분석(분석기준은 법과 제도) → 해석
④ 시사점 도출과 향후 개선방안 → 일본적인 특수성 도출

<그림 7-3> 연구 흐름도

화 이전과 이후의 역사 개발을 중심으로 하였고, 시사점 도출을 위해서 우리나라의 철도역으로 개발 예정인 용산역을 사례로 들었다. 이 연구에서의 연구 흐름과 비교분석의 기준, 틀을 살펴보면 다음과 같다.

(2) 일본 철도역 개발의 주요 사례

일본 철도는 개통 이래 국유철도로 운영되었는데, 국유철도시설 철도역은 단순하게 승하차의 기능을 하는 철도시설의 일부에 불과했다. 다만 철도라는 새로운 수송수단의 탄생으로 역 주변은 새로운 상권을 형성하였다. 일본 철도역의 개념이 바뀐 대표적인 사례 중의 하나가 1997년 교토역 개발이다. 국철이 민영화된 이후, 민영화된 회사는 철도역의 개념을 그간의 운송기능에서 복합기능으로 이해하기 시작하였다. 복합기능을 생각한 주요한 이유 중의 하나는 수익성 창출이었다. 민영화된 회사는 승객이 모이는 곳이야말로 수익을 낼 수 있는 유일한 거점이라는 생각을 하기 시작하였고, 다양한 사업을 전개할 수 있도록 법이 개정되도록 노력하였다. 또한 철도회사들이 지역으로 분할 민영화되어 지역과 밀접한 관련을 가지고 있었고, 지역을 기반으로 발전하지 않으면 안 되는 절박함도 있었다. 따라서 각 철도회사들은 이러한 배경 하에 철도역을 새롭게 인식하고 개발하기 시작하였다.

1) 교토역(1993년~1997년)

교토역은 1877년 처음으로 건설된 이후 1952년 철근 콘크리트로 만들어진 역을 1993년에 다시 개축한 것이다. 교토역은 교토 정도 1,200년을 기념하여 새로운 개념의 역으로 탄생하였다. 일본의 역 르네상스를 대표하는 역으로, 건축적인 미학과 다양한 복합기능으로 새로운 철도역사로 자리매김하고 있다. 교토역의 개발 주체는 서일본철도주식회사와 교토역개발주식회사이다. 철도회사가 토지를 출자하고, 민간회사와 지방자치단체인 교토부와 교토시가 출자하여 개발주식회사를 만들었다. 역 빌딩은 총 16층으로 부지면적 11,212평에 연면적이 70,910평이다. 교토역은 지하철과 지역 간 철도의 환승이 지하와 지상으로 연결되어 있고, 역사 전면에는 버스터미널, 택시터미널이 있어 편리한 환승체계를 갖추고 있다. 역의 주요시설

<표 7-9> 교토역 개발 현황

구분	역 빌딩동	주차장동
부지면적	11,212평	
연 면적	70,910평	
층 수	지하 3층, 지상 16층	지상 9층
공사시간	1993년 1월~1997년 10월	
사업 주체	서일본여객철도(주), 교토역빌딩개발(주)	
공사비	1,400억 엔	
사업비 조달	1,400억 엔 (정부보조 3억 엔은 관통도로 연결)	
운영방법	개발회사 설립 : 교토역빌딩개발(주) - JR서일본 60%(토지 제공) - 민간회사 30%(44개 지방은행 및 기업) - 교토부, 교토시 각 5%씩 출자	
시설	- 역 시설(70만 인/일) : 3,030평 - 시민광장 : 760평 - 컨벤션, 호텔(670실) : 23,330평 - 상업시설(백화점, 전문점) : 15,150평 - 부대시설(통로 등) : 16,060평 - 문화시설(1,200석) : 2,730평 - 주차장(1,250대) : 9,850평 - 별관동 주차장(610대) : 3,940평	
기능	단순한 역사기능에 복합기능으로 변화(상업, 문화시설)	

자료 : 서일본철도주식회사 본사 내부자료

은 역사 이외에 호텔과 백화점, 문화공간, 공연공간, 실외정원 등을 갖추고 있어 철도역은 숙박과 회의, 문화, 휴식공간으로 교토의 명물로 자리 잡아 이용객도 크게 증가하고 있다.

층별 공간 구성을 보면 그 기능을 확실히 알 수 있다. 지하와 1~2층에 역무공간, 2~6층에는 상업시설, 7~8층에는 문화공간, 9층~16층에는 문화공간 및 정보시설, 1~10층 사이에는 호텔이 입주해 역의 기능이 역무시설에서 상업시설, 문화공간, 정보시설, 호텔로 다양화된 것을 알 수 있다.

<표 7-10> 교토역의 층별 시설내용

	용도	주요 시설	비고
지하	역사 출입 지하철환승	지하철 교토역 환승시설 지하 자유연결통로	지하쇼핑몰 (Potra)
지상 1~2층	승강장(신간선, 기존선) 환승 전이공간 (신간선, 기존선, 지하철간) 역무공간	여객 및 접객시설 중앙콘코스 보행자통로 상업시설 역무시설	대계단 (지상 1~10층) 호텔 그랑비아교토 (670실 규모)
지상 3~4층	상업시설(이세탄백화점, 쇼핑몰)		
지상 5~6층	상업시설(패션 전문관)		광장
지상 7~8층	문화공간	연극장, 영화관 예술관, 미술관	Skyway 시어터 1200(영화관)
지상 9~16층	공공시설 정보시설 쇼핑 및 문화공간	행정기관 국제교류센터	옥내정원

자료 : 서일본철도주식회사 내부자료

교토역은 교통 허브역할을 수행하고 있으며, 호텔과 컨벤션기능을 통하여 사람들의 소통의 장과 백화점, 전문상점가의 입점으로 물건 유통의 장이 되고 있다. 철도역을 중심으로 한 개발로 역이 더욱 활성화되었고 지역경제도 활성화되고 있다. 1일 이용객이 2010년 현재 70만 명에 이르고 있다. 이는 교토시 인구가 150만 명임을 고려할 때 많은 시민이 이용한다는 것을 알 수 있다.

이러한 교토역 개발의 성공 사례를 분석해 보면 첫째, 서일본철도주식회사의 철도역에 대한 생각의 변화와 지방자치단체의 적극적인 협조 때문에 가능하였다. 당시 서일본철도주식회사의 이데 사장은 미래의 철도역을 구상하면서 새로운 기능을 가진 철도역 설계를 추진하였고, 교토시는 정도 1,200년 기념사업으로 승인하였다. 행정당국과 서일본철도주식회사간에 CEO 회의를 자주 개최, 의견을 조율하여 추진하였다. 두 번째로는 초기 대규모 역 개발에 대한 주변 상권의 반발도 있었으나 교토역빌딩개발주식회사는 상호공생을 골자로 하는 주민설명회를 자주 개최하고 이웃 주민들을 위한 시민광장 마련, 통행로 정비 등을 통하여 결국은 이웃의 동의를 얻었다. 세 번째로는 역사 개발과 함께 개장 후에도 매년 리모델링과 새로운 이벤트를 통해 사람들이 모일 수 있도록 지속적인 노력을 기울였고, 기금도 계속하고 있다.

2) 오사카역(2006년~2011년)

오사카역의 개발은 기본 역을 더욱 확장하는 개념으로 추진되고 있다. 신 역사빌딩의 규모는 지상 15층, 지하 2층, 건축면적 35,000㎡, 북쪽 빌딩의 개발은 건축면적이 210,000㎡, 28층 규모이다. 개발 주체와 자본 조달은 오사카터미널빌딩주식회사로 전액 JR회사가 출자(입주기업으로부터 미리 자본 조달)하고 있다. 개발비용은 1,700억 엔으로 예정되고 있다. 오사카역 개발의 기본 방향은 역과 지역을 하나로, 관서의 관문으로서의 역, 사람들이 모여서 교류가 가능한 역, 쾌적하여 이용이 가능한 역, 사람과 환경에 친화적인 역을 목표로 개발하고 있다. 주요한 개발 내용을 보면 통로, 광장의 정비(옥상의 개발과 통로의 정비), 근본적인 역의 개량(노약자 시설개량), 새로운 북쪽 빌딩의 개발(상업기능, 비즈니스기능, 교류기능), 오락기능(JR회사 직영은 백화점과 영화관), 기존 역사빌딩의 증축(상업기능, 서비스기능, 교류기능) 등이다. 주변지역과의 관계를 보면 보행자 네트워크 연계를 통해 물리적 장벽을 해소하고, 표지판 등을 충실히 설치해 심리적 장벽을 해소하고 있다.

<표 7-11> 오사카역 개발의 주요 내용

프로젝트 내용	규모	용도	면적
북쪽 빌딩 개발	건축면적 : 210,000㎡, 지하 3층, 지상 28층 높이 150미터	역사	25,000㎡
		백화점	90,000㎡
		쇼핑센터	40,000㎡
		영화관	10,000㎡
		피트니스 클럽	5,000㎡
		오피스	40,000㎡
기존 역사의 확장 ACTY OSAKA	건축면적 : 35,000㎡, 지하 2층, 지상 15층 높이 70미터	백화점	35,000㎡
역의 개념	단순한 운송기능에서 복합기능으로 변화		

자료 : 서일본철도주식회사 내부자료

역 개발의 시사점를 보면 첫째, 관서지역의 관문의 역할로 자리매김하고 지역경제 활성화 거점이 되는 복합기능을 갖춘 역으로 개발되고 있다. 두 번째로는 지역주민의 편의를 위해 남북연결통로, 주변지역과의 연계도로 등 지역의 균형 있는 발전을 고려하는 등 세심한 배려를 하고 있다. 세 번째로는 사업의 원활한 추진을 위해 관련 CEO협의체를 운영하여 원활한 추진을 위해 노력하고 있다는 점이다.

3) 최근의 변화

최근 더욱 철도역 개발을 촉진시키는 법으로 일본에서 '도시재생 특별조치법'이 2002년 4월 5일 통과되었다. 주요 내용은 첫째, 도시재생긴급정비지역에 있어 시가지의 정비를 추진하기 위해서 민간도시재생사업계획의 인정과 도시계획의 특례와 도시재생정비사업에 기초한 사업 등에 교부금을 교부하는 특별조치를 마련하였다. 두 번째로는 도시재개발법을 개정하여 도시재생프로젝트를 수행하기 위해 규제를 완화하였다. 세 번째로는 긴급정비구역 내의 사업자는 도시계획의 결정과 변경을 제안하는 권한을 주었다. 네 번째로는 특별구역으로 지정되면 용도 규제, 용적률, 고도제한, 일조 규제 등의 도시계획의 규제로부터 해방되어 초고층빌딩을 밀집해서 건설하도록 허락되었다. 마지막으로는 철도와 도시철도, 경량전철 등 대중교통수단과 함께 개발하여 교통체증 유발을 최소화하도록 하였다. 이를 통해서 역을 중심으로 한 역세권의 개발이 더욱 탄력적으로 추진될 수 있게 되었다. 또한 역세권 개발을 촉진한 또 하나의 법률은 '대도시지역 택지개발 및 철도정비의 일체적 추진에 관한 특별조치법'이 있는데, 이 법률은 대도시지역에 택지를 개발할 경우 철도를 함께 개발하도록 하여 역세권이 자연스럽게 형성되도록 하였다.

(3) 분석

1) 분석의 종합

민영화 이전 국철 시대의 일본의 역세권 개발 방식은 국철과 지방자치단체가 출자회사를 만들어 출자회사에 토지를 빌려주어 개발하도록 하고, 개발회사는 임대료 수입을 올리는 출자회사방식이었다. 철도 부대사업은 역

<표 7-12> 일본의 주요 역 개발 현황

역명	부지면적(m²)	연면적(m²)	개발기간(연도)	내용
도쿄	89,400	759,100	2004~2011	43층 트윈타워
나고야	82,191	416,565	1994~1999	호텔 51층 오피스빌딩 53층
교토	11,212	70,910	1993~1997	지상 16층 호텔, 백화점
오사카	18,700	210,000 (북쪽 빌딩 개발)	2006~2011	15층 오피스
후쿠오카	18,500	194,500	1986~1999	호텔 19층, 오피스빌딩 17층

자료 : JR 각사 자료 참고

구내 매점이나 식당운영에 한정되었고, 출자한도도 제한되어 사업성이 매우 낮았다. 그러나 민영화 이후 철도 부대사업과 관련한 법적 규제가 완화되어 철도회사가 직접 역사와 역세권을 개발하고 운영하는 직영방식 위주로 변화하였고, 사업성 위주로 개발이 전환되었다. 또한 역세권에 상업시설과 공공시설이 입주한 복합용도로 개발하여 철도역을 도시 생활의 중심으로 발전시키고 있다. 민영화 이후 주요 역의 개발현황을 종합해 보면 〈표 7-12〉와 같은데, 규모면에서 보면 도쿄와 나고야의 경우가 가장 크다고 할 수 있으며, 모두 역의 기능을 다양화하여 호텔, 오피스빌딩, 백화점으로 사용하고 있음을 알 수 있다.

이러한 역의 기능 변화는 특히 민영화 전후에 크게 대별되는데 민영화 이후 철도역은 지방자치단체와의 협력으로 새로운 개념의 복합기능의 철도역으로 변화하였고, 특별용적률의 적용, 지자체의 투자, 세금감면, 금융지원 등 제도적인 혜택을 받아 활발하게 추진되었다.

따라서 이러한 역사적인 사실은 그 후 자동차의 발달로 역세권이 쇠퇴하

<표 7-13> 일본 철도 민영화 전·후의 철도역의 개발방식 변화

	민영화 이전	민영화 이후
철도역의 기능	운송기능에 한정	복합기능
원칙	공익성	수익성과 공익성을 추구 (상업시설과 공익시설 동시 입주)
개발 방향	철도회사와 지방자치단체가 설립한 자회사 방식	철도회사와 지방자치단체의 협력을 통한 직영 개발
대표적인 사례	역의 개·증축에 초점	교토역 개발(1997) 나고야역 개발(1999) 오사카역 개발(2011)
전략	도시계획법, 도시재개발법의 규제	규제 완화와 지원 ① 특별 용적율 적용 : 나고야역 900% ② 세금감면 ③ 금융지원 ④ 지자체의 투자
효과	– 단순한 역사로서의 기능 – 출자한도의 제약으로 수익성 확보에 어려움	– 규제 완화와 직영 개발로 수익성 확보 가능 – 지역경제 활성화

였다가 최근에 역 기능이 새롭게 변화하고 역 중심으로 발전이 되면서 이른바 '역의 르네상스'의 시대가 도래하고 있다고 할 수 있다. 특히 이 사례에서 언급한 교토와 오사카의 경우도 마찬가지이다. 교토역의 경우는 1877년 2월 6일에 영업을 개시하였다. 일본에서는 두 번째로 개통된 노선으로 고베와 교토 간을 연결하는 노선의 종착역이었다. 교토역은 역사적인 도시인 교토의 관문으로서 주변지역을 발전시키는 역할을 하였다. 오사카역의 경우는 1874년 5월 11일에 개업하였다. 그 후 이용객이 증가하여 1901년에 연간 560만 명, 1910년에 720만 명까지 이용객이 증가하였다. 특히 오사카 역은 육운과 해운이 만나는 역으로, 주변에 큰 화물터미널이 있어 여객뿐만 아니라 화물수송의 거점이기도 했다. 그러나 그 후 자동차 교통의 발전으로 오사카 남쪽 지역이 발전하기 시작하여 철도역 주변은 쇠

퇴하였다가 다시 새로운 역의 개발로 역과 역세권이 발전하기 시작하였다.

아울러 역 개발 이후 교토역의 경우 20%의 지가가 상승한 것으로 조사
되었다.[68]

최근 들어 철도가 가진 장점인 환경친화성, 에너지 효율성 등에서 철도
의 부활을 찾고 있는데, 일본의 경우는 민영화 이후 역이 복합적으로 변하
는 새로운 현상이 나타나고 있다고 할 수 있다. 이러한 역의 르네상스가
도래한 주요한 계기가 바로 민영화라는 제도적인 변화였다고 할 수 있는
데, 이는 공공성에서 수익성의 변화가 가져온 현상이라고 할 수 있다. 수
익성의 추구가 결국 역의 부활이라는 새로운 장을 열어가는 주요 계기가
되었다는 설명이 가능하다.

---

① 철도라는 새로운 산업의 탄생 → 초기 철도 역세권의 발전
② 도로의 발전→ 철도 역세권의 쇠퇴
③ 철도의 장점→ 철도 르네상스 시대의 도래
④ 철도 민영화(수익성이라는 일본적 특징)→ 복합개발→철도역의 르네상스

<그림 7-4> 철도역의 르네상스와 일본적 특수성

이 연구에서 밝혀낸 민영화 이후 철도역의 기능 변화는 일반적인 철도
부활이라는 성격과 함께 일본적 특성인 철도 민영화를 통한 수익성 창출이
라는 면이 가미된 독특한 현상이라는 해석이 가능하다.

미국과 유럽 역의 경우 철도 운영은 수익성보다는 공익성 쪽에 초점을
맞추고 있으며, 최근 고속철도의 개통으로 일부 역이 지역개발이라는 관점
에서 역세권의 활성화(프랑스 릴역)를 위한 개발이 되고 있어 일본과는 다
른 특징을 보이고 있다.

---

69) 일본정책투자은행(2006), 今日の注目指標, No.101-1, p. 1

(4) 우리나라에의 시사점

우리나라의 경우도 과거 철도역을 중심으로 도시 성장이 이뤄졌다. 그러나 자동차교통의 발전으로 도시의 기능과 공간구조가 복잡해지면서 역세권이 도시 발전에 비하여 낙후되어 개발의 필요성이 대두되고 있다. 새로운 철도역은 그 주변지역에 복합적이고 입체적인 시설을 건설하여 철도 이용의 확충에 기여할 뿐 아니라 도시의 발전 및 지역주민의 생활의 질을 향상시킬 수 있도록 철도 역세권을 종합적으로 정비할 필요가 있다.

현재 역세권은 철도역 개발과 지역개발이 개별적으로 추진되어 도시개발에 한계성이 있다. 또한 철도부지 특성이 반영된 관련 법령이 미비하고 지원 미흡 등으로 역사 및 역세권을 대상으로 한 복합단지 개발의 추진이 어려운 실정이다.

따라서 기존 법령의 개정으로는 법 개정이 장기간 소요되고 관계기관 간협의지연 등으로 역세권 정비의 성과를 가시화하기 어렵기 때문에, 새로운 법을 제정하여 역세권 정비의 법적 문제점을 일시에 개선할 필요성이 제기된다. 법령 간 상충되는 법 조항과 관계기관과의 마찰을 피하고, 법체계의 일관성을 유지하기 위하여 법률이 마련되어야 한다는 것이다. 관련법을 제정하여 역 중심의 생활문화 공간 조성, 지역개발·도시환경정비 및 기능활성화, 도시 경쟁력 강화 등 역세권 정비의 효과를 도모하자는 것이다.

이에 따라 2010년 4월 '역세권의 개발 및 이용에 관한 법률'이 국회를 통과하였다. 적용대상은 대지면적 3만㎡ 이상의 철도역의 증축과 30만㎡의 신규 개발 부지를 대상으로 하고 있다. 주요 내용을 보면 국토해양부장관 또는 시도지사가 역세권 개발권역을 정하도록 하고, 역세권 개발사업계획을 수립하는 경우 '국토의 계획 및 이용에 관한 법률'에도 불구하고

용도지역을 변경하거나 건폐율 및 용적률 제한을 완화할 수 있도록 하였다 (제8조). 역세권 개발 사업으로 인하여 정상 지가상승분을 초과하여 발생하는 토지가액의 증가분을 환수할 수 있다(25조). 역세권 개발사업의 비용은 사업시행자 부담을 원칙으로 하되 예산 범위 내에서 일부 국가 보조 또는 융자를 할 수 있다(26조). 역세권 개발사업 재원을 조달하기 위하여 역세권 개발 채권의 발행, 매입 근거 및 절차를 정한다(28~29조). 역세권 개발사업의 촉진과 원활한 시행을 위하여 조세 및 부담금의 감면근거를 정한다(제30조) 등이다.

이 법은 2010년 10월 16일부터 시행되고 있다. 이 법의 시행으로 우리나라도 철도역을 중심으로 한 새로운 변화가 기대되는데, 현재 개발되고 있는 일본이 긍정적인 영향을 주고 있다고 하겠다.

<표 7-13> 한국과 일본의 역세권 개발 사례 비교

	교토	오사카	나고야	용산
철도역의 역사	1877년 영업 개시	1874년 영업 개시	1891년 영업 개시	1900년 영업 개시
기능의 변화	단순 역사에서 복합 역사	단순 역사에서 복합 역사	초고층빌딩의 복합역사	초고층의 복합역사
개발방식	직영개발 방식으로 철도회사가 투자비율이 60% 이상			철도회사(공공 부문)의 출자 제한으로 투자비율이 25%
용적률	632%	1,122%(북쪽 빌딩 개발)	900%	608%
도시개발 파급효과	도시 전체의 새로운 명소	오사카 활력의 중심 축	초고층빌딩(53층)으로 나고야의 개발을 상징	- 수도 서울의 새로운 거점 - 기존 도심을 보완하는 새로운 특화된 부심지 역할 수행

일본과 비교해 보면, 최근 개발이 추진되고 있는 용산역세권의 경우 이웃 일본의 도심복합개발 사례에 비해 용적률이 낮고 기반시설 비율이 높아 수익성을 확보하는 데 어려움이 있다.

<표 7-14> 도심복합개발 사례 비교

	롯폰기 힐스	시오도메	마루노 우치	용산
전체 부지면적	89,400m²	139,412m²	185,348m²	533,115m²
용적률	1,036%(1.7)	1,150%(1.2)	1,179%(1.4)	608%(1)
기반 시설률 (도로, 공원녹지, 기타)	30.6%	37.3%	23.3%	40.4%
철도 관련 시설	롯폰기역	신바시역	마루노 우치역	용산역

자료 : 용산역세권개발주식회사 내부자료

이러한 비교를 통해 볼 때, 우리나라의 경우 철도 운영자의 출자 제한과 용적률 제한(규제) 등으로 수익성 확보가 어려운 실정이다. 따라서 향후에는 우리나라의 철도역 개발에 있어 출자 제한 한도에 대한 규제와 용적률 규제 완화가 필요하다. 용적률이 수익성을 좌우하는 가장 중요한 변수이기 때문이다. 현재 용산역의 경우 용도별 허용 용적률을 적용할 경우 608%인데,[68] 만약 이 지역 모두가 중심상업지역으로 분류될 경우 750%까지 상승이 가능하다. 또한 서울특별시에서 지난 2009년 9월 신설한 도시계획조례를 기준으로 관광숙박시설을 건축할 경우 조례에서 정한 용적률의 20% 이내에서 용적률 완화가 가능하다고 정하고 있어, 이를 적극적으로 활용하는 것도 하나의 방안이 될 것이다.

이 장에서는 일본 철도역의 새로운 개발을 철도 부활과 함께 일본 철도

---

68) 서울시의 특별계획조성 기준에 따르면, 준주거지역은 350%, 업무지역 610%, 주거지역 600%, 중심상업지역 750%로 정해져 있다.

민영화라는 제도적인 변화로 철도역의 르네상스가 도래했다는 관점에서 재해석하였다. 이러한 사례는 최근 변화를 추구하는 우리나라에도 매우 유익한 사례를 줄 것으로 사료된다. 우리나라의 경우도 철도역의 새로운 부활을 통해 도시 활력과 역세권 개발과 철도 운영자의 수익창출 등의 효과로 예전 철도역 중심의 발전을 재현하는 역의 르네상스를 가져올 것으로 기대되고 있다.

향후 우리나라 역의 개발과 기능의 변화에 있어서 일본의 사례와 법률이 참고가 될 것인데, '대도시지역에 택지개발 및 철도 정비의 일체적 추진에 관한 특별조치법'과 '도시재생 특별조치법' 등의 법률도 적극 도입을 검토해야 할 것이다.

4. 영국의 교통정책과 철도

(1) 문제의 제기

최근 철도는 친환경 수단으로 부각되고 있고, 고속철도의 성공은 철도교통에 새로운 전기를 마련해 주고 있다. 선진 각국에서는 철도를 통해 에너지와 지구 온난화 문제를 해결하고 철도의 경쟁력 향상을 위해 여러 가지 노력을 기울이고 있다. 이웃 일본은 2004년 규슈신칸센의 개통 등 계속적인 노선건설과 1987년 철도 민영화를 통해 철도산업의 경쟁력 제고에 심혈을 기울이고 있다. 영국도 1994년 철도 민영화를 단행하여 새로운 체제로 철도를 운영하고 있다. 우리나라는 2004년부터 철도를 상하 분리하여 운영하고 있으며, 그해 4월에는 고속철도를 개통하여 현재에 이르고 있다.

그간 우리나라의 철도정책은 국유철도로 유지되어 오다 김대중 정부에서 민영화를 추진하였으나, 노무현 정부에서 공사화로 바뀌어 현재에 이르고 있다. 그간의 철도정책에 대한 평가도 필요한 시점이다. 또한 교통정책도 해방 이후 철도 중심에서 1960년대 후반부터 최근까지 도로 중심의 교통정책이 되고 있으나, 최근 지구온난화 문제 등으로 철도의 위상이 높아지고 있다. 2009년 정부는 2020년까지 현재 상태가 지속되는 이산화탄소 배출 전망치(BAU)보다 감축 목표를 30% 줄이는 획기적인 목표를 발표하여 환경친화적인 철도에 관심을 두고 있다. 따라서 현 시점에서 각국의 철도정책 변화를 검토하는 것은 의미 있는 일이라 하겠다. 특히 영국은 1994년 민영화를 통해 상하 분리로 철도를 운행하고 있으며, 2000년 이후 민영화의 문제점을 보완하는 여러 가지 정책을 도입하였다.

최근 영국은 철도를 통하여 환경문제를 적극적으로 해결하고 있고, 유럽 대륙과 연계한 철도의 통합적인 운영 정책은 우리에게 시사하는 바가 크다.

이에 이 장에서는 영국의 철도정책의 변화를 살펴보고, 특히 민영화 이후의 변화에 주목하고, 이를 통해 우리나라에 주는 교훈과 시사점을 도출해 보고자 한다.

연구범위는 영국 철도가 국영화를 시작한 1947년부터 최근인 2007년까지로 하였으나, 구체적으로는 민영화 이후, 특히 2005년 이후의 변화에 주목하였다. 이는 그간 민영화 이후의 변화에 대해서는 약간의 연구가 있었으나, 2005년 이후 변화에 대해서는 아직 연구가 없었기 때문이다. 연구방법론은 주로 국내외 문헌 연구를 주로 하였고, 이미 연구된 선행연구를 기반으로 하여 최근의 변화를 추가함으로써 그간의 연구에 연속성을 유지하였다. 기본적으로는 영국 철도정책의 근간인 교통백서에 나타난 정책방향과 정책에 큰 영향을 끼친 문헌을 참고하였으며, 정권과 법, 제도의 변화에 주목하여 분석하였다. 또한 정책의 변화에 따른 결과로서 수송량 등을 검증해 봄으로써 철도정책에 따른 효과를 분석해 보고자 하였으며, 철도정책의 분석을 타 교통수단을 포함한 종합교통정책의 측면에서 파악하였다. 이 연구를 통하여 영국 철도정책의 변화를 파악할 수 있음은 물론, 우리나라 철도정책에도 많은 시사점을 줄 것으로 판단된다.

(2) 선행연구의 검토

영국 철도정책의 대표적인 학자인 고르비시(Terry Gourvish)는 명저인 《British Rail》에서 영국 철도의 흐름을 '통합'에서 '민영화'라는 개념으로 1947년~1997년까지를 잘 정리하고 있다. 그는 1947년 국유화 이후, 특히 '1974년 철도법'에 의미를 크게 부여하고 있다. 노동당 정권에서 만들어진 이 법은 철도의 역할을 명확히 하고 이에 근거해 철도 보조금 증대, 화물에 대한 보조금 신설, 지방 적자선을 폐지하고 버스에 대한 규제를 완화하는 등 철도 활성화를 위한 다양한 노력이 기울여졌다[69]고 평가하고 있다. 1980년대 대처의 보수당 정권의 철도정책과 1990년~1994년 민영화정책 그리고 1997년까지 보수당 정책을 잘 정리하고 있지만, 민영화 이후와 최근까지의 변화를 제대로 설명하지 못하고 있다.

한편 일본의 교통학자인 아오키(靑木)는 《철도 지리학》에서 영국 철도는 1947년 국유화 이후 만성적인 적자를 기록했는데, 이를 해결하기 위한 조사보고서로서 1963년의 《영국 국철의 개혁》(The Reshaping of British

---

69) Terrry Gourvish(2002), British Rail, Oxford Press, pp. 11~13

Railways)이 영국 철도정책의 중요한 전환점이 되었다고 설명하고 있다.[70] 이 보고서에는 여객을 급행과 완행 그리고 광역철도로, 화물을 석탄과 광석 그리고 잡화로 나누고, 수입을 통해 직접비를 충당 가능한 사업은 급행과 석탄 그리고 광석이며, 광역철도는 수입과 비용의 차가 제로이며, 완행과 잡화는 적자를 기록했다고 분석하고 있다. 특히 완행의 경우는 1일·km당 1,517명 이상을 수송해야만 경영수지가 맞는다고 분석하고 있다. 이러한 분석에 의하면 철도경영에서 채산성이 있는 분야로는 급행 혹은 광역철도로 한정되고, 완행은 버스로 대체하는 것이 합리적이라는 결론이 나온다. 이에 근거해 영국 철도는 경영합리화를 추진하였는데, 1960년에 영업연장 18,369마일, 7,283개 역, 876개의 조차장이, 1970년에는 영업연장이 11,799마일, 2,868개 역, 146개의 조차장으로 감소하였다. 이 결과 영국 철도는 대도시간 혹은 도시권 내의 교통으로 한정되는 경향이 있었고, 지역에 있어 철도의 역할은 감소했다고 주장하고 있다. 실제로 이러한 지방 적자선의 폐선 기준은 일본에서도 적용되었는데, 인구를 감안하여 1일·km당 4,000명 미만 수송은 지방 적자선으로 분류하여 버스로 전환하도록 하였다.[71]

한편 영국의 교통정책의 흐름을 정리한 논문으로는 후지이(藤井) 등이 쓴 《종합교통정책에 관한 최근의 동향과 과제》가 있다.[72] 이 장에서는 영국의 교통정책의 흐름을 종합교통정책적인 측면에서 조명하여 2004년까지 분석하고 있다. 여기서는 '종합교통정책'을 각 교통수단간의 정비와 운영을 전체적으로 조정하는 것으로 정의하고 있다. 영국 보수당의 교통정책은

---

70) 青木榮一(2008), 鐵道の地理學, WAVE出版, pp. 119~121
71) 일본 국유철도 경영재건촉진 특별법 시행세칙(1979)
72) 藤井(2005), '綜合交通政策に關する近年の動向と課題', 道路經濟硏究所, pp. 44~69

'경쟁'(competition)과 경쟁을 통한 '조정'(coordination)으로, 노동당은 '통합(integration)'으로 설명하면서 보수당의 '조정'과 노동당의 '통합'이 종합교통정책에 해당하는 것으로 분석하고 있다.

국내 논문을 살펴보면 이용상은 2000년 Hatfield사고 이후 민영화의 성과를 2004년까지 분석하였다.[73] 최근의 논문으로는 문진수가 그의 논문에서 영국의 화물운송정책을 검토하였고[74], 나카무라(中村)는 영국의 화물보조정책에 대해 최근인 2007년까지 언급하고 있다.[75] 그동안의 여러 가지 논문들은 최근의 변화인 2007년까지의 변화를 설명하지 못하고 있으며, 나카무라의 경우도 화물에 한정하고 있다. 이에 따라 이 장에서는 그동안의 철도정책을 철도와 도로를 포함한 종합교통정책 차원에서 조명하면서 영국 철도의 최근 변화인 EU철도법의 수용과 환경문제 해결을 위한 정책까지 포함하여 설명하고자 하였다. 결론부분에서는 영국 철도정책 중 우리나라에 적용 가능한 부문을 제시하여 구체적인 시사점을 얻고자 하였다.

(3) 교통정책의 변화

1) 국유화에서 민영화로(1947년~1997년)

교통정책의 주요한 변화 내용을 보면, 1947년 여당인 노동당은 모든 교통수단을 국유화시켰다. 이는 노동당 교통정책의 일환으로 추진되었다. 당시에 이를 추진한 기관은 영국 운수위원회(British Transport Commission : BTC)로, 항공을 제외한 육상수송을 모두 국유화하였다.

---

73) 이용상(2006), '영국 철도 민영화의 현황과 과제', 대한교통학회지, 제24권 제2호
74) 문진수(2009), '국내철도화물운송지원제도 개선방안', 한국철도학회 논문집, 제12권 제1호
75) 中村(2009), '英國の貨物鐵道補助政策について', 運輸と經濟 2009/3, pp. 70~76

'1947년 교통법'에 의하면 이 조직의 임무를 "능률적이고, 경제적이며 적절하게 통합된 공용의 육상교통수단과 항만시스템을 제공하는 것"이라고 정의하고 있다. 이에 철도는 1947년 이후 그간의 민간 운영에서 국유화의 길을 걷게 되었다. 그러나 1953년 보수당 정권은 국유화된 트럭을 민영화시키고 국유철도는 지역으로 분할하여 최고 운임만을 정하는 규제 완화를 단행하였다. 보수당은 1953년부터 약 10년 후 '1962년 교통법'에 의해 영국 운수위원회를 폐지하고 철도 운영을 전국적으로 통일하고 수송수단을 공사로 분할, 독립시켜 상호경쟁을 촉진하는 정책을 취하였다. 철도의 경우 자유화를 추진하고 적자노선의 서비스 폐지 등을 자유롭게 할 수 있게 하는 등 '통합'에서 '경쟁'으로 철도정책을 변화시켰다.

1968년 다시 노동당이 정권을 잡고 노동당의 이념에 기초한 정책을 취하였는데, 이는 1947년 공적 독점으로 운영되는 철도로 돌아가지 않고 어느 정도 시장의 현실을 반영한 정책을 도입하였다. 예를 들면 철도의 적자선에 대해 내부 보조에서 공적 보조로의 전환을 명확히 하였다. 아울러 대도시권에는 여객운수위원회를 설치하여 광역권의 지역공공교통을 일원화하여 통합 관리하도록 하였다. 또한 화물에 대해서는 전국화물공사를 만들어 트럭과 철도화물을 통합운영하고 영국철도공사는 수송만을 담당하고 있다. 100마일 이상의 장거리수송에 대해서는 철도만을 허용하는 정책을 채택하여 이용자의 선택을 제한하였다.

그 후 정권교체에 의해 약간의 변화가 있었지만 가장 큰 변화는 1980년대 보수당의 대처 정권이었다. 이 정권은 자원배분보다는 생산효율을 중시하여 교통 부문에 전면적인 규제 완화를 단행하였다. '1980년 교통법'과 '1985년 교통법'에 의해 런던 등 대도시권을 제외하고 버스영업의 면허제를 폐지하고, 국유버스를 민영화하였고 전국화물공사도 해체하였다.

대처 정권에 이은 보수당의 메이저 정부는 '1993년 철도법'을 통해 지방공영의 지하철, 경전철 이외의 전국을 독점한 영국철도공사를 민영화하였다. 영국 철도는 소유와 운영의 분리를 통해 경쟁을 촉진하는 형태로 변화하였다. 운영은 경쟁 입찰에서 운영권을 획득한 회사가 7년~15년의 프랜차이즈 기간동안 운영하도록 하여 잠재적인 경쟁자의 출현이 가능한 경쟁 가능성(contestable)이 있는 시장을 형성하도록 하였다. 경쟁의 유지를 위해 철도감독관이 설치되어 교통부와는 독립적으로 운영되었다. 이러한 민영화정책으로 경쟁이 촉진되는 체제로 변화하였지만 매우 복잡하고, 특히 철도네트워크 전체의 장기적인 계획을 어느 곳에서 담당하느냐 등의 문제를 안고 있었다.

1997년 노동당의 블레어 정권이 들어서면서 종합교통정책이 제기되었는데, 정책 추진의 핵심은 그간 민영화를 통해 시장에 남겨진 환경문제, 혼잡 문제, 철도 인프라의 정비 등을 어떻게 해결하느냐였다. 즉, 연간 2~3%의 지속적인 경제성장에 따른 수송량의 증가와 자동차의 증가에 따른 혼잡과 환경문제 등을 어떻게 해결하느냐가 관건이었다.

2) 민영화의 보완(1998년~2004년)

《1998년 백서》(New Deal for Transport : Better for Everyone)에서는 영국의 교통 문제를 자동차의 증가, 철도 수송력의 부족, 도로의 증가에 따른 혼잡과 환경 악화, 사회적 약자에 대한 교통 서비스의 부족 등을 제시하였다. 이러한 문제인식 하에 백서는 환경, 토지이용, 경제정책 등을 교통과 연계하는 지속가능한 발전을 교통정책의 기본 방향으로 정하였다.

구체적으로는 SRA(Strategic Rail Authority ; 전략철도청)을 설치하고 정부의 종합교통정책을 지원하도록 하였는데, 그 기능은 철도의 중장기계획 수립, 공적자금의 효과적인 사용, 사회적 약자에 대한 교통 서비스의 제공 등이었다. 또한 지방자치단체는 혼잡통행료의 징수, 직장 내 주차장의 세금부과 등으로 재원을 마련하고, 이를 교통 혼잡 완화와 공공교통수단의 육성에 사용하도록 하였다. 특히 철도 육성정책으로 종래의 공급 위주의 정책에서 혼잡과 환경의 문제를 중시하고 있는 이 백서는 교통수요를 억제하는 지속가능한 정책을 도입하고 공공의 이익을 위해 필요한 영역에서 정부 개입이 가능하도록 하였다. 이는 '2000년 교통법'에 의해 법제화되었는데, 이 법에 의해 지방자치단체에 혼잡통행요금 부과권이 주어져 2003년부터 런던에서 시행하고 있다.

SRA에는 철도 장기전략 수립과 철도 투자의 재정지원, 프랜차이즈회사에의 보조금 배분 등 철도 발전을 위한 적극적인 역할이 부여되었다. 이 법에 의해 구체적인 정책으로 '교통 10년 계획'(Transport Ten Year Plan 2010) (2000)이 발표되었다. 지속가능한 교통체계를 구축하기 위해서 10년간의 재정계획을 수립했다. 10년간의 총 투자액은 1,800억 파운드로, 수단별로는 도로 33%, 철도 33%, 지방교통 14%, 런던 11%, 기타 6%로 하고, 투자 중 공적자금 53%, 민간자금 47%로 조달하도록 하였는데, 철도 투자를 중시하는 경향을 보였다. 이러한 재원을 바탕으로 발전 목표가 정해져 여객(인 · km) 50% 증가, 화물 80%(톤 · km) 증가, 정시성 향상, 동서해안 철도의 근대화, Channel Tunnel의 영국 구간 철도 완성, 주요 항만과 철도의 연계강화 등을 제시하였다. 그러나 이러한 적극적인 수송계획은 2000년 10월의 Hatfield사고에 의해 철도 운영을 안전과 승객의 신뢰성 회복을 최우선하는 정책으로 변화하였다.

노동당의 이러한 정책 시행의 결과 철도 투자액은 민영화 초기보다 증가하였는데, 민영화 직후에는 변화가 없었던 철도 투자액은 2000년에 비해

2003년에 약 2배에 이르렀다. 이러한 일련의 정책에 대해 여러 가지 문제점도 발견되었다. 첫째로는 2002년 보고서(Progress Report)에서는 2000년에 정한 목표를 수정하였다. 2010년까지 2000년 수준 이하로 도로 혼잡을 줄이는 목표 달성이 어렵다고 판단되어 2000년~2010년 사이에 11~20% 혼잡이 증가되는 것으로 수정하였다. 이는 1997년 노동당의 출범 초기 157개의 도로건설 계획을 37개로 줄이거나 연기하는 계획을 66개로 다시 수정하여 발표한 것과 무관하지 않은데, 이는 도로건설을 옹호하는 측의 반발에서 기인한 것이었다. 두 번째로는 노동당의 정책에 대해서 정부의 지나친 간섭과 규제, 철도의 재국유화를 지향하는 것 아닌가 하는 비판이 있었고, 교통의 시장기능 회복은 도로에 대한 가격부과 시스템에 문제가 있는 것이므로 이를 개선하면 가능하다는 안도 제시되었다.[76]

2002년과 2003년의 가장 큰 변화는 인프라를 소유하고 있었던 민간회사인 레일트랙이 전액 정부투자기관인 네트워크레일로 변화했다는 것이다. 민영화 이후 탄생한 레일트랙은 민간회사로, 주주에 대한 이익을 최우선으로 했기 때문에 장기적인 투자와 유지보수 등에 한계가 있었다. 이 회사는 민영화 이후 여러 가지 크고 작은 사고로 인한 열차운행의 지연 배상금으로 결국 파산하게 되었다. 이에 2003년에 주식회사가 아닌 정부 전액 출자회사(a company limited by guarantee)로 네트워크레일이 탄생하였다. 이 회사는 이사회에 의해 운영되고 있는데, 114명의 열차운행 회사, 정부 대표, 시민 등으로 구성되어 있다. 이러한 문제점을 인식하여 노동당 정부는 《2004년 철도백서》(The Future of Rail)를 통해 철도정책을 크게 변화시켰다.[77]

---

76) John Hibbs (2000), Transport Policy : The Myth of Integrated Planning, Hobert Paper 140, Institute of Economic Affairs.
77) 이용상(2006), '영국 철도 민영화의 현황과 과제', 대한교통학회지, 제24권 제2호, p. 94

주요한 내용으로 첫째, 전략철도청을 폐지하고 철도계획과 책임, 재정지출의 기능을 교통부에 이관하였다. 이는 철도 인프라에 대한 장기계획을 전략철도청에 맡겼지만 기능상 한계가 있었고, 전략철도청의 정부 대행기능과 철도감독관(Rail Regulator)의 독립성 유지라는 상반적인 성격으로 역할관계가 모호하여 갈등관계가 지속되었기 때문이다. 실제로 전략철도청은 매우 적극적인 투자계획을 제시했지만, 철도감독관은 선로 사용료 등의 요금설정에 있어 가장 기초가 되는 철도 투자 자산의 평가를 엄격하게 하여 투자를 회피하는 문제 등이 발생하였다. 이에 정부의 역할과 책임을 명확히 하는 방향으로 철도정책을 전환하여 전략철도청을 폐지하게 된 것이다. 철도감독관은 ORR(Office of Rail Regulator ; 철도규제위원회)로 그 기능이 존속되었다.

두 번째로는, 철도안전의 책임을 보건안전청(Health and Safety Board)에서 철도규제위원회로 이관하여 안전에 대한 규제와 경제적 규제를 일원화하고 책임을 단일화하였다.

세 번째로는, 새로 탄생한 네트워크레일의 역할을 명확히 하고 그 기능도 강화하였다. 공적 기능을 가진 네트워크레일에 대해 열차다이아 편성권한 부여와 운영회사와의 협력관계도 강화하였다. 이를 위해 운영회사의 수가 감소하였고 네트워크레일도 지역별로 통합되었다.

3) 국제화와 환경을 강조하는 종합정책(2006년~2008년)[78]

그간 EU 철도법의 영국 내 도입은 꾸준하게 추진되어 왔다. 2002년에 유럽의 고속철도에 관한 규정(96/48/EC)이 영국 법에 수용되었고, 2004

---

78) 저자가 참여하여 집필한 한국교통연구원(2009), 철도 관련법제 개선연구 최종보고서(안)의 영국 부문을 참고하였음.

<표 7-15> Delivering a Sustainable Transport(2007)의 주요 내용

1) 철도 육성을 통한 지구온난화와 환경 문제 해결
2) 철도에 있어 지역의 역할과 책임
3) 수요에 부응하는 철도 용량 확대
4) 국제철도 서비스 향상
5) 구체적인 비용과 투자 규모, 연도별 실행 계획의 제시
- 2009년~2014년까지 150억 파운드의 철도 투자
- 운임은 소비자 물가 +1% 수준
- 2014년까지 안전사고 3% 감소
- 신뢰성 수준을 2007년 88%에서 2014년까지 92.6%로 향상
- 30분 연착 열차 비율 25% 감소
- 2014년까지 22.4%의 수요 증대
- 1,300량의 신규 차량 투입
- 150개 역의 개량 : 1.5억 파운드 투자
- 환경을 고려한 철도화물 육성 : 2억 파운드
- 노약자에 대응하는 철도정책 : 2015년까지 계단 없는 역에 3.7억 파운드 투자

년에는 기존 선에 관한 통합운영규정(2001/16/EC)이 동일하게 적용되었다. 최근인 2009년에는 (2008/57/EC) 규정이 그대로 영국 법으로 적용되고 있는데, 이는 그간의 고속철도, 기존 철도 그리고 안전(2004/49/EC) 규정 모두를 포괄한 규정이다.

한편 최근에 발표된 'Delivering a Sustainable Railway' (2007)는 '2005년 철도법'에 의해 2009년 4월~2014년 3월까지 5년 동안의 투자액을 제시하였다. 또한 향후 30년간의 발전방향과 정부와 철도산업의 관계를 자세하게 설명하고 있다. 구체적으로 선로용량 증대, 여객의 서비스 향상 그리고 잠재적인 철도 환경에 대한 개선과 철도의 장단기계획 그리고 이를 실천하는 운영계획 등을 제시하고 있다. 주요한 내용은 〈표 7-16〉과 같다.

또한 이 법은 철도화물 보조금제도인 TAG(선로 이용보조금)와 CNRS(철도 이용자에 대한 보조금)을 통합한 철도 환경편익제도(Rail Environmental benefit Procurement Schemes ; 이하 REPS)를 도입하였다.[79] 영국 정부는 2007년 4월~2010년 3월까지 REPS에 3년간 300만 파운드를 지출하도록 하고, 이를 통하여 약 215,000대의 트럭 운송이 철도로 전환될 것으로 예상했다.[80]

<표 7-16> 철도화물 보조금제도의 변화

	종래의 제도	새로운 제도
	FFG(1974-)	FFG 지속
화물 보조금제도	TAG(1993~2007. 3.)	REPS(Bulk)(2007. 4.~2010. 3.)
	CNRS(2003~2007. 3.)	REPS(복합수송)(2007. 4.~2010. 3.)

주 : FFG ; Freight Facility Grant(화물 시설보조금)
　　 TAG ; Track Access Grant(선로 이용보조금)
　　 CNRS ; Company Neutral Revenue Support(철도 이용자에 대한 보조금)

REPS(복합운송)의 경우는 철도화물이 트럭화물보다 운임 등에서 불리한 화물에 대해 보조금이 지급된다. 또한 항만에서 출발하는 철도화물과 내륙에서 출발하는 철도화물에 대해 18개 지역을 나누어서 보조율을 다르게 적용하고 있다. 보조금은 두 지점간의 보조율과 두 지점간의 환경편익으로 계산된다. REPS의 환경편익은 <표 7-17>과 같다.

이러한 제도의 신설은 환경적 편익을 인정하고 철도를 통하여 경제성장을 도모하는 정책의 일환이라고 하겠다. EU에서도 2030년까지 항만 화물에서 철도로 수송하는 비율을 현재의 두 배로 정하고 있는데, 영국에서도 이를 적극적으로 수용하고 있다. 이와 함께 기술 분야 장기계획이 수립되

---

79) Department for Transport(2006), Rail Environmental Benefit Procurement Scheme.
80) http://www.dft.gov.uk/pgr/freight/rfg/pnrailfreightgrants

권역	구분	편익의 내용
혼잡한 고속도로	높은 수준	69펜스
	중간 수준	27펜스
	낮은 수준	4펜스
도시권	간선	1.38파운드
	기타	1.74파운드
지방권	간선	53펜스
	기타	45펜스

자료 : Department for Transport(2006), Rail Environmental Benefit Procurement Scheme.

었는데, HLOS(High Level Output Specification)(2006)이 바로 그것이다. 영국은 2035년까지 기술발전 계획을 수립하고 이를 단계별로 추진하고 있다.

4) 철도정책의 변화 분석과 제도의 변화

그간의 영국의 철도정책을 분석해 보면 다음과 같다. 영국 철도는 1820년 민영철도로 시작하였으나, 1948년 노동당에 의해 국유화의 길을 걸었다. 그 후 보수당 정권은 국유화된 철도의 틀 내에서 규제 완화, 적자노선의 폐지 등 효율성을 강조하는 정책을 추진하였다. 1974년 노동당 정권에 의해 철도의 역할과 기능이 명확해지고 보조금도 증대하였다. '1974년 철도법'에는 철도가 경제적, 사회적, 환경적으로 중요한 수단이라는 것을 명시하였다. 그 후 1980년대 보수당 정권의 규제 완화 정책에 이어 '1993년 철도법'에 의해 민영화가 단행되었다. 1997년 보수당 정권에 의해 철도의 장기계획 등이 수립되었고, 2000년 Hatfield사고 이후 철도 운영에서 정부 기능이 강화되었다. 최근인 2005년 이후 EU철도규정을 영국 철도법으

<표 7-18> 민영화 이후 철도 관련 제도와 법

	민영화 당시(1994년)	변화(1)	변화(2)(2005년)	2006년 이후	비고(추세)
프랜차이즈 관리	OPRAF	SRA(2001)	DfT(2005)	Dft	
인프라 소유 및 관리	Railtrack	Network Rail(2002) : 비영리법인			
안전	HSE	RSSB(2003)	RAIB(2005) Network Rail(2005) ORR(2005)	ROGS(Safety) Regulation(2006) 추가	EU법이 영국 철도법에 적용됨
규제 기능	ORR	-	-		EU법이 영국 철도법에 적용됨
계획 기능	-	SRA(2001)	DfT(2005)	Delivering a Sustainable Railway(2007)	정부 주도형 장기 투자 계획 마련 (2007)

주 : RAIB ; Rail Accident Investigation Branch
　　 RSSB ; Rail Safety and Standard Board
　　 DfT ; Department for Transport

로 그대로 받아들임은 물론 환경문제 등을 적극적으로 해결하는 종합교통 정책 차원에서 철도에 대한 장기계획과 구체적인 실천계획을 제시하고 있다. 그간의 철도정책의 변화를 정리한 것이 〈표 7-19〉이다.

이러한 철도정책의 변화로 인해 조직도 함께 변화하였는데, 노동당은 《2004년 철도백서》를 기초로 하여 그간의 독립된 안전담당 기관인 HSE (The Health and Safety Executive ; 건강안전청)로부터 안전 기능을 ORR로 이전하고, 철도 투자 문제에 있어 ORR과 SRA의 중복을 없애고, 철도 투자를 직접 교통부에서 담당하여 2007년에는 장기투자 계획을 교통부가 직접 작성하였다.[81]

---

81) The White Paper on the future of rail, 15, July, 2004

<표 7-19> 영국 철도정책의 주요 변화(1948년~2008년)

연도	집권당	수상	주요 법안	주요 정책
1947년 (1945~1951)	노동당	아토리	1948년 교통법	– 모든 육상교통의 국유화 – 운수위원회(BTC)에서 　관리
1953년 (1951~1955)	보수당	처칠		– 규제 완화 – 화물수송의 시장 기능 　강화
1962년 (1957~1963)	보수당	맥밀란		– 운수위원회 폐지 – 적자노선 폐지
1968년 (1964~1970)	노동당	윌슨		– 공적 보조의 명문화 – 철도공사는 운송만 담당 – 장거리화물의 철도 유도
1974년 (1974~1976)	노동당	윌슨	1974년 철도법	– 철도의 역할을 명확화 – 철도보조금 증대 – 철도화물보조금 신설
1979년 (1979~1990)	보수당	대처	1980년 교통법 1985년 교통법	– 규제 완화 – 전국화물공사 해체
1993년 (1991~1997)	보수당	메이저	New Opportunity for the Railways(1992) 1993년 철도법	– 철도 민영화 상하분리, 　경쟁입찰, 철도감독권제 　도입
1997년 (1997~2004)	노동당	블레어	A New Deal for Transport(1998) Transport Act(2000) Transport 2010(2000) Future of Railway(2004)	– SRA(전략철도청) 설치 – 2004년에 SRA 폐지 　하고 기능을 교통부로 　이관
2005~ 2008년	노동당	브레어고든 브라운 (2007~)	Railway Act(2005) The Railways Infrastructure (Access and Management), Regulation(2006), Railway(Interoperability), Regulation(2006), Railways and Other Guided Transport System(Safety) Regulation(2006), Deliveringa Sustainable Railway(2007)	– 철도의 국제화 – 환경문제의 해결 – 종합교통정책의 비전 　제시

(4) 정책의 변화 요인 및 영향

1) 변화 요인

영국 철도는 제2차세계대전으로 많은 피해를 입었고, 전 수송수단을 국유화하는 노동당의 정책으로 1948년 민영철도에서 국유철도로 전환되었다. 그 후 국유철도는 매년 적자 경영 상태였는데, 이는 낮은 생산성과 부적절한 투자, 관리의 비효율성, 불규칙한 재정지원 등에서 기인하였다.

이러한 국영철도의 문제점은 1992년 백서인 《New Opportunities for the Railways》에서 명확하게 표현되어 있다. 이 백서에서는 영국 철도가 그간의 적자를 벗어나지 못한 것은 국영 조직으로서의 비효율성 때문이라고 밝히면서, 낮은 인센티브제도, 자유롭지 못한 영업활동 등으로 시장 변화에 적절하게 대응하지 못한 것을 지적하였다. 영국 정부는 이러한 문제의 근본적인 해결책은 민간 기업의 경쟁을 통한 효율성을 제고하고 서비스 질의 향상과 소비자의 선택 폭을 넓히는 것이라고 주장하였다.[82] 이러한 철도의 문제점을 해결하기 위해 대처의 보수당 정권은 철도 민영화를 1980년대부터 검토하여, 1992년에 같은 당의 메이저 정권에 의해 구체적인 계획이 수립되고 '1993년 철도법'에 의해 추진되었다. 그리고 1997년에 정권이 보수당에서 노동당 정권으로 바뀌기 전까지 민영화 과정이 완료되었다.

그러나 영국 철도는 과도한 분할과 시장에의 지나친 의존 등으로 잦은 사고와 정시성과 신뢰성 등의 문제점으로 소비자 입장에서 불만이 제기되었다. 민영화의 추진에 대한 평가를 보면, 1999년 10월의 Paddington사고

---

82) 민영화의 장점에 대해서는 1992년의 'New Opportunities for the Railways'에 자세하게 설명되어 있다.

후 여론조사에서는 73%가 인프라회사인 레일트랙의 국영화에 찬성하였고, 2006년 7월에 보수당은 상하 분리와 함께 추진한 민영화는 너무 작은 회사로 분할되어 철도 비용이 상승했고, 이로 인하여 사고 등의 발생 등 민영화정책에 대한 과오를 인정하였다.[83] 1997년 이후 노동당은 철도의 안전과 정부 역할 등을 강화하는 새로운 정책을 추진하게 되었다. 최근에는 EU의 지구온난화 방지 정책이 2020년까지 1990년에 비해 20%의 이산화탄소를 감축하는 목표를 제시하고 있어 환경친화적인 철도를 적극적으로 활용할 예정이다.

또한 2008년에 제정된 'Climate Change Act'에 따라 2050년까지 2005년 기준으로 약 50%를 삭감하는 정책을 수립하였는데, 이를 달성하기 위해서 철도가 큰 역할을 할 것으로 기대하고 있다. 이러한 영국 철도 정책의 변화 요인을 정리한 것이 〈표 7-20〉인데, 영국의 철도정책은 집권당의 이념과 외부 환경변화 등에 크게 좌우되고 있는 것을 알 수 있다.

<표 7-20> 영국 철도정책의 변화 요인

구분	1948년 국영화	1994년 민영화	1998년~2004년	2005년 이후
정책 목표	전 수송 부문의 국유화	민간과 시장의 중 역할 강조(효율성) 적자 해소	정부 역할 강화 안전의 강화	유럽 철도 통합운영 환경문제 해결 종합교통정책
추진 요인	노동당의 이념 전쟁으로 철도의 폐허화	보수당의 이념(대중 자본주의) 철도 운영의 효율화	민영화에 대한 반성 철도사고의 빈발 투자 증대의 필요성	유럽의 단일화 환경문제의 긴박성 (Climate Change Act 2008) 장기계획의 필요
집권당	노동당	보수당	노동당	노동당
외부 환경 요인	-	-	-	유럽 통합 환경문제

83) The Times, 17 July, 2006

2) 정책의 영향[84]

① 철도 투자의 증대

철도에 대한 인프라투자는 〈표 7-21〉과 같이 1985년~1990년의 연평균 약 884백만 파운드였는데, 민영화 당시인 94/95년에는 1,998백만 파운드에서 Hatfield사고 이후인 2006/2007년에는 5,031백만 파운드로 2.5배나 증가하였다. 이는 1998년 이후 노동당의 철도 투자 증대와 최근의 종합교통정책에 기인한 것으로 판단된다.

<표 7-21> 교통투자의 변화

(단위 : 백만 파운드)

연도	도로(인프라)	철도(인프라)	철도(차량)	항만(인프라)	항공과 관제
1985~1990 평균	2,451	884	281	–	321
1994/95	4,761	1,998	629	120	639
1995/96	4,330	2,001	321	165	583
2000/01	3,391	2,790	629	205	729
2001/02	3,688	3,652	997	233	687
2002/03	4,228	4,241	611	236	809
2003/04	4,231	5,136	921	307	1,454
2006/07	4,756	5,031	449	–	–

자료 : Department for Transport(1991), Transport Statistics Great Britain, 1991 Edition, p. 3
Department for Transport (2008), Transport Statistics Great Britain, 2008 Edition, p. 24

② 철도 연장과 수송량

총 철도 연장은 1953년의 경우 29,783km에서 민영화 이전인 1993/4년의 경우에는 16,536km까지 감소하였으나, 그 후 감소 추세는 멈추었다. 여객 수송량의 경우도 1993/4년에는 740백만 명이었으나, 그 후 증가 추

---

84) 이용상(2006), '영국 철도 민영화의 현황과 과제' 대한교통학회지, 제24권 제2호를 최신자료로 수정하였다.

세를 보여 2007/8년에는 1,232백만 명까지 증가하였다.

<표 7-22> 철도 연장과 수송량의 변화

(단위 : km)

연도	총 철도 연장	전철화 연장	여객 수송 연장	여객 수송 (백만 명)	여객 수송(십 억 인 · km)	런던 지하철 여객 수송(백만 명)
1980	17,645	3,718	14,394	760	30.3	559
1990/1991	16,584	4,912	14,317	809	33.2	775
1993/4	16,536	4,968	14,357	740	30.4	735
1994/5	16,542	4,970	14,359	735	28.7	764
2000/01	16,652	5,167	15,042	957	38.2	970
2004/05	16,116	5,200	14,328	1,088	42.4	976
2007/08	15,814	5,250	14,484	1,232	49.0	1,096

자료 : Department for Transport(2001), Transport Statistics Great Britain, 2001 Edition, p. 64
Department for Transport(2008), Transport Statistics Great Britain, 2008 Edition, p. 107

철도화물 수송량은 1953년에 370억 ton · km에서 계속 감소 추세를 보여 민영화 직전인 1994년의 경우에는 130억 ton · km까지 감소하였다. 민

<표 7-23> 화물수송 분담률의 변화

(단위 : 10억 ton · km, %)

연도	도로		철도		해운		파이프라인		합계	
	수송량	분담률	수송량	분담률	수송량	분담률	수송량	분담률	수송량	분담률
1990	136	62	16	7	56	26	11	5	219	100
1994	144	65	13	6	52	24	12	5	221	100
1995	150	66	13	6	53	23	11	5	227	100
2000	158	62	18	7	67	26	11	4	254	100
2003	159	64	19	8	61	24	11	4	250	100
2004	160	63	21	8	59	24	11	5	253	100
2007	173	68	21	8	51	20	10	4	255	100

자료 : Department for Transport(2001), Transport Statistics Great Britain, 2001 Edition, p. 64
Department for Transport(2008), Transport Statistics Great Britain, 2008 Edition, p. 107

영화 이후엔 증가 추세를 보이고 있는데, 2007년에는 210억 ton · km로 1994년에 비해 62%나 증가하였다.

민영화 이후 철도 수송량이 증가한 이유는 경쟁으로 인한 효율성 향상, 투자 확대, 정부의 철도육성정책 등의 내부적인 요인뿐만 아니라, 경기 상승, 도로 정체, 유류 값의 상승 등의 외부적인 요인도 직간접적인 영향을 미쳤다. 영국 교통부가 2004년에 발표한 'The Future of Rail'에서는, 철도 승객의 증가 이유를 경쟁체제와 민간투자의 확대라고 언급하면서, 이러한 현상은 국철 시대에는 나타나지 않았던 것이라고 설명하고 있다. 또한 MIT와 케임브리지대학의 공동 연구발표에 의하면, 만약 영국 철도가 민영화되지 않았다면 수송량은 계속 감소하고 적자를 계속 시현했을 것이라고 분석하고 있다.[85]

외부 요인을 보면, 영국의 경제성장률은 민영화 전년도인 1993년 2.5%, 민영화 후인 1995년 2.5%, 1997년 2.8%, 1999년 2.4%, 2001년 2.0%, 2003년 2.5%, 2004년 3.2%, 2007년 3.1%로 지속적인 높은 성장을 기록하고 있다.[86]

휘발유의 경우 1994년 1리터에 56.4펜스에서 2004년 81.3펜스까지 상승하였다.[87] 도로의 낮 평균 주행속도도 런던의 경우 1970년에 21.3km/h에서 2003년에는 18.5km/h로 감소하였다.[88]

③ 철도안전

철도안전의 변화 추이를 보면 〈표 7-24〉와 같이 1993/94년에는 940건

---

85) MIT & University of Cambridge(2003), Problems of Deregulation - The Case of UK Railways -.
86) 영국 재무성 자료
87) Department for Transport(2004), Transport Statistics Great Britain, 2004 Edition, p. 52
88) Department for Transport (2004), Transport Statistics Great Britain, 2004 Edition, p. 128

으로 감소 추세에 있다가 증가와 감소 등 일관성을 보이고 있지 않다. 중대 사고라 할 수 있는 충돌과 탈선은 1993/1994년 248건에서 2000/01년에는 199건, Hatfield사고 이후인 2003/4년에는 121건, 2007년에는 70건으로 감소하였다.

<표 7-24> 철도사고의 변화

(단위 : 건)

연도	충돌	탈선	장애	화재	합계
1980~1990년 평균	290	194	410	194	1,199
1992/93	154	205	532	202	1,093
1993/94	135	113	445	247	940
1994/95	125	149	397	217	888
1995/96	123	104	488	256	971
2000/01	106	93	693	301	1,193
2001/02	101	88	557	291	1,037
2002/03	69	67	495	292	923
2003/04	59	62	448	297	866
2007	23	47	486	141	697

자료 : Department for Transport(1991), Transport Statistics Great Britain, 1991 Edition, p. 179
Department for Transport(2008), Transport Statistics Great Britain, 2008 Edition.

민영화 이후의 사고 건수를 보면, 국영철도 운영시기인 1980년~1990년의 연평균 사고 건수보다 감소하였으나, 아직까지도 안전 부문에서 확실한 민영화의 효과는 나타나지 않고 있다. Hatfield사고 이전과 이후를 비교해볼 경우 철도사고 건수는 감소 추세다.

안전에 관해서는 열차 100만 마일당 중대 사고 건수가 1991년에 0.42건에서 그 후 계속 감소하였는데, 그 이유는 민영화 이후의 투자 증대에 따른 TPWS(Train Protection Warning System) 등의 도입 결과라고 설명할 수 있으며, 철도 투자 확대와 안전 확보를 위한 정책의 영향으로 안전

성이 향상되고 있는 것으로 판단된다.[89]

철도에 대한 투자액 증가는 다음과 같이 증가했으며, 최근 자료에서도 2009년~2014년까지 2006년 가격으로 125억 파운드를 투자하는 것으로 발표하였다.[90]

이와 함께 ORR의 적극적인 안전 규제에 대한 역할과 법규 등이 잘 정비되어 시행되고 있다. 2006년의 The Railway and Other Guided Transport System(Safety) Regulation에는 영국 철도의 안전관리체계, 안전인증, 안전에 대한 권한, 유럽 철도안전의 영국 내 적용 등이 자세하게 정리되어 안전도 향상에 기여하고 있다.

④ 정시성

민영화 이후의 정시성과 신뢰성은 거의 동일한 수준을 유지하고 있어, 전반적으로 정시성과 신뢰성에서는 민영화 효과가 나타나지 않고 있다. 특히 Hatfield사고 이후 정시성과 신뢰성을 합쳐 계산한 PPM((Public Performance Measurement) 수치는 〈표 7-25〉와 같이 1999/2000년부터 계속 하락 추세에 있다가 최근인 2006/7년에 사고 이전인 1999/2000년 수준으로 회복되었다.

이상과 같은 철도정책에 따른 효과를 요약해 보면 민영화 이후 집권당이 보수당에서 노동당으로 바뀌면서 정부의 역할과 투자가 증대되었고, 환경문제 등 외부 요인으로 철도법의 위상이 강화되는 쪽으로 변화하였다. 효과에 대해서는 다양한 변수로 인해 계량화하기 어렵기 때문에 정성적으로 분석할 경우 다음과 같이 정리될 수 있을 것이다.

---

89) 이용상(2006), '영국 철도 민영화에 있어 철도안전의 성과와 과제', 한국철도학회 논문집, 제9권 제2호, pp. 218~220
90) ORR 2008년 자료

<표 7-25> 정시성과 신뢰성 추이

(단위 : %)

연도	PPM	정시성	신뢰성
1985~1990년 평균		91.0	98.0
1994/95		89.6	98.7
1995/96		89.5	98.8
1999/00	87.8	91.9	98.8
2000/01	79.1		
2001/02	78.0		
2002/03	79.2		
2003/04	81.2		
2004/05	83.6		
2006/07	88.1		

주 : PPM(Public Performance Measurement)은 정시성과 신뢰성을 합한 계수이다.
자료 : Department for Transport(1991), Transport Statistics Great Britain, 1991 Edition, p. 38
Department for Transport(2008), Transport Statistics Great Britain, 2008 Edition, p. 110

<표 7-26> 정책의 변화와 효과의 상관관계

	정책 변화 요인	정책 효과
내용	집권당의 변화	① 보수당의 철도 민영화 정책 ② 노동당의 철도 역할 증대로 수송량 증대, 안전지표의 향상
	외부 요인 (환경문제, 유럽 통합)	① 철도 역할 증대 ② 철도법의 위상 변화(국내 < 국제)

⑤ 우리나라 철도정책에의 도입 가능성 및 결론

이 장에서는 그동안 영국 철도정책의 변화 내용과 요인 그리고 영향을 살펴보았다. 철도정책의 주요 변화 요인은 첫째, 집권정당의 변화와 이념이 크게 작용하였다. 1947년 노동당의 철도 국유화 정책 그리고 1994년 보수당의 민영화 정책 그리고 1997년 이후 노동당의 정부 기능 강화정책 등이 이를 증명해 주고 있다. 두 번째로는 영국 철도정책에 있어 외부환경의 영향도 크다고 하겠다. 특히 최근에 대두된 환경문제와 이를 해결하기

제7장 해외 철도의 발전 399

위한 철도 육성정책 추진과 EU철도법의 영국 국내 법체계 내의 도입 등이 그러한 예라고 하겠고, 극심한 도로의 정체도 여기에 포함된다. 세 번째로는 철도 내부의 요인이다. 과도한 분할 민영화 등의 영향도 있었지만, 2000년대의 일련의 사고는 철도정책을 변화시키는 주요한 계기가 되었다. 그러나 영국 철도정책에서 변하지 않는 하나의 흐름은 종합교통정책이다. 1947년 철도 국유화 이후 철도의 사회적 개념이 도입되었고, 그 후 몇 번의 변화는 있었지만 '1974년 철도법'에서 철도화물에 대한 보조금제도 도입 등 교통 부문에서 철도의 역할을 인정해 왔다. 최근에 이러한 개념은 도로교통의 지체, 환경문제 등을 해결하는 개념이 중심이 되어 그 흐름을 이어가고 있다.

영국 철도정책의 특징을 통해 우리나라에 주는 시사점을 정리해 보면 다음과 같다. 첫째로 철도정책의 변화와 함께 일관성을 발견할 수 있다는 것이다. 국유화 정책에서 민영화로 바뀌었지만, 다시 정부 역할을 강조함으로써 변화를 통한 어느 정도의 일관성을 유지하였다. 영국 철도는 건설 당시 민영철도에서 출발하여 1948년 국유화, 1994년의 민영화 그리고 1997년 이후 정부 기능의 강화 등을 통해 변화와 발전을 거듭해 왔다.

두 번째로는 1997년 이후의 영국 철도의 변화는 매우 의미가 있다고 하겠다. 정부의 종합교통정책 입장에서 철도정책을 수립하였고, 특히 정부의 역할과 환경문제, 미래 장기계획 등을 마련하여 매우 적극적인 정책 의지를 표명하고 있다. 이는 2005년 이후 더욱 구체화되고 현실적인 계획으로 발전하였다. 이 결과 영국 철도는 새로운 부흥을 맞이하게 되었고, 2007년 런던까지 고속철도 연장 이후 북쪽 지방까지 확대하는 계획이 추진되고 있다.

마지막으로는 영국 철도정책을 추진하는데 매년 구체적인 프로그램 등이 만들어져 시행되고 있다는 것이다. 예를 들면 철도의 경제성 평가 편람,

환경편익 편람 등 세부 지표들이 끊임없이 보완되면서 정책의 신뢰성과 일관성을 더해 주고 있다. 이러한 영국의 철도정책은 우리나라가 철도정책을 수립하는 데 시사하는 바가 매우 크다.

따라서 향후 우리나라의 철도정책도 다음과 같은 방향으로 추진되어야 할 것이다.

첫 번째로, 그간 우리나라 철도정책의 주요 방향은 1950년대에는 전후 복구, 1960년~1970년대에는 산업철도의 건설, 1980년대에는 기존 선로의 증대, 1990년대에는 고속철도의 착공과 지하철의 확충, 2000년대에는 고속철도의 개통과 철도 구조 개혁 등이 그 기조를 이루고 있다. 그간 종합교통정책 측면보다는 철도 자체의 발전 측면이 강했으며, 철도 투자액도 도로에 비해 미약하여 철도의 역할이 크지 못하였다. 2000년~2004년까지의 철도 투자 규모는 전체 교통투자 28.7%에서 2005년~2009년에는 25.9%로 더욱 감소하였다. 최근 우리 정부는 2020년까지 철도 투자 비중을 2009년 29.3%에서 50%까지 확대하는 것을 발표하였는데, 영국의 최근의 변화는 타산지석이 되고 있다.

<표 7-27> 교통투자 규모의 추이

| | 2000년~2004년 | | 2005년~2009년 | | |
	투자 규모(억 원)	비율(%)	투자 규모(억 원)	비율(%)	증가율(%)
도로	546,563	54.7	611,010	51.9	10.5
철도	286,249	28.7	305,217	25.9	6.2
공항	46,008	4.6	49,240	4.2	6.6
항만	99,022	9.9	185,697	15.8	46.7
기타	21,032	2.1	26,586	2.3	20.9
총계	998,874	100	1,177,750	100	15.2

자료 : 국토해양부(2008)

두 번째로는, 우리나라의 경우 장기 계획과 철도화물 보조금제도, 편익계산방식 등의 면에서 보완, 개선되어야 할 것이다. 결론적으로 종합교통정책 측면에서 철도의 역할과 투자 증대, 법과 제도의 정비 등이 보완되어 철도가 가지고 있는 장점을 발휘하고 환경문제 등에도 적극적으로 대처해 나가야 한다.

이상의 논의를 바탕으로 양국의 철도정책을 비교해 보면 〈표 7-28〉과 같다.

<표 7-28> 영국과 우리나라의 철도정책 비교

	영국	우리나라	비교
철도정책	종합교통정책 측면이 강함	종합교통정책 측면이 미약	
교통투자 규모	철도 > 도로	도로 > 철도	2000년 이후
장기계획	향후 30년 계획 HLOS(High Level Output Specification)(2035)	국가 기간철도망 계획(2019)	

제8장

철도 발전을 위한 제언

제8장 철도 발전을 위한 제언

우리나라 철도는 1899년 개통된 이후 110년이 넘는 역사를 가지고 있다. 비록 시작은 타율적인 철도 운영이었지만, 철도는 근대화와 경제성장의 견인차로서 그 역할을 다해 왔다. 그러나 철도는 1960년대 후반부터 도로망의 발전과 사회의 급격한 변화에 신속하게 적응하지 못해 그간의 발전을 계속 유지하지 못한 것이 사실이다. 1960년대 이후 도로 위주의 교통정책으로 철도 수송 분담률이 지속적으로 감소하였다.

그간 도로 위주 교통정책의 결과 2007년 우리나라 교통 혼잡비용은 총 24조 원에 달하고 있다. 교토의정서 발효(2005년 2월)로 교통 부문에서 대기오염의 감소는 시급한 실정이다. 교통 부문은 전체 CO_2 배출량의 20%를 차지할 정도로 큰 오염원이지만, 철도는 교통 부문 전체 CO_2 배출량의 3%에 불과하다. 이러한 문제를 해결하고 국가 경제성장 동력으로 자리매김하기 위해 국가적인 차원에서 교통 부문의 시설 확충과 함께 고효율 저비용의 수송체계구축 및 비용절감을 위한 체계적인 교통 관리체계가 요구되며, 이러한 과정에서 철도의 위상과 기능에 대한 전면적인 재검토가 요구되는 시점에 와 있다. 그간 경제개발 5개년 계획 집행과정에서 철도는 도로에 비해 우선순위가 떨어지고 있었으나, 비교적 최근인 1994년에 교통시설 특별회계가 설치되면서 철도 관련 투자가 증가하기 시작하였다. 1990년대 중반부터 추진되어 성공적으로 끝난 최고속도 350km/h의 한국형 고속전철 기술개발과 2004년 고속철도 개통으로 철도에 대한 국민적인 관심이 높아지고 있다.

그러나 전반적인 철도 투자 정책의 문제점의 첫 번째는 도로에 편중된 투자 재원으로 투자 규모 자체가 적었으며, 두 번째는 그 결과 철도 수요를 개발하지 못했다는 것이다. 세 번째로는 철도기술과 산업에 대한 정부의 적극적인 지원도 미약했다. 이제 국가 전체적으로 사회간접자본이 축소되는 경향으로, 향후 철도 건설에 필요한 재원 마련을 포함하여 철도 발전의 중장기적 로드맵의 작성을 통하여 철도 발전의 계기를 마련하여야 할 것이다.

우리나라의 경우도 최근 환경문제로 인한 철도의 중요성에 대한 사회적인 합의가 이루어지고 있고, 석유연료는 30년 이내에 고갈되고 유가 200달러 시대라는 전망도 나오고 있어 우리도 교통체계를 철도 중심으로 재편하는 노력이 더욱 필요한 시점이며, 구체적인 정책대안이 수립되어야 할 중대한 시기에 와 있다고 하겠다.

다행히 최근 녹색 교통의 중요성으로 정부는 철도에 대한 비전을 제시하였다. 2010년 말에 2020년까지 전국 도시를 90분 생활권으로 묶을 2,119km의 철도망을 추가로 건설하는 계획을 발표하였다. 현재의 전철화율 44%, 복선화율 56%를 각각 77%와 89%로 높일 계획이다. 이를 위해 총 88조 원을 투자한다는 것이다.

우리나라 철도의 부활을 위해 몇 가지 정책대안을 제시해 보면 다음과 같다.

첫 번째로는 새로운 개념의 신교통정책의 수립이다. 그간 개인교통수단

위주의 교통정책에서 지속 가능한 교통체계, 대중교통 중심의 교통체계, 편리한 연계교통체계로 개편하는 것이다. 이를 위해서는 고속철도와 도시철도의 확충과 함께 경량전철 등의 도입이 적극 추진되어야 할 것이다. 일본의 경우 경량전철 등 신교통수단 건설시 인프라 부문에 대한 재원은 도로 재원에서 부담하도록 하고 있는데, 이는 철도가 건설됨에 따라 도로교통이 원활해지는 편익을 반영한 것이다.

두 번째로는 철도 투자 확대를 위한 노력이 좀 더 적극적으로 추진되어야 할 것이다. 현재의 교통투자 평가 시 철도 평가지표인 환경편익, 사업자편익이 보다 더 현실화되어야 할 것이며, 혼잡, 안전 등 자동차의 사회적 비용을 내부화하는 노력이 필요하다.

실제로 일본의 경우 자동차 증가에 의한 혼잡비용, 안전비용, 환경비용을 계산하고 철도 투자의 근거로 삼고 있다. 이러한 정책적인 노력으로는 철도 건설에 있어 자금지원과 세금면제 그리고 철도 이용 사업자에 대한 보조금 지원제도 등이 활성화되고 있다.

아울러 철도 건설을 위한 새로운 정책의 도입이 필요하다. 예를 들면 일본의 경우처럼 도시개발을 할 경우 철도를 함께 건설하도록 하는 법률을 만들고, 사업자에게는 정부 지원과 세금면제로 원활한 철도 건설을 유도하고 있는데, 실제로 이 법은 1989년에 만들어져 교통문제를 해결하고 지역 간 이동을 촉진하는 성과를 거두고 있다.

외국의 경우도 최근 철도의 친환경성을 통해 철도 투자를 크게 증대하고 있다. 특히 그간 철도 투자에 소홀하였던 영국의 경우 철도 투자를 증대하여 환경문제 등에 적극적으로 대처하고 있다.[91]

---

91) 한국교통연구원(2009), 철도 관련법제 개선연구 최종보고서(안)의 영국 부문을 참고하였음.

철도의 경우 이산화탄소 배출량과 에너지 소비량 등에서 타 교통수단에 비해 우수하여 철도에 대한 투자는 사회경제적으로 큰 이득이 된다.

<표 8-1> 수송수단별 이산화탄소 배출량과 에너지 소비량 비교

(단위 : kg, Kcal)

구분	ton·km당 이산화탄소 배출량(철도 대비)	ton·km당 에너지소비량(철도 대비)
철도	0.02(1)	497(1)
해운	0.04(2)	549(1.1)
자동차	0.35(17.5)	2,879(5.8)
항공기	1.51(75.5)	11,018(22.2)

자료 : 日本國土交通省(2007), 數字でみる鐵道, pp. 246~247

세 번째로는 적극적인 철도산업과 기술을 발전시켜야 할 것이다. 현재 우리나라 철도산업의 규모는 약 10조 원의 시장으로 추정된다. 그 중에서 국내 차량 규모는 약 3,000억~5,000억 원 규모로 매우 영세한 형편이다. 그러나 철도가 가지고 있는 전후방 경제 파급효과와 사회경제적 효과를 볼 때, 향후 우리나라 철도산업도 자동차산업이나 선박산업과 같이 우리나라 전략산업으로의 자리매김이 가능할 것이다.

이를 위해서 정부의 철도산업 육성에 대한 의지와 법적·제도적 장치가 필요하다. 구체적으로는 우리나라 산업 발전에서 전형적인 모델이 되었던 자동차산업 육성과 같은 정부의 철도산업 육성정책이 마련되어야 할 것이다. 그간 한국 자동차산업의 발전과정을 보면 정부의 역할이 매우 크게 작용하였다. 먼저 정부는 부품의 국산화정책을 추진한 후 이를 기반으로 자동차를 해외에 수출하는 전략을 수립하였는데, 이러한 정책이 오늘의 우리나라 자동차산업을 세계 수준에 이르도록 했다고 할 수 있다. 정부는 국산 부품산업 육성정책과 자동차공업을 수출산업으로 육성하는 것을 목표로,

1980년에 50만 대를 생산하여 자동차를 해외로 수출한다는 목표를 세우고 이를 구체적으로 추진하였다. 이 결과 우리나라는 세계 5위의 자동차 생산국이 될 수 있었다.

이와 함께 철도의 해외 진출을 위한 정부의 적극적인 제도적인 장치가 만들어져야 할 것이다. 현재 세계 철도시장의 규모는 차량시장이 약 40조 원으로, 차량 비용이 전체 비용의 약 40%임을 감안할 때 세계 철도산업은 약 100조 원 시장이라고 할 수 있다. 향후 철도시장은 아시아를 중심으로 확대될 것인데, 특히 중국의 철도망 확대와 동아시아, 서아시아의 철도시장이 확대될 전망이다. 최근에 화제가 되고 있는 베트남 철도뿐만 아니라 인도네시아 등도 향후 철도망의 확충이 예상된다. 그간 철도 선진국들은 자국의 높은 기술력을 바탕으로 외국 철도사업에 많이 진출해 왔다. 2004년 고속철도를 개통하고 최근에 한국형 고속철도를 개발한 경험을 바탕으로 우리나라도 해외로 눈을 돌려 철도시장을 개척해야 할 것이며, 이를 위한 정부와 민간의 적극적인 협력과 제도가 마련되어야 한다.

또한 우리나라에서 개발된 기술에 대해서는 정부가 이를 적극적으로 상용화하는 노력이 필요할 것이다. 그간 우리나라는 철도 분야에서 고속철도 기술, 경량전철 기술 등 많은 새로운 기술을 개발해서 상용화에 성공하고 이미 해외에 수출도 하고 있다. 이 가운데 국내의 철도 차량시장은 개방과 경쟁의 논리에 의하여 경전철과 같이 온갖 외국의 철도 차량이 도입된 외국 업체의 전시장이 되고 있는데, 이는 아직 자립 기반이 취약하고 영세한 국내의 철도 차량산업에 심각한 위협이 되고 있다. 세계 각국은 이미 자국 기술의 보호와 자국에서의 상용화 그리고 해외 진출을 위해 적극적인 노력을 경주하고 있다. 특히 선진국의 경우 철도 차량 및 부품을 지정 수의계약으로 자국 내 기업만 참여하도록 하는 등 폐쇄적인 행정이라는 비난 속에서도 아직까지 그 어떤 외국의 철도 차량도 자국 내 진입을 허용하지 않고, 자국에서 생산한 제품을 자국에서 사용하도록 하는 정책을 고수하고 있다.

WTO를 체결한 이후로 일본 등 선진국은 우리 철도 차량시장에 전동차와 같은 완성 차량에서부터 부품산업에 이르기까지 매우 다양한 경로로 진출되어 있다. 이런 현실을 인식하여 외국의 국가 차원의 철도시장 지원에 대한 의지 그리고 이를 뒷받침하는 제도를 살펴볼 필요가 있다. 이제 일본이나 중국과의 시장개방에 있어 상호 제도적, 문화적 차이나 특성까지도 자세히 살펴 개방 상호주의의 원칙 등을 통하여 동등한 시장개방 조건이 되도록 해야 할 것이다.

네 번째로는 철도와 지역 개발 계획 등과의 조화이다. 일본의 '대도시지역 택지개발 및 철도정비의 일체적 추진에 관한 특별조치법'은 철도 신선 정비에 따라 주택지가 대량으로 공급될 것이 예상되는 지역의 택지개발 및 철도정비를 일체적으로 추진하기 위해 필요한 특별조치를 강구한 일본의 법률이다. 택지 · 철도 일체화법 또는 일체화법 · 택철법이라고 줄여서 부르기도 하는 이 법률의 소관부서는 총무성 및 국토교통성이다. 이 법에 의해 추진되는 철도는 환지에 대한 조치, 세금감면, 지가 급등 방지 등의 조치가 취해지도록 되어 있다. 일반적으로 철도와 도시개발을 위한 회임기간은 유사하다고 보고, 이의 통합적 개발과 이를 통한 사업비의 보전은 중요한 수단이라고 판단되어 추진되고 있다. 일례로 JR주오센 나가노~신주쿠 간의 피크 시 1시간당 수송인원은 15만 5천명이며, 이것을 승용차로 운송하게 되면 편도 16차선에 상당하는 새로운 고속도로, 혹은 32차선에 상당하는 주요 도로를 새롭게 신설해야 하는 것으로 분석하고 있다. 이는 지속가능한 개발을 위한 미래 환경과 에너지를 고려하면 철도산업에 대한 보다 적극적인 투자가 필요한 상황이다. 따라서 향후 신도시 개발과 지역개발에 있어 철도를 함께 부설하도록 하여 신속하게 이동이 가능하도록 해야 할 것이다.

다섯 번째로는 정부의 장기적인 철도정책에 대한 시야가 필요하다. 철도 정책이야말로 현재의 구조적인 문제점을 해결하기 위한 대안으로, 정부의 적극적이며 장기적인 역할이 필요한 분야라고 할 수 있다. 정부는 장기 철도 발전계획을 더 구체적으로 수립하고 이를 국토 계획과 연계시킴은 물론, 철도 운영과 연구 등을 함께 고려하는 종합적인 시야를 가지고 정책을 견인해야 할 것이다. 일본과 독일은 각각 고속철도, 도시철도, 노면전차 등 장거리에서 단거리까지 철도를 타고 목적지까지 이동할 수 있는 철도 중심의 교통체계를 수립함은 물론 운영효율화, 미래를 위한 기술개발도 장기적인 시점에서 투자하고 있다. 이 두 나라는 고속철도를 완성한 직후부터 초고속 장거리열차를 개발하기 위해 지난 40년간 정부 중심으로 매년 6,000억 원 이상의 연구비를 지원하면서 이에 대한 실용화를 적극적으로 추진하고 있다.

이제 철도교통의 부활은 세계적인 현상으로 당위적이며 피할 수 없는 명제가 되었다. 철도산업은 국가의 장기적 비전과 이를 실행하기 위한 제도의 뒷받침 그리고 강력한 실천의지에 따라 그 성패가 결정된다. 이를 위해 우리도 좀 더 적극적으로 철도정책을 수립하여 경제성장과 재원 배분의 효과를 극대화해야 할 것이며, 무엇보다도 지금이 철도산업에 대한 보다 적극적인 정부의 정책이 필요한 때임을 잊어서는 안 될 것이다.

〈한국 철도 연표〉

연 월 일	주요 사항
1877. 2.	파일 수신사 김기수, 일동기유(日東記游)에서 일본 철도 시승기 소개
1889.	주미 대리공사 이하영이 귀국할 즈음 세밀한 철도모형을 갖고 와서 고종임금을 비롯한 대신들에게 관람시키고 철도의 필요성 역설
1894. 7.	의정부 공무아문(工務衙門)에 철도국을 둔 것이 우리나라 공식 철도업무 수행을 위한 최초의 기구
8. 1.	청일전쟁이 일어나자 일본은 서울~인천 간 군용철도를 부설하려고 철도기사 센고쿠 미츠구(仙石 貢) 등을 보내 경부·경인철도를 답사케 함.
8. 20.	일본에 의해 조일잠정합동조관(朝日暫定合同條款)이 강제 체결됨.
1896. 3. 29.	조선 정부, 경인철도 부설권을 미국인 제임스 R. 모스에게 특허
7. 3.	경의철도 부설권을 프랑스 피브릴르 회사 대표 그릴르에게 특허
7. 15.	국내 철도 규칙 7조를 제정 공포, 궤간을 영척 4척 8촌 5푼(1,435mm)의 표준궤간으로 결정(농상공부 관할)
1897. 1. 15.	궤간을 시베리아철도와 동일한 5척(1,524mm)으로 개정
3. 22.	모스가 인천 우각현(牛角峴, 소뿔고개)에서 경인철도 공사 착공
5. 12.	모스가 5만 불의 교부금을 받고 경인철도를 자신이 건설하여 경인철도인수조합(일본 자본)에 양도키로 계약
8. 24.	조선 정부, 경부철도 부설권을 일본인 회사에 특허
1898. 5. 10.	모스, 경인철도를 경인철도인수조합에 양도(1,702,452원 75전)
6. 3.	박기종(朴淇綜)이 부산~낙동강 하단에 이르는 부하철도(釜下鐵道) 부설권을 취득
7. 6.	농상공부에 철도사(鐵道司) 설치 관제공포, 얼마 후 철도국으로 개정
9. 8.	한국 정부는 경부철도주식회사 발기인 대표자와 경부철도합동조약을 체결하고 부설을 허가
9.	국내 철도규칙 중 궤간 5척을 다시 4척 8촌 5푼(1,435mm)으로 환원

1899. 4. 23.	경인철도인수조합, 인천에서 다시 기공식 거행
5. 17.	서대문~청량리 간 전차 개통
6. 18.	경인철도 기설구간에 '모가형 탱크(Mogul tank)' 기관차를 시운전
6. 30.	프랑스 피브릴르 회사의 경의철도 부설권 소멸
7. 8.	한국 정부, 경의철도 부설권을 박기종이 창립한 대한철도회사에 특허
9. 18.	노량진~인천 간 33.8㎞(21마일)의 경인철도가 최초로 개통(부분개통)되어 가 운수영업 개시. 인천역에서 개통식 거행 (증기기관차 4대, 객차 6량, 화차 28량, 역수 7개, 직원 119명)
1900. 4. 1.	궁내부에 철도원 설치(철도업무가 농상공부로부터 철도원에 이관)
7. 5.	한강교량 준공
7. 8.	경인철도 전선 개통. 경성~노량진 간 준공으로 경인 간 직통운전 개시
9. 13.	궁내부에 서북철도국을 설치하고 경의·경원철도 부설권을 관리케 함.
11. 12.	경인철도 개업식(전통식)을 경성역(後에 서대문역으로 개칭)에서 거행. 11개 정거장(경성, 남대문, 용산, 노량진, 영등포, 오류동, 소사, 부평, 우각동, 축현, 인천) 영업
1902. 5. 8.	한국 정부의 서북철도국, 경의철도 기공식을 서울 서대문 밖에서 거행
6.	박기종, 마산~삼랑진 간 철도부설을 위한 '영남지선철도회사' 조직
11. 28.	박기종, 영남지선 부설권을 철도원으로부터 인허
12. 10.	경인·경부 양 철도 합병조약 체결
12. 18.	박기종, 마산선 부설권을 농상공부로부터 인허
1903. 2. 27.	일본 대본영의 내명으로 경의선 용산~개성 간을 사관(士官) 30여 명과 철도기사 이시카와, 가토 등이 측량 실시
7. 30.	대한철도회사 박기종, 경의철도 서울~평양 간 부설권을 인허받음.
9. 8.	대한철도회사 부회장 박기종, 일본과 경의철도에 대한 출자계약 체결
11. 1.	경부철도회사에서 경인철도를 매수하여 합병
1904. 2. 21.	일제, 서울~의주 간 군용철도 부설을 위한 임시군용철도감부 편성
3. 12.	일제, 경의선 부설에 대한 출자계약 일방적 해약통지와 동시에 군용철도 삼랑진~마산 간 노반공사 및 용산~개성 간 노반공사 착공

8. 27.	일제, 경원선을 군용철도로 부설하기로 결정
9. 14.	마산선을 군용철도로 부설 착수함을 일본공사가 한국 정부에 통고
1905. 1. 1.	경부선 영등포~초량 간 전 구간(445.6㎞) 운수영업 개시
1. 26.	평양~신의주 간 궤조부설 준공
2. 5.	경의선 용산~개성 간 개통
3. 1.	임시군용철도감부에서 인천에 철도리원양성소 설치(국내 최초의 철도 종사원 양성기관. 한·일인 각 40명 모집. 운수과, 기차과)
3. 10.	군용철도 경의선 용산~신의주 간에 1일 2왕복의 지정열차 운전 개시
3. 24.	경성역을 서대문역으로 개칭(남대문역은 그대로 사용)
5. 1.	서대문~초량 쌍방간 1일 1회의 직통 급행열차 운전 개시(14시간 소요)
5. 25.	경부철도 개통식을 남대문역 구내에서 거행
5. 26.	마산포~삼랑진 간 직통운전 개시
9. 11.	경부철도와 일본 철도의 연대운수 개시
11. 10.	경부철도와 군용철도인 경의선 용산~평양 간의 연락운수 개시
12. 22.	일제, 통감부를 설치하여 국내철도 통합운영 추진
1906. 1. 4.	경인선에서 일반공중의 편승 및 탁송화물 취급 개시
2. 1.	통감부 개청
3. 11.	경부철도매수법 공포
4. 3.	경의선 용산~신의주 간 직통운전 개시
4. 16.	서대문~초량 간 급행열차 운행(소요시간 11시간)
7. 1.	통감부 철도관리국 설치 • 경부철도를 관영으로 하고 통감부 철도관리국에 인계 (총연장 1,020.6㎞, 매수가 20,123,800원)
1907. 4. 20.	남대문~부산 간 융희호(隆熙號) 운행
7. 1.	일본 각지의 각 역과 여객 수소화물 및 화물의 연대취급을 개시
9. 20.	전선 각 역과 만주 안둥역(현 단둥) 간에 여객 및 화물 연락수송 개시
12. 1.	서울의 동인병원을 매수하여 철도국 서울진료소로 발족
1908. 4. 1.	열차 운전시각을 한국 표준시에 의하도록 결정(일본보다 약 30분 늦음) • 부산역 영업 개시와 동시 부산~초량 간 개통 • 부산~신의주 간 직통 급행열차 융희호 운행 개시
10. 2.	순종황제의 제례(융릉, 건릉) 참배와 권업모범장 순람을 위해 남대문~대황교 임시정거장(수원) 간 궁정열차 운전
1909. 3. 16.	통감부 철도관리국제를 폐지하고 통감부 철도청 설치

10. 21.	남만주철도 주요 역과 여객 수화물의 연락운수 개시
12. 16.	한국 철도를 일본 철도원의 소관으로 이관하고, 한국철도관리국이 설치되어 통감부 철도청 폐지
1910. 8. 29.	경술국치
10. 1.	조선총독부 철도국이 설치되어 철도원 한국철도관리국 폐지
10. 15.	용산~원산 간 경원선 철도기공식 거행
10. 16.	평남선(평양~진남포 간 55.3km) 영업 개시
11. 6.	평남선 진남포에서 전통식 거행
1911. 6. 1.	한강교량(A선) 준공
12. 1.	경부선 야간열차 융희호를 매일 운행으로 개정
1912. 1. 1.	열차운전시각을 일본과 같이 중앙표준시간에 의하기로 결정
5. 1.	한·만 상호간에 급행열차 및 침대권의 직통취급을 개시
6. 15.	부산~중국 신징(新京, 지금의 창춘) 간 직통급행운전을 개시
1913. 5. 1.	일본~만주 간 여객 연락운수 취급 개시
6. 10.	한국 철도와 시베리아 경유 유럽 주요 도시간 여객 및 수소화물 연락운수 개시
10. 1.	만철선 경유 한·중간 여객연락 운수취급 개시 •호남선 목포~송정리 간 개통
1914. 1. 1.	일본~만주 간 화물연락운수 취급 개시
1. 11.	정읍~송정리 간 준공으로 호남선 전통
1. 22.	호남선 전통식을 목포에서 거행
9. 16.	경원선 전통식을 원산에서 거행
11. 1.	한국~만주~러시아 간 여객연락운수 취급 개시
1915. 10. 3.	'조선철도 1,000리(마일) 기념 축하회' 거행(경복궁)
1917. 7. 31.	한국 철도 경영을 남만주철도주식회사에 위탁. 동일부로 철도국 관제를 폐지하고 만철은 서울에 경성관리국 설치
1918. 5. 12.	유럽 전란의 영향을 받아 한국 직통열차 취급 중지
1919. 3. 31.	서대문역 폐지
1921. 11. 1.	사설철도 충북선 조치원~청주 간 개통
1922. 7. 1.	남조선철도 광주선 송정리~광주 간 개통, 경전선 송정리~순천 간 134.6km 개통
1923. 1. 1.	남대문역을 경성역으로 역명 변경
7. 1.	남조선철도주식회사 호남선 송정리~광주 간 14.9km 개통

12. 1.	조선철도주식회사 경남선 마산~진주 간 70km 개통
1924. 8. 1.	금강산전철선 철원~김화 간 28.6km 개통
1925. 4. 1.	남만주철도주식회사에 의한 위탁경영을 해제하고 조선총독부의 직접 경영으로 환원하여 철도국 설치 •직영환원시 철도총연장 : 2,092km, 역수 : 231개, 종사원 : 13,000명
9. 30.	경성역(현재의 서울역 구역사) 신축 준공
10. 15.	경성역, 신역사에서 영업 개시 1925. 10. 15. 당시의 구 서울역사
10. 25.	경성역 구내식당(서울역 그릴 전신) 개업
1926. 4. 1.	철도국 서울진료소를 경성철도병원으로 개칭, 직영으로 함.
4. 25.	축현역을 상인천역으로 역명 변경
1927. 7. 1.	한국 최초로 '터우 6'형 기관차를 경성공장에서 제조
8. 1.	시베리아 경유 아시아, 유럽 각국간과 여객 및 수소화물의 연락운수 개시
1928. 8. 30.	아시아·유럽 국제여객 및 수화물연락운수 취급범위를 프라하, 빈, 로마까지 연장
1929. 6. 15.	아시아·유럽 연락열차 부산~중국 신징(新京) 간에 한국 철도 1, 2등차를 직통운행
1930. 4. 1.	영업이정(마일법)을 키로정으로 개정(미터법 사용)
1931. 6. 15.	아시아·유럽 연락운수에 영국이 가입하여 런던행 여객 및 단체취급 개시
7. 1.	금강산전철선 금강구~내금강 간 개통되어 철원~내금강 간 116.6km 개통
8. 1.	조선경남철도 충남선 남포~판교 간 개통되어 천안~장항 간 전통
1934. 11. 1.	부산~펑톈 간 직통열차 '히카리'를 신징까지 연장하고, 또 새로 부산~펑톈 간에 직통열차 '노조미'를 설정
1935. 10. 1.	직영환원 10주년 기념사업으로 철도박물관 설치(용산)
1936. 7. 1.	청량리~춘천 간 건설공사 착공
11. 3.	중앙선, 청량리 방면에서 건설공사 착수
1937. 1. 1.	소비에트연방 경유 부산, 서울, 평양과 에스토니아, 라트비아, 리투아니아, 독일, 폴란드 간에 화물연락운수 개시

8. 6.	조선경동철도(株)에서 수원~인천항 간 개통으로 인천항~여주 간 전통
9. 18.	철도기념일 제정
1938. 5. 1.	영등포역을 남경성역으로, 청량리역을 동경성역으로 바꿈
1939. 7. 25.	경춘철도 성동~춘천 간 93.5km 개통
11. 1.	부산~북경 간에 직통급행 여객열차 1왕복 '흥아호' 증설, 종래의 부산~북경 간 직통급행 여객열차는 '대륙'이라 명명
1942. 4. 1.	중앙선 전통으로 운수영업 개시
4. 30.	경성~평양 간 복선 개통
1943. 5. 15.	평양~신의주 간 복선 완성으로 경성~신의주 간 복선 전통
1945. 8. 16.	일본 집권층과 철도업무 접수를 위한 한국직원간 대책협의 (종사원 79,000명 중 일본인 23,000명)
9. 6.	미 육군 해밀턴 중령 군정청 교통국장에 취임(12월 1일까지 재임)
10. 27.	일본인 종사원 모두 사직시킴. 〈광복 당시 철도 현황〉 영업거리 : 6,362km, 기관차 : 1,166대 객차 : 2,027량, 화차 : 15,352량 역수 : 762개소, 종사원 : 100,527명 〈남한 철도 현황〉 연장거리 : 3,738km, 영업거리 : 2,642km 기관차 : 488대, 객차 : 1,280량 화차 : 8,424량, 동차 : 29량 역수 : 300개소, 종업원 : 55,960명
1946. 1. 1.	교통국을 운수국으로 개칭
4. 30.	〈남한의 선로연장〉 표준궤 : 정부소유 2,074.0km, 민간소유 416.5km, 계 2,490.5km 협　궤 : 정부소유 86.7km, 민간소유 125.3km, 계 212.0km 　　　　　　합계　 2,702.5km 〈차량보유 현황〉 기관차 472대, 객차 1,060량, 화차 8,466량
5. 17.	사설철도 및 동 부대사업 일체를 국유철도에 합병함(군정령 제75호).
5. 20.	경성~부산 간에 특별급행 1·2열차 '조선해방자호'를 운행
9. 23.	적색계열에 의한 철도 총파업(10. 1. 해제)
1947. 3. 19.	미국제 기관차 30대 최초로 부산항에 도착
8. 9.	소련 열차에 객차 2량 연결, 경성~평양 간 2회 운행
11. 1.	경성역을 서울역으로 개칭
1948. 8. 15.	대한민국 정부수립으로 운수부를 교통부로 개편

9. 7.	과도정부 운수부 및 그 부속기관의 행정권 일체를 동일 오후 1시 30분을 기하여 대한민국 교통부장관이 인수
1950. 6. 25.	동란 발발로 전시 수송체제로 전환(수송본부 설치)하고 비상차량 동원
7. 19.	미 24사단장 윌리엄 F. 딘 장군 구출결사대 열차 대전~세천 간 운행 중 피습(김재현 기관사 등 승무원 3명 사상, 미군 27명 전사)
8. 3.	구미, 약목, 왜관역 철수와 동시에 왜관~약목 간 낙동강철교 폭파
10. 8.	개성 수복 • 부산~서울 간 철도 완전개통으로 복귀, 첫 열차 운행(제112열차) • 서울, 용산지구 철도기관 완전수복
1951. 1. 4.	서울지구, 중공군 개입으로 완전철수 〈6·25 전쟁 피해상황〉 터널 : 4,935m(6%)　　　　　궤도 : 329,480m(7.5%) 신호 및 보안장치 : 20%　　　급탄설비 : 38개소(40%) 전기 신호 장비 : 56%　　　　역건물 : 131,471㎡(41%) 공장설비 : 27%　　　　　　　기관차 : 51% 교량 : 9,351m(12%)　　　　　노반 : 100,000m(3%) 급수시설 : 26개소(25%)　　　전신전화 시설 : 50% 전력설비 : 56%　　　　　　　선로부대건물 : 39% 자재 : 80%　　　　　　　　　객차 : 50% 화차 : 34%
6. 12.	한강교량(A선) 복구 공사준공
1952. 6. 30.	한강교(B선) 복구
1953. 3. 16.	교통부 철도건설국 설치
5. 25.	사천선 개양~사천 간 10.5㎞ 개통
9. 18.	경의선 문산역, 경원선 신탄리역에 '철마는 달리고 싶다' 푯말 건식
1954. 4.	디젤기관차 UN군에서 4대 인수 (전란중 UN군이 반입 사용하다가 ICA원조 계획에 의거 이양)
1955. 6. 1.	동란 이후 UN군에서 장악하고 있던 철도 운영권을 인수
8. 15.	서울~부산 간 특급 통일호 운행(운행시간 9시간 30분)
9. 15.	문경선 점촌~가은 간 22.5㎞ 개통

1956. 1. 16.	영암선 전통식을 동점역 구내, 영월선 개통식을 영월역 구내에서 거행
6. 14.	충남선을 장항선으로, 경기선을 안성선으로, 경전남부선을 진주선으로, 경전 서부선을 광주선으로 각선 명칭 개정
1957. 3. 9.	함백선 영월~함백 간 22.6㎞ 개통으로 60.7㎞ 전통
7. 5.	한강교량(복선) C선 복구공사 완성으로 개통식 거행(동란 후 7년 만에 성사) • 한강교량 A, B선 노후로 1957. 7. 5.부터 C선만을 사용. 1969. 6. 28. A, B선 개량 완전복구
8. 30.	부산~서울 간 특급 통일호, 종전 운행시간 9시간을 7시간으로 단축
11. 10.	직통열차 26개 열차에 좌석지정제를 실시
1958. 2. 20.	대전 디젤전기기관차공장 개설
1959. 2. 27.	국산 신조객차 제작 개시
8. 20.	국산 신조객차(1, 2, 3호) 운행식
1960. 1. 26.	서울역서 승객 압사사고(22시 55분 서울발 목포행 여객열차 개표시 3번 타는 곳 계단에서 인파에 떠밀려 압사 31명, 부상자 다수 발생)
2. 16.	경부선 특급 무궁화호 서울~대전 간 시운전
2. 21.	서울~부산 간 특급 무궁화호 6시간 30분에 운행 개시
7. 8.	경부선에 PC침목 부설 개시('58년 시험 제작)
1961. 6. 30.	능의선 능곡~가능 간 26.5㎞ 개통(7월 5일 개통식 거행)
1962. 1. 1.	철도법 공포(전문 97조 2부칙)
5. 15.	서울~부산 간 특급 재건호 6시간 10분에 운행 개시
12. 21.	중요 여객열차에 여자 안내원 승무 (재건호, 통일호, 31, 32, 9, 10열차의 2등차 및 침대차)
1963. 5. 17.	영암선, 철암선, 삼척선, 동해북부선을 통합하여 영동선으로 명명함
5. 30.	황지본선 통리~심포리 간 8.5㎞ 개통으로 인클라인의 필요성이 사라짐.

8. 12.	서울~여수 간 직통급행열차 '풍년호' 운행
8. 20.	능의선(서울교외선) 가능~의정부 간 5.4km 개통으로 운수영업 개시
9. 1.	철도청 발족. 초대 철도청장에 박형훈, 철도청 차장 임승일 취임
12. 31.	철도청 휘장 새로 제정
1964. 1. 16.	재단법인 철도협력회 설립
5. 1.	월간 종합 교양지 〈한국철도〉 창간
11. 26.	'철도의 날' 제정(대통령령 제1992호)
1965. 1. 27.	철도간호학교 제1기 졸업식 거행
1966. 1. 19.	예미역 구내에서 정선선 개통식 거행(예미~증산~고한 간 30km)
1. 27.	경북선 점촌~예천 간 28.9km 개통식
3. 21.	경부간 화물열차 수출호 첫 운행
4. 1.	중앙선에 건설호, 호남선에 증산호 특별 화물열차 운행
7. 21.	특급 맹호 서울~부산 간 첫 운행 • 주월 한국군 사령관 채명신 장군에게 '맹호'열차 명명판 증정
7. 27.	'철도의 노래' 제정(이은상 작사, 김동진 작곡)
7. 30.	철도여행 기념 스템프 제정
11. 1.	미국 존슨 대통령 특별열차 이용
11. 9.	경북선 예천~영주 간 29.7km 개통식을 영주에서 거행
1967. 1. 20.	태백선 증산~정선 간의 24km 개통식을 정선역에서 거행
3. 30.	철도고등학교 개교
8. 31.	서울역 타는 곳에서 증기기관차 종운식 거행
9. 1.	특급 비둘기호 서울~부산진 간 첫 운행. 소화물 전용 급행열차 운행
1968. 2. 7.	경전선 개통식 거행. 진주~순천 간 80.5km 진주선과 광주선 순천~송정리 간을 경전선에 통합
6. 1.	중앙선 C.T.C(열차 집중 제어장치) 시운전 실시(망우사령실)
10. 22.	중앙선 망우~봉양 간 C.T.C 및 경부선 영등포~대전 간 A.B.S장치 개통식

1969. 2. 10.	특급 관광호(특1등, 1등 8량, 식당차 1량, 발전차 1량, 도합 11량) 서울~부산 간 첫 운행. 경부, 호남, 전라선의 특급열차 3등 폐지
2. 21.	특급 '청룡호'를 보통급행으로 격하 운행(소요시간 6시간 50분)
4. 5.	열차자동정지장치(A.T.S) 경부 간 설치완료(공비 2억 7,400만 원)
5. 15.	열차 무선전화 경부, 호남선에 개통(예산 1억 7,556만 원)
6. 20.	문경선 진남신호소~문경 간 10.6km 개통, 여객열차 3왕복 신설운행
6. 28.	서울~인천 간 복선 38.7km 개통. 한강 A·B철교 복구공사 준공
1970. 12. 23.	철도청, 용산 청사에서 교통센터로 이전
1971. 4. 7.	수도권 전철화 착공(경인, 경수 간)
9. 15.	광복 이후 처음으로 570개 여객열차 다이아 전면개정 • 철도청 컴퓨터 가동식 거행(유니백 9400)
1972. 2. 15.	서울시내 안내전화를 칙칙폭폭으로 설치(42-7788, 22-7788, 93-7788)
3. 17.	최초의 전기기관차 도입(66량)
3. 31.	수려선(협궤선) 수원~여주 간 73.4km 폐선
4. 29.	교통부, 교통센터로 이전
9. 18.	컨테이너 화물수송 개시
1973. 2. 28.	정암터널 4,505m 순수 국내 기술진에 의거 관통
6. 20.	중앙선 전철 청량리~제천 간 155.2km 개통
1974. 1. 23.	100만 킬로 무사고 첫 주파자(이동진 기관사) 탄생

7. 17.	수도권 전동차 경인선에서 시운전
8. 15.	수도권전철 86.7km 개통 (구로~인천 간 27.0km, 서울~수원 간 41.5km, 용산~성북 간 18.2km) 서울 지하철 1호선(종로선) 서울역앞~지하청량리 간 7.8km 개통
8. 15.	특급열차 명칭 변경 경부선 : 관광호를 '새마을호'로, 특급열차인 상록·비둘기·통일·은하호를 　　　　'통일호'로 호남선 : 태극, 백마호를 '풍년호'로, 전라선 : 풍년호를 '증산호'로 중앙선 : 십자성호를 '약진호'로, 장항선 : '부흥호'로 개칭
1975. 1. 5.	철도청, 서울역 서부역 신 청사로 이전
4. 5.	철도승차권 전화예약제 실시
9. 18.	서부역 역사 준공식. 국산 컨테이너 열차 경부간 첫 운행
10. 1.	노량진 철도시발기념비 제막
10. 24.	수도권 C.T.C 사령실 신축준공
12. 5.	북평역에서 산업선 전철 전통식(중앙, 태백, 영동선 총 320.8km) 태백선 고한~백산 및 영동선 철암~북평 간 85.5km 개통
1977. 4. 6.	국내 최초로 국산전동차 1편성 제작 시승운행(대우중공업 제작)
11. 11.	이리역 구내에서 화약 적재열차 폭발로 호남, 전라선 불통 (사망 59명, 중경상 1,300여 명 발생. 철도인 16명 순직, 50여 명 중경상)

12. 15.	마산시 도시계획 촉진책으로 구마산, 마산, 북마산을 폐합하여 마산 3역 통합역사 준공 영업 개시
1978. 5. 5.	대통령의 뜻에 따라 제주도 및 흑산도에 증기기관차와 객차 영구전시
11. 10.	이리역 역사 신축 준공
1979. 9. 18.	국산 디젤기관차 첫 운행식(현대차량에서 미국 GM과 기술제휴로 제작)
1980. 4. 10.	국산 새마을호 신형동차 대우중공업에서 제작
8. 10.	김포선 폐선, 경춘선 성북~성동 구간 폐선
10. 17.	충북복선 개통식
11. 1.	국산 우등 전기동차 운행식 (110㎞/h, 전기식 자동제어 3860HP, 55% 국산화, 대우중공업 제작)
1981. 1. 1.	부산시, 지하철건설본부 설치
9. 1.	서울특별시지하철공사 창립
10. 1.	새마을호 승차권 전산발매 실시. 부산~경주 간 증기관광열차 운행
10. 15.	철도기념관 개관(철도창설 82주년 기념)
11. 18.	국립서울병원 신축 준공
1982. 9. 25.	서울~수원 간 최초의 직통 전동열차 운행
10. 22.	철도순직부원비 용산에서 충북 옥천군 이원면으로 이전
1983. 11. 28.	고 김재현 기관사 동작동 국립묘지에 안장
1984. 1. 1.	열차명 개칭 (새마을호→새마을호, 우등→무궁화호, 특급→통일호, 보통→비둘기호)
7. 1.	서울철도병원 민영화로 중앙대학교에 위탁경영
7. 20.	남부 화물기지 내 컨테이너기지 준공
11. 26.	경춘선(청량리~춘천)에 무궁화호 2왕복 신설 운행(1시간 39분대 운행)
1985. 6. 11.	새마을호 승차권 검표제 폐지
7. 19.	부산지하철 1호선 1단계구간 범내골~범어사 간 개통
11. 15.	호남선 이리~정주 간 43.9㎞ 개통식
1986. 2.	철도고등학교 폐교
7. 12.	최신 유선형 새마을호 서울~부산 간 2왕복 운행

9. 2.	경원선 복선전철 성북~의정부 간 13.1㎞ 개통
1987. 7. 6.	전후동력형(push-pull) 새마을호 경부선에 1왕복 운행
1988. 1. 26.	철도박물관 개관 (부지 6,173평, 본관 864평, 옥외차량전시장 586평, 전시품 3,569점, 투자비 2,541백만 원)
7. 1.	매표소 '표파는 곳'을 '표사는 곳'으로 표기
7. 1.	부산교통공단 창단(부산지하철 운영기관)
7. 12.	한일공동승차권 발매 개시
7. 26.	철도기관사 파업(7. 27. 정상운행)
1989. 3. 25.	서울역 민자역사 전면 개관
4. 29.	전후동력형 새마을호 중련 운행(16량 편성, 서울~부산 간 1왕복)
9. 18.	승차권 전화예약제 실시(철도회원카드 가입자 대상)
10. 1.	지하철-버스 환승승차권제 실시
10. 16.	고속전철국제심포지엄 개최(22일까지, 스위스그랜드호텔)
1990. 7. 1.	여객열차 차실명 변경(특실→태극실, 보통실→일반실)
1991. 2. 1.	수도권 모든 전철역에 자동개집표기 설치가동
5. 4.	영등포 민자역사 완공 및 완전 개관
8. 1.	용산~성북 간 경원선 열차운행 개선(디젤동차에서 전동차로 대체운행)
11. 23.	경인 복복선 기공식 및 영등포~구로 간 3복선 개통식 거행
1992. 3. 10.	한국고속철도건설공단 창립 현판식
6. 20.	경부고속철도 착공(1단계 천안~대전 간 57.8㎞ : 천안 장재리)
6. 30.	경부고속전철 기공식
7. 10.	경부선 CTC 전통(총 614억 원 투입)
12. 1.	수도권전철 여성전용차량 시범운용
1993. 1. 11.	철도청 교통방송실 설치 운영(교통정보 실시간 제공)
5. 20.	새마을호열차 개표·집표 생략(전국 15개 주요 역)
9. 1.	태극실→특실로 명칭 환원

10. 28.	철도기술연구소 설립 현판식
11. 1.	고속철도 심포지엄 개최
12. 10.	개표·집표 업무생략 확대 실시(새마을호는 모든 역에서 개집표 생략. 무궁화호 및 통일호와 비둘기호는 집표만 생략)
12. 17.	서울역문화관 개관
1994. 3. 15.	서울도시철도공사 창립(서울지하철 5, 6, 7, 8호선 담당)
1994. 4. 1.	과천선 복선전철 전 구간 개통(금정~사당 간 15.7km)
8. 1.	새마을호 열차 내 검표제도 폐지 PC통신을 통한 철도정보안내서비스 개시
8. 3.	중국산 증기기관차(SY-11호 텐더형) 도입
8. 21.	증기기관차 주말관광열차로 운행 재개(무궁화호 객차 4량 편성) 교외선 서울~의정부 간 48.3km, 2000. 6. 31.까지 운행
12. 16.	경부고속철도 객차모형 전시(12. 16.~1995. 1. 14. 서울역 광장)
1995. 4. 28.	대구지하철 공사현장에서 가스폭발사고로 101명 사망, 145명 부상
5. 1.	열차승차권 신용판매 실시(14개 역 20개 창구)
11. 20.	대구광역시지하철공사 창립
12. 31.	마지막 협궤선, 수인선(水仁線) 열차 고별운행
1996. 1. 30.	일산선 복선전철 지축~대화 간 19.2km 개통
2. 1.	철도청 심벌마크 변경
2. 27.	정동진역 해돋이 관광열차 운행(TV드라마 '모래시계' 방영, 관광객 급증)
3. 4.	전철승차권을 대신할 RF카드이용 자동운임시스템 운영계약 체결
1997. 3. 13.	탄력운임제 실시
3. 28.	영동선 영주~철암 간 87km 전철 개통
4. 1.	철도박물관 서울역관 개관
5. 26.	한중 공동승차권 발매협약 조인
6. 16.	경원·교외선 통근형 통일호열차 운행 개시
11. 26.	세계 최초 냉동·냉장컨테이너 열차 운행
11. 26.	대구지하철 1호선 1단계구간 진천~중앙로 간 10.3km 개통
1998. 4. 15.	인천지하철공사 창립
1998. 5. 1.	열차운전실명제 시행(새마을호 우선 시행) 부산~후쿠오카 간 초고속여객선 '제비호' 취항
6. 22.	전철용 RF교통카드(또는 국민패스카드) 확대시범운영
7. 31.	철도청 서울청사 퇴청식 거행

8. 8.	철도청 정부대전청사 개청식
9. 15.	한국고속철도건설공단 신청사 현판식
9. 25.	'깨우미(Train Call)서비스' 도입(새마을호 특실 이용자 대상)
12. 13.	환상선 눈꽃순환열차 첫 운행
12. 15.	새마을호 자유석제도 및 KORAILPASS(자유이용권)제도 시행
1999. 7. 20.	승용차와 승객을 함께 싣고가는 '복합수송열차(CarRail)' 성북~강릉 간 첫 운행
8. 1.	철도민영화추진팀 운영
9. 11.	한국 철도 100주년 기념승차권 발매 개시
9. 14.	사이버객차와 바둑객차 운행 개시
9. 16.	서울역사 야간 경관조명 점등식
9. 18.	한국 철도 100주년 철도의 날 기념식 거행
10. 6.	인천지하철 1호선 박촌~동막 간 개통
12. 1.	일본식 철도용어를 쉬운 우리말로 개정 (예 : 대합실→맞이방, 개표→표확인, 홈→타는 곳 등)
2000. 1. 1.	철도청 대대적 조직 개편 • 5개 지방철도청을 폐지하고 17개 지역관리역 체제로 • 본청 4국 2본부 2담당관 1과 체제에서 11본부 3실 체제로 개편
1. 1.	기차표 발매 실명제 실시(매표담당자의 이름을 기차표에 인쇄 발매)
1. 20.	버스카드(RF교통선급카드)로 수도권전철(인천지하철 제외) 이용 개시
2. 1.	한중 공동승차권 발매(3월 1일 승차분부터)
2. 26.	한국 철도 캐릭터 '치포치포(CHIPOCHIPO)' 발표
4.	국내 최초 '한국 철도지도' 발간
5.	철도회원 전용 홈페이지(www.barota.com) 개설
7. 1.	교외선 관광열차용 증기기관차 운행 중지
7. 14.	한국 철도 1백년 기념 조형물 제막 • 새로운 세기의 철도 Ⅰ : 서울역 광장 설치, 매립형 • 새로운 세기의 철도 Ⅱ : 철도박물관 설치, 지구모형

9. 18.	경의선 철도·도로 연결 기공식
11. 14.	비둘기호 열차 마지막 운행 (정선선 증산~구절리 간 운행되던 비둘기호 운행 중단)
2001. 2. 5.	철도고객센터 개관 • 철도안내전화, 철도회원예약전화를 각각 1544-7788과 1544-8545로 통합
3. 23.	승차권 인터넷결제 및 바로티켓팅 서비스 실시
9. 30.	경의선 철도 임진강역까지 연장 운행
2002. 2. 12.	망배 특별열차 운행 및 도라산역 현판식 거행 • 1952년 이후 임진강 철교를 넘은 최초의 여객열차
2. 20.	김대중 대통령 및 부시 미국 대통령 도라산역 방문 (대통령 전용열차 '경복호' 첫선)
4. 11.	임진강~도라산역 개통 및 열차운행
4. 12.	KTX 국산제작 1호차(KTX 13호) 출고 기념식 • 대당 가격은 약 4,000만 달러(약 520억 원)
5. 1.	철도청 어린이 홈페이지 키즈코레일(kids.korail.go.kr) 개설
5. 2.	중앙선 덕소~원주 간 복선전철 기공식
9. 18.	경의선 및 동해선 철도·도로 연결 착공식 • 총사업비 1,804억 원을 투입, 군사분계선 DMZ 내 경의선 및 동해선 철도와 도로를 북측과 연결
2002. 11.	광주광역시도시철도공사 창립
11. 30.	고양고속철도차량기지 준공
2003. 1. 24.	고속철도 CI 선포식 : 심벌을 코레일로 바꿈
2. 18.	대구지하철 중앙로역 화재참사로 192명 사망, 148명 부상

4. 30.	경부선 수원~병점 간 복선전철 개통식
5. 13.	경부고속철도 개통 대비 영업선 1단계 시운전 개시
6. 14.	경의선·동해선 남북철도 연결식(비무장지대 군사분계선 철도 연결지점)
6. 28.	전국철도노동조합 파업 돌입(6. 28.~7. 1.) • 요구사항 : 철도공사법 국회통과 반대
7. 29.	철도산업발전기본법 제정
8. 13.~8. 14.	경부고속철도 첫 시운전 실시(고양기지 출발 대전역까지 운행)
9. 19.	살신성인 철도공무원 김행균 팀장 옥조근정훈장 수훈
10. 23.	KTX 차량 최초 인수(KTX 7호)
11. 16.	고속철도 열차이름을 KTX(Korea Train eXpress)로 최종 확정 발표
11. 17.	고속철도 경부선구간(서울~부산 전 구간) 시험운행 완료
11. 28.	KTX 국내생산분(34편성) 제작완료 출고식
12. 26.	8200대형 신형전기기관차 도입
12. 31.	한국철도공사법 제정(한국철도공사 설립과 사업범위 등에 관하여 규정)
2004. 1. 1.	고속철도 서울역(신역사) 준공식
1. 1.	한국철도시설공단 설립. 초대이사장 정종환
1. 7.	한국철도시설공단 창립 기념식
3. 24.	호남선 복선전철 준공식 및 고속열차 개통식 목포역 광장에서 거행
3. 24.	고속철도(KTX) 승차권 첫 예매 실시
3. 26.	KTX차량 최종 인수(KTX 46호)
3. 30.	경부고속철도 1단계 개통식 서울역 광장에서 거행
3. 31.	고속철도 개통을 앞두고 통일호열차 전면 운행중단(마지막 운행)
4. 1.	경부고속철도 1단계 개통 • 1992년 착공 12년 만에 개통, 약 13조 원 투입
4. 14.	KTX 이용객 100만 명 돌파
4. 28.	광주지하철 1호선 1구간 녹동~상무 간 개통. 승강장에 스크린도어 적용

7. 1.	신교통카드시스템 도입 • 대중교통 환승할인 시행(전철/지하철+서울버스) • 운임체계 개편(구역제+이동-구간제→거리비례제)
8. 20.	KTX 이용객 개통 142일 만에 1,000만 명 돌파
10. 27.	아름다운 철도원 김행균 씨, 적십자 박애장 금장 받음
10. 30.	한국현대시 100년기념 KTX 특별열차 운행
12. 1.	경춘선 신남역을 김유정역으로 바꿈. 사람이름을 딴 첫 번째 역
12. 16.	한국형 고속전철 시속 350km/h 시험운행 성공 • 구간 : 천안~신탄진 구간, 속도 : 352.4km/h 기록, 국산화율 87% 
2005. 1. 1.	한국철도공사 출범(초대사장 신광순 전 철도청장) • 철도산업발전기본법에 따라 발족, 정부가 100% 전액출자한 공기업
1. 5.	한국철도공사 창립 기념식 • 공사기 전달, 비전선포, CI상영, 현판식 등 공사창립 선포
1. 20.	경부선 병점~천안 간 8개 역, 47.9km 연장개통
4. 1.	홈티켓서비스 시행(KTX열차 및 회원)
5. 1.	홈티켓서비스 전면 확대시행(무궁화호, 새마을호)
7. 1.	정선선 아우라지~구절리 간 레일바이크 운영
8. 1.	KTX특송서비스 본격 시행
9. 8.	영동선 동해~강릉 간 45.1㎞ 전철화 개통
10. 7.	승차권 없이 KTX 타는 e-Ticket 서비스 개시
10. 27.	서울특별시지하철공사, 사명을 '서울메트로'로 개명

10. 27.~28.	제14차 시베리아횡단철도 국제운송협의회(CCTST) 서울총회 개최
12. 10.	KTX 개통 20개월 만에 이용고객 5,000만 명 돌파, 서울역에서 기념행사
12. 16.	중앙선 청량리~덕소 간 7개 역, 17.2km 개통
12. 27.	경부선 병점~천안 간 복선전철 개통
12. 28.	용산민자역사 완공
2006. 1. 1.	부산교통공사 창립(부산지하철 운영기관)
3. 1.	전국철도노동조합 파업(3. 1.~3. 4.) • 요구사항 : 해고자 복직, KTX승무원 정규직화, 구조조정 철회
3. 15.~3. 20.	남, 북, 러 철도운영자 회의 및 제1차 한·러 철도운영자회의
3. 16.	대전도시철도 1단계구간 판암~정부청사 간 12개 역 개통
3. 16.	경의선, 동해선 CIQ 준공
5. 1.	철도 소화물사업 전면폐지
7. 1.	철도공사 조직개편 : 기능통합형 17개 지사체제, 3개 철도차량관리단
8. 23.	철도경영개선종합대책 수립발표 • 2015년 흑자 전환 목표로 공사와 정부가 공동노력
9. 1.	SMS티켓 서비스 시행(KTX패밀리 회원대상)
12. 8.	경부선(조치원~대구) 전 구간 전철화 개통식
12. 15.	경원선 의정부~소요산역 간 9개 역, 24.4km 연장개통
12. 15.	경부고속선 시흥~광명 간 4.7km 개통, 용산~광명 간 셔틀열차 운행
12. 22.	철도교통관제센터 개통(5개 지역관제실을 관제센터로 통합)
2007. 1. 3.	SMS티켓 서비스 확대(새마을호 이상, 일반고객)
3. 21.	이철 사장, UIC(국제철도연맹) 아시아지역총회 초대의장에 선출
3. 23.	공항철도 1단계구간 인천국제공항역~김포공항역 간 개통
4. 17.	대전도시철도 2단계구간 정부청사~반석 간 10개 역 개통
4. 19.	사내방송 'KORAIL TV' 개국
4. 21.	KTX 이용고객 1억 명 돌파(개통 1,116일 만에 달성)
5. 7.	한국철도공사의 커뮤니케이션 명칭을 코레일로 일원화

5. 17.	남북철도 연결구간 열차시험운행 • 경의선(문산⇔개성, 27.3km) : 문산역 구내에서 기념행사 후 개성역까지 왕복운행 • 동해선(제진⇔금강산, 25.5km) : 금강산역에서 기념행사 후 남측 제진역까지 왕복운행
6. 1.	경부선 기존선 구간(김천, 구미 경유) KTX 운행 개시
7. 1.	구 서울역사 문화재청에 귀속됨.
7. 1.	대중교통 환승할인 확대시행(전철/지하철 + 서울버스 + 경기버스)
7. 16.	바다열차 개조완료 • 개조수량 : 1편성(3량), 강릉~동해~삼척시에서 각각 3억 원씩 출연
8. 17.	용산역세권 개발 합의 기자회견
8. 23.	KTX시네마 개관식
10. 2.~10. 4.	이철 사장, 2007 남북정상회담 수행원으로 북한 방문
12.	KTX 캐릭터 'KTX-Mini' 탄생
12. 10.	남북출입사무소 도라산 물류센터 준공
12. 11.	경의선 문산~봉동 간 화물열차 개통식 및 화물열차 운행 개시
12. 13.	용산역세권국제업무지구 개발사업 협약체결식
12. 28.	장항~군산 간 철도 연결 개통식
2008. 1. 28.	UIC(국제철도연맹) 아시아사무국 서울사옥에 설치
2. 14.	WCRR 2008 성공개최를 위한 전진대회 개최
3. 20.	포항~삼척 간(동해중부선) 철도건설사업 기공식 • 동남권~동해안권과의 연계로 환동해권 국가기간 철도망 구축

5. 18.	제8차 세계철도학술대회(WCRR 2008) 및 UIC 정례회의 참석자를 위한 환영 리셉션
5. 19.	제8차 세계철도학술대회(WCRR 2008) 및 UIC 정례회의 개막식 • 제2차 아시아경영위원회와 제3차 아시아총회 개최
5. 20.	제4차 UIC 집행이사회 개최 제72차 UIC 총회 개최
5. 21.	국제철도연수센터(IRaTCA) 개소식
5. 21.	WCRR 2008 폐막식
9. 2.	수도권 통합요금제 확대시행을 위한 공동협약 체결
9. 20.	대중교통 환승할인 확대시행 • 전철/지하철 + 서울버스 + 경기버스 + 광역/좌석버스
10. 1.	대구광역시지하철공사, 사명을 대구도시철도공사로 변경
11. 6.	철도 100년을 위한 100인 선언대회 개최
11. 25.	신규고속차량 제1호 편성 낙성식 • 국산 상용고속차량 제1호 개발완료
12. 1.	경의선 문산~판문(봉동) 간 화물열차 운행중단
12. 15.	장항선 천안~신창 간 6개 역, 19.4km 개통식
2009. 1. 13.	모바일승차권 운영 개시 (휴대전화로 철도승차권 예매와 발권까지 원스톱으로 처리되는 서비스)
3. 26.	간선형 전기동차(EMU, 150km/h) 최초 도입
4. 1.	KTX 개통 5주년 기념 55,555번째 고객 선정 및 축하행사
5. 8.	사단법인 한국철도협회 창립총회
5. 15.	코레일 허준영 사장, UIC 아시아총회 의장에 당선
6. 1.	간선형 전기동차 '누리로' 서울~온양온천~신창구간 첫 영업운행
7. 23.	호남선 고속철도 착공식 거행
7. 24.	서울지하철 9호선 개통식(개화~신논현 간)
9. 12.	국내 최초 에코레일 자전거열차 첫 운행

9. 17.	공항철도㈜ 주식매매계약 체결식
11. 17.~11. 20.	세계 고속철도 워크숍 및 UIC 아시아총회 개최 • 제6차 UIC 아시아경영위원회(7개국 대표 30여 명 참석) • 제8차 UIC 아시아총회(UIC 아시아회원 19개국 대표 60여 명 참석) • 제1회 UIC 세계 고속철도교류 워크숍 개최
11. 30.	공항철도㈜, 코레일공항철도㈜로 사명 변경
12. 19.	KTX 이용객 2억 명 돌파
2010. 2. 14.	설날 하루 KTX 영업수입 50억 원 돌파, 17만 7천명 이용
2. 16.	무궁화형동차 NDC 운행중지. 2. 17.부터 RDC로 대체 1985년 최초 도입 이래 1990년 도입분 내구연한 20년 도래로 퇴역
3. 2.	한국형고속전철 KTX-산천 상업운행 개시 첫 열차 : 용산~광주역 간 KTX 501열차, 용산역 06:40발
3. 5.	청량리 민자역사 역무시설 사용 개시 지하 3층, 지상 6층. 19,163평방미터(5,797평)
4. 1.	고객맞춤형 양회 블록트레인 운행 개시 도담역발 수도권행 4개, 대전권 1개 열차 매일 운행
4. 5.	세계 최초의 다지형침목 개발 성공
4. 29.	코레일, 천안함 희생자 고 장철희 일병을 명예사원으로 임명

11. 1.	경부고속철도 2단계구간 개통 (동대구~신경주~부산 신선건설 124.2km) 
11. 3.	최초의 택배간선열차 운행 개시. 수도권~부산 간 화~토요일 매일 운행
12. 5.	허준영 사장, UIC(국제철도연맹) 아시아총회 의장에 재추대
12. 8.	승차권 예약, 결제, 발권이 가능한 스마트폰 어플 '글로리 코레일' 공개
12. 13.	부산신항만선 개통
12. 15.	경전선 복선전철 개통 및 KTX 운행(삼랑진~마산 간)
12. 20.	경춘선 마지막 무궁화호열차 운행
12. 21.	경춘선 복선전철 개통(상봉~춘천 간 81.3km)
12. 29.	코레일공항철도 전 구간(서울~인천국제공항 간 61km) 개통
2011. 2. 1.	코레일 앙상블 창단 연주회. 24명의 직원으로 구성
2. 11.	광명역 KTX-산천 탈선사고 발생. 부산발 광명행 #224열차. 인명피해 없음.
4. 6.	경부선 서울~부산 간 일반열차 운행에도 ATP 적용 (Automatic Train Protection, 열차자동방호시스템)
9. 17.	김해경전철 사상~삼계·가야대 간 23.9km 영업 개시. 2량 1편성 부산-김해경전철운영㈜ 운영
10. 5.	전라선 용산~여수엑스포 간 KTX 운행 개시
10. 28.	신분당선 강남~정자 간 17.3km 개통 국내 최초 무인 중전철, 네오트랜스㈜ 운영
11. 1.	부산신항 배후철도 전철화 개통(삼랑진~부산신항 간 38.8km)
12. 9.	코레일공항철도 계양역 부근에서 작업자 6명 사상사고 발생
12. 28.	분당선 죽전~기흥 간 5.9km 전동열차 운행 개시 보정, 구성, 신갈, 기흥역 영업 개시
12. 29.	KTX 개통 후 7년 만에 1년 이용객 5천만 명 돌파
2012. 2. 9.	코레일 심포니 오케스트라 창단
2. 21.	KTX 이용객 3억 명 돌파
2. 28.	경춘선 준고속열차 ITX-청춘 운행 개시

5. 16.	차세대고속열차 HEMU-430X(해무) 출고
6. 26.	고 김재현 기관사, 미 정부 '특별공로훈장' 추서
6. 27.	영동선 솔안터널 개통(6. 26. 스위치백방식 열차운행 중단)
6. 30.	수인선 오이도~송도 간 복선전철 13.1km 개통
7. 1.	의정부경전철 발곡~탑석 간 10,588km 개통. 2량 1편성, 고무차륜. AGT(무인자동운전)방식, 의정부경전철㈜ 운영
7. 3.	국립대전현충원에 '호국철도전시장' 개장
7. 20.~22.	철도문화체험전 문화역서울284에서 개최
11. 12.	철도역사 최초의 여성 서울역장 탄생(김양숙 역장)
11. 17.	코레일축구단, 2012 내셔널리그 챔피언 등극
11. 20.	경원선 신탄리~철원 백마고지 간 5.6km 개통
12. 5.	경전선 마산~진주 간 복선전철 53.3km 개통
12. 5.	코레일사이클단 창단
2013. 2. 21.	신형 새마을호 명칭을 ITX-새마을로 확정 발표
2. 25.	경원선 성북역을 광운대역으로 역명 변경

2. 27.	철도안전체험센터 개관(경기도 의왕시 인재개발원 내)
4. 12.	중부내륙관광전용열차(O-train, V-train) 개통
4. 16.	박병덕 기장, 철도 역사상 최초로 무사고 3백만 km 달성
5. 13.	중소기업명품마루(우수 중소기업제품 전시판매장) 1호점 서울역에 개장
5. 30.	국립대전현충원에 호국철도기념관 조성 개관
9. 10.	남도해양관광열차(S-train) 개통식(서울역)
9. 16.	중소기업명품마루 2호점 대전역에 개장
9. 27.	남도해양관광열차(S-train) 개통(부산~여수엑스포, 광주~마산 간 운행)
11. 30.	분당선 망포~수원 간 6.1km 연결로 분당선 완전개통
11. 30.	경춘선 천마산역 영업 개시
12. 9.	전국철도노조 파업돌입(12. 29.까지 21일간)
2014. 1. 10.	수서고속철도주식회사 출범
1. 25.	신개념디젤기관차 25량, 2주 일정으로 시험운행 시작
2. 24.	ITX-청춘 개통 2년 만에 누적이용객 1천만 명 돌파
3. 1.	중앙선 전동열차 전부 8량으로 확대운영
5. 4.	평화열차(DMZ-train) 개통
5. 12.	ITX-새마을 영업 개시
6. 30.	인천국제공항 KTX 직결운행
7. 22.	태백선 열차충돌사고 발생
8. 1.	평화열차(DMZ-train) 경원선 영업 개시
8. 15.	수도권전철 개통 40주년
10. 25.	전국호환교통카드 레일플러스 출시
12. 20.	국립서울현충원 내에 김재현 기관사 유물관 설치
12. 27.	경의선 용산~공덕 간 복선전철 개통으로 경의선과 중앙선 상호연결
2015. 1. 22.	정선 아리랑 열차(A-train) 개통
2. 5.	서해금빛열차(G-train) 개통
4. 2.	호남고속철도 개통 호남고속선 오송~광주송정 간 및 동해선(포항 직결선) 신경주~포항 간 개통

참고문헌

제1장 우리나라 철도의 역사

1. 김경림(1989), '일제하 조선 철도 12년 계획선에 관한 연구', 경제사학 12, 경제사학회

2. 이용상(2005), '한국 철도사에 관한 기초 연구', 한국철도학회 논문집 제8권 제1호

3. 이현희(1973), '19세기 일제의 한국 철도 부설권 쟁취 문제', 건국사학 제3호, 건국대학사학과

4. 이사벨라 버드비숍(이인화 옮김)(1994), '한국과 이웃나라들', 살림

5. 이창기(2000), '대전의 역사와 문화', 누리문화사

6. 정재정(1999), '일제침략과 한국 철도', 서울대학출판부

7. 교통부(1958), '한국 교통 60년 약사'

8. 대전광역시시사편찬위원회(2002), '대전 100년사' 제1권

9. 대전시(1992), '대전시사', 대전시사편찬위원회

10. 철도청(1999), '한국 철도 100년사'

11. 철도청, '철도통계연보', 각 연도

12. 통계청(2000), '인구연감'

13. 大村陽一(2010), '日本土木建設業の近代化と朝鮮人勞者の移人', Core Ethics Vol.6, p. 535

14. 深川博史(1992), '植民地政策インフラストラクチュア', 社會科學論集, 九州大學敎養部社會科學研究室紀要, 1992년 3월

15. 平井廣一(1985), '日本植民地下における朝鮮鐵道財政の展開過程', 濟學研究34-4, 北海道大學, 1985년 3월

16. 高成鳳(1999), '植民地鐵道と民衆生活', 法政大學出版局

17. 高橋邦周(1924), '朝鮮滿州台實狀要覽', 東洋新報社

18. 高橋泰隆(1995), 日本植民地鐵道史論, 日本鐵道評論社

19. 鈴木武雄(1942), '朝鮮の濟', 日本評論社

20. 矢野恒太記念會編(2000), '日本の100年'

21. 小林 외(1928), '일본 풍속지리 대계 제16권 조선지방', 신광사

22. 日本濟評論社(1983), '大正期鐵道資料'

23. 日本濟評論社(1990), '昭和期鐵道資料'

24. 鮮交會(1986), '朝鮮交通史'

25. 鐵道院(1917), '鐵道の社會及び濟に及ぼせる影響(上卷, 中卷,下卷)'

26. 朝鮮總督府鐵道局(1927), '朝鮮總督府鐵道局年報'

27. 朝鮮總督府(1927), '朝鮮の人口現象'

28. 朝鮮總督府鐵道局(1927), '朝鮮の鐵道'

29. 朝鮮總督府鐵道局編集(1930)(1940), '汽車時間表'

30. 朝鮮總督府(1940), '朝鮮道40年略史'

31. 朝鮮總督府(1940), '朝鮮總督府統計年報'

32. 朝鮮總督府(1941), '統計摘要'

33. 朝鮮總督府交通局(1944), '朝鮮交通狀況1'

2장 철도 차량의 역사와 발전
---

1. 강길현(2005), '철도 차량관리론', 삼성종합출판사

2. 정준근(2008), '철도 차량 시스템의 발전', 한국철도공사

3. 건설교통부(2001), '고속철도 업무자료', 고속철도건설기획단

4. 한국철도공사(2005), '서울철도 차량관리단 100년사', pp. 3~15

5. 한국철도공사(2010), '철도경영 환경변화에 따른 2011년 고속차량 운영계획'

6. 한국철도공사(2011), '한국 철도 차량 연도별 도입현황'

3장 철도의 사회경제적 영향력
---

1. 이용상(2005), '한국 철도사에 관한 기초 연구', 한국철도학회 논문집, 제8권 제1호

2. 이혜은(1990), '전차가 서울시 발달에 미친 영향에 관한 인지 연구', 문화역사지리, 제2호, pp. 57~82

3. 주경식(1994), '경부선 철도 건설에 따른 한반도 공간조직의 변화', 대한지리학회지 29, pp. 297~317

4. 轟博志(2000), '수려선 철도의 성격 변화에 관한 연구', 서울대학교 지리학과 석사학위 논문

5. 이사벨라 버드비숍(이인화 옮김)(1994), '한국과 그 이웃나라들', 살림

6. 이창기(2000), '대전의 역사와 문화', 누리문화사

7. 공공기술연구회(2003), '철도기술 분야 미래첨단과학기술 기획조사 연구'

8. 대전시(1992), '대전시사', 대전시사편찬위원회

9. 대전광역시시사편찬위원회(2002), '대전 100년사' 제1권

10. 조선총독부 철도국(1940), '조선 철도 40년 약사'

11. 철도청(1977), '한국 철도사' 제2권, pp. 10~11

12. 철도청(2000), '국유철도 건설에 관한 법령에 따른 국유철도 건설규칙'

13. 청와대(2003), '동북아 물류 중심 7대 추진과제'

14. 통계청(2000), '인구연감'

15. 한국철도기술연구원(2003), '철도시스템 해외 진출 촉진 방안'

16. 한국철도기술연구원(2004), '일본의 철도 투자 확대 전략에 관한 조사 분석 연구'

17. 한국은행(1993)(2000), '산업연관표'

18. 關谷次博(2007), '戰前期中國·朝鮮旅行への旅行と鐵道', 철도사학 제24권, pp. 55~67

19. 近藤喜代太郎(2007), 'アメリカの鐵道史, 成山堂書店', pp. 54~55

20. 國際交通安全學會編(2006), '交通が結ぶ文明と文化', 기보당출판

21. 小林 외(1928), '日本風俗地理大系' 제16권 조선지방, 신광사

22. 佐藤芳彦(1998), '世界の高速鐵道', p. 14

23. 田中角榮(1972), '日本列島改造論', 일간공업신문사

24. 原田勝正(1998), '鐵道と近代化', 吉川弘文館, pp. 7~11

25. 民衆時論社(1937), '朝鮮都邑大觀', p. 28

26. 大宮市(1980), '大宮の昔と現在', pp. 12~13

27. 日本運輸施設整備事業(2003), '先進國の鐵道整備と助成制度', p. 228

28. 鐵道院(1917), '鐵道の社會及び濟に及ぼせる影響'

29. 鮮交會(1986), '朝鮮交通史'

30. David Banister and Joseph Berechman(2000), 'Transport investment and eco nomic development', UCL PRESS, p. 260
31. Jack Simmons(1991), 'The Victorian Railway', Thames and Hudson
32. IRJ(2002), 'Rail Outlook 2002'
33. UNIFE(2003), 'UNIFE Railway Alliance'

제4장 철도와 문화

1. 이용상(2009), '철도가 가져온 사회경제적 변화에 관한 정성적 연구', 한국철도학회 논문집, 제12권 제5호
2. 이현정(2010), '철도역사 급수탑 주변 활성화에 관한 연구', 철도학회 논문집, 제13권 제4호
3. 송준(2009), '한국 무형문화재 정책의 현황과 발전방안', 고려대학교 박사학위 논문
4. 장주은(2010), '철도교통 관련 산업유산의 재활용 방법에 관한 연구', 경성대학교 대학원 석사학위 논문
5. 최오주(2009), '남북통일 대비 문화재보존관리 정책 연구', 호남대학교 박사학위 논문
6. 하은하(2008), '근대문화유산 경의선 장단역 증기기관차의 보존에 관한 연구', 경기대학교 석사학위 논문
7. 문화재청(2007), '근대문화유산 교통(철도)목록화조사보고서'
8. 堤一郎(2007), '機械記念物－鐵道編－を通して見る鐵道遺産の意義', 日本機械學會誌, 2007년 4월호 제110권 1061호
9. 三宅俊彦(2009), '日本の鐵道遺産', 由用出版社
10. JRTR(2002), 'Heritage Railways', EJRCF, March 2002
11. Suga,G(2006), 'Railway Museum and Railway Preservation Activities in Japan, Proceeding paper in international conference hosted by Asia–Pacific Cultural Center for UNESCO', January 2006
12. 서일본철도주식회사(2009), '등록 철도문화재보호규정'

[웹사이트]

1. 문화재청 홈페이지(http://www.cha.go.kr)

2. http://www.mnatec.cat(산업유산보전 국제위원회 홈페이지)

3. http://www.dft.gov.uk/rhc(영국 Rail heritage committee 홈페이지)

4. www.dft.gov.uk

5. http://www.georgetowntrainstation.org/TrainStationHIstory.htm

제5장 철도 물류

1. 문진수(2009), '국내 철도화물 운송 지원제도 개선방안', 한국철도학회 논문집 제12권 제1호

2. 이용상(2006), '영국 철도화물 정책의 변화', 한국철도학회 논문집, 제9권 제4호

3. 정병현, 김현웅(2008), '일본의 철도화물 수송력 증강사업, 한국철도학회지, 제11권 제1호

4. 최창호(2008), '철도화물 운송 증대를 위한 지원제도 개선방안', 한국철도학회, 제11권 제6호

5. 문진수, 이재민(2007), '철도화물 운송 증대를 위한 지원제도 개선방안', 한국교통연구원

6. 교통개발연구원(2002), '중부·영남권 내륙화물기지 건설 기본 계획 수립(중부권 내륙화물기지편)'

7. 교통개발연구원(2002), '중부·영남권 내륙화물기지 건설 기본 계획 수립(영남권 내륙화물기지편)'

8. 교통개발연구원(2004), '호남권 내륙화물기지 시설규모 검토를 위한 수요조사'

9. 서울시립대학교(2007), '고속철도 개통 시너지효과 극대화를 위한 철도시설 개량방안 연구'

10. 전남대학교(2008), '컨테이너 이용화주의 수송수단 선택결정 모형 연구'

11. 한국철도기술연구원(2008), '통계로 보는 한국 철도 2008'

12. 한국철도공사(2005), '화물운임 제도개선 및 고객만족도(CSI) 지수개발 연구'

13. Anne Barseth(2006), 'Innovative with Marco Polo' European commission(2007)

14. European commission(2007), 'The Marco Polo programme : key for sustainable mobility'

[웹사이트]

1. 국가교통DB센터, http://www.ktdb.go.kr
2. 국토해양부, http://www.mltm.go.kr
3. 한국복합물류, http://www.kift.co.kr
4. 하남산업단지관리공단, http://www.hanamic.or.kr
5. 코레일로지스, http://www.koraillogis.com

제6장 남북철도와 대륙철도

1. 교통연구원(2005), '대륙철도를 이용한 국제운송로 발전전략 비교 연구'
2. 대한교통학회, 한국철도학회(2002), '국제철도 시대에 대비한 대응전략 개발 연구'
3. 철도청(2001), '국제철도 화물운송 협정 및 업무세칙'
4. 한국철도기술연구원((2002), '러시아철도'
5. 한국해양수산개발연구원(2007), '시베리아횡단철도(TSR)의 운임정책과 향후 활용전략'
6. 중국 철도부(2004), '중국 철도규정집'
7. Tsuji Hisako(2007), 'Siberia Landbridge', 일본 성산당서점

제7장 해외 철도의 발전

1. 김현진(2001), '기후변화 레짐의 성립과정과 일본의 대응', '평화 연구' 2001년 제10호, 고려 대학교
2. 문진수(2009), '국내 철도화물 운송지원제도 개선방안', 한국철도학회 논문집 제12권 제1호
3. 박홍순 외(2009), '철도 역세권 개발 제도의 문제점과 개선방안', 한국철도학회 춘계학술 대회논문집

4. 위정수 외(2009), '역세권 활성화 방안에 관한 국내외 사례 비교 연구', 2009 한국철도학회 가을 학술대회 발표대회 논문집

5. 이용상(2003), '교통환경변화에 따른 정책내용 및 과제', '아시아 연구' 제6권 2호, 한국아시아학회

6. 이용상(2006), '영국 철도 민영화의 현황과 과제', 대한교통학회지 제24권 제2호

7. 이태식 외(2006), '도시철도 역세권 개발방안', 한국철도학회 논문집, Vol.9 No.2

8. 김신(2007), '고속철도의 역세권 개발과 그 영향에 관한 연구', 서울산업대학교 철도전문대학원 석사학위 논문

9. 문대섭·정병현 외(2008), '철도정책 및 물류시스템 연구', 경기도, 한국철도기술연구원

10. 조남건 외(2005), '일본의 고속철도 역세권 개발사례', 국토연구원

11. 추준섭 외(2007), '고속철도 역세권 개발방향에 관한 연구', 한국철도학회 춘계학술대회 논문집

12. 한국교통연구원(2006), '기후변화협약 대비 교통 부문 온실가스 저감정책의 효과분석 : 2단계', 한국교통연구원

13. 中村(2009), '英國の貨物鐵道補助政策について', 運輸と濟 2009/3, pp. 70~76, 일본국유철도경영재건촉진특별법 시행세칙(1979)

14. 藤井(2005), '綜合交通政策に關する近年の動向と課題', 道路濟研究所, pp. 44~69

15. 青木榮一(2008), '鐵道の地理學', WAVE出版, pp. 119~121

16. 佐藤智文中·淺川拓也(2008), '省エネルギーな輸送形態の研究', (株)ジエアール貨物·リサーチセンター

17. 中村理史外(2006), '地球溫暖化に關する諸制度と物流', (株)ジエアール貨物·リサーチセンター

18. 柳下政治外(2003), '我が國における持續可能な交通(EST)の導入に關する研究', EST研究會

19. 宮本和明外(2007), '環境的に持續可能な交通(EST)の導入に關する調査研究', 日本財

20. (株)ジエアール貨物·リサーチセンター(2004), '日本の物流とロジスティクズ', 成山堂書店

21. 西日本鐵道 자료(교토역 개발, 오사카역 개발)

22. 日本定策投資銀行(2006), '今後の物流ビジネスにおけるモーダルシフトへのき─鐵道貨物輸送を中心に─', 調査 第88號

23. 日本 地球溫暖化對策推進本部(2003), '地球溫暖化對策推進大綱'

24. 日本 國土交通省(2005), '綜合物流施策大綱'

25. 日本 國土交通省 Homepage(http://www.mlit.go.jp/)

26. 日本 그린파트너십 Homepage(http://www.greenpartnership.jp/)

27. Hibbs. J(2000), 'Transport Policy : The Myth of Integrated Planning', Hobert Paper 140, Institute of Economic Affairs

28. H.J. Lee(2010), 'A Study on the Revitalization of Railway Station Water Tower', Journal of the Korean Society for Railway, Vol.13 No.4

29. Ichiro Tsutmumi(2007), 'Significance of the Railway Heritage on the Me morials in Mechanical Engineering, Railway Edition', Japan Society of Mechanical Engineers, Vol. 110 No.1061, pp. 42~45

30. Suga,G(2006), 'Railway Museum and Railway Preservation Activities in Japan', Proceeding paper in international conference hosted by Asia-Pac ific Cultural Center for UNESCO

31. Y.S. Lee(2009), 'A Historical Review of Socio-economic Changes of Railroad', Journal of the Korean Society for Railway, Vol.12 No.5, pp. 782~787

32. E.H. Ha(2008), 'A Study on The Conservation of Korea's Modern Cultural Heritage Steam Locomotive at Jangdan Station on Gyeongeui Line', Master Thesis, Kyonggi University

33. Gourvish. T(2002), 'British Rail, Oxford Press', pp. 11~13

34. J.E. Jang(2010), 'Reuse of Industrial Heritage relate to abandoned Railroad Transportation', Master Thesis, Kyungsung University

35. J. Song(2009), 'Development Plan of Korea's Intangible Cultural Assets, PhD Thesis', Korea University

36. O.J. Choi(2009), 'The direction of administration and preservation policy of cultural properties toward the reunification of korea', PhD Thesis, Honam University

37. T.H. Miyake(2009), 'Japan Railway Heritage', Yuyou Press, Tokyo, p. 2

38. MIT & University of Cambridge(2003), 'Problems of Deregulation-The Case of UK Railways-'

39. Cultural heritage Administration of Korea(2007), 'Investigation Report for a modern culture inheritance transportation(a railroad) list'

40. Department for Transport(1991), 'Transport Statistics Great Britain', 1991 Edition

41. Department for Transport(2004), 'Transport Statistics Great Britain', 2004 Edition

42. Department for Transport(2006), 'Rail Environmental Benefit Procurement Scheme'

43. Department for Transport(2008), 'Transport Statistics Great Britain', 2008 Edition

44. JRTR(2002), 'Heritage Railways', EJRCF

45. New Opportunities for the Railways(1992)

46. Railways Act(1974) 34, Transport Act(1947)

47. The White Paper on the future of rail(2004)

48. The Times, 17 July, 2006

49. West Japan Railway Company(2009), 'Regulation protective registration cultural assets'

[웹사이트]

1. www.dft.gov.uk

2. http://www.georgetowntrainstation.org/TrainStationHIstory.htm

3. http://www.mnatec.cat